SolidWorks Motion
机械运动仿真实例教程

张晋西 蔡维 谭芬 编著

清华大学出版社
北京

内容简介

全书分为两部分，第一部分简单介绍 SolidWorks 2012 及其运动仿真内部插件 Motion 基础知识，第二部分以大量实例介绍 SolidWorks Motion 机构运动仿真。每个例题先介绍该机构的工作原理，然后详细绘制所有零件的三维模型，完成三维装配，建立仿真模型并进行仿真，得到三维仿真动画，以及用图形、数据等方式显示的运动轨迹、位移、速度、加速度、作用力等仿真结果，并进行分析解释。

本书对基础知识的介绍简明扼要，可以帮助零起点的读者快速入门。所选择的实例均为机械设计中的典型案例，具有实用价值。随书附赠的光盘给出了书中所有设计仿真实例的原始文件。

本书可作为高等院校教材并可供机械类技术人员使用。

图书在版编目(CIP)数据

SolidWorks Motion 机械运动仿真实例教程/张晋西，蔡维，谭芬编著．—北京：清华大学出版社，2013（2025.1重印）

ISBN 978-7-302-33991-5

Ⅰ．①S… Ⅱ．①张… ②蔡… ③谭… Ⅲ．①机械设计－计算机辅助设计－应用软件－教材 Ⅳ．①TH122

中国版本图书馆 CIP 数据核字(2013)第 227631 号

责任编辑：庄红权
封面设计：傅瑞学
责任校对：赵丽敏
责任印制：刘海龙

出版发行：清华大学出版社
网　　址：https://www.tup.com.cn，https://www.wqxuetang.com
地　　址：北京清华大学学研大厦 A 座　　**邮　　编**：100084
社 总 机：010-83470000　　**邮　　购**：010-62786544
投稿与读者服务：010-62776969，c-service@tup.tsinghua.edu.cn
质量反馈：010-62772015，zhiliang@tup.tsinghua.edu.cn
印 装 者：三河市铭诚印务有限公司
经　　销：全国新华书店
开　　本：185mm×260mm　　**印　　张**：14.75　　**字　　数**：353 千字
（附光盘 1 张）
版　　次：2013 年 12 月第 1 版　　**印　　次**：2025 年 1 月第 12 次印刷
定　　价：45.00 元

产品编号：049922-03

前 言

PREFACE

SolidWorks 是美国 SolidWorks 公司推出的一套基于 Windows 系统开发的三维 CAD 软件，该软件自问世以来，以其功能强大、易学易用、操作简便等特点，大大提高了工程师的设计效率，在业界具有极高声誉。在我国，SolidWorks 在企业中的应用非常广泛，许多高等院校也将其列为学生必学软件，是当前最优秀的三维 CAD 软件之一。

SolidWorks 2012 版在运动仿真内容上，其最大变化是插件采用了新的 SolidWorks Motion，这是一款内部自带插件，SolidWorks 2012 安装完毕后即可运行，不必像老版本那样需另外安装外部运动仿真插件 COSMOSMotion，且在界面上有较大区别，功能也更强大。

本书分为上篇和下篇。上篇共 3 章，介绍 SolidWorks 2012 操作界面、草图绘制、装配体绘制，以及 SolidWorks 内部运动仿真插件 Motion 的基础知识。下篇共 15 章，采用实例介绍 SolidWorks 2012 Motion 机构运动仿真，每个例题首先介绍该机构的工作原理，然后详细绘制所有零件的三维模型，完成三维装配，建立仿真模型并进行仿真，得到三维仿真动画，以及用图形、数据等方式显示的运动轨迹、位移、速度、加速度、作用力等仿真结果，并进行分析解释。各章相对独立，互不影响。

SolidWorks 2012 Motion 可以对装配体中的任意零件进行有限元力学分析，该功能是 SolidWorks 2012 的一个突出亮点，不需要进行复杂的有限元设置，就可以直接获得机械运动到任意位置时零件的应力，判断强度是否安全。这一点对机械设计非常有用，尤其适合缺少有限元基础的读者，因此在本书第 17 章用实例专门进行了介绍。第 18 章用实例介绍了 SolidWorks Motion 高级功能基于事件的运动分析，该方法通过设计运动控制策略，采用时间、传感器、任务等方式触发事件，完成对机器的控制操作。

本书对大学生学习、毕业设计和课外科技活动，以及工程技术人员的产品设计、技术创新，都将有所帮助。随书附赠的光盘给出了书中所有设计仿真实例的原始文件，读者可以打开对其进行修改补充，得到自己需要的设计。

由于作者水平有限，疏漏和错误之处在所难免，恳请读者批评指正。作者电子邮箱：zjx2002cq@sina.com。

作　者

2013 年 8 月于重庆理工大学

目 录

CONTENTS

上篇 SolidWorks Motion 基础

下篇 机械运动仿真实例

上篇

SolidWorks Motion基础

第1章

SolidWorks 2012应用快速入门

SolidWorks 是基于 Windows 系统的三维 CAD 软件，采用的是用户非常熟悉的 Windows 图形用户界面。该软件以其易学易用、价格适中、性能优越、界面亲和性高的优点，得到业界一致好评。本章通过对 SolidWorks 2012 界面和基础知识的介绍，让读者对 SolidWorks 2012 有一个基本认识和了解。

1.1 SolidWorks 2012 界面介绍

SolidWorks 2012 充分利用 Windows 的优秀界面资源，为用户提供了美观、简便、操作人性化的崭新窗口式界面。这个全新的用户界面能让初学者很快地适应，有效地提高学习效率。下面对 SolidWorks 2012 的新界面作一简单介绍。

1.1.1 界面简介

运行 SolidWorks 2012，选择零件文件类型，零件编辑状态下的界面如图 1.1 所示。其用户界面包括菜单栏、工具栏、绘图区和状态栏等通用界面要素，其大部分命令都可以通过菜单栏来执行。用户可以根据需要自定义工具栏，既可以显示或隐藏工具栏中的按钮，还可以重新安排工具栏中按钮的位置。在 SolidWorks 2012 中可以建立 3 种不同类型的文件：零件文件、装配体文件和工程图文件。不同文件类型所对应的用户界面也有所不同，这样便于用户对不同类型的文件进行编辑操作。

下面对零件编辑状态下的界面作一具体介绍，如图 1.1 所示。

(1) 菜单栏：包含文件、编辑、视图、插入、工具、窗口、帮助等菜单。单击任一个菜单按钮就会出现相应的下拉子菜单，然后选择所需要的命令即可。

(2) 标准工具栏：与其他 Windows 程序一样，标准工具栏中的按钮用于对文件执行新建、打开、保存、打印等基本操作。

(3) 快速工具栏：用于放置常用工具。用户可以根据个人绘图习惯选择要放置的工具，并设置工具的放置位置。虽然不能将所有命令都设置在快速工具栏内，但可以有效减少调用一般常用工具的次数，提高工作效率。

(4) 前导视图工具栏：包含了所有和视图有关的工具，便于用户进行视图操作。

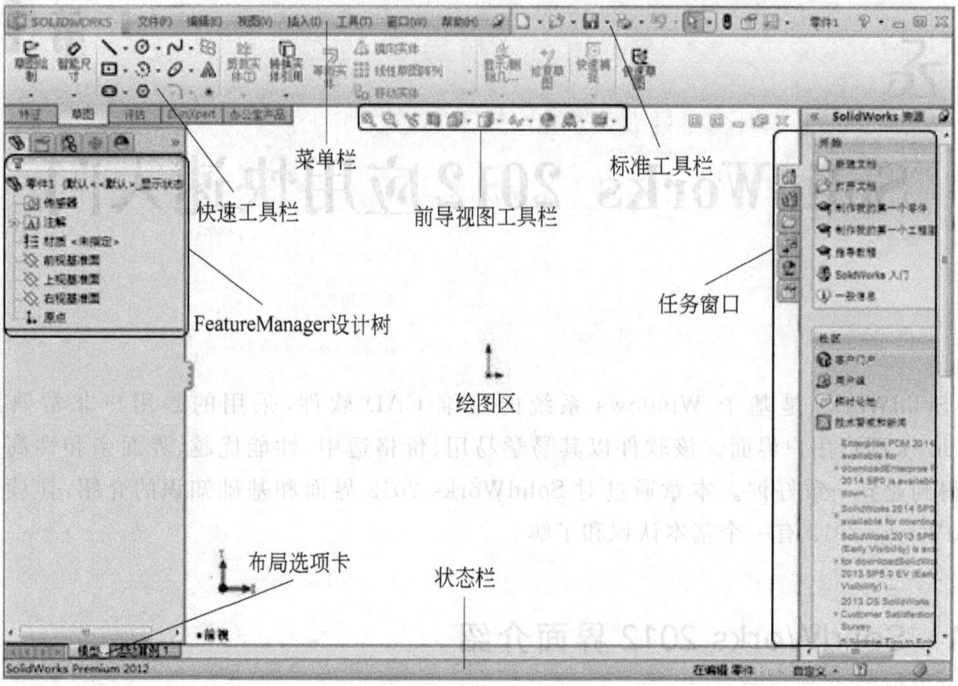
菜单栏
标准工具栏
快速工具栏
前导视图工具栏
任务窗口
FeatureManager设计树
绘图区
布局选项卡
状态栏

图 1.1 SolidWorks 2012 零件编辑界面

(5) FeatureManager 设计树：又叫特征管理器，用于显示建模操作过程的所有步骤和顺序，对于不同的文件类型其内容是不同的。当建好一个特征后，该特征将自动加入到特征管理器中。通过对特征管理器的管理，用户可以方便地对模型进行设计和修改。

(6) 任务窗口：如图 1.1 所示，在 SolidWorks 2012 中，右侧即为任务窗口，该区域包含以下选项卡。

① SolidWorks 资源( )：包含新建文档、打开文档、指导教程、新增功能等。

② 设计库( )：在此可以方便地调用标准零部件，也可将设计好的零部件添加到设计库，供以后调用。

③ 文件探索器( )：与 Windows 的资源管理器类似，并加上了最近在 SolidWorks 2012 中打开的文件(最近文档)。

④ 视图调色板( )：用于指定要拖动到工程图图纸上的各种视图，如：标准视图、剖面视图、注解视图等。

⑤ 外观、布景和贴图( )：通过拖动来设置模型的外观、布景和贴图。设置方法是，在任务窗格里找到要设置的外观、布景或贴图，然后将其拖动到模型或 FeatureManager 设计树中。

⑥ 自定义属性( )：用于定义或编辑当前零件的属性。

(7) 绘图区：SolidWorks 最常用区域，用于进行零件设计、制作装配体、绘制工程图的工作区域。

(8) 布局选项卡：用于切换不同模块的操作界面。默认的有“模型”和“运动算例 1”两个布局。

(9) 状态栏：用于显示当前操作的提示语句和正在编辑工作的模式，如果绘图时不知道下一步如何操作，可以在此获得提示。

1.1.2 工具栏的设置

工具栏按钮是常用工具的快捷方式。由于 SolidWorks 2012 功能十分强大，内容十分丰富，所对应的工具栏也非常多，因此在 SolidWorks 界面中不可能显示所有的工具栏。用户可以通过对工具栏的设置来显示常用的工具栏，这样能有效提高模型的设计效率。SolidWorks 2012 的设计也非常人性化，它为工具栏的设置问题提供了专门的解决方案——既可以自定义工具栏，还可以自定义单个工具栏中的按钮。

1. 自定义工具栏

自定义工具栏的方法为：

(1) 启动 SolidWorks 2012，打开一个零件、装配体或工程图文件。

(2) 单击菜单栏中的【工具】或者在工具栏的空白处右击，然后选择【自定义】命令，弹出的【自定义】对话框如图 1.2 所示。在【工具栏】选项卡中选中想要显示的工具栏前的复选框，或者取消选中想要隐藏的工具栏前的复选框。

自定义
工具栏
命令
菜单
键盘
鼠标笔势
选项
工具栏
激活 CommandManager
使用带有文本的大按钮(U)
2D 到 3D
DimXpert
MotionManager
Simulation
SolidWorks Office
Toolbox
Web
任务窗格(N)
参考几何体(G)
图层(Y)
块(B)
宏(M)
对齐(N)
尺寸/几何关系(R)
屏幕捕获(C)
工具(T)
工程图(D)
布局工具(O)
快速捕捉(Q)
扣合特征(T)
显示状态(P)
曲线(C)
曲面(E)
重设到默认(R)
选项
大图标(G)
显示工具提示(H)
使用大工具提示(L)
关联工具栏设定
在选取内容上显示(Q)
在快捷键菜单中显示(I)
快捷栏
在启动快捷栏时激活命令搜索
确定
取消
帮助(H)

图 1.2 【自定义】对话框

如果显示的工具栏位置不理想，可以将光标移到工具栏上按钮间的空白位置处，然后将其拖动到合适的位置。工具栏还可以通过拖动的方式固定到 SolidWorks 2012 窗口的边缘。若选中图 1.2 右边【大图标】前的复选框，界面就会以大尺寸显示工具栏按钮；若选中

【显示工具提示】前的复选框，当光标移到工具按钮时就会自动出现对此工具的说明。

2. 自定义工具栏按钮

通过自定义命令，还可以对工具栏中的按钮进行自定义，如为工具栏添加按钮，将不常用的按钮从工具栏删除等。其操作方法如下。

(1) 单击菜单栏中的【工具】或者在工具栏的空白处右击，然后选择【自定义】命令，弹出【自定义】对话框。单击【命令】选项卡，如图 1.3 所示。

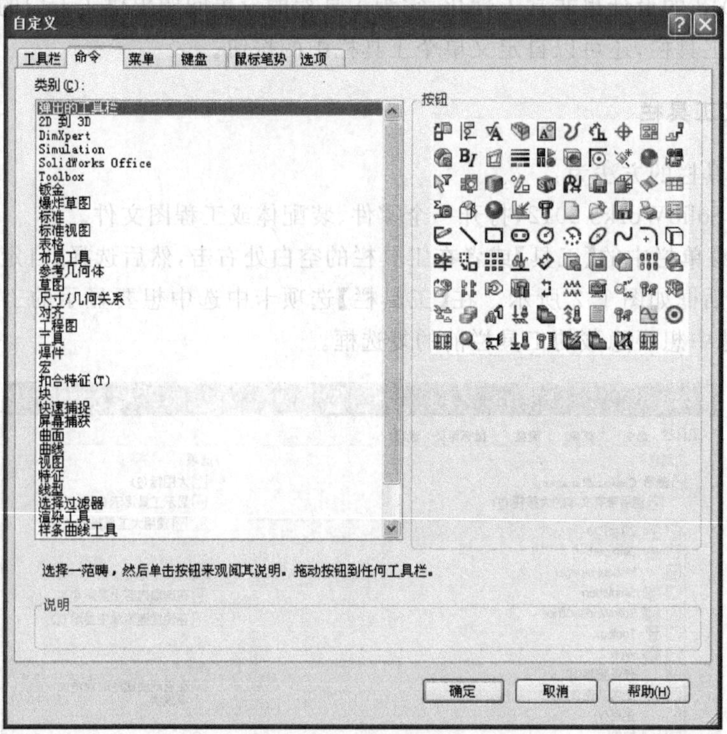
自定义
工具栏
命令
菜单
键盘
鼠标笔势
选项
类别(C):
弹出的工具栏
2D 到 3D
DimXpert
Simulation
SolidWorks Office
Toolbox
钣金
爆炸草图
标准
标准视图
表格
布局工具
参考几何体
草图
尺寸/几何关系
对齐
工程图
工具
焊件
宏
扣合特征(T)
块
快速捕捉
屏幕捕获
曲面
曲线
视图
特征
线型
选择过滤器
渲染工具
样条曲线工具
按钮
选择一范畴，然后单击按钮来观阅其说明。拖动按钮到任何工具栏。
说明
确定
取消
帮助(H)

图 1.3 【自定义】对话框的【命令】选项卡

(2) 在【类别】列表框中选择要改变的工具栏。

(3) 在右边的【按钮】列表框中选择要使用的按钮图标，将其拖动到界面工具栏上合适的位置，即可为工具栏增加命令。

(4) 若想删除工具栏中的按钮，只需在图 1.3 所示对话框显示的状态下，将要删除的按钮图标拖出工具栏即可。

(5) 自定义结束后，单击【确定】按钮。

1.1.3 SolidWorks 2012 的按键操作

1. 鼠标按键操作

三键鼠标是学习 CAD 软件必不可少的工具，掌握其各键的作用是必修的基本功。下面将具体介绍三键的作用。

(1) 左键：用于选取对象，如点、线、面等。

(2) 中键：中键对于 SolidWorks 来说非常重要，其用途很多，这就是为什么要选择三键鼠标的原因。

① 滚动中键，可以将模型以光标所在位置为中心任意缩放。

② 按住中键不放，可以任意旋转模型。

③ Shift 键＋中键，相当于 ZOOM In 和 ZOOM Out 功能，即以全图为中心任意缩放图形。

④ Ctrl 键＋中键，相当于 PAN 的功能，任意平移图形。

(3) 右键：单击右键(简称右击)会出现一个快捷菜单，菜单中包含一些常用命令，一般的操作都能通过右键实现。在建模时，多用右键能有效缩短绘图时间。此外，右键还有一个重要的功能，它也是 SolidWorks 所特有的功能，即在绘图区按住右键向上下左右任一方向移动，绘图区就会出现一个带 4 种视图方式的圆环，当光标移到其中一个视图方式上时，图形就会以该种视图方式显示。例如，选择上视方式显示图形，如图 1.4 所示。

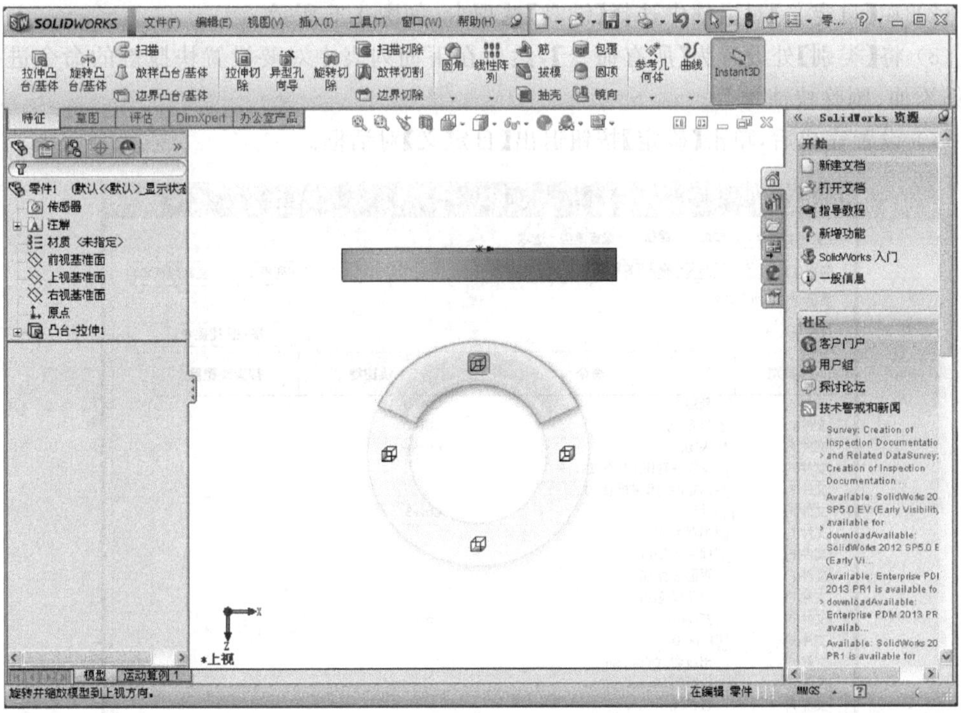

图 1.4 上视图

2. 常用快捷键

用户在学习该软件时，不仅要学会怎样使用，还要考虑怎样提高工作效率。通过使用快捷键，能有效缩短建模时间，从而提高工作效率。快捷键可以是单键，也可以是组合键。表 1.1 给出了一些系统默认的常用快捷键。

此外，用户还可以通过自定义来设置快捷键。其操作步骤如下。

(1) 选择【工具】/【自定义】，或在工具栏处右击，然后在弹出的快捷菜单中选择【自定义】。

表 1.1 常用快捷键

按 键	作 用	按 键	作 用
Ctrl+N	新建	Ctrl+F	查找/替换
Ctrl+O	打开	Ctrl+Q	强制重新生成
Ctrl+W	关闭	Ctrl+R	重画
Ctrl+S	保存	Shift+Z	放大
Ctrl+P	打印	Z	缩小
Ctrl+Z	撤销	F	整屏显示全图
Ctrl+A	选择所有	Delete	删除
Ctrl+X	剪切	Esc	在草图绘制中用于中断命令的运行
Ctrl+C	复制	Home	滚动到 FeatureManager 树顶端
Ctrl+V	粘贴	End	滚动到 FeatureManager 树底端
Ctrl+B	重建模型	G	放大镜

(2) 在【自定义】对话框中选择【键盘】选项卡，如图 1.5 所示。

(3) 将【类别】处设置为【所有命令】，然后在下面列表中对要设置快捷键的命令进行操作，如添加、删除快捷键等。

(4) 设置完成后，单击【确定】按钮退出【自定义】对话框。

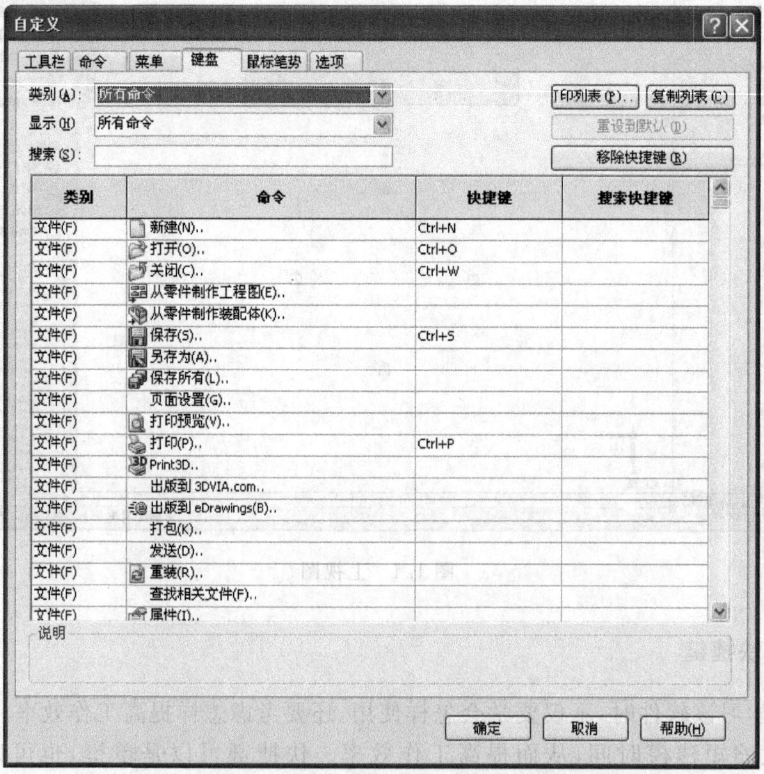
自定义
工具栏
命令
菜单
键盘
鼠标笔势
选项
类别(A):
所有命令
显示(H)
所有命令
搜索(S):
打印列表(P)..
复制列表(C)
重设到默认(D)
移除快捷键(R)
类别
命令
快捷键
搜索快捷键
文件(F)
新建(N)..
Ctrl+N
打开(O)..
Ctrl+O
关闭(C)..
Ctrl+W
从零件制作工程图(E)..
从零件制作装配体(K)..
保存(S)..
Ctrl+S
另存为(A)..
保存所有(L)..
页面设置(G)..
打印预览(V)..
打印(P)..
Ctrl+P
Print3D..
出版到 3DVIA.com..
出版到 eDrawings(B)..
打包(K)..
发送(D)..
重装(R)..
查找相关文件(F)..
属性(I)..
说明
确定
取消
帮助(H)

图 1.5 【自定义】对话框的【键盘】选项卡

1.2 2D草图绘制

草图绘制就是指利用草图绘制工具将模型的剖面轮廓绘制出来。在SolidWorks中，实体模型的大多数特征都是从2D草图绘制开始的，草图包含3个要素，分别是几何线条、几何尺寸和几何约束。在绘制草图时，可先绘制大致形状，然后再通过几何尺寸和几何约束来规范草图，使其成为需要的图形。SolidWorks 2012为用户提供了非常完善的草图绘制和编辑功能，能够熟练正确地绘制草图是建立三维模型的关键。

1.2.1 草图的创建

1. 草图绘制过程

在绘制草图前应将工具栏切换到【草图】状态下，如图1.6所示。

一般草图的绘制过程如下。

(1) 选择草图绘制的基准面。在FeatureManager设计树中，系统提供了三个草图绘制基准面，即前视基准面、上视基准面和右视基准面。默认情况下，系统选择的是前视基准面。此外，用户还可以根据绘图需要新建基准面，然后选取新建的基准面作为草图绘制的基准面。

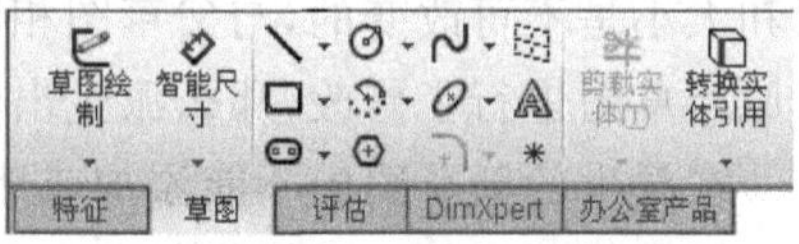
草图绘制
智能尺寸
剪裁实体
转换实体引用
特征
草图
评估
DimXpert
办公室产品

图1.6 草图绘制工具栏

(2) 单击草绘工具栏中的“草图绘制”按钮，进入草图绘制模式。此时，“草图绘制”按钮被激活，状态栏也显示正在编辑草图。

(3) 单击“草图绘制工具”按钮进行草图绘制，如（直线）、（圆）、（矩形）等。

(4) 使用草图编辑工具对绘制的图形进行编辑，如（裁剪实体）、（延伸实体）等。

(5) 使用（智能尺寸）工具标注草图的几何尺寸。

(6) 对所绘制的图形添加几何关系，使草图处于完全定义状态。

(7) 退出草图绘制模式。如果绘制的草图不是很理想，可以右击FeatureManager设计树中的草图，然后在弹出的快捷菜单中选取（编辑草图），对草图进行修改。

草图除了可以在基准面上绘制外，还可以在零件的面上绘制，其绘制过程与前面所讲的类似，只需将基准面换成需要绘制草图的面即可。如果要在零件的另一面上继续绘制草图，这时需要退出当前草图，然后选择新的面再进行草绘。这种草图的绘制在三维建模中运用非常多，例如，在零件的面上需要拉伸一个凸台，就必须先在零件的该面上草绘出凸台的截面形状。

2. 更改草图基准面

如果想要更改已绘制好的草图的基准面，可按如下操作进行更改。

(1) 在FeatureManager设计树中，右击需要更改基准面的草图名称。

(2) 在弹出的快捷菜单中选择 (编辑草图平面),在出现的【草图绘制平面】属性管理器中可看到【草图基准面/面】里显示着草图所使用的基准面名称,如图 1.7 所示。

(3) 将草图原来的基准面替换成新的基准面。

(4) 单击“确定”按钮 ,完成草图基准面的更改,如图 1.8 所示。

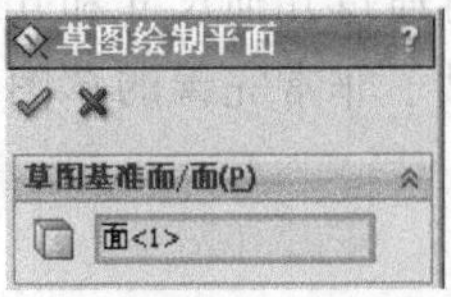
草图绘制平面
草图基准面/面(P)
面<1>

图 1.7 【草图绘制平面】属性管理器

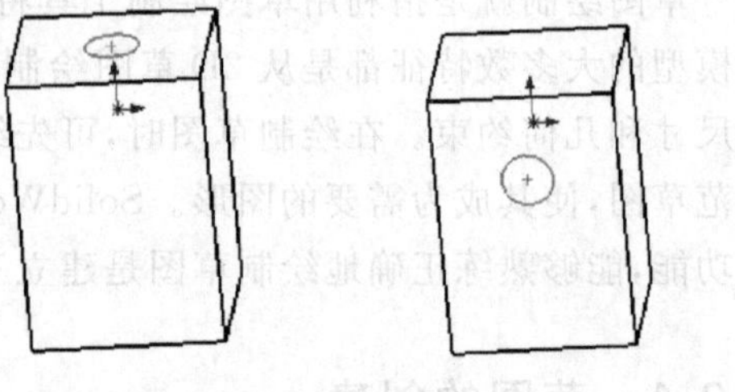

图 1.8 更改草图绘制基准面前(左)后(右)的草图

3. 派生草图的绘制

在 SolidWorks 2012 中,派生草图就是指把原有的草图复制到选定的基准面上,但其形状和大小是不可改变的,与父草图相同,即派生出的新草图与父草图保持相同的特性。如果对原始草图进行了修改,那么派生出的新草图将随之改变。

在派生的新草图中不能添加或删除几何体,也不能进行尺寸标注,但其位置是可以改变的。派生新草图的一般操作如下:

(1) 在 FeatureManager 设计树中单击需要派生新草图的草图。

(2) 按住 Ctrl 键并单击要放置新草图的面。

(3) 选择【插入】/【派生草图】命令,此时草图将出现在所选的面上。

(4) 通过拖动和标注尺寸将派生的草图定位在所选的面上,如图 1.9 所示,选取长方体的右侧面为新派生草图的放置面。

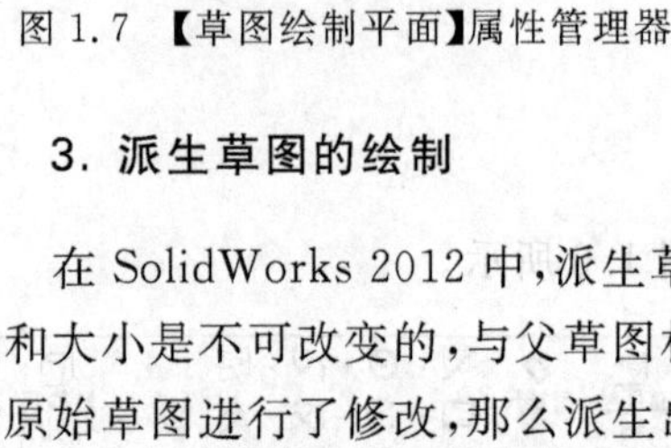

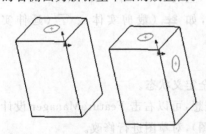

图 1.9 原草图(左)和派生(右)的新草图

派生草图与复制草图不同,派生草图有以下几个特点:

(1) 派生草图可以从属于同一零件的另一草图,也可以从同一装配体中的另一草图派生出来。

(2) 派生的新草图和原草图具有一致性,对原草图所做的修改将自动反映到派生草图中。

(3) 如果要删除一个派生草图的原草图,系统会提示所有派生的草图将自动解除派生关系。

(4) 在派生的新草图中不能添加或删除几何体,也不能标注形状尺寸。

(5) 可以解除派生草图与其父草图的链接。

解除派生草图与原草图链接关系的方法是:在 FeatureManager 设计树中右击派生草图,然后选择【解除派生】命令即可。链接解除之后,如果对原来的草图(父草图)进行了更改,派生的草图不会再自动更新。这时可以对派生出来的草图进行形状尺寸和定位尺寸的标注。

1.2.2　基本图形的创建

SolidWorks 2012 提供的草图工具栏中包含了草图创建的几乎所有工具，如图 1.10 所示。利用这些工具可以绘制出复杂的轮廓，为三维实体建模做好准备。所有复杂的图形都是由一些基本图形组成的，掌握了基本图形的创建就等于草图绘制完成了一半。我们将基本图形的创建分为基本图形的绘制和基本图形的编辑两部分，下面将对这两部分分别进行介绍。

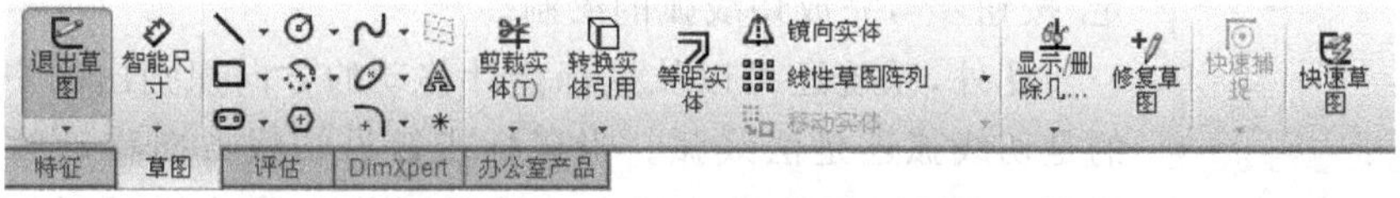
退出草图
智能尺寸
剪裁实体(T)
转换实体引用
等距实体
镜向实体
线性草图阵列
移动实体
显示/删除几...
修复草图
快速捕捉
快速草图
特征
草图
评估
DimXpert
办公室产品

图 1.10　草图工具栏

1. 基本图形的绘制

基本图形的绘制是指利用草图绘制工具来绘制草图的基本图形，如直线、圆、样条曲线等。

1）直线的绘制

在所有草图中，直线是最基本的几何图形。单击（直线）时会出现【插入线条】属性管理器，如图 1.11 所示。在属性管理器中可以选择直线绘制的类型，绘制出水平、垂直、角度、无限长度的直线，也可以绘制出构造线。

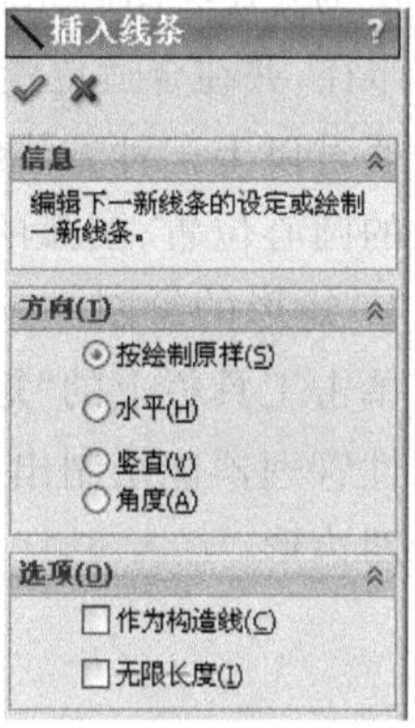
插入线条
信息
编辑下一新线条的设定或绘制一新线条。
方向(I)
按绘制原样(S)
水平(H)
竖直(V)
角度(A)
选项(O)
作为构造线(C)
无限长度(I)

图 1.11　【插入线条】属性管理器

对绘制出的直线还可以进行如下几种修改：

(1) 选择并拖动一个端点来延长或缩短直线。

(2) 选取一条直线拖动到另一个位置来实现直线位置的移动。

(3) 选择一个端点并拖动它来改变直线倾斜的角度。

2）圆的绘制

圆也是草图绘制中经常使用的基本图形之一，SolidWorks 2012 的草图绘制工具（圆）提供了两种绘制圆的方法：创建圆和周边圆。系统默认的方式是创建圆，即指定圆的圆心和半径。周边圆则是通过给定圆周上的三点来生成圆。

通过以上两种方法绘制的圆都可以进行修改，例如，拖动圆的边线来放大或缩小圆，或者拖动圆的中心来移动圆。如果要改变圆的属性，可以在草图中选择所要修改的圆，然后在【圆】属性管理器中进行编辑。

3）圆弧的绘制

单击工具栏上的【圆弧】绘制按钮，在绘图区的左侧弹出如图 1.12 所示的【圆弧】属性管理器。圆弧的绘制方法有 3 种：圆心/起/终点画弧、切线弧、3 点圆弧。

(1) 圆心/起/终点画弧

即通过圆心、圆弧起点和圆弧终点来确定圆弧。其绘制方法为：选择【圆心/起/终点画

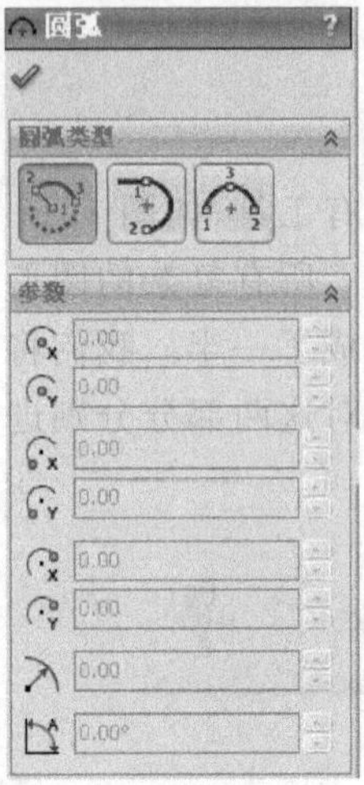
圆弧
圆弧类型
参数
0.00
0.00
0.00
0.00
0.00
0.00
0.00
0.00°

图 1.12 【圆弧】属性管理器

弧】，在绘图区的任一位置单击确定圆弧的圆心，拖动鼠标至合适位置单击确定圆弧的起点，然后再拖动鼠标至合适位置单击确定圆弧的终点，最后单击“确定”按钮。

(2) 切线弧

切线弧是用于连接已有草图线段的圆弧，且圆弧的起点与已有线段相切。已有的草图线段可以是直线，也可以是曲线，但是不能封闭。在绘制切线弧时，必须选取所要连接草图线段的端点作为圆弧的起点，然后拖动鼠标在合适位置单击确定圆弧的终点，单击“确定”按钮，完成切线弧的绘制。

此外，系统还可以从鼠标指针移动的方向识别出用户想要绘制的是切线弧还是法线弧。当鼠标指针沿切线方向移动时将生成切线弧；当鼠标指针沿法线方向移动时将生成法线弧，如图 1.13 所示。通过将指针先返回到草图线段的端点，然后再向新的方向移动，可实现切线弧和法线弧的切换。

(3) 3 点圆弧

3 点圆弧的图标按钮为，它是通过指定圆弧的起点、终点和中点来生成圆弧。其绘制方法为：在绘图区先后各单击一次确定圆弧的起点和终点，再拖动鼠标指针改变圆弧的方向和半径，并在合适位置单击确定圆弧的中点，最后单击“确定”按钮完成 3 点圆弧的绘制。

通过以上三种方法绘制的圆弧都可以通过【圆弧】属性管理器来进行精确定义，如定义圆弧的圆心位置、圆弧的半径等。

4) 矩形的绘制

单击工具栏上的“矩形绘制”按钮，弹出【矩形】属性管理器，如图 1.14 所示。利用该属性管理器能绘制出 5 种四边形，即边角矩形、中心矩形、3 点边角矩形、3 点中心矩形和平行四边形。

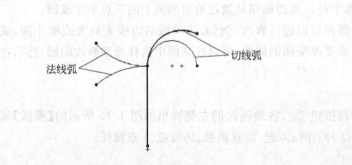

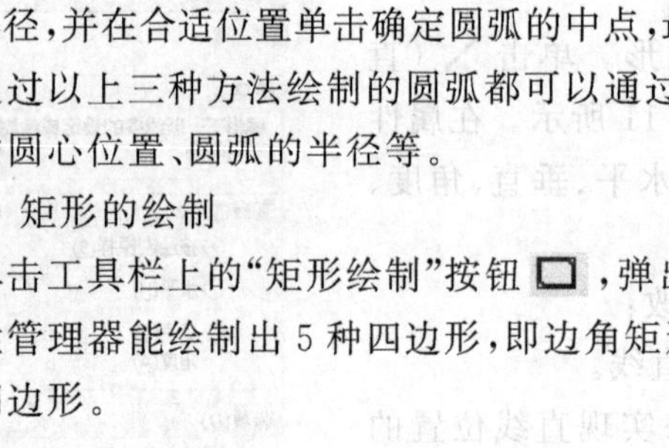
法线弧
切线弧

图 1.13 切线弧和法线弧

矩形
矩形类型
参数
-87.0515935
-95.80799648
-87.0515935
-104.53506151
-91.86738382
-104.53506151
-91.86738382
-95.80799648

图 1.14 【矩形】属性管理器

(1) 边角矩形

边角矩形是草图绘制中使用最多的矩形，利用矩形的两个对角点来确定矩形的大小和形状，绘制起来简单方便。首先选择“边角矩形”按钮，在绘图区的任一位置单击确定矩形第一个角点，然后拖动鼠标至矩形的大小和形状合适后释放鼠标，完成边角矩形的绘制。

(2) 中心矩形

中心矩形虽然也是通过两个点来确定的，但与边角矩形不同，它需要指定的是矩形的中心点和一个角点。绘制方法为：单击“中心矩形”按钮，在绘图区中单击一位置作为矩形的中心点，然后拖动鼠标，在合适位置单击确定矩形的一个角点，完成中心矩形的绘制。

(3) 3点边角矩形

3点边角矩形是通过指定3个点来确定矩形的，指定的前两个点确定矩形的倾斜角度和一条边，第3个点确定矩形的另一条相邻边。其绘制过程非常简单，只需在绘图区连续指定3个合适的点，即可完成3点边角矩形的绘制。

(4) 3点中心矩形

3点中心矩形需要指定的3点是矩形的中心点、矩形一条边线的中点和该条边线的端点。其绘制方法与前面矩形的绘制方法类似，只需依次在绘图区中指定上述3个点。值得提出的是，第2点与第1点的相对位置决定了矩形是水平放置还是倾斜放置，第3点与第2点的相对位置决定了矩形的大小。

(5) 平行四边形

平行四边形是一种特殊的四边形，它的绘制是通过指定3个角点来确定的。绘制方法为：选择“平行四边形绘制”按钮，在绘图区单击确定平行四边形的第一个角点，拖动鼠标至合适位置单击确定平行四边形的第二个角点，再次拖动鼠标至合适位置确定平行四边形的第三个角点，最后单击“确定”按钮，完成平行四边形的绘制。

在草图中绘制的矩形，其4条边和4个顶点都是独立的，可分别对它们进行平移来改变四边形的形状。对矩形的4条边还可以进行剪切、删除等编辑。

5) 多边形的绘制

单击工具栏上的“多边形绘制”按钮，弹出如图1.15所示的【多边形】属性管理器。多边形是由3条及3条以上长度相等的边所组成的封闭图形，在绘制时需要先在【多边形】属性管理器中指定多边形的边数。其绘制方法为：首先打开【多边形】属性管理器，设置好多边形的边数，并选择是内切圆或者外接圆；然后在绘图区单击放置多边形的中心；再拖动鼠标至合适位置单击，或者在属性管理器中精确定义多边形的内切圆或外接圆的直径及多边形的倾斜角度；最后单击“确定”按钮，完成多边形的绘制。

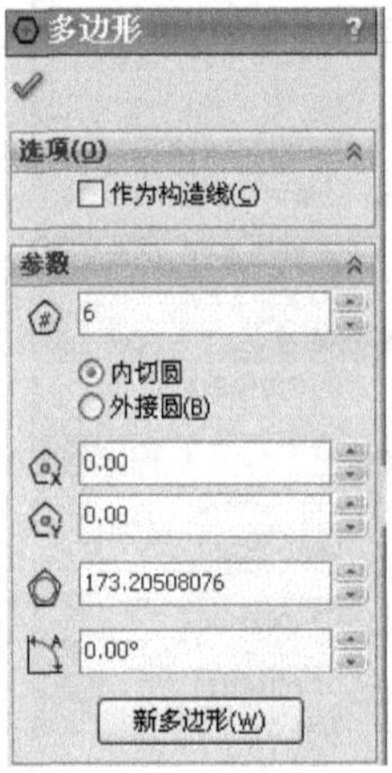
多边形
选项(O)
作为构造线(C)
参数
6
内切圆
外接圆(B)
0.00
0.00
173.20508076
0.00°
新多边形(W)
图 1.15 【多边形】属性管理器

对于绘制好的多边形，可以通过拖动中心点或任意顶点来改变多边形的放置位置。

6) 椭圆/部分椭圆/抛物线的绘制

椭圆绘制工具集中包含了椭圆、部分椭圆和抛物线3个绘图按钮，且这三种都是工程中经常使用的标准二次方程曲线，在 SolidWorks 2012 中可以很方便地得到准确的曲线图形。

(1) 椭圆

椭圆是由中心点、长轴和短轴定义的，中心点决定椭圆的位置，长轴和短轴决定椭圆的大小和方向。其绘制过程为：单击工具栏上的“椭圆绘制”按钮，在绘图区中单击确定椭圆的中心；拖动鼠标至合适位置单击以确定椭圆的长轴，再沿不同方向拖动鼠标单击以确定椭圆的短轴；在出现的【椭圆】属性管理器中输入椭圆的中心点坐标、长轴和短轴的半径值以精确定义椭圆，如图 1.16 所示；单击“确定”按钮，完成椭圆的绘制。

(2) 部分椭圆

部分椭圆也即是椭圆弧，它是椭圆的一部分，由中心点、椭圆弧起点和椭圆弧终点来确定。部分椭圆的绘制是在椭圆绘制的基础上进行的，先单击“部分椭圆绘制”按钮，然后按绘制椭圆的方法绘制椭圆，再在椭圆上单击以确定部分椭圆的起点和终点，并在出现的属性管理器中对其进行精确定义。按上述方法任意绘制出的部分椭圆如图 1.17 所示。

(3) 抛物线

抛物线是一种方程中含有焦点、焦距、准线、顶点等参数的复杂曲线。在工程中一般使用的是有限长度的抛物线，因此在绘制抛物线时我们需要指定其焦点、顶点、起点和终点的位置。抛物线的绘制方法为：单击工具栏中的“抛物线绘制”按钮，在绘图区的任一位置单击以确定抛物线的焦点；拖动鼠标至合适位置单击以确定抛物线的顶点，顶点与焦点的相对位置决定了抛物线的大小和方向；再次拖动鼠标，在虚线抛物线上先后各单击一点以确定抛物线的起点和终点，此时将出现【抛物线】属性管理器，如图 1.18 所示，且可以在抛物线属性管理器中精确定义各点坐标；单击“确定”按钮，完成抛物线的绘制。

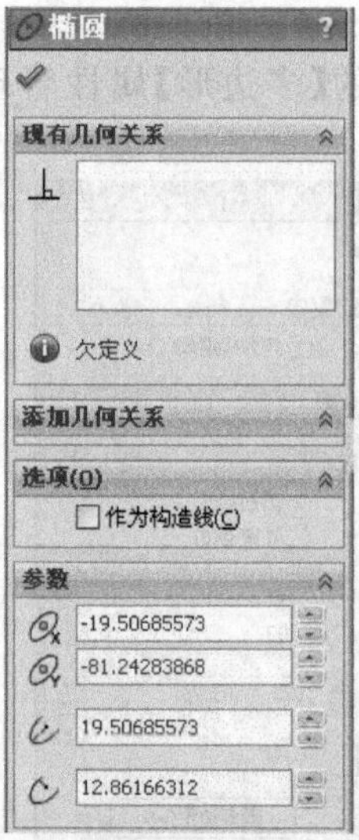
椭圆
现有几何关系
欠定义
添加几何关系
选项(O)
作为构造线(C)
参数
-19.50685573
-81.24283868
19.50685573
12.86166312

图 1.16 【椭圆】属性管理器

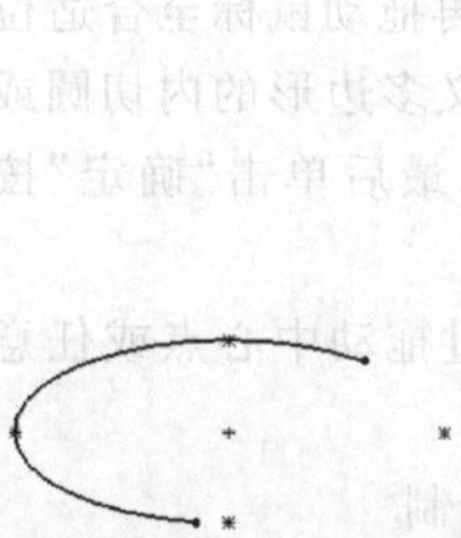

图 1.17 部分椭圆的绘制

抛物线
现有几何关系
欠定义
添加几何关系
固定(F)
选项(O)
作为构造线(C)
参数
-108.52857429
0.00
-8.38980447
-5.85335196
-63.02108939
-25.7547486
-63.02108939
13.26759777

图 1.18 【抛物线】属性管理器

对于绘制好的椭圆、部分椭圆和抛物线，可以通过拖动点 ✱ 来改变图形大小或旋转图形。以椭圆为例，在拖动点的过程中，椭圆的中心不会跟着改变，只是改变了图形的大小和旋转角度，如图 1.19 所示。对于部分椭圆和抛物线，还可以通过拖动端点来改变曲线的长度。

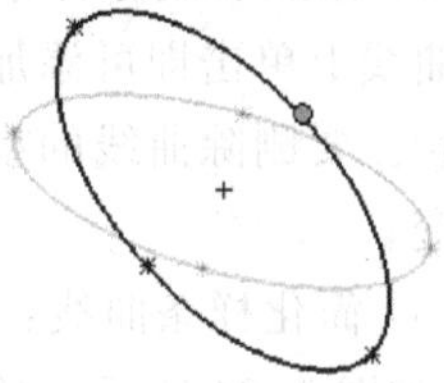
图 1.19 拖动点前后椭圆的大小和倾斜位置

7）槽口的绘制

在 SolidWorks 2012 的槽口绘制工具中有 4 种槽口绘制按钮，分别是（直槽口）、（中心点直槽口）、（三点圆弧槽口）和（中心点圆弧槽口）。“直槽口”按钮和“中心点直槽口”按钮用于绘制直槽口，绘制时需要指定 3 个点来确定槽口，这两种绘制直槽口的方法能帮助我们快速绘制出键槽。“三点圆弧槽口”按钮和“中心点圆弧槽口”按钮用于绘制圆弧槽口，绘制时需要指定 4 个点。在工具栏中单击“槽口绘制”按钮，出现如图 1.20 所示的【槽口】属性管理器，在【槽口类型】选项板中会显示出这 4 种槽口绘制按钮，并且还显示了每种方法所需指定的点。

在【槽口类型】选项板中切换槽口绘制方法时，【参数】设置卡中将出现需要设置的相应参数。这里我们将不一一细致讲解每种槽口的绘制，只需根据槽口类型选项板中各种方法依次指定所需的每个点，然后在【参数】设置卡中修改相应的参数即可。任意绘制出的直槽口和圆弧槽口如图 1.21 所示。

8）样条曲线的绘制

样条曲线是由一组点定义的光滑曲线，通常用于精确表达对象的造型，它至少需要两个以上的点，还可以在端点指定相切。其绘制方法为：单击工具栏中的“样条曲线”按钮，在绘图区中单击以放置样条曲线的起点；拖动鼠标并单击以确定第二点；重复以上操作，在样条曲线终点处双击完成样条曲线的绘制，绘制出的样条曲线如图 1.22 所示。在【样条曲线】属性管理器中可设置各型值点的坐标。

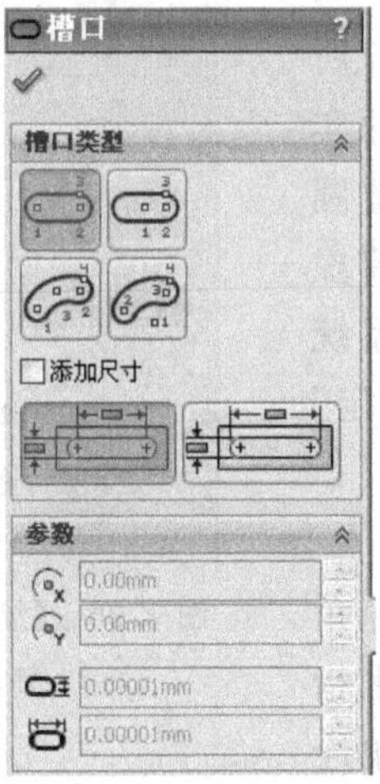
槽口
槽口类型
添加尺寸
参数
0.00mm
0.00mm
0.00001mm
0.00001mm
图 1.20 【槽口】属性管理器

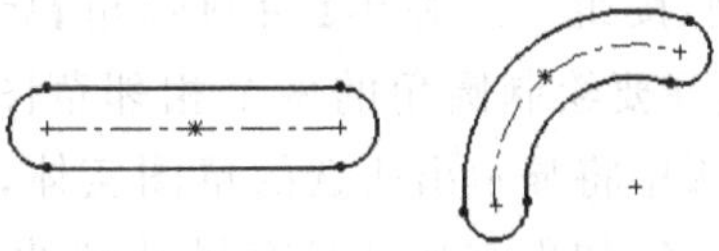
图 1.21 直槽口和圆弧槽口

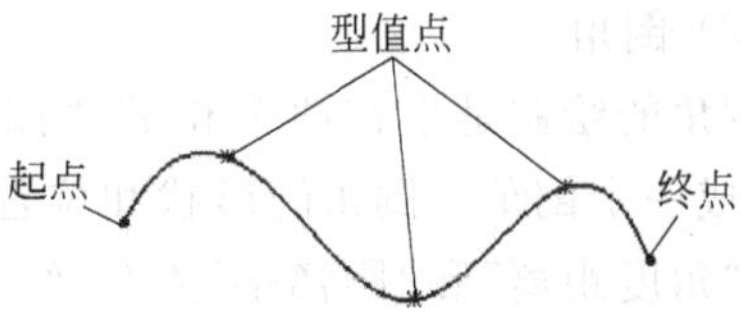
型值点
起点
终点
图 1.22 完成的样条曲线

样条曲线绘制完成后，还可以对其进行以下几种编辑。

（1）改变样条曲线的形状：单击要编辑的样条曲线，此时样条曲线的型值点和端点上将出现控标，如图1.23所示。拖动型值点和端点上的控标可以改变样条曲线的形状，拖动型值点和端点上的箭头可改变样条曲线的曲率。

(2) 添加和删除样条曲线上的点：右击样条曲线，选择【插入样条曲线型值点】命令，在样条曲线上单击即可添加一个或多个新的型值点。拖动新添加的型值点仍可改变样条曲线的形状。要删除曲线的型值点，只要选中该点后按 Delete 键即可，样条曲线的形状也会随之改变。

(3) 简化样条曲线：右击样条曲线，选择【简化样条曲线】命令，弹出【简化样条曲线】对话框，如图1.24所示。单击 平滑(S) 按钮，样条曲线的型值点将会逐个减少，原始样条曲线显示在绘图区中，并给出简化后样条曲线的预览(见图1.25)。原来的点数和简化后的点数分别显示在【在原曲线中】和【在简化曲线中】文本框中，公差也显示在【公差】文本框中。单击 上一步(P) 按钮可以恢复到简化前的原样条曲线。

控标

图1.23 样条曲线的控标

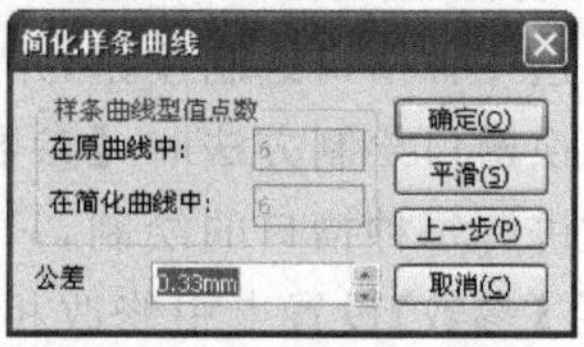
简化样条曲线
样条曲线型值点数
在原曲线中:
在简化曲线中:
公差
0.33mm
确定(O)
平滑(S)
上一步(P)
取消(C)

图1.24 【简化样条曲线】对话框

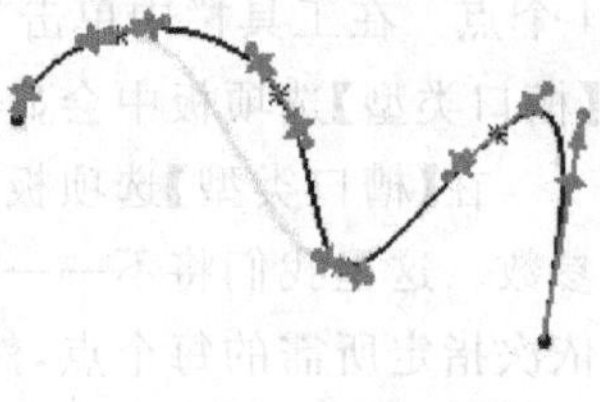

图1.25 简化前后的样条曲线

9) 圆角/倒角的绘制

【绘制圆角】和【绘制倒角】工具是用于修饰所绘制的草图图形，美化草图。它们都作用于两个相邻草图实体的交叉处，且都可以用于二维和三维草图中。

(1) 圆角

圆角的绘制是指在两个相邻草图实体的交叉处裁剪掉角部，生成一个切线弧。其绘制方法为：单击草图工具栏中的“圆角绘制”按钮，弹出【绘制圆角】属性管理器，如图1.26所示；选择要绘制圆角的两个相邻草图实体，在【要圆角化的实体】面板中将显示出所选的草图实体；在【圆角参数】中设置圆角的半径，如果交叉处具有尺寸和约束条件，并且希望保留虚拟交点，则选中【保持拐角处约束条件】复选框，若不选中，系统会提示是否要在生成圆角时，删除这些约束条件；单击“确定”按钮，完成圆角的绘制。

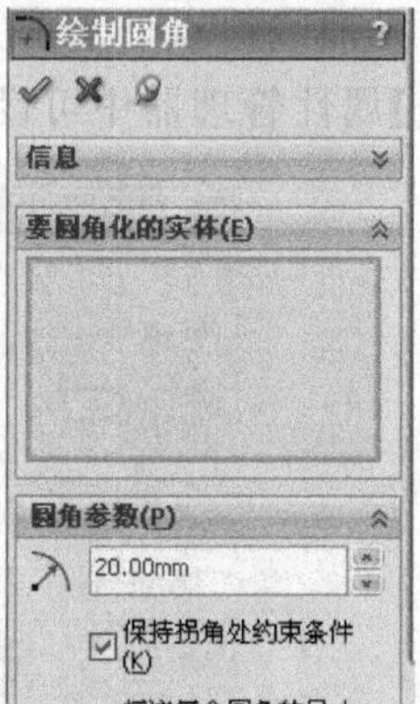
绘制圆角
信息
要圆角化的实体(E)
圆角参数(P)
20.00mm
保持拐角处约束条件(K)
标注每个圆角的尺寸(D)

图1.26 【绘制圆角】对话框

(2) 倒角

倒角的绘制是指在两个相邻草图实体的交叉处裁剪掉角部，生成一个倒角。倒角的形状和位置可以通过两种方法来指定，即“角度距离”和“距离-距离”。绘制方法为：单击“倒角绘制”按钮，弹出如图1.27所示的【绘制倒角】属性管理器；在【倒角参数】设置面板中选择一种倒角生成方式，并在下面设置好相应的参数；选择要绘制倒角的两个相邻草图实体，此时倒角将出现在草图实体的交叉处；单击“确定”按钮，完成倒角的绘制。图1.28所示为两种不同方式生成的倒角。

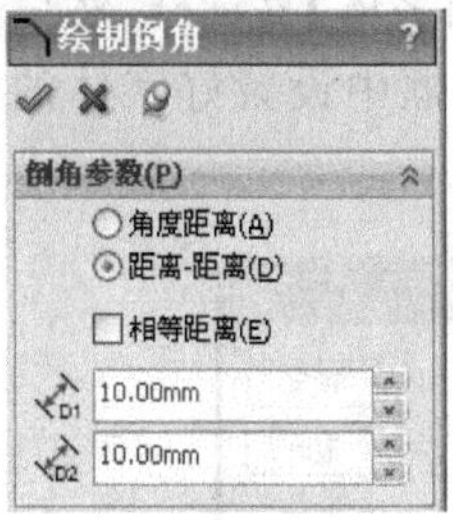
绘制倒角
倒角参数(P)
角度距离(A)
距离-距离(D)
相等距离(E)
10.00mm
10.00mm

图 1.27 【绘制倒角】属性管理器

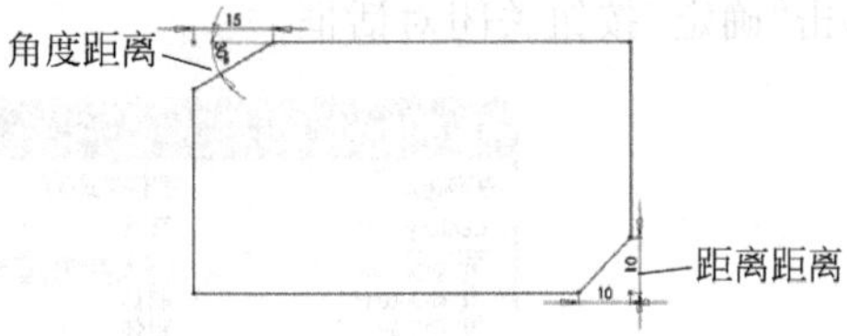
角度距离
距离距离

图 1.28 两种倒角方式

10）点的绘制

点的绘制非常简单，绘制出的点通常用作基准点。单击草图绘制工具栏上的【点】绘制按钮 ✳，在绘图区单击确定点的放置位置，还可以在图 1.29 所示的【点】属性管理器中修改该点的 X、Y 坐标值，单击“确定”按钮 ✔，完成点的绘制。

11）文字

在 SolidWorks 中，用户可以在零件表面上添加文字，并且还可以通过拉伸凸台或拉伸切除生成立体文字。

在零件表面上添加文件文字的操作步骤如下。

(1) 选择需要添加文字的零件表面，进入草图绘制状态。

(2) 单击工具栏中的“文字”按钮 A，弹出如图 1.30 所示的【草图文字】属性管理器。

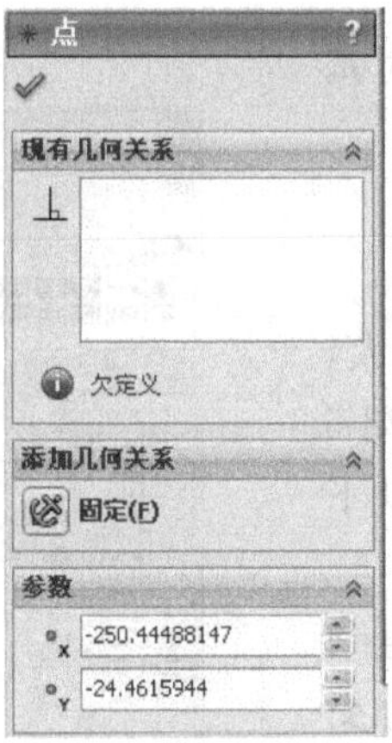
点
现有几何关系
欠定义
添加几何关系
固定(F)
参数
-250.44488147
-24.4615944

图 1.29 【点】属性管理器

草图文字
曲线(C)
文字(T)
100%
100%
使用文档字体(U)
字体(F)...

图 1.30 【草图文字】属性管理器

(3) 在零件表面是单击文字开始的位置。

(4) 在【文字】文本框中输入要添加的文字，并编辑文字的属性。

(5) 如果想修改文字的样式和大小，取消选中【使用文档字体】复选框，然后单击“字体”按钮，出现如图 1.31 所示的【选择字体】对话框。在该对话框中设置好字体的样式和大小后，单击“确定”按钮关闭对话框。

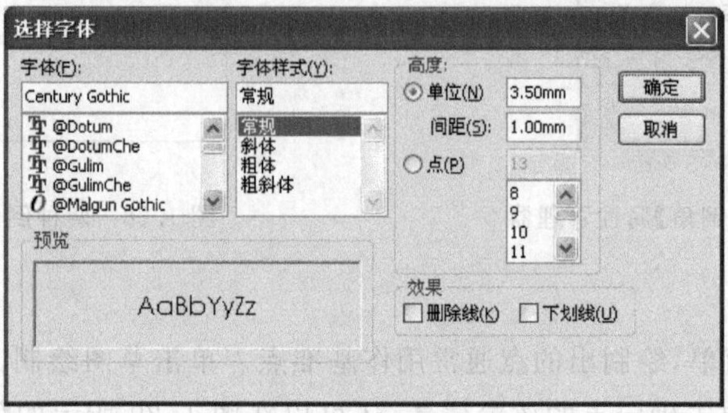
选择字体
字体(F):
Century Gothic
@Dotum
@DotumChe
@Gulim
@GulimChe
@Malgun Gothic
字体样式(Y):
常规
常规
斜体
粗体
粗斜体
高度:
单位(N)
3.50mm
间距(S):
1.00mm
点(P)
13
8
9
10
11
确定
取消
预览
AaBbYyZz
效果
删除线(K)
下划线(U)

图 1.31 【选择字体】对话框

(6) 单击“确定”按钮，完成文字的添加。

如果文字在零件表面上的位置不够理想，可以用鼠标拖动文字到合适位置。用户还可以使用“拉伸凸台/基体”按钮和“拉伸切除”按钮对文字进行拉伸或切除，图 1.32 展示了草图文字、拉伸和切除后的文字。

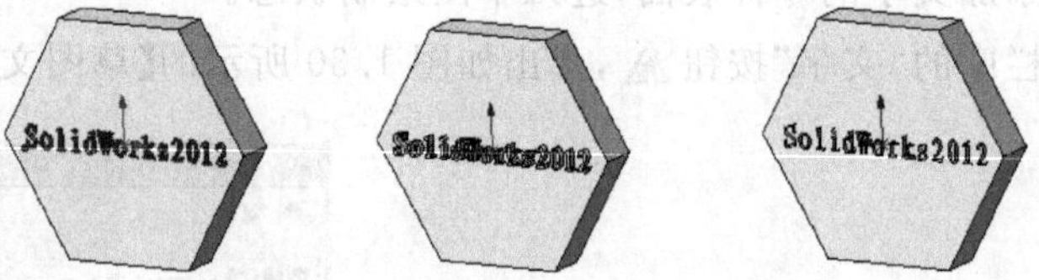
SolidWorks2012
SolidWorks2012
SolidWorks2012

图 1.32 草图文字(左)、基体拉伸文字(中)、拉伸切除文字 (右)

2. 基本图形的编辑

基本图形绘制完后，若还不能满足草图的要求，可对基本图形进行编辑，如裁剪、镜像、阵列等。

1) 剪裁和延伸实体

(1) 剪裁实体

剪裁实体在草图绘制中应用非常多，其功能非常强大，包括强劲剪裁、边角、在内剪除、在外剪除和剪裁到最近端 5 种剪裁方式。使用剪裁实体工具剪裁草图能够达到以下效果：

① 剪裁直线、圆、圆弧、椭圆、样条曲线或中心线，直到它与另一直线、圆、圆弧、椭圆、样条曲线或中心线的交点处。

② 删除一条直线、圆、圆弧、椭圆、样条曲线或中心线。

单击草图工具栏上的“剪裁实体”按钮，弹出如图 1.33 所示的【剪裁】属性管理器。在【选项】选项板中列出了强劲

剪裁
信息
选择一实体剪裁到最近端交叉实体或拖动到实体
选项(O)
强劲剪裁(P)
边角(C)
在内剪除(I)
在外剪除(O)
剪裁到最近端(T)

图 1.33 【剪裁】属性管理器

剪裁、边角、在内剪除、在外剪除和剪裁到最近端这 5 种剪裁方式,【信息】栏中显示了对应剪裁方式的使用说明。用户可以根据需要选择比较适合的剪裁方式,并按照状态栏的提示进行操作,即可完成对草图的剪裁。

(2) 延伸实体

延伸实体是指将草图实体延伸到另一个草图实体,用于增加草图实体的长度,如延伸直线、圆弧、中心线等。其操作步骤为:

① 单击草图工具栏中的“延伸实体”按钮。

② 将鼠标指针移动到要延伸的草图实体上,此时所选实体改变显示颜色,并预览显示实体的延伸效果。

③ 如果预览的延伸效果不符合要求,将指针移动到实体的另一半上,再观察新的预览效果。

④ 单击接受预览的延伸效果,完成草图实体的延伸。实体延伸结果如图 1.34 所示。

此外,草图实体的延伸还可以是穿越的,即将实体延伸到与之不相邻的另一个实体上。操作方法为:单击要延伸的草图实体,并按住左键拖动到另一个实体,松开左键完成草图实体的延伸,如图 1.35 所示。

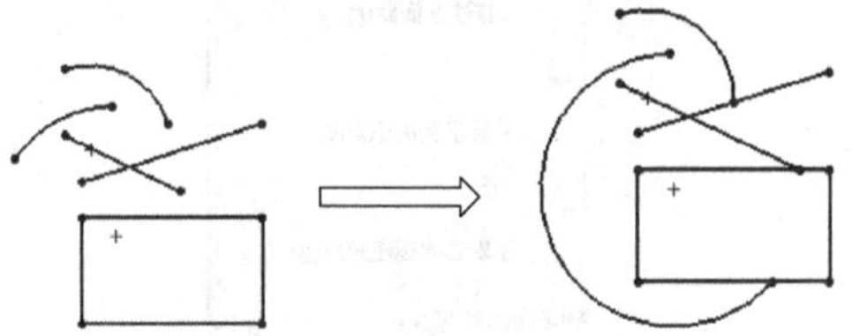

图 1.34 实体延伸效果

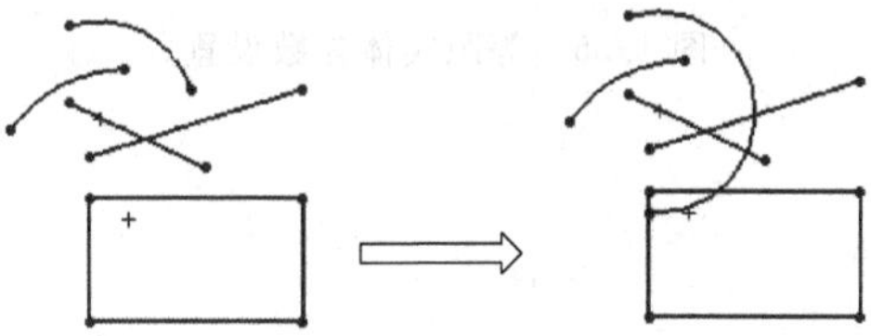

图 1.35 实体穿越延伸效果

2) 转换实体引用

转换实体引用是指将边、环、面、曲线或外部草图轮廓线投影到草图基准面上,在草图上生成一个或多个草图实体。操作步骤为:

(1) 在草图状态下选取边、环、面、曲线或外部草图轮廓线。

(2) 单击草图工具栏中的“转换实体引用”按钮,此时选中的草图实体将出现在新的草图上。

3) 等距实体

等距实体是指按特定的距离等距(可以是双向)生成一个与草图实体相同形状的草图,等距的对象可以是模型边、环、面或一组外部草图曲线。操作步骤如下:

(1) 在草图中选择一个模型面、一条边线或其他草图实体。

(2) 单击草图工具栏上的“等距实体”按钮,在等距实体属性管理器中按图 1.36 进行设置。

(3) 单击“确定”按钮,完成的实体等距如图 1.37 所示。

4) 镜像实体

镜像实体是通过选取要镜像的图形和镜像中心线来镜像,且生成的新图形与原图形有一个对称关系。如果更改原图形,则新图形会随之改变。

5）线性/圆周草图阵列

(1) 线性草图阵列

线性草图阵列用于对指定的草图实体进行矩形阵列。操作步骤如下：

① 选取要阵列的草图实体。

② 单击草图工具栏中的“线性阵列”按钮，按图 1.38 进行参数设置。

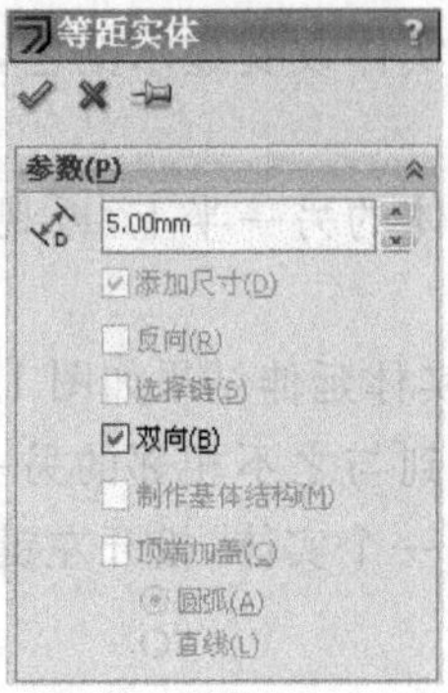

等距实体
参数(P)
5.00mm
添加尺寸(D)
反向(R)
选择链(S)
双向(B)
制作基体结构(M)
顶端加盖(C)
圆弧(A)
直线(L)

图 1.36　等距实体参数设置

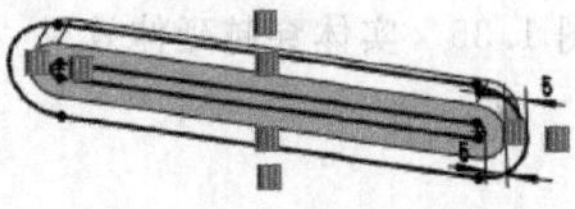

图 1.37　双向等距效果

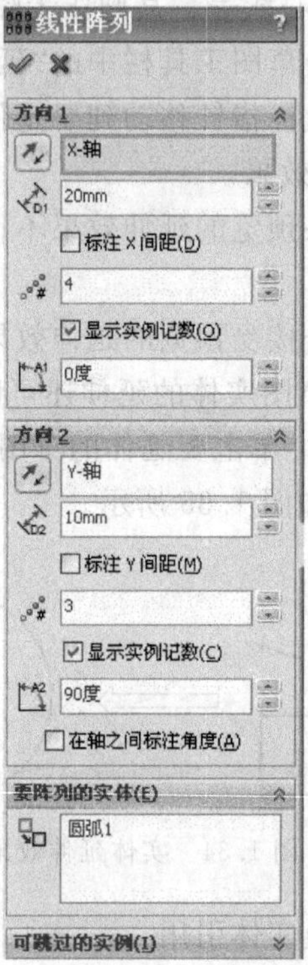

线性阵列
方向 1
X-轴
20mm
标注 X 间距(D)
4
显示实例记数(O)
0度
方向 2
Y-轴
10mm
标注 Y 间距(M)
3
显示实例记数(C)
90度
在轴之间标注角度(A)
要阵列的实体(E)
圆弧1
可跳过的实例(I)

图 1.38　【线性阵列】属性管理器

③ 单击绘图区预览阵列效果。

④ 单击“确定”按钮，完成草图实体的阵列，如图 1.39 所示。

(2) 圆周草图阵列

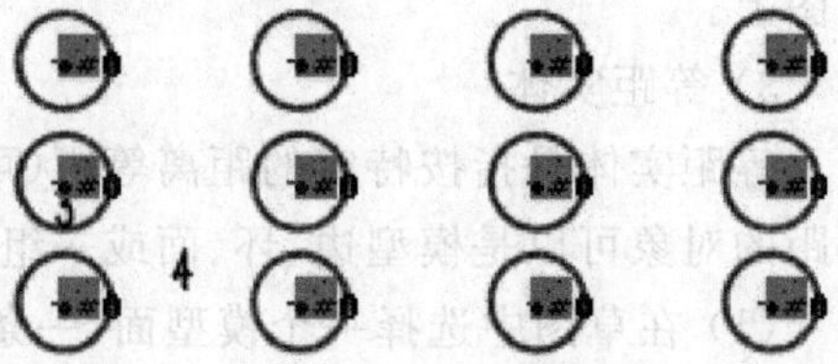

图 1.39　线性阵列效果

圆周草图阵列用于对指定的草图实体进行圆形阵列。【圆周阵列】属性管理器如图 1.40 所示，其中、微调框用于设置圆周阵列中心点的 X 和 Y 坐标，微调框用于设置阵列实例总数(包括原始实体)，是指圆周阵列的半径，是指圆周阵列的中心与所选实体的位置夹角。

任意绘制一个草图，将其按图 1.40 所示参数进行圆周阵列，阵列效果如图 1.41 所示。

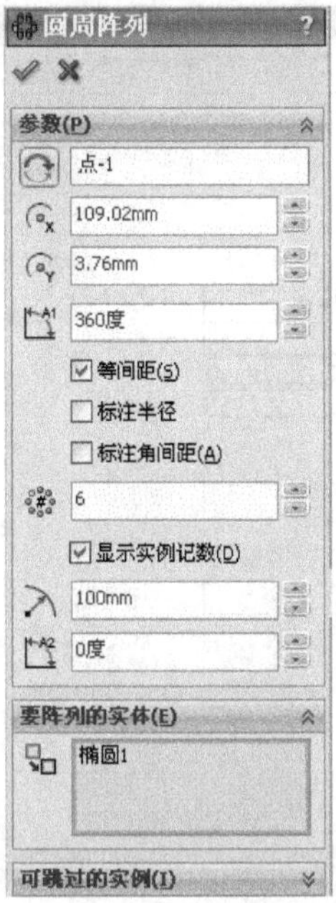
圆周阵列
参数(P)
点-1
109.02mm
3.76mm
360度
等间距(S)
标注半径
标注角间距(A)
6
显示实例记数(D)
100mm
0度
要阵列的实体(E)
椭圆1
可跳过的实例(I)

图 1.40 【圆周阵列】属性管理器

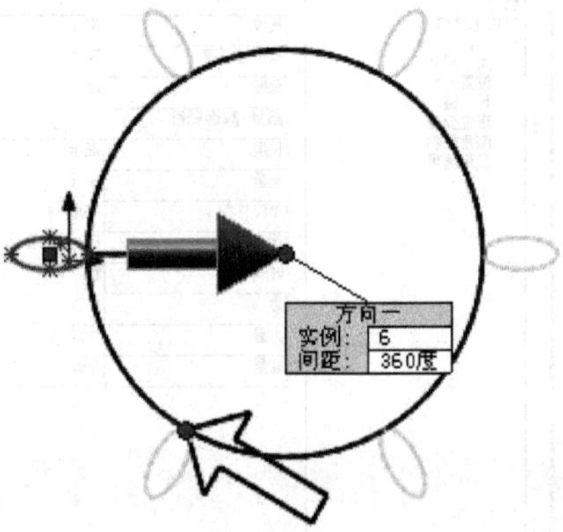
方向一
实例: 6
间距: 360度

图 1.41 圆周阵列效果

1.2.3 智能尺寸标注

智能尺寸标注是草图绘制过程中的重要组成部分。虽然系统能够自动捕捉用户的设计意图,但绘制出的图形往往不能满足设计要求,还需进行尺寸标注,通过更改标注的尺寸能够改变零件的大小和形状。

1. 设置度量单位

在 SolidWorks 2012 中有多种度量单位可供选择,如英寸、米、厘米、磅、公斤、克、秒等。设置度量单位的方式为:选择【工具】/【选项】命令,打开【文档属性】对话框,然后选择【单位】项目,如图 1.42 所示,在【单位系统】中选择一个单位系统,最后单击【确定】按钮。

2. 线性尺寸的标注

线性尺寸一般用于标注直线段的长度和两几何元素间的距离。标注方法如下:

(1) 单击工具栏中的"智能尺寸"按钮。

(2) 选择要标注的直线段或要标注距离的两几何元素,出现尺寸标注线,并随着鼠标指针移动。

(3) 在适当位置单击以固定尺寸标注线,弹出如图 1.43 所示的【修改】对话框,在对话框中输入尺寸值,单击"确定"按钮,完成尺寸标注。线性尺寸标注的例子如图 1.44 所示。

注意:如果系统没有弹出【修改】对话框,则需双击尺寸值打开【修改】对话框,再进行尺寸修改。

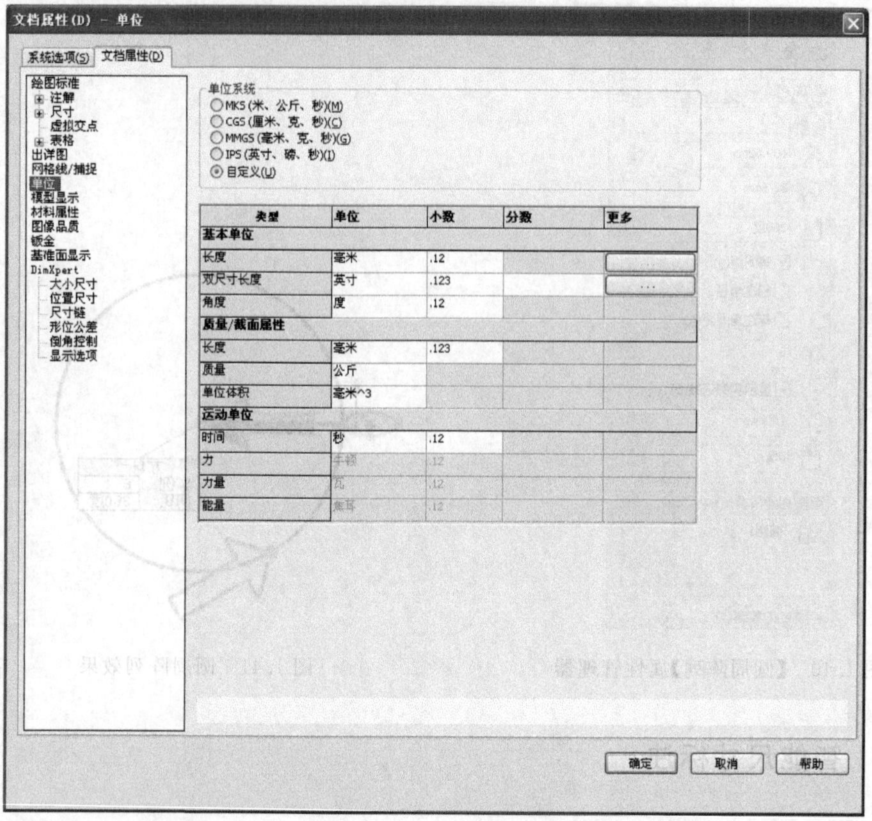
文档属性(D) - 单位
系统选项(S)
文档属性(D)
绘图标准
注解
尺寸
虚拟交点
表格
出详图
网格线/捕捉
单位
模型显示
材料属性
图像品质
钣金
基准面显示
DimXpert
大小尺寸
位置尺寸
尺寸链
形位公差
倒角控制
显示选项
单位系统
MKS (米、公斤、秒)(M)
CGS (厘米、克、秒)(C)
MMGS (毫米、克、秒)(G)
IPS (英寸、磅、秒)(I)
自定义(U)
类型
单位
小数
分数
更多
基本单位
长度 毫米 .12
双尺寸长度 英寸 .123
角度 度 .12
质量/截面属性
长度 毫米 .123
质量 公斤
单位体积 毫米^3
运动单位
时间 秒 .12
力 牛顿 .12
力量 瓦 .12
能量 焦耳 .12
确定
取消
帮助

图 1.42　设置度量单位

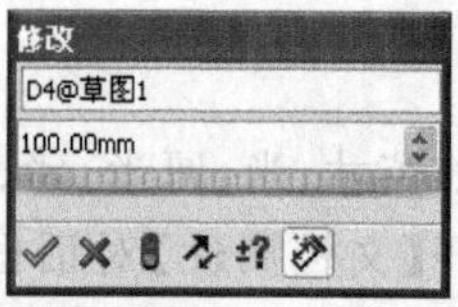
修改
D4@草图1
100.00mm

图 1.43　【修改】对话框

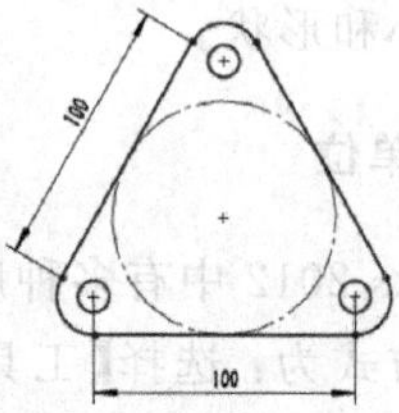
100
100

图 1.44　线性尺寸的标注

3. 半径和直径尺寸的标注

半径和直径尺寸的标注方法与线性尺寸的标注方法相同。在系统默认情况下，SolidWorks 2012 对圆弧标注半径尺寸，对圆标注直径尺寸，如图 1.45 所示。

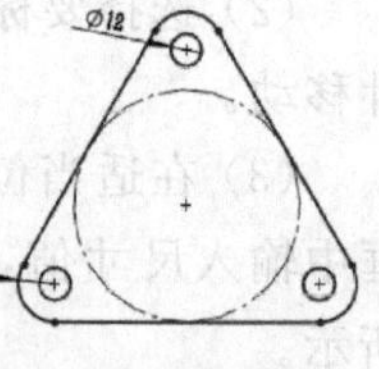
Ø12
R14

图 1.45　半径和直径尺寸的标注

4. 角度尺寸的标注

角度尺寸用于标注两直线的夹角或圆弧的圆心角。直线的夹角尺寸标注与前面的尺寸标注类似，但在选取两直线后，随着鼠标指针的移动，系统会显示出 4 种不同的尺寸标注，如图 1.46 所示。

圆弧圆心角的标注方法为：

(1) 单击工具栏中的“智能尺寸”按钮。

(2) 拾取圆弧的两个端点，此时尺寸线上显示的是这两个端点间的距离。

(3) 用左键拾取圆心，此时尺寸线上显示的才是这两个端点间的圆心角。

(4) 在适当位置单击放置尺寸线，并在弹出的修改对话框中输入圆弧的角度值，单击“确定”按钮完成尺寸标注。圆弧的圆心角标注例子如图 1.47 所示。

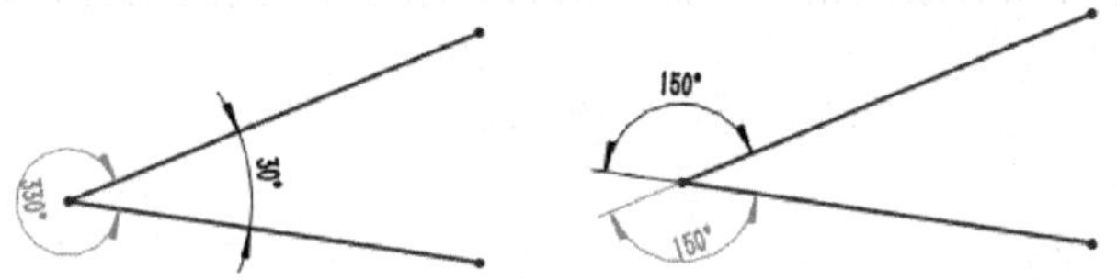
330°
30°
150°
150°

图 1.46 4 种不同的尺寸标注

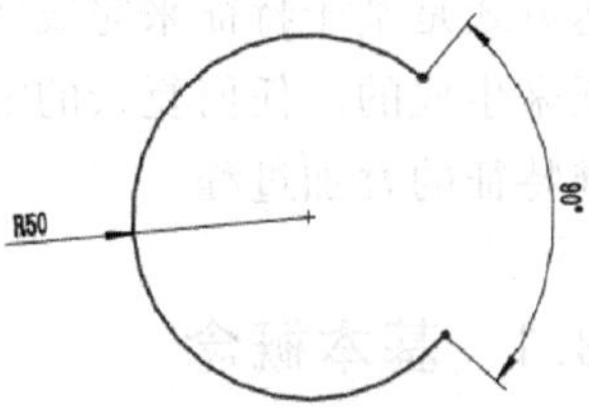
R50
90°

图 1.47 圆弧的圆心角标注

注意：如果步骤(3)中拾取的是圆弧的话，则标注的尺寸为两端点间圆弧的长度。

1.2.4 几何关系

几何关系是指为草图实体之间，或草图实体与基准轴、基准面之间添加的几何约束。几何约束可以迅速、准确地完成所绘制草图定位，例如，可以采用相切几何约束，将一个圆与一条直线或者另一个圆完成相切定位。表 1.2 给出了所有几何约束的名称、操作对象及使用结果。

表 1.2 几何关系说明

几何关系	要选择的实体	使用结果
水平或竖直	一条或多条直线，两个或多个点	直线会变成水平或竖直，点会变成水平或竖直对齐
共线	两条或多条直线	直线位于同一条无限长的直线上
全等	两个或多个圆弧	实体会共用相同的圆心和半径
垂直	两条直线	两条直线相互垂直
平行	两条或多条直线	实体相互平行
相切	圆弧、椭圆或样条曲线，与直线或圆弧	两个实体保持相切
同心	两个或多个圆弧	两实体共用相同的圆心
中点	一个点和一条直线或圆弧	点保持在线段或圆弧的中点
交叉点	两条直线和一个点	点保持在两直线的交叉点处
重合	一个点和一条直线、圆弧或椭圆	点位于直线、圆弧或椭圆上
相等	两条或多条直线，两个或多个圆弧	直线长度或圆弧半径保持相等
对称	一条中心线和两个点、直线、圆弧或椭圆	两实体保持到中心线等距离，并位于与中心线垂直的一条直线上
固定	任何实体	实体的大小和位置被固定
穿透	一个草图点和一个基准轴、边线、直线或样条曲线	草图点与基准轴、边线或曲线在草图基准面上穿透的位置重合
合并点	两个草图点或端点	两个点合并成一个点

1.3 3D特征造型

三维模型的表达经历了线框模型、曲面模型和实体模型3个发展阶段，越往后发展，模型表达的几何信息也越来越完整、准确。目前，三维模型采用的是实体模型表达方式，这种表达方式是基于特征来完成实体的造型。所谓基于特征，是指零件的造型是通过各种三维特征来生成的。任何复杂的零件，都可以看成是由一些简单的特征组成的，其造型过程就是三维特征的叠加过程。

1.3.1 基本概念

特征是指可以用参数确定的三维实体模型，通过改变特征的参数可以调节模型的形状和大小。对于模型中的特征，既可以进行重新编辑，还可以将其从模型中删除。

SolidWorks 2012 根据特征生成方法的不同，将特征分为草绘特征和放置特征。草绘特征是指在特征的创建过程中，用户必须通过草绘特征轮廓才能生成的特征。放置特征是指系统内部定义好的一些参数化特征，用户只需要根据系统的提示设置各种参数即可完成特征的创建。

在进行零件造型时，分析特征的创建顺序尤为重要。虽然不同的建模过程能够创建出同样的实体，但其建模过程直接影响了模型的可修改性、可理解性和设计者的工作效率。因此，零件越复杂，越要尽量简化零件的特征结构。

1.3.2 草绘特征

1. 拉伸凸台/基体和拉伸切除

1）拉伸凸台/基体

拉伸凸台/基体是以一个或两个方向拉伸二维平面草图，生成三维实体，是三维建模中最基本、最常用的一个特征。操作方法为：

（1）首先用各种草图绘制工具绘制出二维平面草图，然后，单击特征工具栏中的“拉伸凸台/基体”按钮，弹出图1.48所示的【凸台-拉伸】属性管理器。

（2）在【方向1】下，从右边的“终止条件”下拉列表中选择拉伸的终止条件。

（3）查看绘图区中的预览效果。如果拉伸的方向不对，可单击“反向”按钮，使其向另一方向拉伸。

（4）在右侧输入拉伸的深度。

（5）单击“确定”按钮，完成拉伸。按图1.48所示参数

凸台-拉伸
从(F)
草图基准面
方向1
给定深度
10.00mm
向外拔模(O)
方向2
薄壁特征(T)
所选轮廓(S)

图1.48 【凸台-拉伸】属性管理器

拉伸一个基体,拉伸效果如图 1.49 所示。

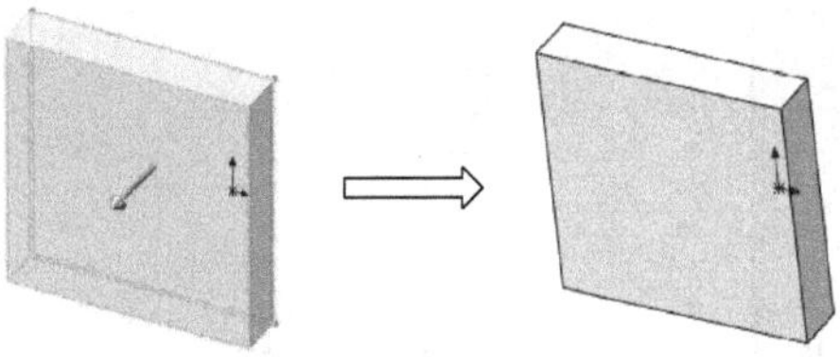

图 1.49 基体拉伸效果

2) 拉伸切除

拉伸切除是以一个或两个方向拉伸草图来切除实体,其创建方式与拉伸凸台/基体的创建方式类似。【切除-拉伸】属性管理器如图 1.50 所示,可以看出,参数设置与【凸台-拉伸】属性管理器基本相同。按图 1.50 所示的参数对基体拉伸切除后的效果如图 1.51 所示。

切除-拉伸
从(F)
草图基准面
方向 1
给定深度
10.00mm
反侧切除(F)
向外拔模(O)
方向 2
薄壁特征(T)
所选轮廓(S)

图 1.50 【切除-拉伸】属性管理器

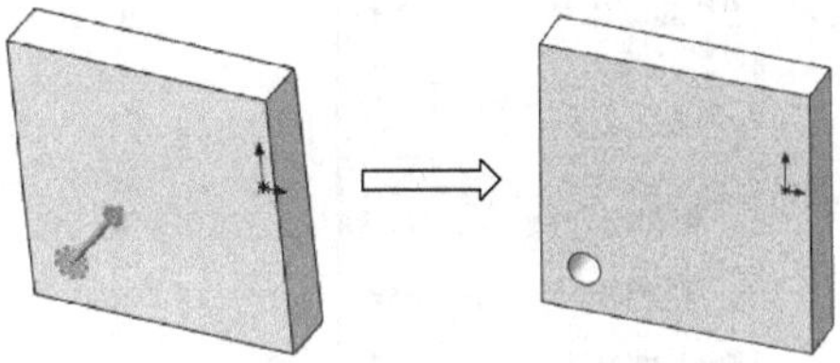

图 1.51 基体拉伸切除效果

2. 旋转凸台/基体和旋转切除

1) 旋转凸台/基体

旋转凸台/基体针对的是创建回转体零件,它是以选择的中心线或草图直线作为旋转轴,旋转草图生成实体特征。操作方法为:

(1) 绘制一条旋转中心线和需要旋转的二维平面轮廓。

(2) 单击特征工具栏中的“旋转凸台/基体”按钮,弹出如图 1.52 所示的【旋转】属性管理器。

(3) 在【方向 1】栏的右侧下拉列表中选择旋转类型,在右侧指定旋转角度。如果想让特征向相反方向选择,可以单击“反向”按钮。

(4) 单击“确定”按钮,完成操作。按图 1.52 所示的参数在前面创建的基体上旋转一个圆柱体,如图 1.53 所示。

旋转
旋转轴(A)
直线1@草图3
方向1
给定深度
360.00度
合并结果(M)
方向2
薄壁特征(T)
所选轮廓(S)

图 1.52 【旋转】属性管理器

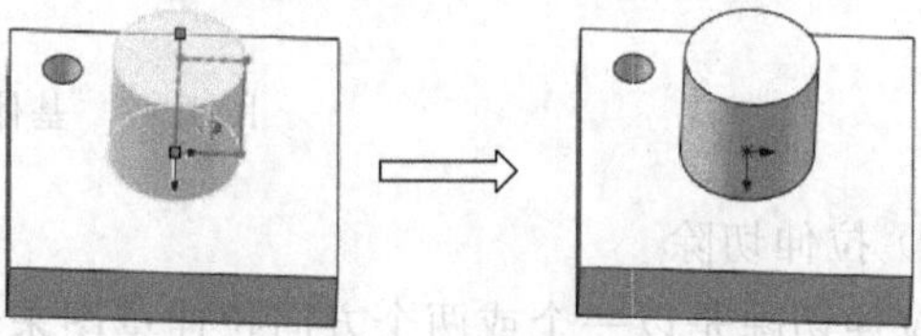

图 1.53 旋转生成圆柱体

2) 旋转切除

旋转切除与旋转凸台/基体相反，旋转切除用来产生切除特征，其创建方法与旋转凸台/基体相似。【切除-旋转】属性管理器如图 1.54 所示，其参数设置与旋转凸台/基体相同。按图 1.54 所示的参数对基体上的圆柱体进行旋转切除，如图 1.55 所示。

切除-旋转
旋转轴(A)
直线1@草图5
方向1
给定深度
360.00度
方向2
薄壁特征(T)
所选轮廓(S)

图 1.54 【切除-旋转】属性管理器

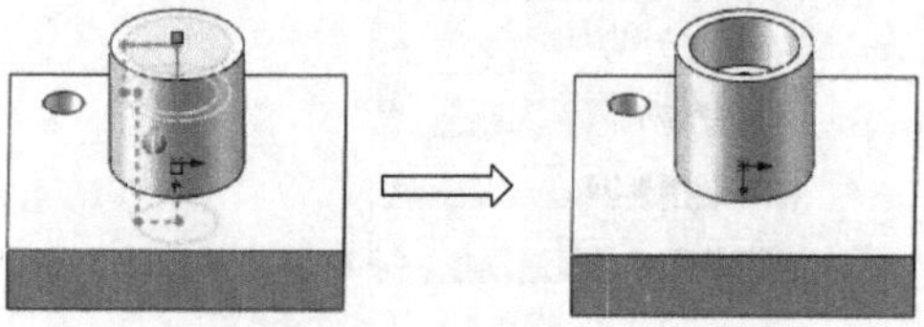

图 1.55 对圆柱体进行旋转切除

3. 扫描和扫描切除

1) 扫描

扫描是指将草绘轮廓沿着一条指定的路径移动生成基体、凸台或曲面。对于凸台和基体的扫描，轮廓必须是封闭的，而对于曲面的扫描，轮廓可以不是封闭的。创建扫描特征的操作方法为：

(1) 使用草绘或者现有的曲线生成扫描轨迹。

(2) 在轨迹端点处绘制一个扫描轮廓。

(3) 单击特征工具栏中的“扫描”按钮，弹出如图 1.56 所示的【扫描】属性管理器。

(4) 单击，选择绘图区中的轮廓草图。

(5) 单击，选择绘图区中的扫描轮廓。如果要生成薄壁特征扫描，则选中【薄壁特征】复选框，然后设置薄壁类型和薄壁厚度。

(6) 单击“确定”按钮✓,完成扫描特征的创建。任意创建一个扫描特征,扫描效果如图 1.57 所示。

扫描
轮廓和路径(P)
选项(O)
引导线(C)
起始处/结束处相切(T)
薄壁特征(H)

图 1.56 【扫描】属性管理器

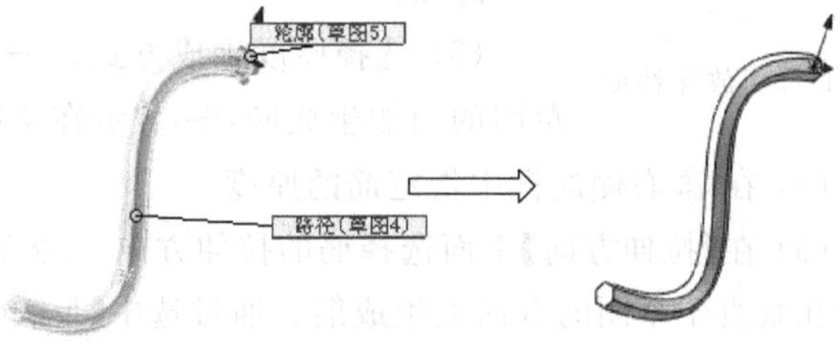
轮廓(草图5)
路径(草图4)

图 1.57 扫描效果

2) 扫描切除

扫描切除特征的创建方法与扫描特征的创建方法相同,只是生成的效果不同,扫描切除是切除实体模型,而扫描是生成实体模型。

4. 放样凸台/基体和放样切割

放样是指在多个轮廓之间通过过渡连接来生成实体或切除实体的特征,所连接的轮廓可以是平行的,也可以是相交的。

1) 放样凸台/基体

放样凸台/基体需要两个或两个以上不同基准面上的平面轮廓,其创建方法如下:

(1) 通过建立新基准面来创建多个不同基准面上的平面轮廓。

(2) 单击特征工具栏中的“放样凸台/基体”按钮,弹出如图 1.58 所示的【放样】属性管理器。

(3) 单击每个轮廓上相应的点,按顺序选择所创建的轮廓,所选轮廓将显示在右侧的显示框内。可以单击↑或↓来改变轮廓的顺序。

(4) 如果要生成薄壁特征放样,则选中【薄壁特征】复选框,然后设置薄壁类型和薄壁厚度。

(5) 单击“确定”按钮✓,完成放样凸台/基体特征的创建。图 1.59 所示为一放样特征。

2) 放样切割

放样切割与前面不同方式的切除特征一样,都是用来切除实体模型,其创建方法与放样凸台/基体相似。

放样
轮廓(P)
起始/结束约束(C)
引导线(G)
引导相切类型:
无
中心线参数(I)
草图工具
拖动草图(D)
选项(O)
合并切面(M)
闭合放样(F)
显示预览(W)
薄壁特征(H)

图 1.58 【放样】属性管理器

5. 筋

筋实际上是一种由草图轮廓生成的特殊拉伸特征,它在轮廓与已有实体之间添加指定方向和厚度的材料。在 SolidWorks 2012 中,其轮廓可以是开环,也可以是闭环。操作方法如下:

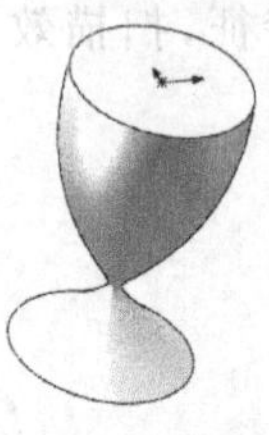

图 1.59 放样特征

(1) 选取一个与实体相交的基准面来绘制筋的草图轮廓。

(2) 单击特征工具栏中的"筋"按钮,弹出图 1.60 所示的【筋】属性管理器。

(3) 选择厚度生成方式。表示在草图的左侧生成筋,表示在草图的两侧生成筋,表示在草图的右侧生成筋。

(4) 在右侧的框中指定筋的厚度。

(5) 在【拉伸方向】下面选择筋的拉伸方向。表示在平行于草图的方向上生成筋,表示在垂直于草图的方向上生成筋。通过选中【反转材料方向】复选框,可以改变拉伸方向。

(6) 单击"确定"按钮,完成筋的创建。对前面创建的基座添加筋,添加后的效果如图 1.61 所示。

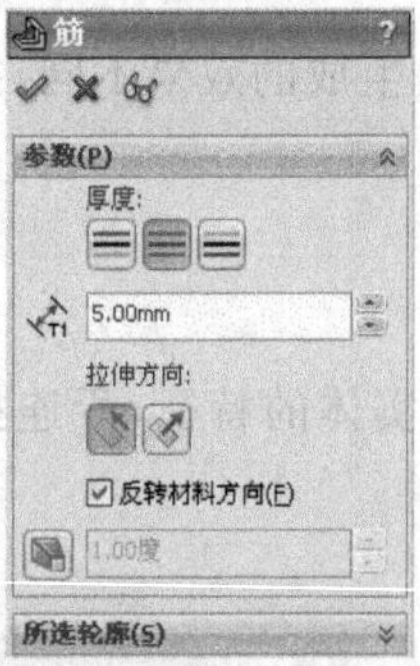
筋
参数(P)
厚度:
5.00mm
拉伸方向:
反转材料方向(F)
1.00度
所选轮廓(S)

图 1.60 【筋】属性管理器

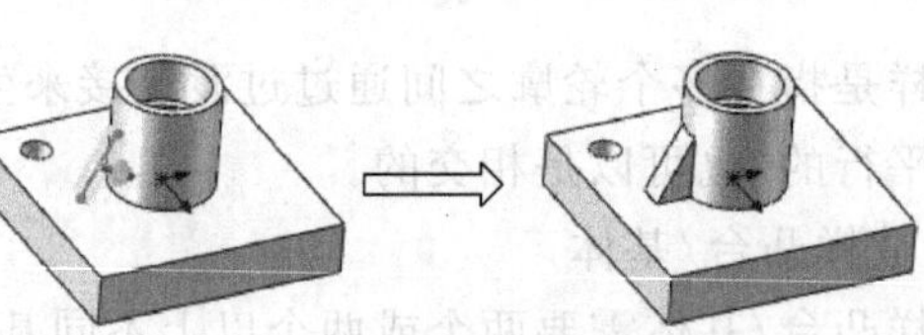

图 1.61 创建基座的筋

6. 包覆

包覆特征是指将草图包裹到平面或非平面上,如同在一实体上粘贴平面贴纸。创建包覆特征的方法如下:

(1) 选择前视基准面,创建一个如图 1.62 所示的圆柱筒。

(2) 选择上视基准面,单击草图工具栏中的"文字"按钮,绘制如图 1.63 所示文字。

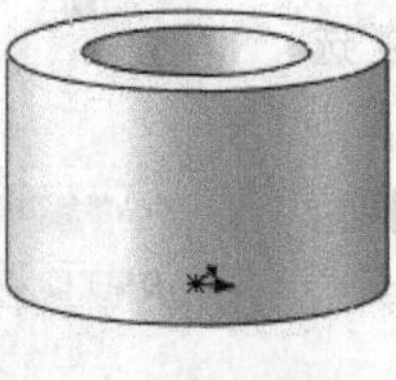

图 1.62 创建圆柱筒

SolidWorks Motion

图 1.63 绘制文字

(3) 选择刚绘制的草图,并单击特征工具栏上的"包覆"按钮,弹出如图 1.64 所示的【包覆】属性管理器。

(4) 在【包覆参数】下面选择包覆类型。

(5) 单击右面的显示框,然后选择圆柱筒的外圆柱面,如图 1.65 所示。

(6) 在右侧指定厚度。

(7) 单击“确定”按钮，完成包覆特征的创建。

如果包覆类型选择的是“浮雕”，生成的包覆特征如图 1.66 所示；如果选择的是“蚀雕”，生成的包覆特征如图 1.67 所示；如果选择的是“刻划”，生成的包覆特征如图 1.68 所示。

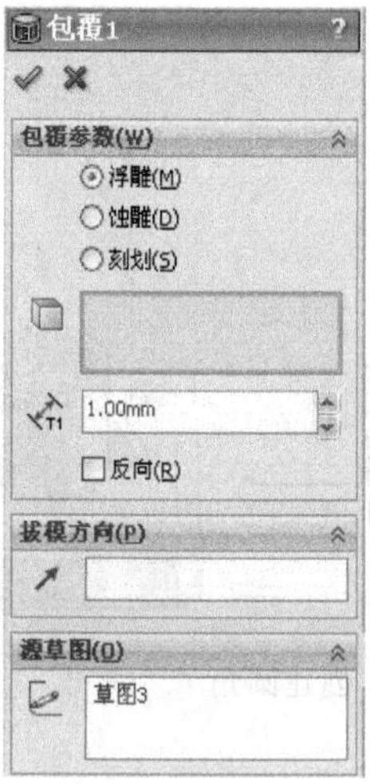
包覆1
?
包覆参数(W)
浮雕(M)
蚀雕(D)
刻划(S)
1.00mm
反向(R)
拔模方向(P)
源草图(O)
草图3

图 1.64 【包覆】属性管理器

SolidWorks Motion

图 1.65 选择外圆柱面

SolidWorks Motion

图 1.66 浮雕

SolidWorks Motion

图 1.67 蚀雕

SolidWorks Motion

图 1.68 刻划

1.3.3 放置特征

1. 圆角和倒角

1) 圆角

圆角可以用来在零件上生成内圆角或外圆角面，其操作对象可以是实体面、一个面上的所有边线、多个面或边线环。创建圆角的操作方法为：

(1) 单击特征工具栏中的“圆角”按钮，弹出如图 1.69 所示的【圆角】属性管理器。

(2) 在【圆角类型】下面选择一种圆角类型。

(3) 在右侧的微调框中指定圆角的半径。

(4) 单击右侧的显示框，然后在绘图区里的实体上选择圆角对象。

(5) 单击“确定”按钮，完成圆角的绘制。将前面创建的基座按图 1.69 所示参数进行圆角创建，创建圆角后的效果如图 1.70 所示。

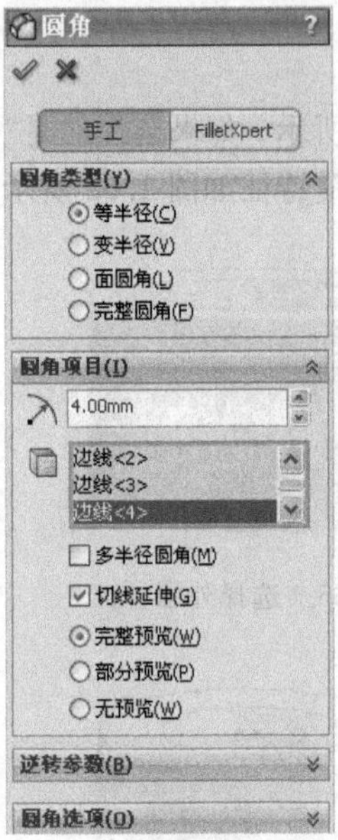
圆角
手工
FilletXpert
圆角类型(Y)
等半径(C)
变半径(V)
面圆角(L)
完整圆角(F)
圆角项目(I)
4.00mm
边线<2>
边线<3>
边线<4>
多半径圆角(M)
切线延伸(G)
完整预览(W)
部分预览(P)
无预览(W)
逆转参数(B)
圆角选项(O)

图 1.69 【圆角】属性管理器

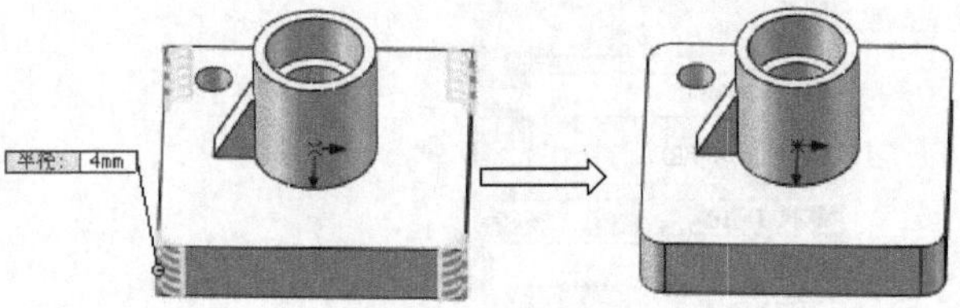
半径: 4mm

图 1.70 创建圆角

2）倒角

倒角是指以指定的距离和角度在所选边线、面或顶点上生成一倾斜特征。在零件设计和机械加工过程中，通常都需要对零件的锐利边角进行倒角处理，便于搬运、装配和防止伤人。倒角特征的创建方法为：

（1）单击特征工具栏中的“倒角”按钮，弹出【倒角】属性管理器，如图 1.71 所示。

（2）单击右侧的显示框，然后在绘图区里的实体上选择倒角对象。

（3）选择一种倒角类型，有角度距离、距离-距离和顶点 3 种。

（4）在下面的微调框中指定倒角的距离和角度值。

（5）单击“确定”按钮，完成倒角的绘制。按图 1.71 所示参数对一长方体的上表面进行倒角，如图 1.72 所示。

2. 线性阵列和圆周阵列

阵列特征用于将任意特征作为原始样本，通过指定阵列方向、间距和实例数来生成多个相同子样本。阵列后的子样本和原始样本成为一个整体，如果改变了原始样本，则生成的子样本也会随着改变。

1）线性阵列

线性阵列是指沿着一个或两个方向对特征、面和实体进行阵列复制。其操作方法如下：

（1）单击特征工具栏中的“线性阵列”按钮，弹出【线性阵列】属性管理器，如图 1.73 所示。

（2）单击【要阵列的特征】里的显示框，然后选择要阵列的实体。

（3）在【方向 1】中单击第一个显示框，然后在绘图区选择模型的一条边或尺寸线作为阵列的第一个方向。

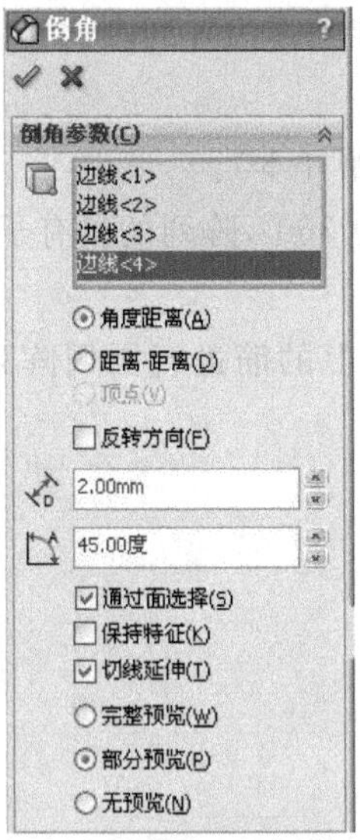
倒角
倒角参数(C)
边线<1>
边线<2>
边线<3>
边线<4>
角度距离(A)
距离-距离(D)
顶点(V)
反转方向(F)
2.00mm
45.00度
通过面选择(S)
保持特征(K)
切线延伸(T)
完整预览(W)
部分预览(P)
无预览(N)

图 1.71 【倒角】属性管理器

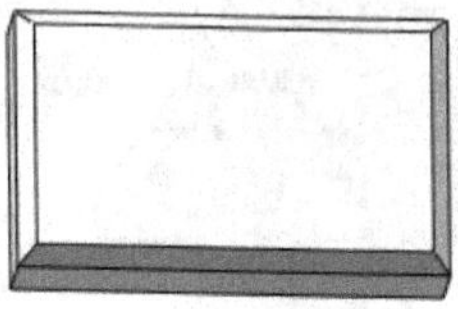

图 1.72 对长方体倒角

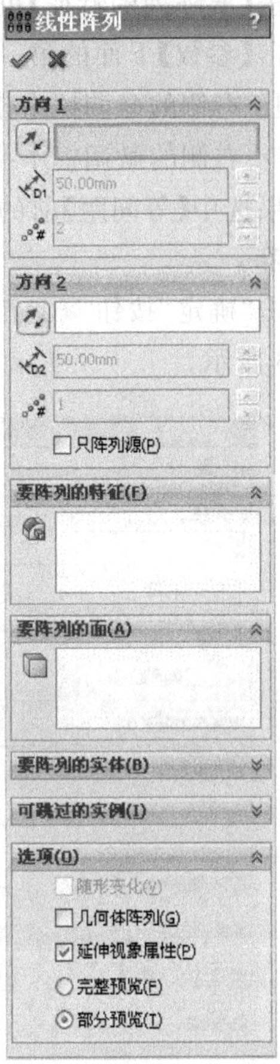
线性阵列
方向1
50.00mm
2
方向2
50.00mm
1
只阵列源(P)
要阵列的特征(F)
要阵列的面(A)
要阵列的实体(B)
可跳过的实例(I)
选项(O)
随形变化(V)
几何体阵列(G)
延伸视象属性(P)
完整预览(F)
部分预览(T)

图 1.73 【线性阵列】属性管理器

(4) 在 右侧的微调框中指定阵列特征之间的距离。

(5) 在 右侧的微调框中指定阵列的实例数(包括原始样本)。

(6) 如果要在第二个方向上也同时生成线性阵列,需要在【方向 2】中也进行相应参数设置。若选中【只阵列源】复选框,则在方向 2 中只阵列原始样本,而不阵列方向 1 中生成的子样本。

(7) 单击“确定”按钮 ,完成线性阵列。对前面基座上的小孔进行线性阵列,阵列的效果如图 1.74 所示。

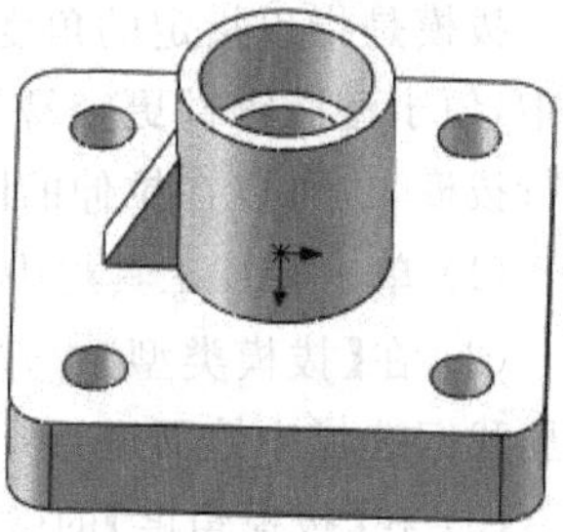

图 1.74 线性阵列后的效果

2) 圆周阵列

圆周阵列是指以一个中心轴为旋转轴,对原始样本进行阵列复制。在创建圆周阵列前,需生成一个中心轴,用作圆周阵列的旋转轴。圆周阵列的创建方法如下:

(1) 单击特征工具栏中的“基准轴”按钮 ,为圆周阵列创建一个中心轴。

(2) 单击特征工具栏中的“圆周阵列”按钮 ,弹出如图 1.75 所示的【圆周阵列】属性管理器。

(3) 单击【要阵列的特征】里的显示框，然后选择要阵列的实体。

(4) 单击【参数】下面的第一个显示框，旋转新建的基准轴作为阵列轴。

(5) 在右侧的微调框中指定阵列特征的角度。

(6) 在右侧的微调框中指定阵列的实例数(包括原始样本)。

(7) 如果选中【等间距】前的复选框，阵列角度将默认为 360°，阵列的所有子样本将会等角度均匀分布。

(8) 单击"确定"按钮，完成圆周阵列。对前面基座上的筋进行圆周阵列，阵列的效果如图 1.76 所示。

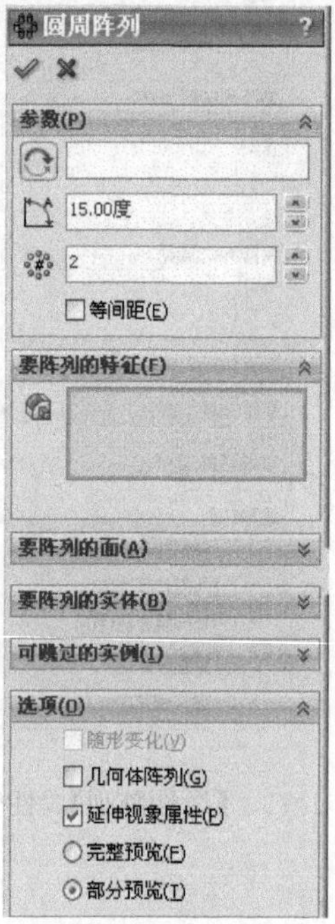
圆周阵列
参数(P)
15.00度
2
等间距(E)
要阵列的特征(F)
要阵列的面(A)
要阵列的实体(B)
可跳过的实例(I)
选项(O)
随形变化(V)
几何体阵列(G)
延伸视象属性(P)
完整预览(F)
部分预览(T)

图 1.75 【圆周阵列】属性管理器

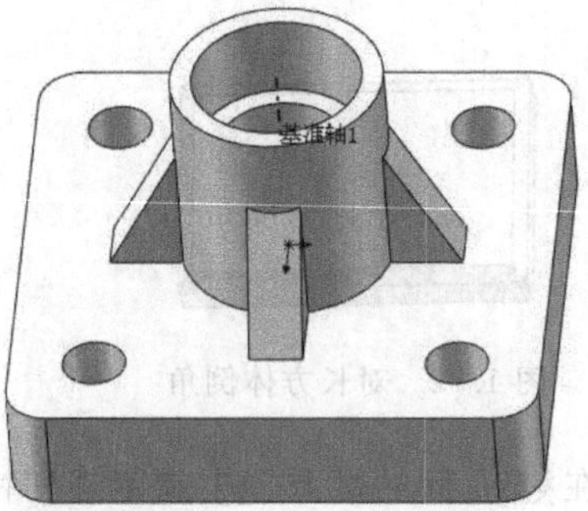
基准轴1

图 1.76 圆周阵列

3. 拔模

拔模是指以指定的角度斜削模型中所选的面，是实体造型中常见的一种，常用于铸造零件中，便于型腔零件更容易从模具中取出。在 SolidWorks 中，用户既可以在现有的零件上进行拔模，也可以在拉伸的同时进行拔模。其创建方法如下：

(1) 单击特征工具栏中的"拔模"按钮，弹出如图 1.77 所示的【拔模】属性管理器。

(2) 在【拔模类型】中选择一种拔模类型，有中性面、分型线和阶梯拔模 3 种拔模类型。这里我们选择中性面进行介绍。

(3) 在【拔模角度】的微调框中指定拔模角度，设为 5°。

(4) 单击【中性面】中的显示框，选择图 1.78 所示的面为中性面。

(5) 单击【拔模面】下面的显示框，然后在模型上选择拔模面，如图 1.78 所示。

(6) 单击"确定"按钮，完成拔模特征的创建。创建好的拔模特征如图 1.79 所示。

拔模
手工
DraftXpert
拔模类型(T)
中性面(E)
分型线(I)
阶梯拔模(D)
拔模角度(G)
1.00度
中性面(N)
拔模面(F)
拔模沿面延伸(A):
无

图 1.77 【拔模】属性管理器

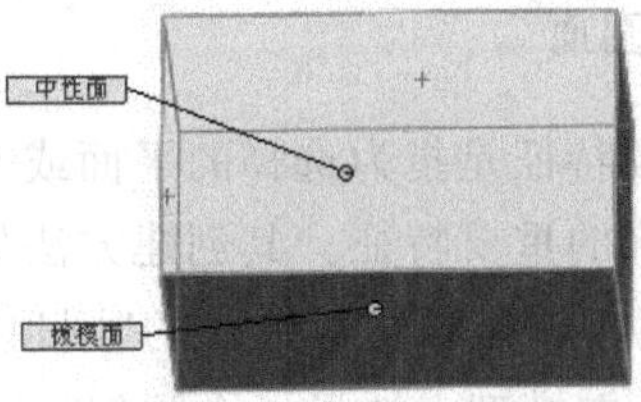
中性面
拔模面

图 1.78 选取中性面

图 1.79 创建拔模特征

4. 抽壳

抽壳是指从实体中移除材料生成一个薄壁特征，被选择的面敞开。在创建抽壳特征时，如果选择的不是模型上的面，而是直接对实体模型进行抽壳，则生成一个闭合掏空的模型。创建抽壳特征的操作方法如下：

(1) 单击特征工具栏中的“抽壳”按钮，弹出【抽壳】属性管理器，如图 1.80 所示。

(2) 在【参数】栏里的微调框中指定抽壳的厚度。

(3) 单击右侧的显示框，然后在模型上选择一个或多个面作为要移除的面。

(4) 若想创建多厚度抽壳，单击【多厚度设定】中的右侧显示框，在模型上选择开口面，然后设置相应开口面对应的壁厚。

(5) 单击“确定”按钮，完成抽壳特征的创建。图 1.81 为创建的一个多厚度抽壳特征。

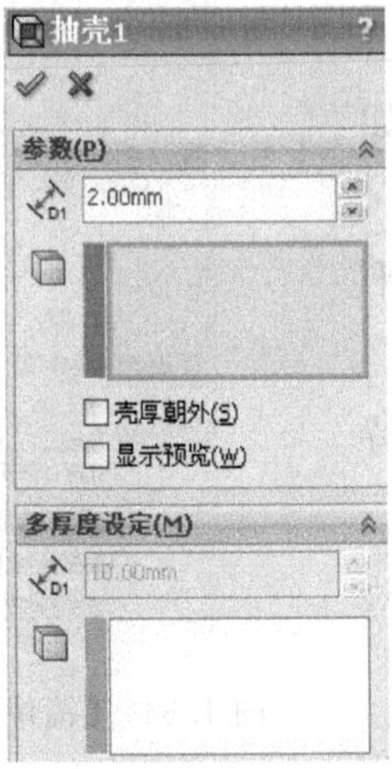
抽壳1
参数(P)
2.00mm
壳厚朝外(S)
显示预览(W)
多厚度设定(M)
10.00mm

图 1.80 【抽壳】属性管理器

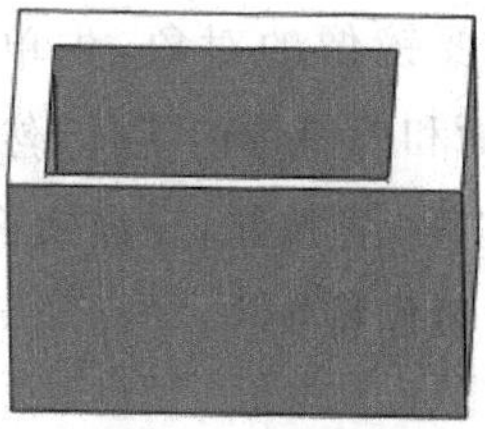

图 1.81 多厚度抽壳

5. 圆顶

圆顶特征是指为选择的平面或非平面添加一个或多个圆顶，它是对一些复杂零件进行局部修饰的重要特征。其创建方法如下：

(1) 单击特征工具栏中的“圆顶”按钮，弹出如图 1.82 所示的【圆顶】属性管理器。

(2) 在模型上选择一个要创建圆顶的基面。

(3) 在右侧的微调框中指定圆顶的高度。若要创建一个凹陷的圆顶，单击“反向”按钮即可。

(4) 单击右侧的【约束点或草图】显示框，可以为圆顶选择一草图约束。

(5) 单击右侧的【方向】显示框，在绘图区选择一条边线作为圆顶的方向。

(6) 单击“确定”按钮，完成圆顶特征的创建。图 1.83 为一圆顶特征的创建。

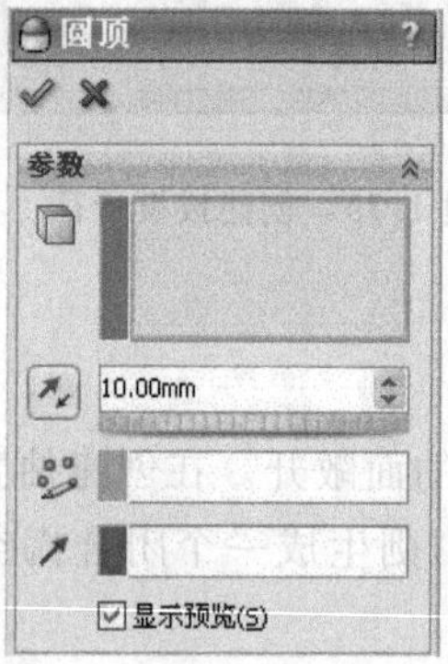
圆顶
参数
10.00mm
显示预览(S)

图 1.82 【圆顶】属性管理器

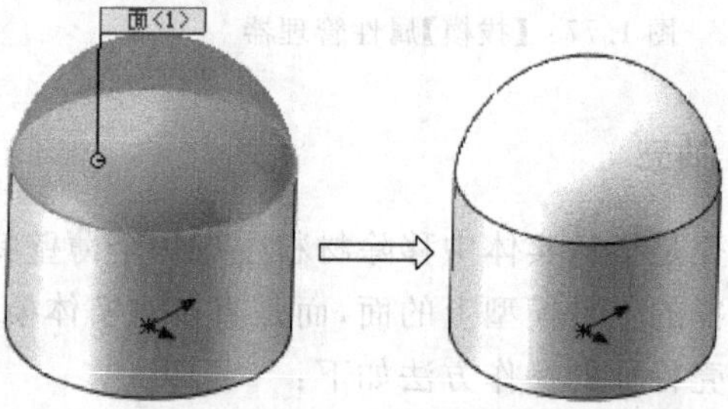
面<1>

图 1.83 创建圆顶特征

6. 镜像

镜像特征是指以平面或基准面作为镜像面，对特征、面和实体进行对称复制。如果零件结构是对称的，则使用镜像特征能有效节约工作时间，提高工作效率。其创建方法为：

(1) 单击特征工具栏中的“镜像”按钮，弹出如图 1.84 所示的【镜像】属性管理器。

(2) 单击【镜像面/基准面】下面的显示框，选择一平面或基准面作为镜像面。

(3) 根据要镜像的对象，先单击相应的要镜像的特征、要镜像的面和要镜像的实体，然后选择镜像的对象。

(4) 单击“确定”按钮，完成镜像特征的创建。图 1.85 为创建的一个镜像特征。

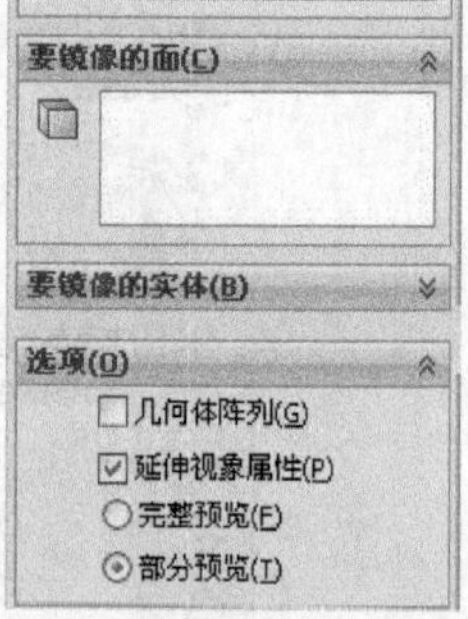
镜像
镜像面/基准面(M)
要镜像的特征(F)
要镜像的面(C)
要镜像的实体(B)
选项(O)
几何体阵列(G)
延伸视象属性(P)
完整预览(F)
部分预览(T)

图 1.84 【镜像】属性管理器

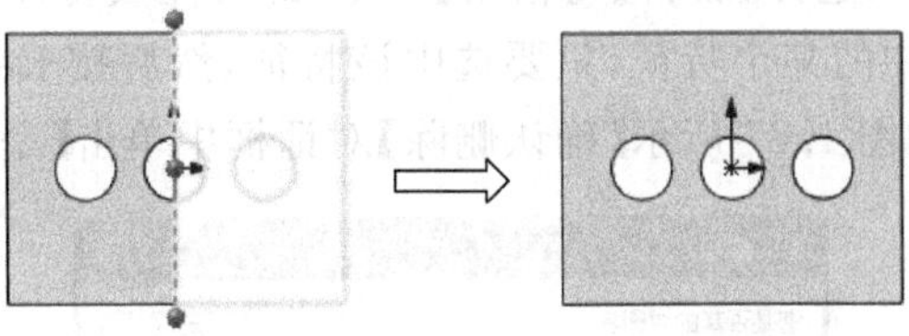

图 1.85 创建镜像特征

1.3.4 特征编辑

1. 更改特征属性

在默认情况下，SolidWorks 系统在每生成一个特征时，都会给该特征附上一个名称和颜色。特征名称通常是按特征创建的先后顺序排列的，如圆角 1、圆角 2 等。用户可以根据需要自己修改特征属性，为特征定义新的名称和颜色。操作方法如下：

(1) 在 FeatureManager 设计树中或绘图区中选择一个或多个特征，右击弹出快捷菜单，并选择【特征属性】命令。

(2) 在如图 1.86 所示的【特征属性】对话框中输入要修改的特征信息，如名称、压缩。

(3) 单击【确定】按钮，完成特征属性的修改。

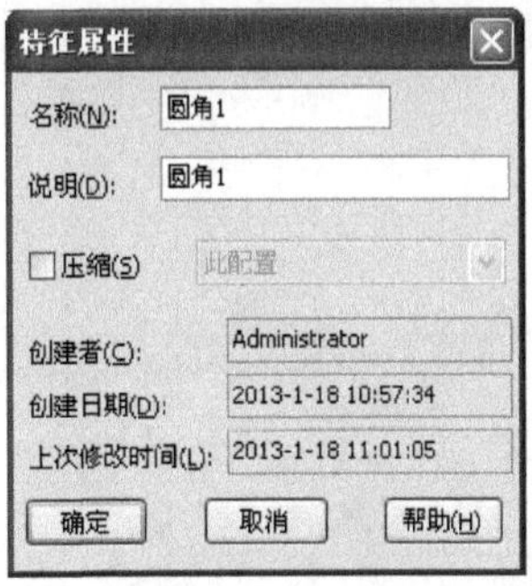
特征属性
名称(N): 圆角1
说明(D): 圆角1
压缩(S) 此配置
创建者(C): Administrator
创建日期(D): 2013-1-18 10:57:34
上次修改时间(L): 2013-1-18 11:01:05
确定
取消
帮助(H)

图 1.86 【特征属性】对话框

2. 压缩与恢复

1) 压缩

当一个零件结构非常复杂时，其特征数目通常会很大，将一些与当前工作无关的特征进行压缩，会简化模型显示和加快系统运行速度。如果一个特征被压缩后，该特征就会在模型中消失，但不会被删除，它在 FeatureManager 设计树中显示为灰色。在工作完成后，可以对压缩特征解除压缩。压缩的方法为：

(1) 在 FeatureManager 设计树中或绘图区中选择要压缩的特征。

(2) 右击，在弹出的快捷菜单中单击“压缩”按钮即可。

2) 恢复

恢复即是将压缩的特征接触压缩，操作方法为：

(1) 在 FeatureManager 设计树中选择被压缩的特征。

(2) 右击，在弹出的快捷菜单中选择“解除压缩”按钮即可。

3. 复制与删除

在创建相同的零件特征时，可以利用 SolidWorks 2012 提供的特征复制功能进行复制。实现零件与零件间特征复制的方法为：

(1) 选择【窗口】/【平铺】命令，以平铺方式显示多个文件。

(2) 在一个文件中选中要复制的特征，然后选择【编辑】/【复制】命令。

(3) 在另一个文件中，选择【编辑】/【粘贴】命令，即可完成特征的复制。

如果想要删除零件中的某个特征，只要选中该特征，然后按 Delete 键即可，或者右击选择【删除】命令，在弹出的图 1.87 所示【确认删除】对话框中单击【是】，即可完成特征的删除。

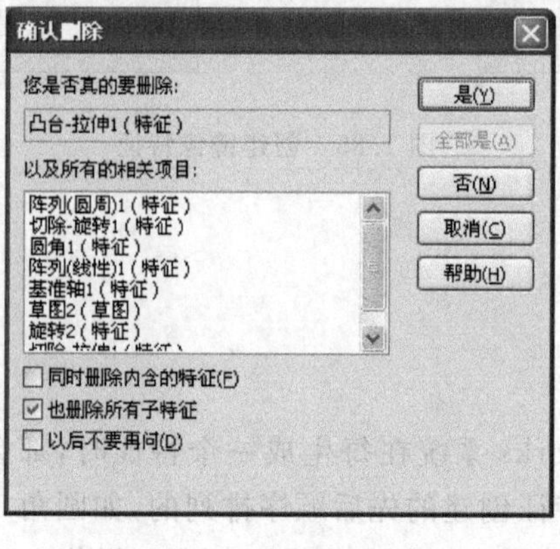
确认删除
您是否真的要删除:
凸台-拉伸1（特征）
以及所有的相关项目:
阵列(圆周)1（特征）
切除-旋转1（特征）
圆角1（特征）
阵列(线性)1（特征）
基准轴1（特征）
草图2（草图）
旋转2（特征）
同时删除内含的特征(F)
也删除所有子特征
以后不要再问(D)
是(Y)
全部是(A)
否(N)
取消(C)
帮助(H)

图 1.87 【确认删除】对话框

第2章

装　配

零件设计完成后，需要根据实际情况进行装配，建立零件之间的位置约束关系，获得能够完成工作任务的机构或机械。此外，如果零件数目很多，可以先创建子装配体，然后将各子装配体按照相应的位置关系再次进行装配，形成大型零件装配模型。

2.1　建立装配体文件

装配体是指两个或两个以上零件的组合，其设计方法有自下而上和自上而下两种，也可以将两种方法结合使用。

自下而上设计方法是指先生成零件并将其插入到装配体中，然后根据设计要求进行配合。该方法的优点是零件都是独立设计的，它们的相互关系及重建行为更简单。

自上而下设计方法是指从装配体中开始设计工作，可以用一个零件的几何体来帮助定义另一个零件，或生成组装零件后再添加加工特征。可以将草图布局作为设计的开端，定义固定的零件位置和基准面等，然后参考这些定义来设计零件。

2.1.1　零件装配步骤

进行零件装配时，首先需要合理选取第一个装配零件，一般把机架作为第一个装配零件。通常情况下，零件的装配步骤为：

(1) 新建一个装配体文件(.sldasm)，进入零件装配模式。

(2) 插入第一个装配零件。在系统默认情况下，插入的第一个零件是固定的，不能被鼠标移动，用户也可以通过右击将其设为浮动。一个装配体里面可以设置多个固定零件。

(3) 插入其他需要装配的零件或子装配体。

(4) 调整零件放置位置，创建零件之间的配合关系。

(5) 检查零件之间的干涉情况。

(6) 所有零件装配完成后，保存该装配体文件。

注意：若对已进行过装配的零件作修改，则所做的任何修改都将会更新到装配体中。

2.1.2 插入零部件

在制作装配体时，需要将相关零件依次插入到装配体中。插入零部件的方法有以下几种：

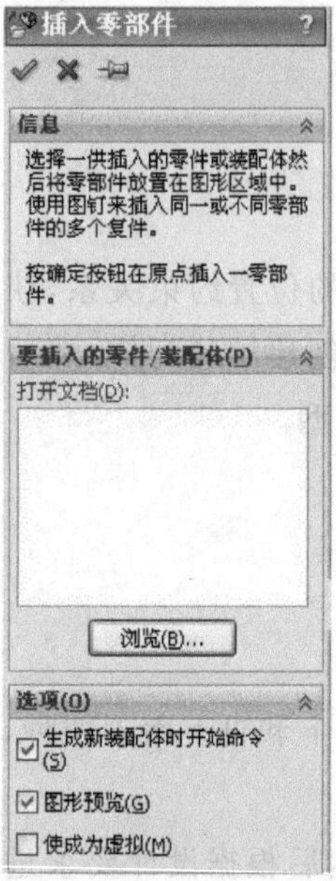
插入零部件
信息
选择一供插入的零件或装配体然后将零部件放置在图形区域中。使用图钉来插入同一或不同零部件的多个复件。
按确定按钮在原点插入一零部件。
要插入的零件/装配体(P)
打开文档(D):
浏览(B)...
选项(O)
生成新装配体时开始命令(S)
图形预览(G)
使成为虚拟(M)

图 2.1 【插入零部件】属性管理器

(1) 使用“插入零部件”按钮。

(2) 从一个打开的文件窗口中拖动。

(3) 从资源管理器中拖动。

(4) 从 Internet Explorer 中拖动超文本链接。

(5) 从任务窗口的设计库中拖动。

其中，使用最多的是第一种方法，具体操作步骤如下：

(1) 单击装配体工具栏中的“插入零部件”按钮，弹出如图 2.1 所示的【插入零部件】属性管理器。

(2) 单击【浏览】按钮，找到包含所需插入的零部件的文件夹，选择要插入的零部件。

(3) 在装配体窗口的绘图区域中单击要放置零部件的位置。

2.1.3 定位零部件

将零部件插入到装配体后，用户可以对零部件进行移动和旋转来放置其位置，还可以固定其位置，为后续的装配做好准备。

1. 固定零部件

在一个装配体中，至少需要有一个零部件是固定的，固定后的零部件不能相对于装配体原点移动，用于为其余零部件提供参考，防止其他零部件在装配时意外移动。

固定零部件的方法为：在 FeatureManager 设计树中或绘图区中右击要固定的零部件，在弹出的快捷菜单中选择【固定】命令即可；如果要解除零部件的固定，只需右击选择【浮动】命令即可。在 FeatureManager 设计树中，被固定的零部件名称前将出现“固定”两个字，表明该零部件已被固定。

2. 移动零部件

在 SolidWorks 中，可以单击要移动的零部件不放，沿任意所需的方向拖动，到合适位置后释放左键即可移动零部件，非常方便。此外，也可如下操作。

(1) 单击装配体工具栏中的“移动零部件”按钮，或选择【工具】/【零部件】/【移动】命令，弹出如图 2.2 所示的【移动零部件】属性管理器。

(2) 在绘图区域中选择一个或多个零部件。

(3) 在【移动】栏中右侧的下拉列表中选择移动方式。

（4）单击“确定”按钮，完成零部件的移动。

3. 旋转零部件

在 SolidWorks 中可以用右键单击要旋转的零部件不放，沿任意方向旋转该零件。此外，也可如下操作：

（1）单击装配体工具栏中的“旋转零部件”按钮，或选择【工具】/【零部件】/【旋转】命令，弹出如图 2.3 所示的【旋转零部件】属性管理器。

移动零部件
移动(M)
SmartMates
自由拖动
旋转(R)
选项(P)
标准拖动
碰撞检查
物理动力学
动态间隙(D)
高级选项(V)
高亮显示面(F)
声音(O)
忽略复杂曲面(X)
此配置(I)

图 2.2 【移动零部件】属性管理器

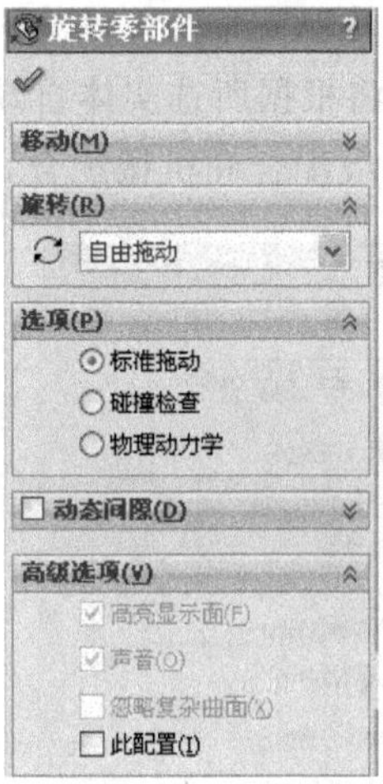
旋转零部件
移动(M)
旋转(R)
自由拖动
选项(P)
标准拖动
碰撞检查
物理动力学
动态间隙(D)
高级选项(V)
高亮显示面(F)
声音(O)
忽略复杂曲面(X)
此配置(I)

图 2.3 【旋转零部件】属性管理器

（2）在绘图区域中选择一个或多个零部件。

（3）在【旋转】栏中右侧的下拉列表中选择旋转方式。

（4）单击“确定”按钮，完成零部件的旋转。

2.1.4 删除零部件

如果想要删除装配体中的某个零件，可以按如下操作进行。

（1）在 FeatureManager 设计树中或绘图区域中单击零部件。

（2）按 Delete 键，或选择【编辑】/【删除】命令，或右击选择【删除】命令。

（3）此时系统弹出如图 2.4 所示的【确认删除】对话框，单击【是】以确认删除。该零部件及其所有相关项目（如配合、零部件阵列和爆炸步骤等）都会被删除。

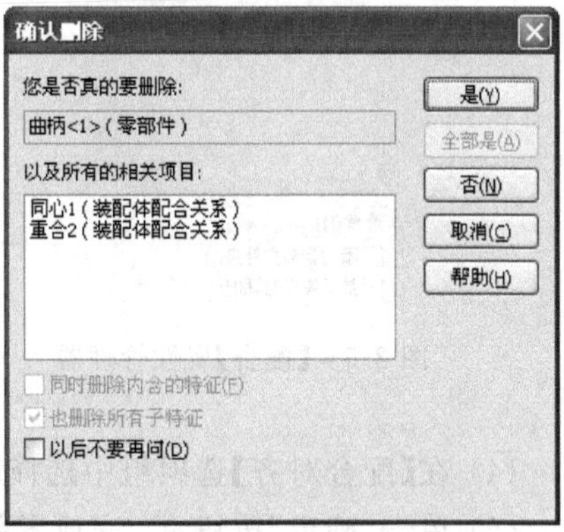
确认删除
您是否真的要删除:
曲柄<1>（零部件）
以及所有的相关项目:
同心1（装配体配合关系）
重合2（装配体配合关系）
是(Y)
全部是(A)
否(N)
取消(C)
帮助(H)
同时删除内含的特征(E)
也删除所有子特征
以后不要再问(D)

图 2.4 【确认删除】对话框

2.1.5 零部件装配

对零部件进行装配是指添加配合，将一个零部件相对于其他零部件精确地约束、定位，操作方法如下：

（1）单击装配体工具栏中的“配合”按钮，弹出如图 2.5 所示的【配合】属性管理器。

（2）在绘图区域的零部件上选择要配合的实体，所选实体将会出现在【配合选择】下右侧的显示框中。

（3）系统将根据所选实体自动列出有效的配合类型，然后选择所需的配合类型。还可对实体进行高级配合和机械配合，对应的选项板分别如图 2.6 和图 2.7 所示。

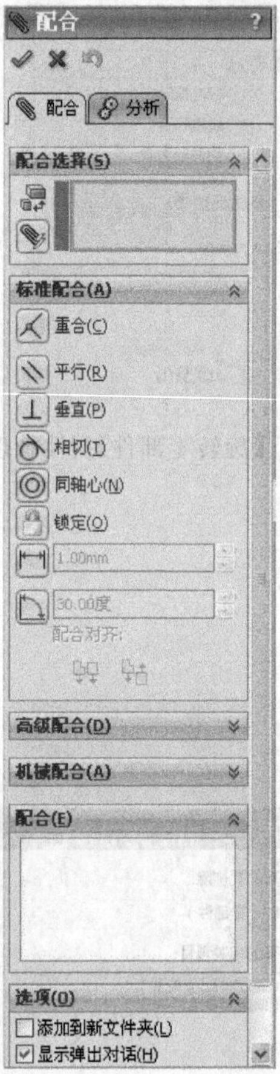
配合
配合
分析
配合选择(S)
标准配合(A)
重合(C)
平行(R)
垂直(P)
相切(T)
同轴心(N)
锁定(O)
1.00mm
30.00度
配合对齐:
高级配合(D)
机械配合(A)
配合(E)
选项(O)
添加到新文件夹(L)
显示弹出对话(H)

图 2.5 【配合】属性管理器

高级配合(D)
对称(Y)
宽度(I)
路径配合(P)
线性/线性耦合
1.00mm
30.00度
配合对齐:

图 2.6 【高级配合】选项板

机械配合(A)
凸轮(M)
铰链(H)
齿轮(G)
齿条小齿轮(K)
螺旋(S)
万向节(U)
配合对齐:

图 2.7 【机械配合】选项板

（4）在【配合对齐】选项组中选择所需的对齐方式。

（5）单击“确定”按钮，完成零部件的配合。

2.2 常用配合方法

在建立装配体文件时，所需要的配合方法都能在【配合】属性管理器中找到。下面介绍几种常用的配合方法。

(1) 重合配合：将所选的面、边线及基准面重合在一条无限延长的直线上，或将两个点重合。

(2) 平行配合：使面与面、面与直线、直线与直线或曲线与曲线之间平行。

(3) 垂直配合：将所选实体以90°相互垂直配合，如面与面、面与直线的垂直。

(4) 相切配合：使所选实体保持相切。

(5) 同轴心配合：使所选实体具有相同的轴，如圆柱与圆柱、圆柱与圆锥的同轴。

(6) 锁定配合：将所选实体固连在一起，成为一个整体。

(7) 距离配合：使所选实体保持指定的距离进行配合。使用该配合时，必须在【配合】属性管理器的距离框中输入指定的距离值，默认值为所选实体间的当前距离。

(8) 角度配合：将所选实体以指定角度配合。使用该配合时，必须在【配合】属性管理器的角度框中输入指定的角度值，默认值为所选实体间的当前角度。

2.3 干涉检查

零部件装配好后，需要对装配体进行干涉检查。在一个复杂的装配体中，仅凭视觉来检查零部件之间是否有干涉，是一件困难的事。而利用 SolidWorks 2012 自带的【干涉检查】命令对装配体进行干涉检查，用户可以方便快捷地检查和查看零部件之间的干涉情况。

干涉检查的操作方法如下。

(1) 单击装配体工具栏中的“干涉检查”按钮，或选择【工具】/【干涉检查】命令，弹出如图2.8所示【干涉检查】属性管理器。

(2) 在【所选零部件】显示框中，系统默认的是窗口中的整个装配体，用户也可根据实际情况选择需要进行干涉检查的实体。

(3) 单击【计算】按钮进行干涉检查，在【结果】显示框中将出现检测到的干涉。

(4) 选择其中一个干涉，相关的干涉体会在绘图区域中高亮显示，并列出相关零件的名称。

(5) 单击“确定”按钮，完成干涉体的干涉检查。

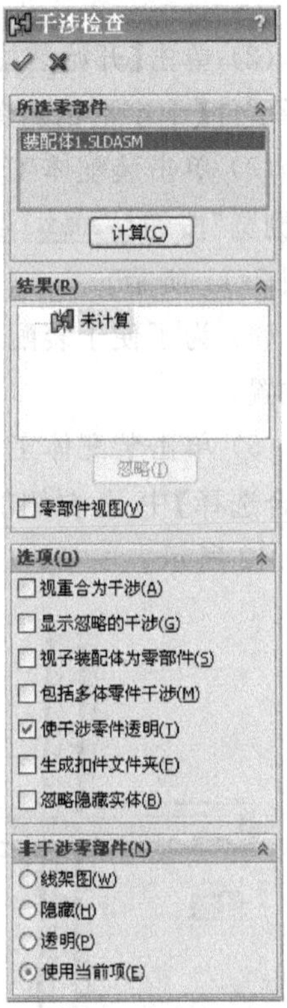
干涉检查
所选零部件
装配体1.SLDASM
计算(C)
结果(R)
未计算
忽略(I)
零部件视图(V)
选项(O)
视重合为干涉(A)
显示忽略的干涉(G)
视子装配体为零部件(S)
包括多体零件干涉(M)
使干涉零件透明(T)
生成扣件文件夹(F)
忽略隐藏实体(B)
非干涉零部件(N)
线架图(W)
隐藏(H)
透明(P)
使用当前项(E)

图2.8 【干涉检查】属性管理器

2.4 装配实例——椭圆规机构

椭圆规机构模型如图 2.9 所示，其具体装配过程如下。

(1) 单击标准工具栏中的"新建"按钮，弹出如图 2.10 所示的【新建 SolidWorks 文件】对话框，选择【装配体】按钮，然后单击【确定】。

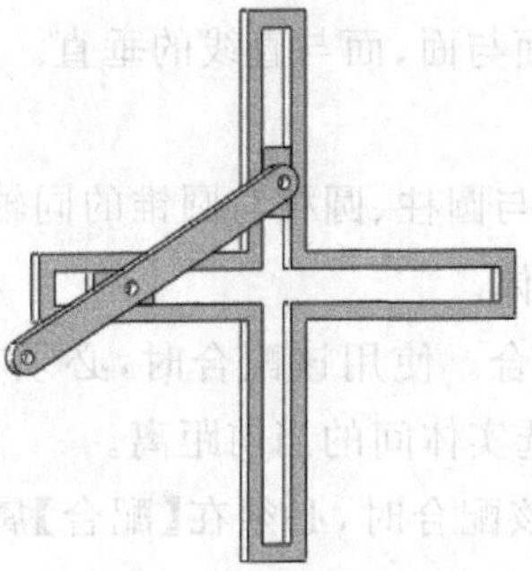

图 2.9 椭圆规机构模型

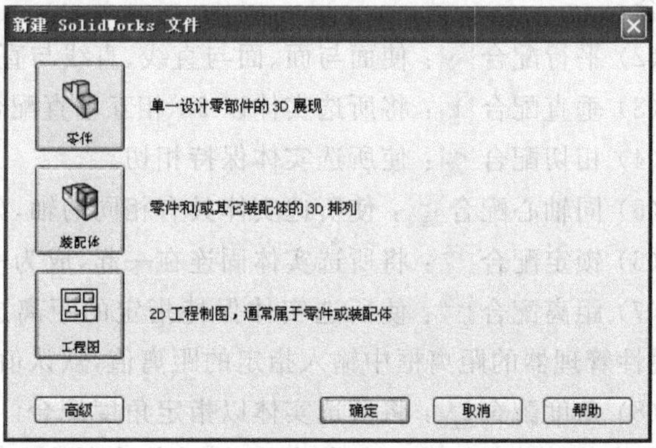

新建 SolidWorks 文件
单一设计零部件的 3D 展现
零件
零件和/或其它装配体的 3D 排列
装配体
2D 工程制图，通常属于零件或装配体
工程图
高级
确定
取消
帮助

图 2.10 【新建 SolidWorks 文件】对话框

(2) 单击【开始装配体】属性管理器中"浏览"按钮 浏览(B)... ，在弹出的【打开】对话框中选择零件【十字滑槽】，单击【打开】按钮，然后在绘图区域中适当位置单击放置十字滑槽。

(3) 单击装配体工具栏中的"插入零部件"按钮，弹出【插入零部件】属性管理器。单击"浏览"按钮 浏览(B)... ，选择零件"滑块"，单击【打开】按钮并在绘图区中单击以插入滑块，如图 2.11 所示。

(4) 为了便于装配，先通过"移动零部件"按钮和"旋转零部件"按钮来调整滑块的位置。

(5) 单击装配体工具栏中的"配合"按钮，在【标准配合】中单击"重合"按钮，单击【配合选择】中右侧的显示框，选择十字滑槽的前表面和滑块的前表面进行重合配合，如图 2.12 所示。

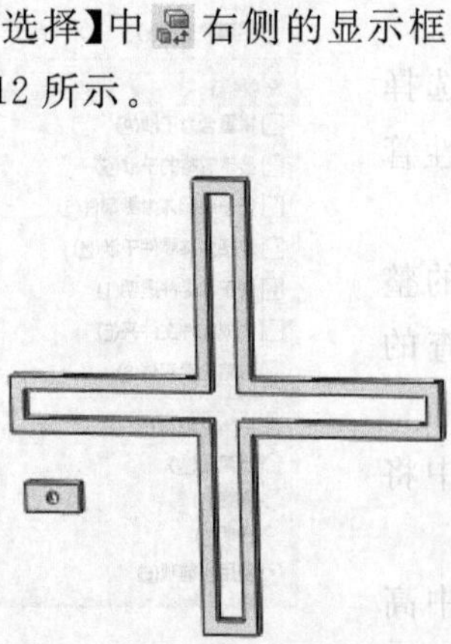

图 2.11 插入滑块

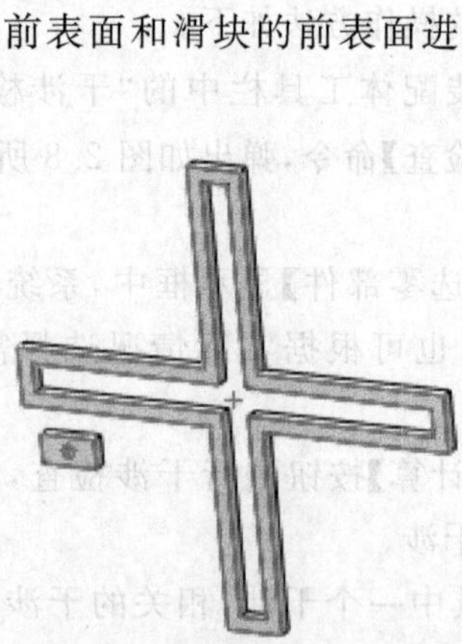

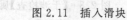

图 2.12 十字滑槽和滑块第一次重合配合的表面

(6) 选择如图 2.13 所示的表面，对十字滑槽和滑块再次进行重合配合。

(7) 再次插入滑块，添加与前一个滑块相同的两个重合配合，两滑块与十字滑槽的相对位置如图 2.14 所示。

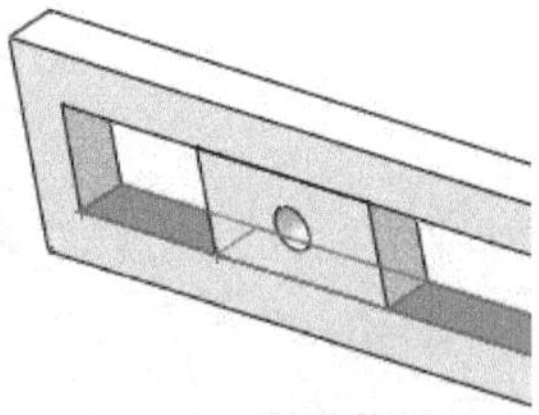

图 2.13　十字滑槽和滑块第二次重合配合的表面

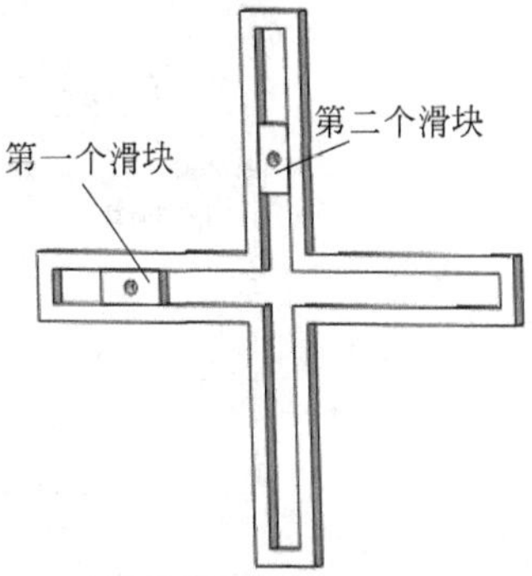
第二个滑块
第一个滑块

图 2.14　两滑块与十字滑槽的相对位置

(8) 单击装配体工具栏中的“插入零部件”按钮，弹出【插入零部件】属性管理器。单击“浏览”按钮 浏览(B)...，选择零件【连杆】，单击【打开】按钮，在绘图区中单击以插入连杆。

(9) 单击装配体工具栏中的“配合”按钮，在【标准配合】中选择“同轴心”按钮，单击【配合选择】中右侧的显示框，选择第一个滑块的圆孔和连杆中间的圆孔进行同轴心配合，如图 2.15 所示。

(10) 同理，选择第二个滑块的圆孔和连杆右端的圆孔进行同轴心配合，如图 2.16 所示。

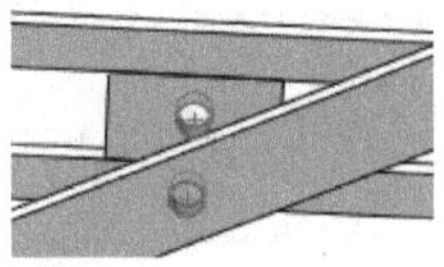

图 2.15　连杆与第一个滑块的同轴心配合

图 2.16　连杆与第二个滑块的同轴心配合

(11) 继续进行添加配合操作，在【标准配合】中选择“重合”按钮，单击【配合选择】中右侧的显示框，选择任意滑块的前表面和连杆的后表面进行重合配合。至此，所有零部件间的配合关系已添加完，如图 2.17 所示。

(12) 单击装配体工具栏中的“干涉检查”按钮，或选择【工具】/【干涉检查】命令，弹出如图 2.18 所示的【干涉检查】属性管理器。单击【计算】按钮，检查结果如图 2.19 所示，结果显示该装配体无干涉。

(13) 以文件名“椭圆规机构装配体”保存该装配体文件。

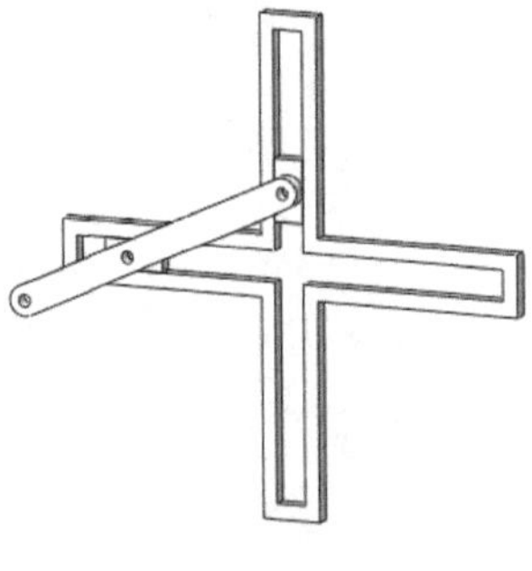

图 2.17　椭圆规机构装配体

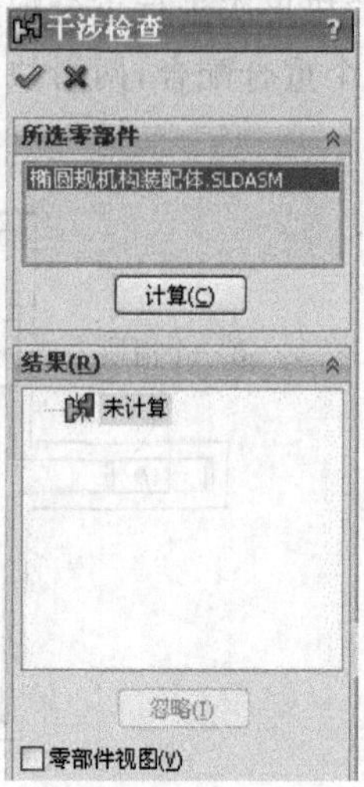
干涉检查
所选零部件
椭圆规机构装配体.SLDASM
计算(C)
结果(R)
未计算
忽略(I)
零部件视图(V)

图 2.18 【干涉检查】属性管理器

结果(R)
无干涉
忽略(I)
零部件视图(V)

图 2.19 干涉检查结果

第3章

运动仿真SolidWorks Motion

SolidWorks 2012 中自带的 Motion 插件无缝集成了装配体运动仿真、干涉检查等实用功能，通过 Motion 运动仿真和分析，可以有效降低产品的制造成本及缩短产品开发周期，设计分析者可快速地了解产品的可行性。本章介绍 SolidWorks Motion 运动仿真界面及运动仿真的一些基础概念。

3.1 SolidWorks Motion 运动仿真界面介绍

1. 进入 Motion 分析界面

启动 SolidWorks 软件后，选择【工具】/【插件】命令，弹出如图 3.1 所示的【插件】属性管理器，选中 SolidWorks Motion 复选框后，单击【确定】按钮将 Motion 插件载入，如果只选中左边复选框，插件只在本次运行中载入，若同时选中左、右两边复选框，插件会在软件启动时自动载入。

在装配体界面，单击布局选项卡中的【运动算例 1】，进入如图 3.2 所示运动算例界面，在【算例类型】下拉列表中选择“Motion 分析”，进入 MotionManager 界面。

插件
活动插件
启动
SolidWorks Premium Add-ins插件
CircuitWorks
FeatureWorks
PhotoView 360
ScanTo3D
SolidWorks Design Checker
SolidWorks Motion
SolidWorks Routing
SolidWorks Simulation
SolidWorks Toolbox
SolidWorks Toolbox Browser
SolidWorks Utilities
SolidWorks Workgroup PDM 2012
TolAnalyst
SolidWorks 插件
Autotrace
SolidWorks 2D Emulator
SolidWorks Flow Simulation 2012
SolidWorks MTS
SolidWorks Part Reviewer
SolidWorks XPS Driver
确定
取消
图 3.1 【插件】属性管理器

2. MotionManager 界面介绍

如图 3.3 所示，MotionManager 界面主要分为工具栏、模型设计树及时间线视图区三部分，当界面中按钮为灰色时不可用，相关按钮图标说明如下。

1) 工具栏按钮图标

- 计算按钮：单击该按钮，软件对所设计的运动算例进行求解计算。
- 从头播放按钮：单击该按钮，模拟动画从仿真开始时刻播放。
- 播放按钮：单击该按钮，模拟动画从当前设定时刻开始播放。
- 停止按钮：单击该按钮，停止模拟动画的

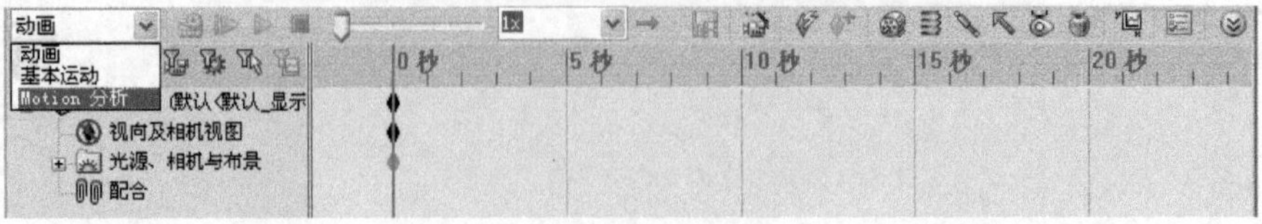
动画
动画
基本运动
Motion 分析
视向及相机视图
光源、相机与布景
配合
0 秒
5 秒
10 秒
15 秒
20 秒

图 3.2　运动算例界面

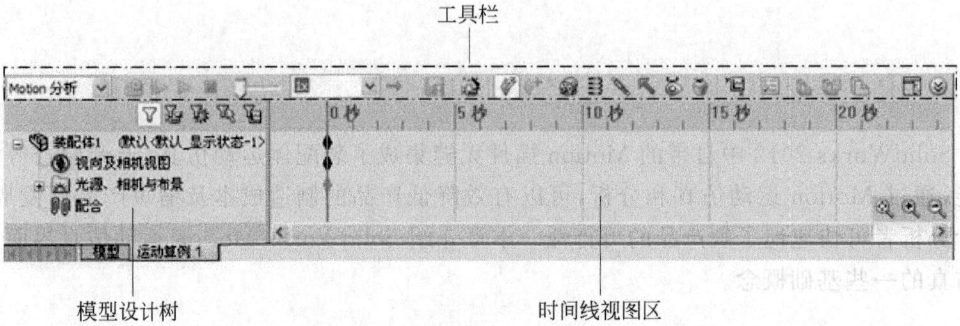
工具栏
Motion 分析
装配体1 (默认<默认_显示状态-1>)
视向及相机视图
光源、相机与布景
配合
0 秒
5 秒
10 秒
15 秒
20 秒
模型
运动算例 1
模型设计树
时间线视图区

图 3.3　MotionManager 界面

播放。

- 播放速度：单击下拉菜单按钮，可设定 10 种动画播放速度，其中有 7 种播放速度的倍数，3 种动画播放持续时间。
- 播放模式按钮：单击该按钮，可将模拟动画的播放设定为正常、循环和往复 3 种模式。
- 保存动画按钮：单击该按钮，将模拟动画保存为视频，视频格式自行设定，可保存部分动画。
- 动画向导按钮：单击该按钮，可在设定时刻插入视图，还可设定旋转及爆炸动画，也可解除爆炸动画。
- 自动键码按钮：单击该按钮，可为移动或更改后的零部件在时间栏内自动生成新键码，再次单击该按钮可将其关闭。
- 添加/更新键码按钮：单击该按钮，可在时间栏上添加新键码，或者更新当前已有键码。
- 马达按钮：单击该按钮，为装配体添加驱动。
- 弹簧按钮：单击该按钮，在零部件之间添加弹簧。
- 阻尼按钮：单击该按钮，在零部件之间添加阻尼。
- 力按钮：单击该按钮，为零部件添加力或者力矩。
- 接触按钮：单击该按钮，为选定的多个零部件定义接触。
- 引力按钮：单击该按钮，开启运动算例的引力，数值及方向可自行设定。
- 结果和图解按钮：单击该按钮，添加运动算例的计算结果图解。
- 运动算例属性按钮：单击该按钮，为设计算例设定仿真属性。
- 视图切换按钮：单击该按钮，可在基于事件的运动视图和时间线视图之间切换。

- 折叠 MotionManager 按钮：单击该按钮，可将 MotionManager 界面最小化；再次单击该按钮，还原 MotionManager 先前的界面。

2）模型设计树按钮图标

- 无过滤按钮：处于按下状态时，在 MotionManager 设计树中显示所有项目。
- 过滤动画按钮：处于按下状态时，只显示在动画过程中移动或更改的项目。
- 过滤驱动按钮：处于按下状态时，只显示引发运动或其他更改的项目。
- 过滤选定按钮：处于按下状态时，只显示当前选定的项目。
- 过滤结果按钮：处于按下状态时，只显示 Motion 分析结果项目。

3）时间线视图区按钮图标

- 键码：MotionManager 设计树中相关项目的键码，可以编辑、拖动、复制、粘贴及删除，其中，拖动 装配体 的键码可设定运动算例的仿真时间。
- 时间线：时间线在时间线视图区可任意拖动，拖动时，装配体运动单元会随着时间线的时刻点不同而变化位置。
- 整屏显示全图按钮：单击该按钮，完整显示时间线视图区。
- 放大按钮：单击该按钮，将时间线视图区放大，时间刻度的分度值变小。
- 放小按钮：单击该按钮，将时间线视图区放小，时间刻度的分度值变大。

3.2 添加驱动

驱动是驱使机械设备中原动件运动的动力源，例如汽车中发动机燃油点燃时释放给原动件活塞的动力、电动机的输出转矩等。用 SolidWorks 2012 进行 Motion 仿真分析时，创建马达即可为原动件添加驱动。

单击 MotionManager 工具栏中的“马达”按钮，弹出如图 3.4 所示的马达参数设置对话框，有 3 种类型的马达可选。

1. 旋转马达

在图 3.4 所示的【马达类型】栏中单击“旋转马达”按钮。在【零部件/方向】栏中，单击按钮右侧为马达选择位置，单击按钮可改变马达旋转方向，单击按钮右侧可设置相对马达位置而运动的零部件。【运动】栏中，可设置马达运动函数，如图 3.5 所示。对于等速马达，单击图标右侧可输入马达速度值，单位是 RPM（r/min，转/分钟）。单击【运动】栏下方的数据图可将设置好的马达数据曲线放大。

2. 线性马达

在图 3.4 所示的【马达类型】栏中单击“线性马达”按钮，线性马达实际上是驱动器。【零部件/方向】栏及【运动】栏中，马达的参数设置与旋转马达设置类似，只是马达运动速度的单位是 mm/s。

3. 路径配合马达

首先，装配体的配合中必须有路径配合，否则该类型马达不可用。在图 3.4 所示的【马达类型】栏中单击“路径配合马达”按钮，前面两种马达中的【零部件/方向】栏会变为【配合/方向】栏，如图 3.6 所示，单击按钮 右侧后选取一路径配合，其他参数设置与线性马达设置类似。

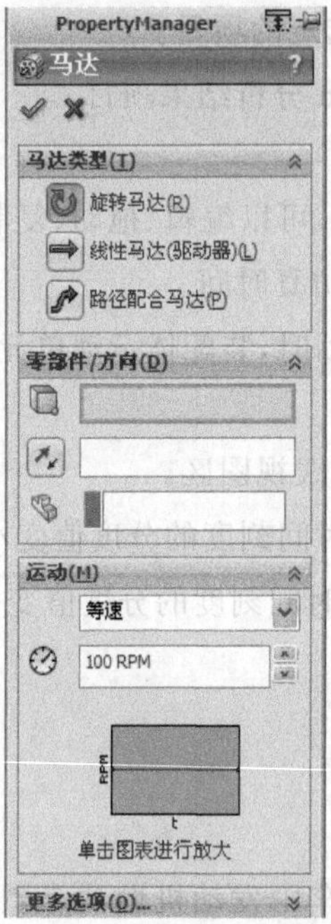
PropertyManager
马达
马达类型(T)
旋转马达(R)
线性马达(驱动器)(L)
路径配合马达(P)
零部件/方向(D)
运动(M)
等速
100 RPM
RPM
t
单击图表进行放大
更多选项(O)...

图 3.4 马达参数设置对话框

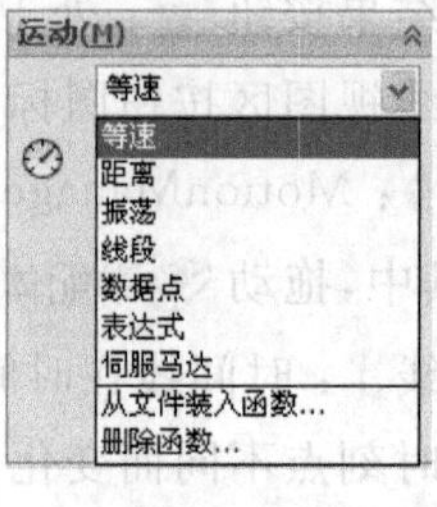
运动(M)
等速
等速
距离
振荡
线段
数据点
表达式
伺服马达
从文件装入函数...
删除函数...

图 3.5 马达运动函数列表

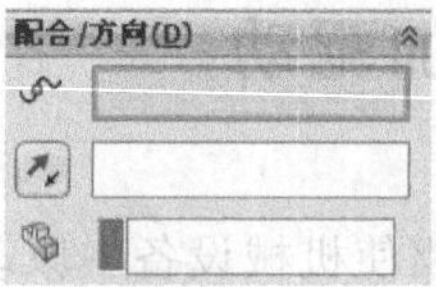
配合/方向(D)

图 3.6 路径配合马达部分参数设置

3.3 添加力

力是物体间的相互作用，是使物体运动状态或者物体的形状发生改变的原因。在 SolidWorks 装配体中，力可以是零部件之间的相互作用，也可以是单独添加在某一零件上的外力。单击 MotionManager 工具栏中的“力”按钮，弹出如图 3.7 所示的力/扭矩参数设置对话框，有力和力矩两种类型可选。

1. 力

在图 3.7 所示的【类型】栏中单击“力”按钮。【方向】栏中，可选择【只有作用力】或者【作用力与反作用力】，前者只需定义“作用零件和作用应用点”，后者还需定义“力反作用位置”。单击按钮 右侧为力选择所作用的零件及位置。单击按钮 可改变力的方向。【相对于此的力】选择【装配体原点】，代表所添加力方向的参考系是装配体整体坐标系；选择【所选零部件】，代表所添加力方向的参考系是所选零部件。【力函数】栏中，可设置力的函数，如图 3.8 所示；对于常量力，单击图标 F_1 右侧可输入力数值，单位是牛顿。【承载面】栏可设定受力面。

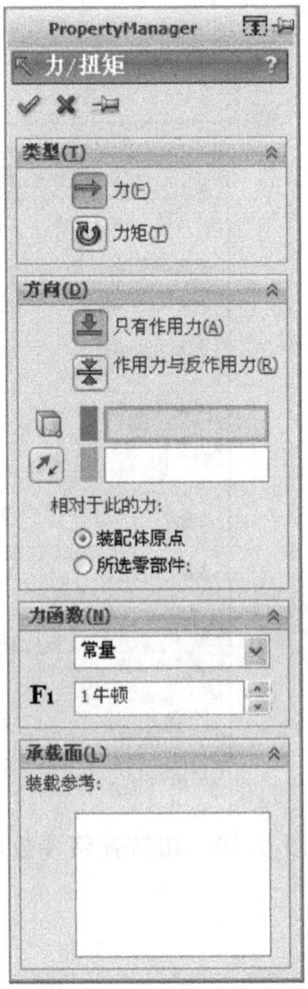
PropertyManager
力/扭矩
类型(T)
力(F)
力矩(T)
方向(D)
只有作用力(A)
作用力与反作用力(R)
相对于此的力:
装配体原点
所选零部件:
力函数(N)
常量
F1
1 牛顿
承载面(L)
装载参考:

图 3.7　力/扭矩参数设置对话框

常量
常量
步进
谐波
线段
数据点
表达式
从文件装入函数...
删除函数...

图 3.8　力的函数列表

2. 力矩

在图 3.7 所示的【类型】栏中单击“力矩”按钮，可为所选零部件添加旋转扭矩。对话框中的【方向】栏与【力函数】栏中，力矩的参数设置与力的参数设置类似，只是力矩的函数单位是 N·mm(牛顿·毫米)。

3.4　弹簧

弹簧是一种利用材料的弹性特点来工作的机械零件，用以控制相关部件的运动、缓和冲击或震动、储蓄能量、测量力的大小等，被广泛用于机器、仪表中。弹簧弹力的大小在弹性范围内遵循胡克定律：$F=kx$，其中 F 为弹力(单位是牛顿)，k 为劲度系数(单位是牛顿/米)，x 是弹簧伸长量(单位是米)。

在 SolidWorks 中，对装配体进行 Motion 运动分析时添加的弹簧只是一个虚拟构件，只在仿真时出现，用于模拟弹簧力。单击 MotionManager 工具栏中的“弹簧”按钮，弹出的对话框中有两种弹簧可选择，图 3.9 所示的是线性弹簧参数设置对话框，图 3.10 所示的是扭转弹簧参数设置对话框。

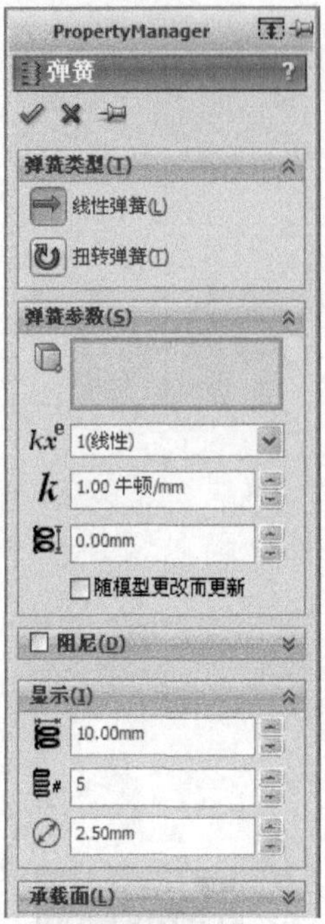
PropertyManager
弹簧
弹簧类型(T)
线性弹簧(L)
扭转弹簧(T)
弹簧参数(S)
1(线性)
1.00 牛顿/mm
0.00mm
随模型更改而更新
阻尼(D)
显示(I)
10.00mm
5
2.50mm
承载面(L)

图 3.9　线性弹簧参数设置对话框

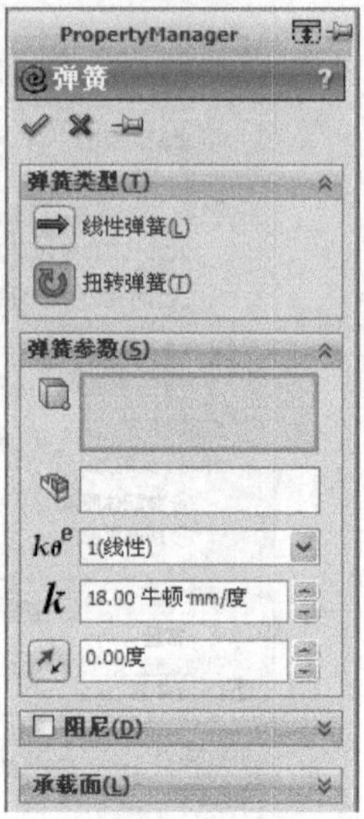
PropertyManager
弹簧
弹簧类型(T)
线性弹簧(L)
扭转弹簧(T)
弹簧参数(S)
1(线性)
18.00 牛顿·mm/度
0.00度
阻尼(D)
承载面(L)

图 3.10　扭转弹簧参数设置对话框

1. 线性弹簧

在图 3.9 所示的【弹簧类型】栏中单击按钮。【弹簧参数】栏中，单击按钮右侧为弹簧选择作用位置，需要选择两个零件；单击图标 kx^e 右侧可设置弹簧力表达式指数，默认指数 $e=1$，单击图标 k 右侧可设置弹簧的劲度系数，单击图标右侧可设置弹簧的自由长度(原长)，当选定弹簧位置时，软件会自动计算出其原长。选中【阻尼】复选框，可设置弹簧本身的阻尼效应，取消选中则无阻尼。【显示】栏中，单击图标右侧可设置弹簧的外径，单击图标右侧可设置弹簧的圈数，单击图标右侧可设置弹簧丝的直径。【承载面】栏可设定受力面。

2. 扭转弹簧

在图 3.10 所示的【弹簧类型】栏中单击按钮。【弹簧参数】栏中，单击按钮右侧，设置扭转弹簧的第一终点(弹簧的第一个位置)和轴向(扭转轴)，如果所选的两个特征都可以提供轴向，第一选择将作为终点，第二选择作为轴向。单击"基体零部件"按钮右侧，设置扭转弹簧的第二终点(弹簧的第二个位置)，如果不设置，软件自动将弹簧的第二个位置添加到地面上。单击按钮右侧，设置扭转弹簧的"自由角度"，即根据弹簧的函数表达式，指定在不承载时扭转弹簧端点之间的角度，软件根据两个零件之间的角度，计算弹簧力矩，初始自由角度越大，力矩越大。

3.5 阻尼

阻尼是指阻碍物体相对运动的一种作用，该作用把物体的运动能量转化为热能或其他可以耗散的能量。阻尼能有效地抑制共振、降低噪声、提高机械的动态性能等。在机械系统中，线性粘性阻尼模型是最常用的，其阻尼力 $F=cv$，方向与运动质点的速度方向相反，式中 c 为粘性阻尼系数，其数值须由振动试验确定，v 为运动质点的速度大小。

在 SolidWorks 中，对装配体进行 Motion 运动分析时添加的阻尼只是一个虚拟构件，只在仿真时出现，用于模拟对运动零部件的阻碍作用。单击 MotionManager 工具栏中的“阻尼”按钮，弹出如图 3.11 所示的参数设置对话框，其中有两种类型的阻尼可选择。

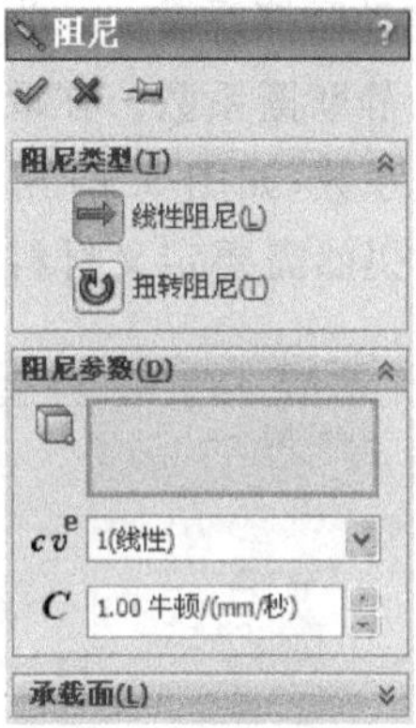
阻尼
阻尼类型(T)
线性阻尼(L)
扭转阻尼(T)
阻尼参数(D)
cv^e
1(线性)
C
1.00 牛顿/(mm/秒)
承载面(L)

图 3.11　阻尼参数设置对话框

1. 线性阻尼

线性阻尼是沿特定的方向，以一定的距离在两个零件之间作用的力。在图 3.11 所示的【阻尼类型】栏中单击按钮。【阻尼参数】栏中，单击按钮右侧为阻尼选择作用位置，需要选择两个位置，一个作为起点，另一个作为终点；单击图标 cv^e 右侧可设置阻尼力表达式指数，默认指数 $e=1$；单击图标 C 右侧可设置阻尼系数。【承载面】栏可设定受力面。

2. 扭转阻尼

扭转阻尼是绕一特定轴在两个零部件之间应用的旋转阻碍作用。在图 3.11 所示的【阻尼类型】栏中单击按钮。【阻尼参数】栏中，单击按钮右侧，设置扭转阻尼的第一终点(阻尼的第一个位置)和轴向(扭转轴)，如果所选的两个特征都可以提供轴向，第一选择将作为终点，第二选择作为轴向。单击“基体零部件”按钮右侧，设置扭转阻尼的第二终点(阻尼的第二个位置)，如果不设置，软件自动将阻尼的第二个位置添加到地面上，其他参数设置与线性阻尼参数设置类似。

3.6 3D 接触与碰撞

3D 接触与碰撞是指实体物件在三维空间中的相互作用，该作用可防止物体在运动过程中彼此穿刺。在 SolidWorks 中，对装配体进行 Motion 运动分析时，如果零部件之间不定义接触，零部件将彼此嵌入，要在运动算例中添加接触，单击 MotionManager 工具栏中的“接触”按钮，弹出对话框中有两种接触类型可选择，图 3.12 所示的是实体接触参数设置对话框，图 3.13 所示的是曲线接触参数设置对话框。

1. 实体接触

实体接触是物体在三维空间中的接触。在图 3.12 的【接触类型】栏中单击按钮。【选择】栏中选择相接触的两个实体零件，如果是多个零部件与相同零件之间的接触，选中【使用接触组】复选框，弹出如图 3.14 所示的实体接触组设置对话框，再选择两组接触零部件即可。若选中【材料】栏的复选框，则相接触的零部件或者接触组的材料只能在材料下拉菜单中选择，下面的摩擦参数会自动设置好。若取消选中材料栏，则摩擦参数可手动输入，其中 v_k 为动摩擦速度，接触物体的相对速度超过该速度后，滑动摩擦力相对之前会变小；μ_k 为动摩擦系数；v_s 为静摩擦速度，指使固定零部件开始移动时，克服静摩擦力的速度；μ_s 为静摩擦系数。在取消选中【弹性属性】栏在去掉【材料】栏后，可设置材料的冲击参数及恢复系数，如图 3.15 所示。需要说明的是，如果零部件在建模时已经定义了材料，在添加接触时仍然需要定义材料属性，否则接触无效。

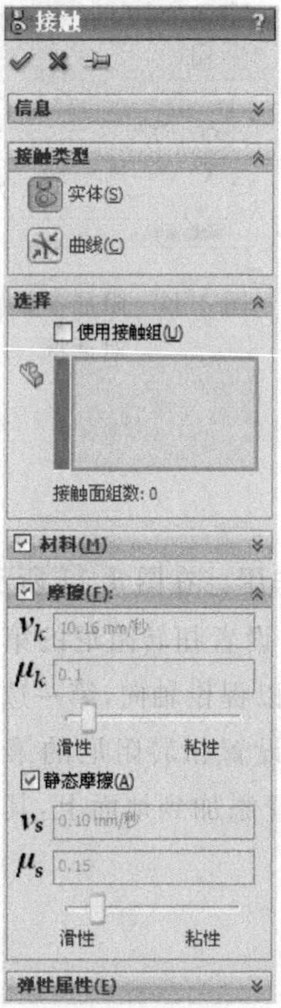
接触
信息
接触类型
实体(S)
曲线(C)
选择
使用接触组(U)
接触面组数: 0
材料(M)
摩擦(F):
10.16 mm/秒
0.1
滑性
粘性
静态摩擦(A)
0.10 mm/秒
0.15
弹性属性(E)

图 3.12 实体接触参数设置对话框

接触
信息
接触类型
实体(S)
曲线(C)
选择
曲线 1:
曲线 2:
SelectionManager
曲线始终接触
材料(M)
摩擦(F):
10.16 mm/秒
0.1
滑性
粘性
静态摩擦(A)
0.10 mm/秒
0.15
弹性属性(E)

图 3.13 曲线接触参数设置对话框

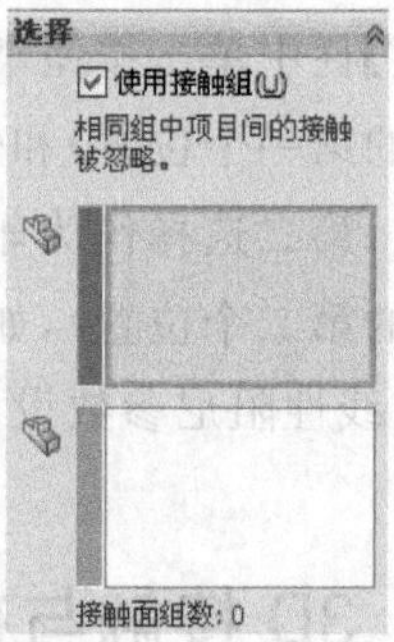
选择
使用接触组(U)
相同组中项目间的接触被忽略。
接触面组数: 0

图 3.14 实体接触组设置对话框

2. 曲线接触

曲线接触是物体在二维空间中的接触。在图 3.13 所示的【接触类型】栏中单击按钮。【选择】栏中选择两零件的接触曲线或者边线；单击按钮可改变接触力的法线方向；单击按钮 SelectionManager ，弹出如图 3.16 所示的曲线选择辅助工具；如果接触需要沿着曲线连续，则选中【曲线始终接触】复选框，取消选中则间歇接触。其他参数设置与实体接触参数设置类似。

弹性属性(E)
冲击(P)
恢复系数(T)
刚度:
1149.9235084
指数:
2
最大阻尼:
0.58839681 牛
穿透度:
0.10mm

图 3.15　弹性属性设置对话框

消除所有选择
选择闭合曲线
选择不闭合曲线
选择曲线组
选择某区域中的曲线
标准选择

图 3.16　曲线选择辅助工具

3.7　结果和图解

在 SolidWorks 中，可以创建多种结果曲线，以帮助设计分析者查看相关数据，但必须是在仿真计算完成后，才能添加结果和图解。

单击 MotionManager 工具栏中的“结果和图解”按钮，弹出如图 3.17 所示的结果参数设置对话框，首先在【选取类别】框中定义所测结果类别，可定义的类别如图 3.18 所示；选取类别后【子类别】选择框会被激活，选取相应的子类别后，结果【分量】选择框会被激活；在选择栏右侧选取被测特征，激活选择栏，可定义所测结果坐标的参考系，若不定义参考系，系统会默认装配体整体坐标为所测结果的参考系。

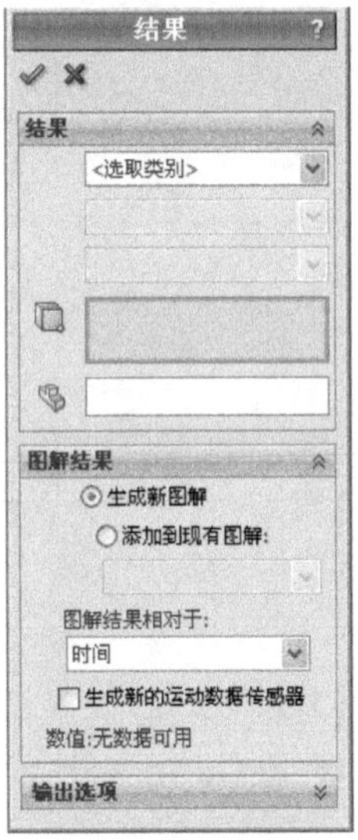
结果
结果
<选取类别>
图解结果
生成新图解
添加到现有图解:
图解结果相对于:
时间
生成新的运动数据传感器
数值:无数据可用
输出选项

图 3.17　结果参数设置对话框

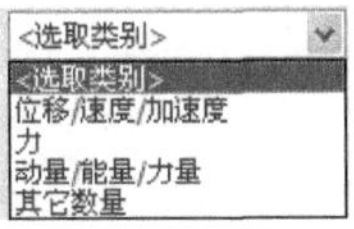
<选取类别>
<选取类别>
位移/速度/加速度
力
动量/能量/力量
其它数量

图 3.18　结果可选类别

要创建新的结果图解，在【图解结果】栏中，选择【生成新图解】，在【图解结果相对于】中定义所测结果的自变量，可以是时间、帧及新结果；若要在已有结果图解中添加数据曲线，则选择【添加到现有图解】，再选择已有的需添加曲线的图解即可。

下篇

机械运动仿真实例

第4章

凸轮机构运动仿真

凸轮机构是利用凸轮转动带动从动件实现预期运动规律的一种高副机构，广泛应用于各种机械，特别是自动机械、自动控制装置等。本章以摆动从动件盘形凸轮机构为例，采用导入凸轮理论廓线坐标的方法，进行准确的凸轮轮廓造型，然后进行二维状态曲线接触运动仿真；进一步，完成更接近真实状况的三维实体碰撞接触状态动力学仿真。

4.1 工作原理

摆动从动件盘形凸轮机构简图如图 4.1 所示，原动件凸轮 1 匀速转动，带动滚子 2 和摆杆 3 运动，输出运动为摆杆来回摆动，要求确定摆杆任意时刻的位置、角速度和角加速度。

初始条件：中心距 $AC=150$mm，摆杆长 $BC=120$mm，基圆半径 $R_b=50$mm，滚子半径 $R_g=12$mm。凸轮转速 $n=72$r/min。推程：摆线运动。回程：345 次多项式运动。

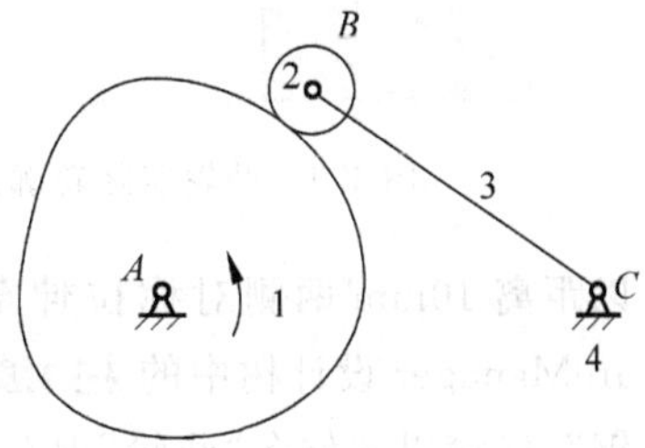
B
2
3
A
1
C
4
图 4.1 摆动从动件盘型凸轮机构简图

4.2 零件造型

1. 凸轮

启动 SolidWorks 2012，选择【文件】/【新建】/【零件】命令，创建一个新零件文件。选择【插入】/【曲线】/【通过 XYZ 点的曲线】命令，在出现的对话框中单击[浏览...]，在【文件类型】中选择 Text Files 类型文件，浏览到随书光盘中“第 4 章　凸轮机构运动仿真”中的“凸轮理论廓线坐标. txt”文件，单击[打开(O)]，坐标数据将显示在“曲线文件”表中，如图 4.2 所示。单击[确定]，将凸轮理论廓线用样条曲线绘制出来，如图 4.3 所示。

选择【插入】/【草图绘制】命令，选择【前视基准面】，单击前面绘制好的曲线，选择【工具】/【草图绘制工具】/【等距实体】命令，输入摆杆滚子半径，将曲线转换成草图曲线，如图 4.4 所示。得到凸轮实际轮廓曲线，在原点处绘制凸轮轴孔，如图 4.5 所示。

曲线文件
E:\SolidWorks 2012\第5章 凸轮机构运动仿真\凸
浏览...
保存
另存为
插入
确定
取消
点 X Y
1 35.33mm 35.38mm
2 34.08mm 36.59mm
3 32.78mm 37.76mm
4 31.45mm 38.9mm
5 30.07mm 39.99mm
6 28.66mm 41.06mm
7 27.22mm 42.1mm
8 25.74mm 43.11mm

图 4.2 凸轮理论廓线坐标

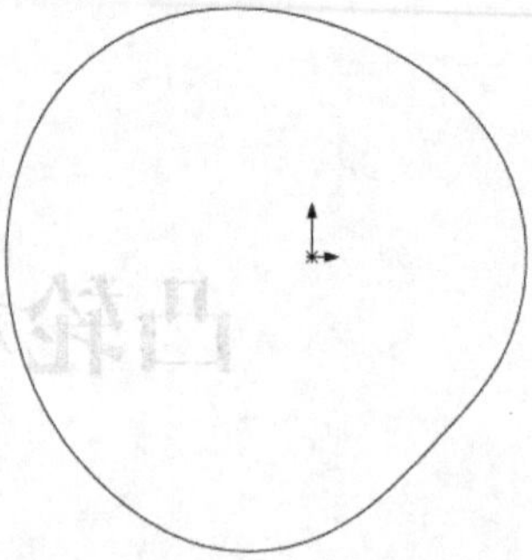

图 4.3 凸轮理论廓线样条曲线

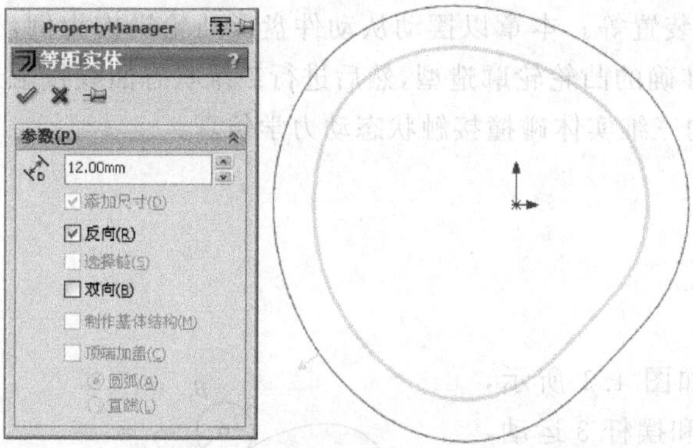
PropertyManager
等距实体
参数(P)
12.00mm
添加尺寸(D)
反向(R)
选择链(S)
双向(B)
制作基体结构(M)
顶端加盖(C)
圆弧(A)
直线(L)

图 4.4 凸轮实际轮廓曲线草图

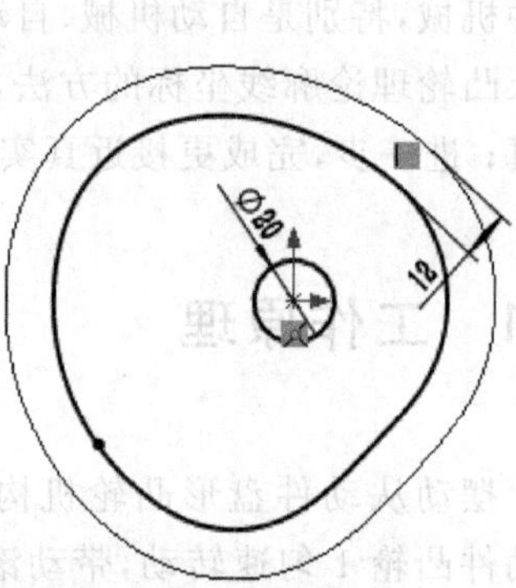
Ø20
12

图 4.5 凸轮轴孔草图

以距离 10mm 两侧对称拉伸草图轮廓，得到凸轮的三维实体，如图 4.6 所示。右击 FeatureManager 设计树中的 材质 <未指定>，选择【编辑材料】命令，将零件的材质设为“普通碳钢”，然后以文件名“凸轮”保存该零件。

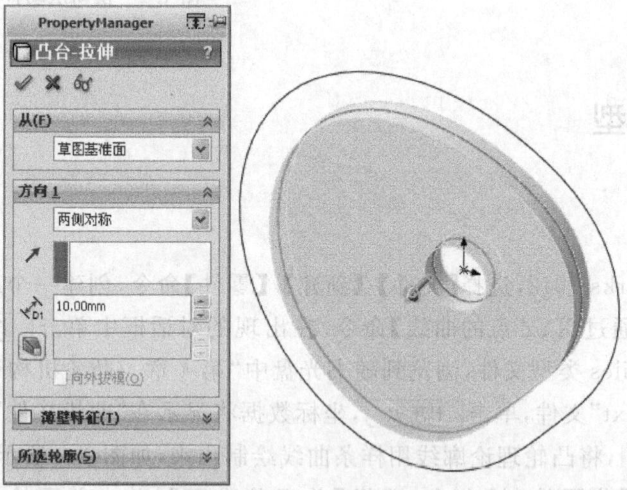
PropertyManager
凸台-拉伸
从(F)
草图基准面
方向 1
两侧对称
10.00mm
向外拔模(O)
薄壁特征(T)
所选轮廓(S)

图 4.6 凸轮草图轮廓拉伸

2. 滚子、摆杆和机架

滚子半径 $R_g=12\text{mm}$，摆杆长度 $L=120\text{mm}$，凸轮与摆杆转动中心距离 $A=150\text{mm}$，根据图 4.7、图 4.8 和图 4.9 所示，以距离 10mm 两侧对称拉伸草图轮廓，得到零件滚子、摆杆和机架，零件的材质均设置为"普通碳钢"，分别以文件名"滚子"、"摆杆"和"机架"保存。

Ø24
Ø10

图 4.7 滚子草图

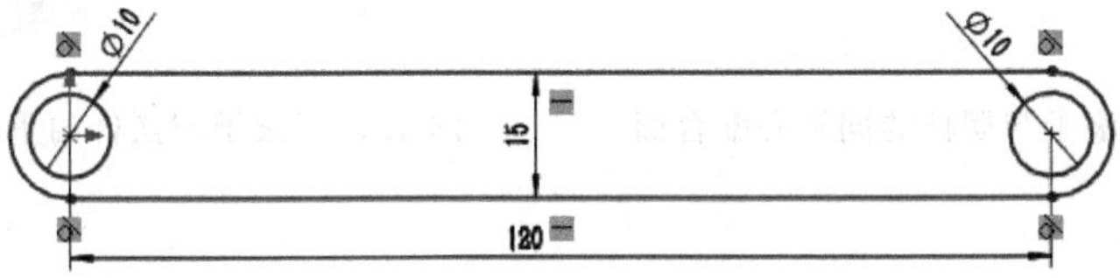
Ø10
Ø10
15
120

图 4.8 摆杆草图

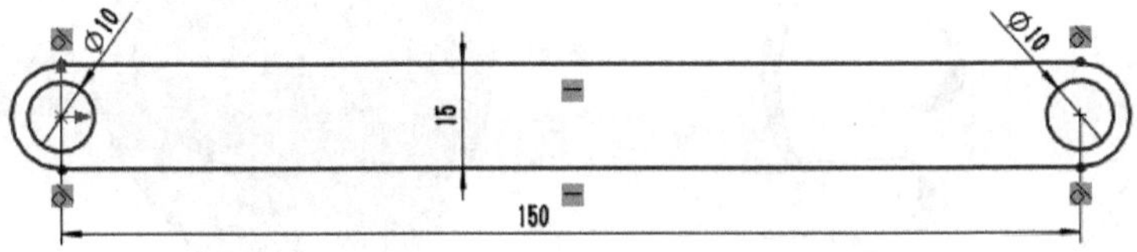
Ø10
Ø10
15
150

图 4.9 机架草图

4.3 装配

选择【文件】/【新建】/【装配体】命令，建立一个新装配体文件。将机架和摆杆添加进来，右击把机架设为固定零部件，添加摆杆与机架转动处的同轴心配合，如图 4.10 所示，其端面添加重合配合，如图 4.11 所示。

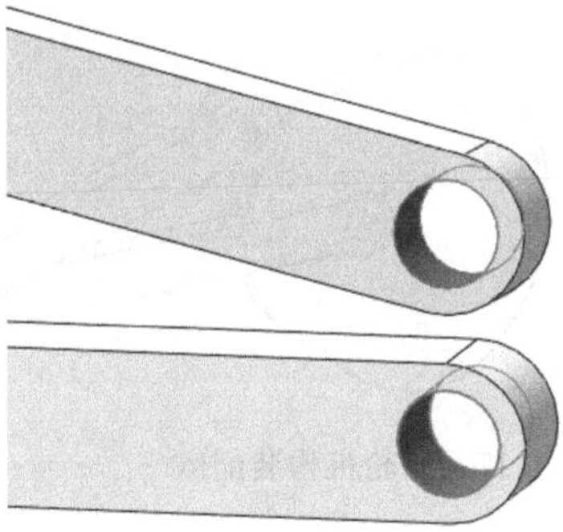

图 4.10 摆杆与机架的同轴心配合面

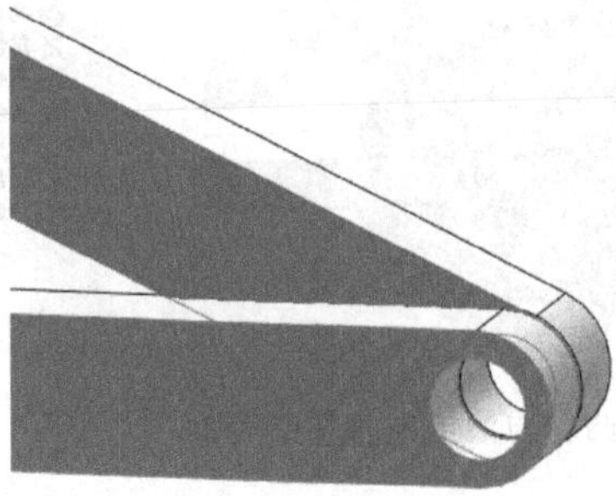

图 4.11 摆杆与机架的重合配合面

将滚子添加进来，与摆杆转动处添加同轴心配合，如图 4.12 所示，其端面添加重合配合，如图 4.13 所示。

将凸轮添加进来，与机架转动处添加同轴心配合，如图 4.14 所示，其端面添加重合配合，如图 4.15 所示。

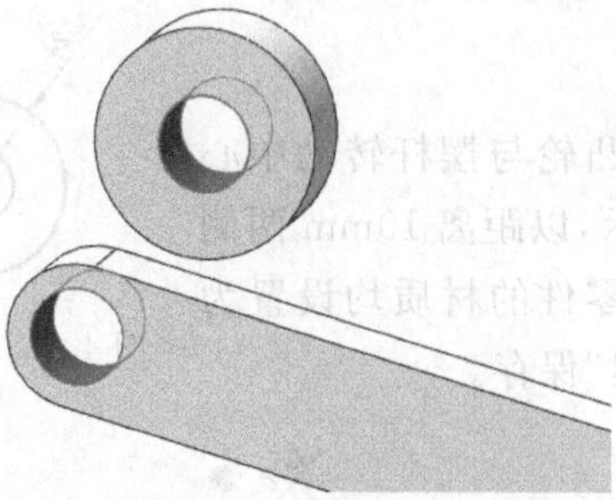

图 4.12　滚子与摆杆的同轴心配合面

图 4.13　滚子与摆杆的重合配合面

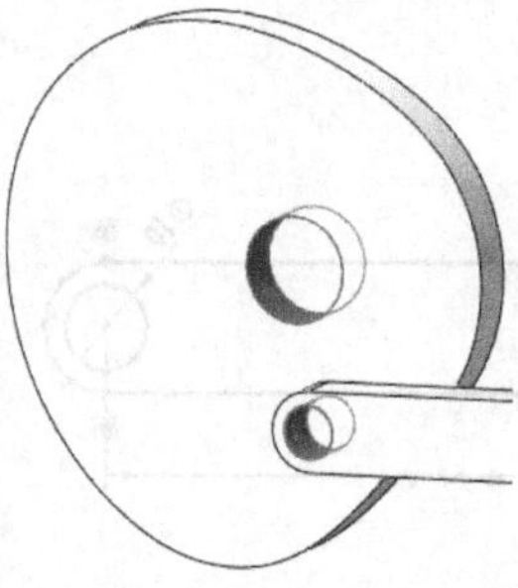

图4.14　凸轮与机架的同轴心配合面

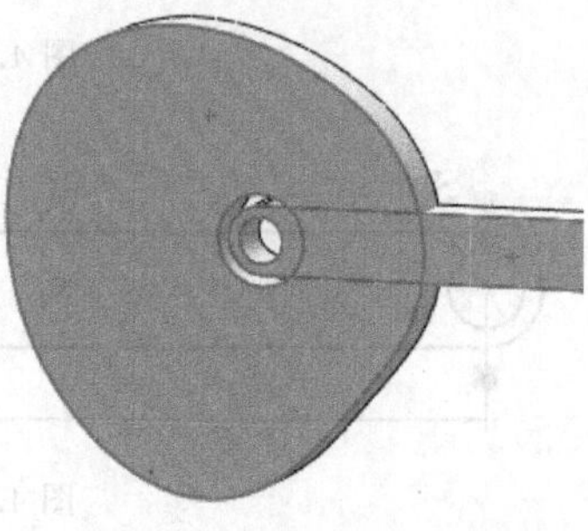

图 4.15　凸轮与机架的重合配合面

为使滚子与凸轮处于正确的装配位置，在凸轮与滚子柱面之间添加相切配合，如图 4.16 所示。在设计树中右击该相切配合，在弹出的菜单中选择“压缩”，使该相切配合暂不起作用，以免影响后面的运动仿真。在压缩后，如果再次用鼠标拖动滚子或凸轮，两者将不再相切，此时，用鼠标右击该相切配合，选择“解除压缩”，凸轮与滚子就会再次相切。

装配完毕后，所有配合关系如图 4.17 所示，以文件名“凸轮机构装配体”保存该文件。

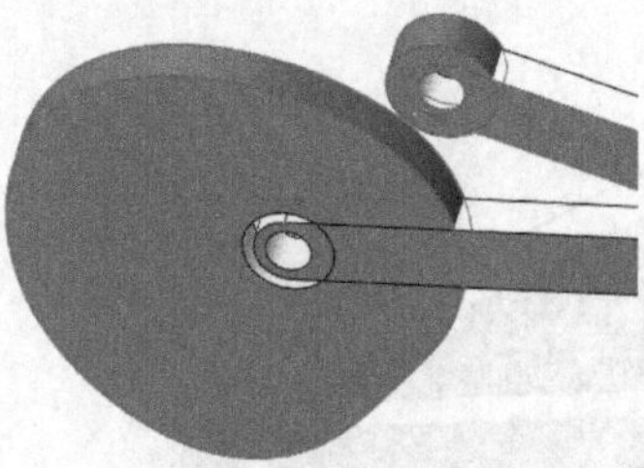

图 4.16　凸轮与滚子的相切配合面

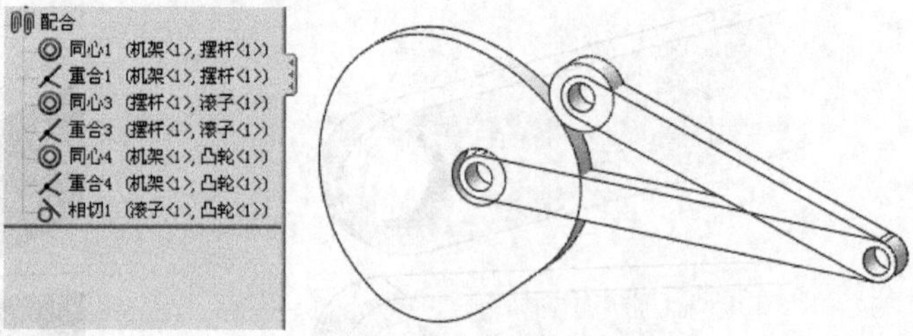
配合
同心1 (机架<1>, 摆杆<1>)
重合1 (机架<1>, 摆杆<1>)
同心3 (摆杆<1>, 滚子<1>)
重合3 (摆杆<1>, 滚子<1>)
同心4 (机架<1>, 凸轮<1>)
重合4 (机架<1>, 凸轮<1>)
相切1 (滚子<1>, 凸轮<1>)

图 4.17　凸轮机构装配体

4.4 仿真

在装配体界面，将“SolidWorks Motion”插件载入，单击布局选项卡中的【运动算例 1】，在 MotionManager 工具栏中的【算例类型】下拉列表中选择“Motion 分析”。

4.4.1 添加马达

单击 MotionManager 工具栏中的“马达”按钮，为凸轮添加一逆时针等速旋转马达，如图 4.18 所示，凸轮转速 $n=72\text{RPM}=432(°)/\text{s}$，马达位置为凸轮轴孔处，如图 4.19 所示。

PropertyManager
马达
马达类型(T)
旋转马达(R)
线性马达(驱动器)(L)
路径配合马达(P)
零部件/方向(D)
边线<1>@凸轮-1
边线<1>@凸轮-1
运动(M)
等速
72 RPM
RPM
t

图 4.18 凸轮马达参数设置

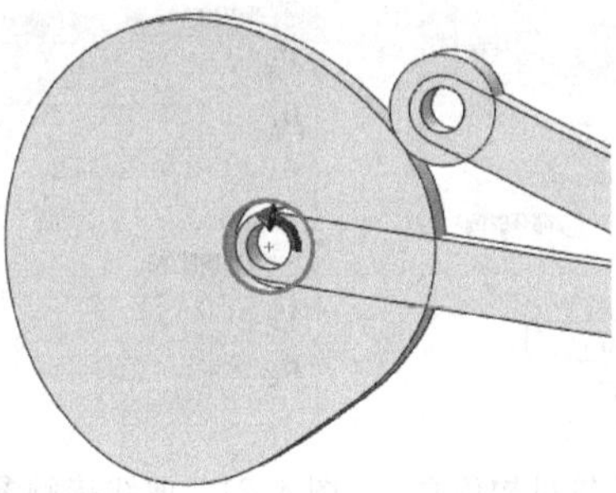

图 4.19 凸轮马达位置

4.4.2 仿真参数设置

在 MotionManager 界面中将时间的长度拉到 1s，单击工具栏上的“运动算例属性”按钮，在弹出的属性管理器中的【Motion 分析】栏内将每秒帧数设为 100，选中【3D 接触分辨率】下的【使用精确接触】复选框，其余参数采用默认设置，如图 4.20 所示，单击“确定”按钮，完成仿真参数的设置。

4.4.3 曲线接触运动仿真

1. 添加曲线接触

单击 MotionManager 工具栏上的“接触”按钮，如图 4.21 所示，在弹出的属性管理器中【接触类型】栏内选择“曲线接触” 曲线(C)，在【选择】栏内选取凸轮实际轮廓线为“第一接触曲线”，选取滚子外轮廓线为“第二接触曲线”，如图 4.22 所示。选中【曲线始终接触】复选框，其余参数采用默认设置，单击“确定”按钮，完成曲线接触的添加。

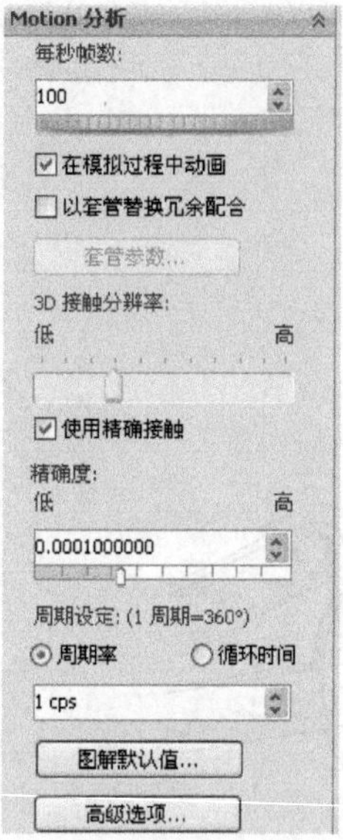
Motion 分析
每秒帧数:
100
在模拟过程中动画
以套管替换冗余配合
套管参数...
3D 接触分辨率:
低
高
使用精确接触
精确度:
低
高
0.0001000000
周期设定: (1 周期=360°)
周期率
循环时间
1 cps
图解默认值...
高级选项...

图 4.20 凸轮机构仿真参数设置

PropertyManager
接触
信息
选取材料为摩擦和弹性属性使用预设值，要修改这些属性，消除选择材料选择。
选择
曲线 1:
边线<1>@凸轮-1
曲线 2:
边线<2>@滚子-1
SelectionManager
曲线始终接触
材料(M)
Acrylic
Acrylic
摩擦(F):
10.16 mm/秒
0.1
滑性
粘性
静态摩擦(A)
0.10 mm/秒
0.15

图 4.21 曲线接触参数设置

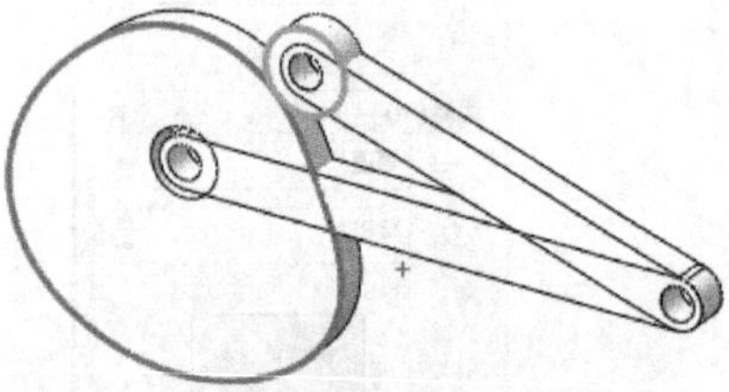

图 4.22 凸轮与滚子的接触曲线

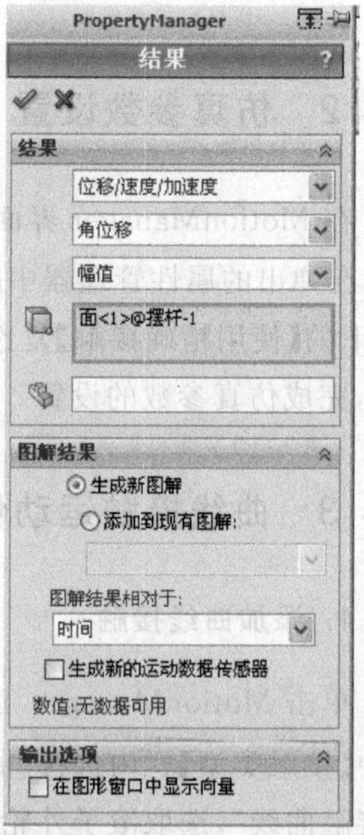
PropertyManager
结果
结果
位移/速度/加速度
角位移
幅值
面<1>@摆杆-1
图解结果
生成新图解
添加到现有图解:
图解结果相对于:
时间
生成新的运动数据传感器
数值:无数据可用
输出选项
在图形窗口中显示向量

图 4.23 摆杆角位移图参数设置

2. 仿真分析

单击 MotionManager 工具栏上的"计算"按钮，进行仿真求解。待仿真自动计算完毕后，单击工具栏上的"结果和图解"按钮，在弹出的属性管理器中进行如图 4.23 所示的参数设置，其中右侧显示栏里的面为摆杆上的任意一个面。单击"确定"按钮，生成摆杆的角位移图解，如图 4.24 所示。

由图 4.24 可见，摆杆与水平线初始夹角为 17°，最大为 28°，因此最大摆杆角位移为 28°－17°＝11°，与题目设置相吻合。

同理，在图 4.23 里的前两个下拉列表框中分别选择"角速度"和"角加速度"，在第 3 个下拉列表框中都选择"Z 分量"，分别得到摆杆的角速度图解和角加速度图解，如图 4.25 和图 4.26 所示。

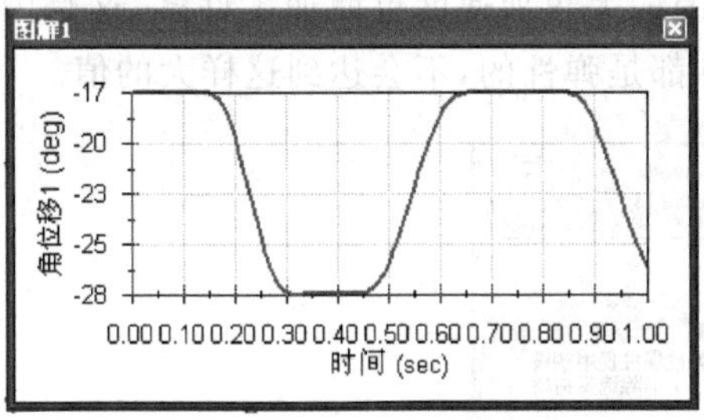
图解1
-17
-20
-23
-25
-28
角位移1 (deg)
0.00 0.10 0.20 0.30 0.40 0.50 0.60 0.70 0.80 0.90 1.00
时间 (sec)

图 4.24 曲线接触时摆杆角位移曲线

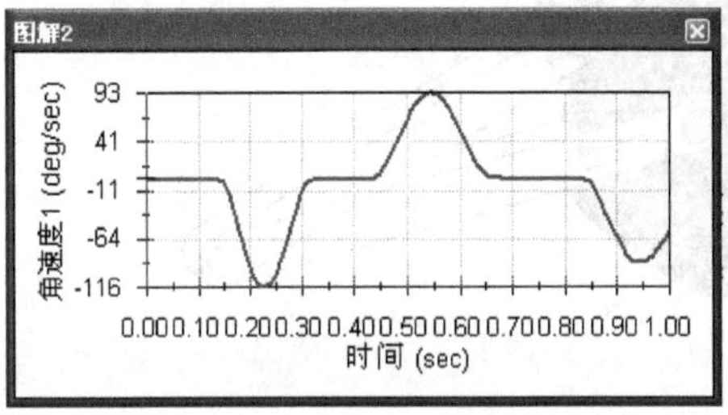
图解2
93
41
-11
-64
-116
角速度1 (deg/sec)
0.00 0.10 0.20 0.30 0.40 0.50 0.60 0.70 0.80 0.90 1.00
时间 (sec)

图 4.25 曲线接触时摆杆角速度曲线

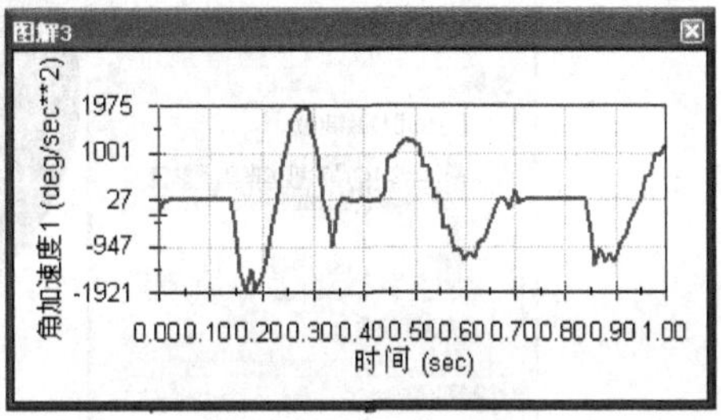
图解3
1975
1001
27
-947
-1921
角加速度1 (deg/sec**2)
0.00 0.10 0.20 0.30 0.40 0.50 0.60 0.70 0.80 0.90 1.00
时间 (sec)

图 4.26 曲线接触时摆杆角加速度曲线

4.4.4 实体接触动力学仿真

由于根据曲线接触得到的仿真是二维状态的仿真，是理想的数学模型再现，没有考虑零件之间的碰撞，下面进行实体接触动力学仿真。

1. 添加实体接触

首先将前面添加的“曲线接触”删除，然后再单击 MotionManager 工具栏上的“接触”按钮，如图 4.27 所示，在弹出的属性管理器中【接触类型】栏内选择“实体接触” 实体(S)，在【选择】栏内【零部件】中用鼠标在视图区选取凸轮和滚子，在【材料】栏内两【材料名称】下拉列表中均选择 Steel(Greasy)，其余参数采用默认设置，单击“确定”按钮，完成实体接触的添加。

2. 添加引力

单击 MotionManager 工具栏上的“引力”按钮，在弹出的属性管理器中【引力参数】栏内选择 Y 轴的负方向作为参考方向，数值为默认值，如图 4.28 所示。

3. 仿真分析

单击“计算”按钮进行仿真求解，仿真计算完毕后系统自动更新摆杆的角位移、角速度、角加速度图解，如图 4.29、图 4.30 和图 4.31 所示。

由图可见，与曲线接触运动仿真相比，摆杆角位移曲线基本不变，角速度存在瞬时波动，角加速度则变化较大，在某几个位置有较大的突变，这是实际运行时凸轮与滚子实体接触时可能会产生的情况。摆杆的最大角加速度也增加了许多，这是因为机构被假设成了刚性碰撞，实际上摆杆等所有构件都是弹性的，不会达到这样大的值。

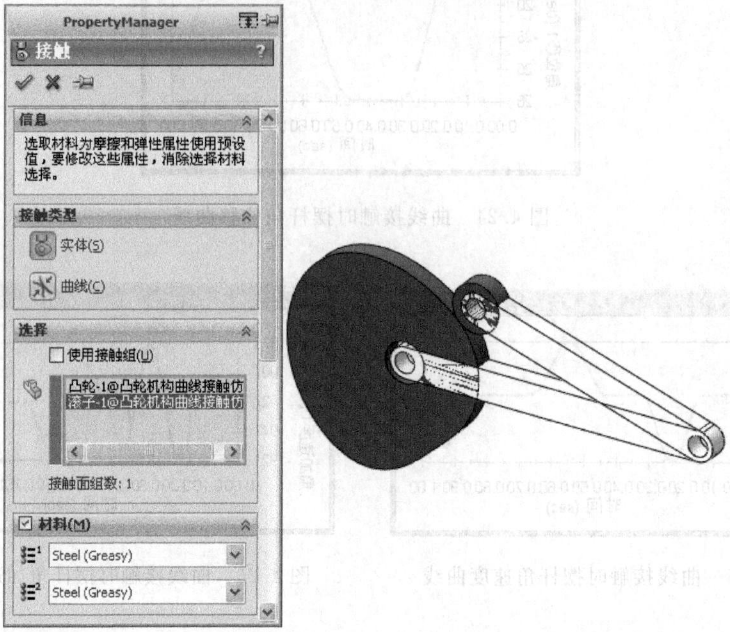
PropertyManager
接触
信息
选取材料为摩擦和弹性属性使用预设值，要修改这些属性，消除选择材料选择。
接触类型
实体(S)
曲线(C)
选择
使用接触组(U)
凸轮-1@凸轮机构曲线接触仿
滚子-1@凸轮机构曲线接触仿
接触面组数：1
材料(M)
Steel (Greasy)
Steel (Greasy)

图 4.27 实体接触参数设置

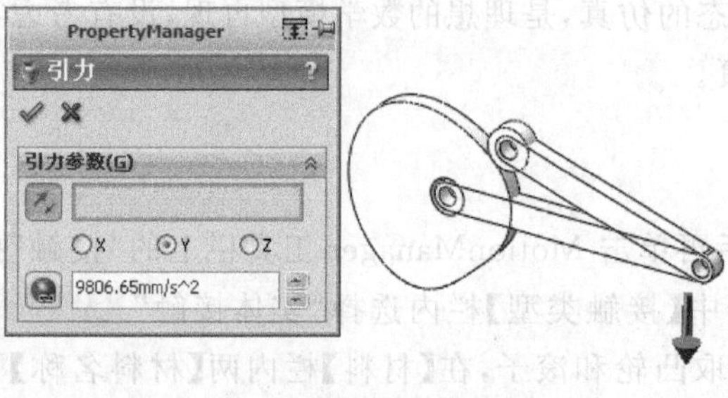
PropertyManager
引力
引力参数(G)
X
Y
Z
9806.65mm/s^2

图 4.28 引力参数设置

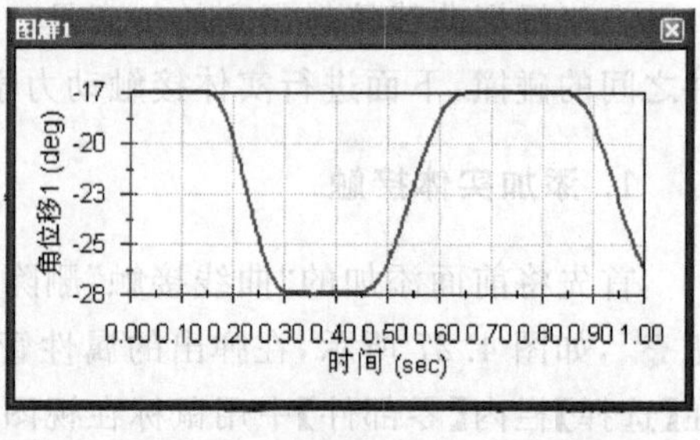
图解1
-17
-20
-23
-25
-28
角位移1 (deg)
0.00 0.10 0.20 0.30 0.40 0.50 0.60 0.70 0.80 0.90 1.00
时间 (sec)

图 4.29 实体接触时摆杆角位移曲线

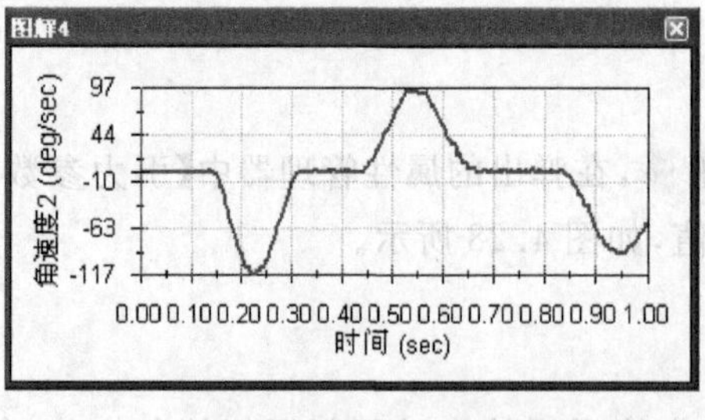
图解4
97
44
-10
-63
-117
角速度2 (deg/sec)
0.00 0.10 0.20 0.30 0.40 0.50 0.60 0.70 0.80 0.90 1.00
时间 (sec)

图 4.30 实体接触时摆杆角速度曲线

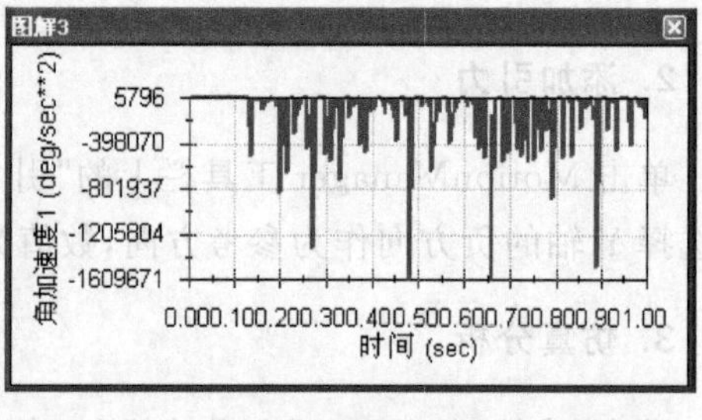
图解3
5796
-398070
-801937
-1205804
-1609671
角加速度1 (deg/sec**2)
0.000.100.200.300.400.500.600.700.800.901.00
时间 (sec)

图 4.31 实体接触时摆杆角加速度曲线

第5章

单缸内燃机

内燃机是一种将热能转化为机械能的动力源，广泛应用于汽车、火车和船舶等领域。本章介绍了单缸内燃机的建模和仿真，通过对主要构件机架、曲轴、活塞、连杆和活塞销的造型，学习掌握 SolidWorks 2012 的草图绘制、特征造型和零件装配等基础知识。对单缸内燃机进行仿真，能够获得内燃机曲轴位移、角速度、角加速度和马达力矩等参数。

5.1 工作原理

单缸内燃机的立体图和机构简图如图 5.1 所示，其机构简图为一曲柄滑块机构。在图中构件 1 表示内燃机的活塞，四冲程往复活塞式内燃机的工作循环是在四个活塞行程即曲轴旋转两周的时间内完成的。其工作过程分为进气、压缩、作功和排气四个过程，在一个活塞行程内只进行一个过程。在进气行程中，活塞在曲轴的带动下由上止点运动到下止点；在压缩行程中，活塞在曲轴的带动下由下止点运动到上止点；在作功行程中，可燃混合气体燃烧，膨胀作功，推动活塞由上止点运动到下止点；在排气行程中，活塞继续在曲轴的带动下由下止点运动到上止点。

设计参数为：$l_{AB}=25\text{mm}$，$l_{BC}=100\text{mm}$。

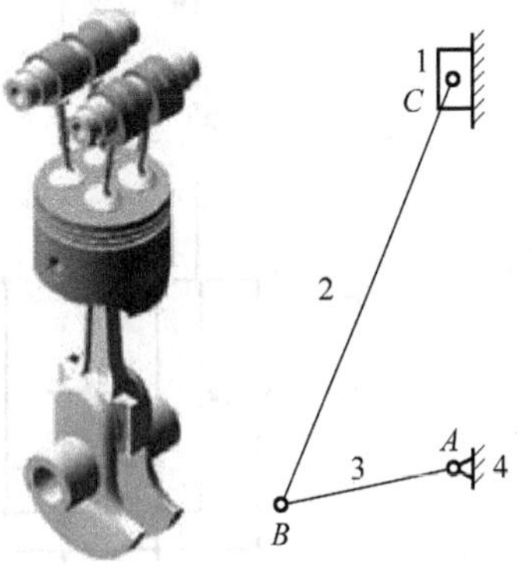
1
C
2
A
3
4
B

图 5.1　单缸内燃机立体图和机构简图

5.2 零件造型

单缸内燃机的零件组成及实际零件造型比较复杂，本节在不影响其运动的情况下，只对单缸内燃机的主要构件机架、曲轴、活塞、连杆和活塞销进行简单造型。

1. 机架

运行 SolidWorks 2012，选择【文件】/【新建】/【零件】命令，创建一个新文件。选择 FeatureManager 设计树中的【前视基准面】，然后单击【草图绘制】命令，绘制如图 5.2 所示的机架草图 1，并进行相应的尺寸标注，单击退出草图。选择“拉伸凸台/基体”按钮，将机架草图 1 按“两侧对称”方式拉伸 70mm，得到的拉伸体 1 如图 5.3 所示。

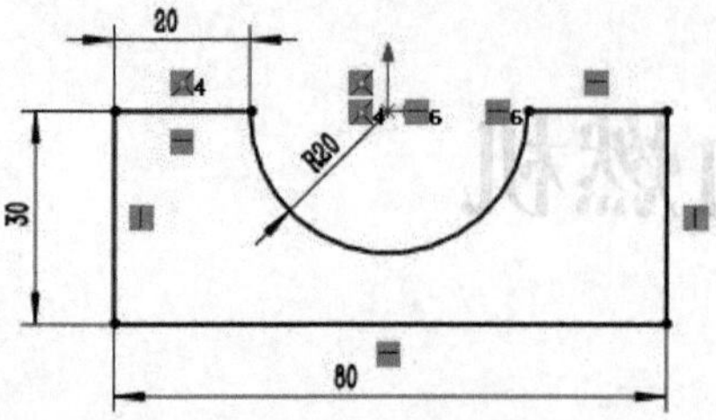
20
R20
30
80

图 5.2　机架草图 1

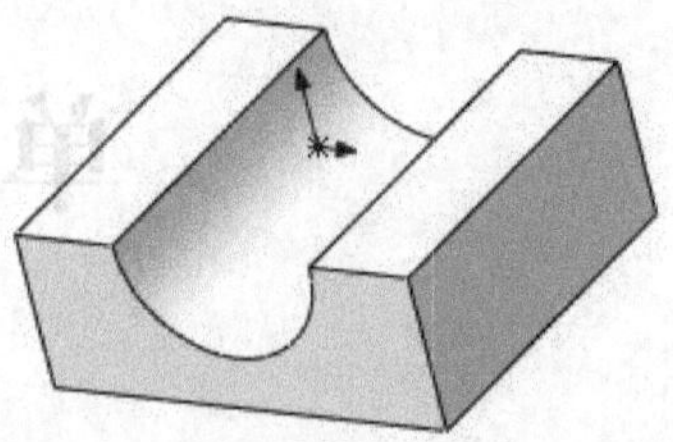

图 5.3　拉伸体 1

在 FeatureManager 设计树中选择【上视基准面】，按图 5.4 所示绘制机架草图 2，退出草图后将其按“两侧对称”的方式拉伸 30mm，得到的拉伸体 2 如图 5.5 所示。

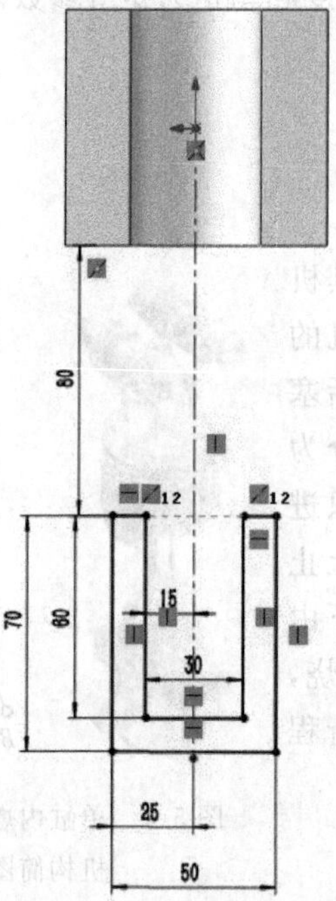
80
70
80
15
30
25
50

图 5.4　机架草图 2

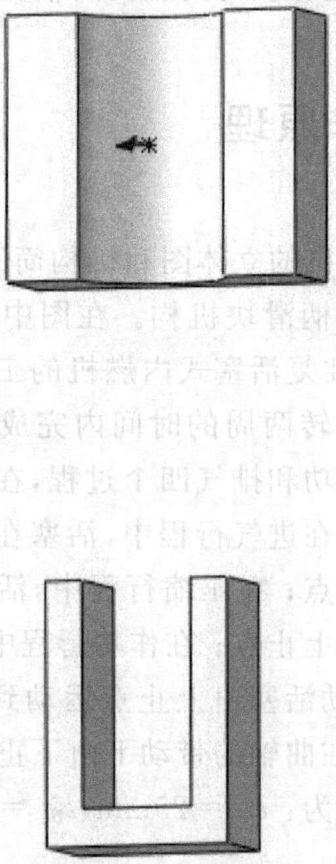

图 5.5　拉伸体 2

在 FeatureManager 设计树中选择【右视基准面】，按图 5.6 所示在拉伸体 2 上绘制机架草图 3，退出草图后单击“拉伸切除”按钮，将机架草图 3 按“两侧对称”的方式拉伸切除

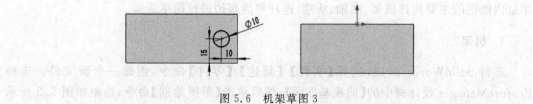

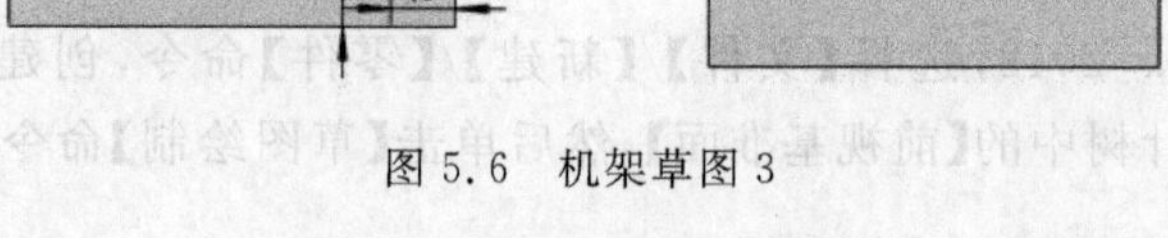
Φ10
15
10

图 5.6　机架草图 3

100mm，拉伸切除后的机架实体如图 5.7 所示。右击 FeatureManager 设计树中的 材质 <未指定>，选择【编辑材料】命令，将零件的材质设为“普通碳钢”，然后以文件名“机架”保存该零件。

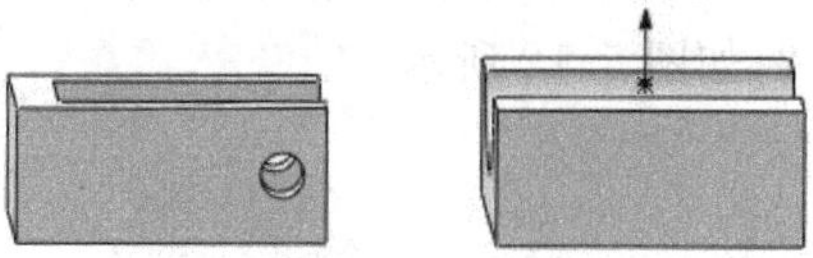
图 5.7　机架实体

2. 曲轴

新建一个零件文件，选择【前视基准面】，绘制如图 5.8 所示的曲轴草图 1，并标注相应的尺寸和几何关系，退出草图绘制。单击“拉伸凸台/基体”按钮，将曲轴草图 1 拉伸为 5mm 厚的拉伸体 1。

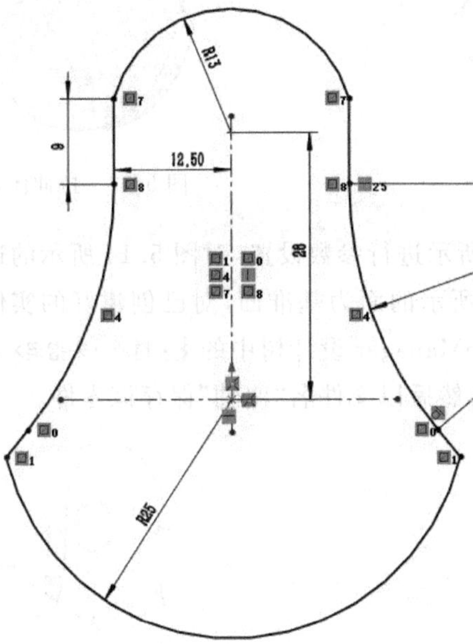
R13
8
12.50
28
R40
R25
图 5.8　曲轴草图 1

选择拉伸体 1 的一个面作为草图绘制基准面，绘制一个直径为 10mm 的圆，如图 5.9 所示，退出草图绘制。选择“拉伸凸台/基体”按钮，将曲轴草图 2 拉伸为 20mm 厚的实体，得到的拉伸体 2 如图 5.10 所示。

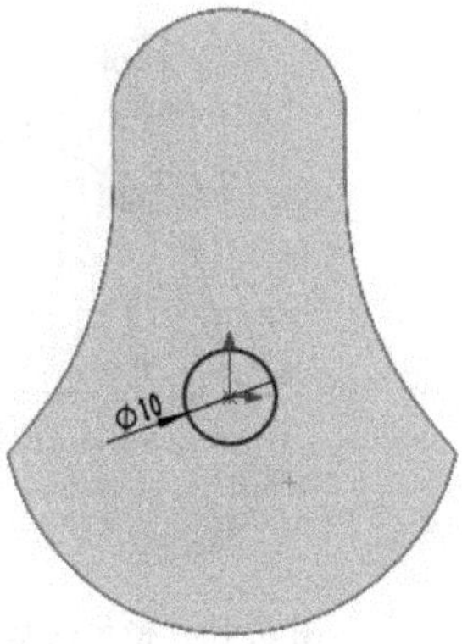
Φ10
图 5.9　曲柄轴草图 2

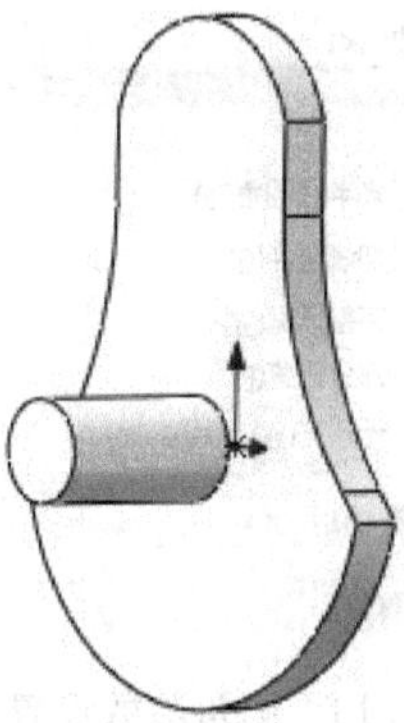
图 5.10　拉伸体 2

选择拉伸体 1 的另一个面作为草图绘制基准面，按图 5.11 所示绘制一个直径为 10mm 的圆，退出草图绘制。单击“拉伸凸台/基体”按钮，将曲轴草图 3 拉伸为 5mm 厚的拉伸体 3，如图 5.12 所示。

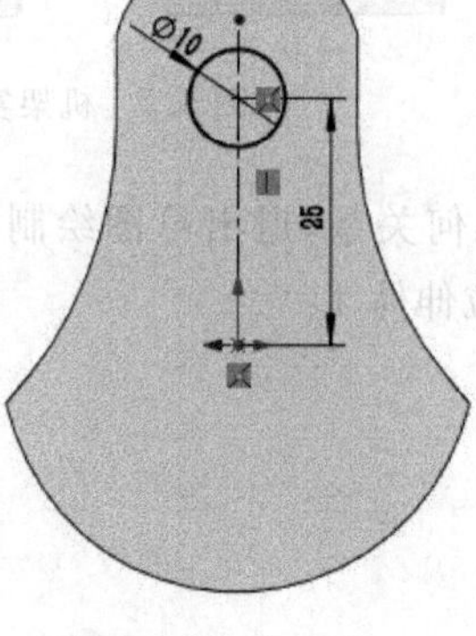
Ø10
25

图 5.11　曲轴草图 3

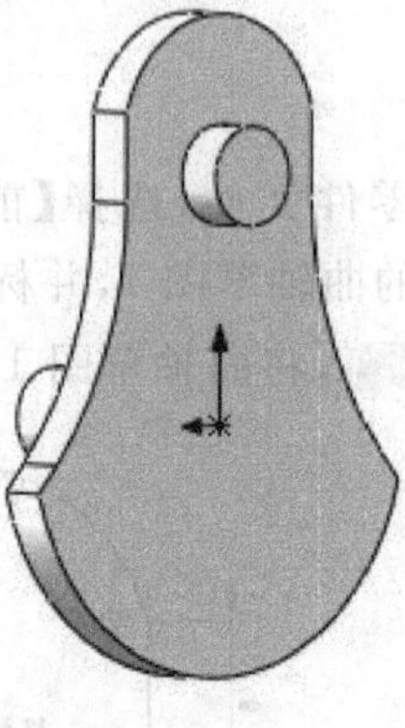

图 5.12　拉伸体 3

单击“圆角”按钮，按图 5.13 所示进行参数设置，对图 5.14 所示的边线进行倒圆角。

单击“镜像”按钮，以图 5.15 所示的面为基准面，对已创建好的实体进行镜像，得到的曲轴如图 5.16 所示。右击 FeatureManager 设计树中的 材质 <未指定>，选择【编辑材料】命令，将零件的材质设为“普通碳钢”，然后以文件名“曲轴”保存该零件。

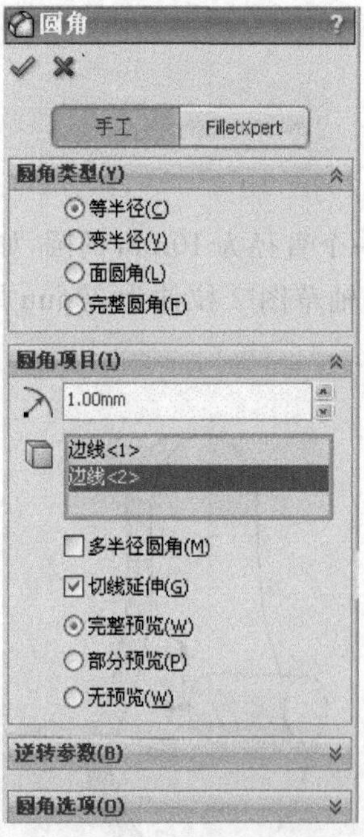
圆角
手工
FilletXpert
圆角类型(Y)
等半径(C)
变半径(V)
面圆角(L)
完整圆角(F)
圆角项目(I)
1.00mm
边线<1>
边线<2>
多半径圆角(M)
切线延伸(G)
完整预览(W)
部分预览(P)
无预览(W)
逆转参数(B)
圆角选项(O)

图 5.13　圆角参数设置

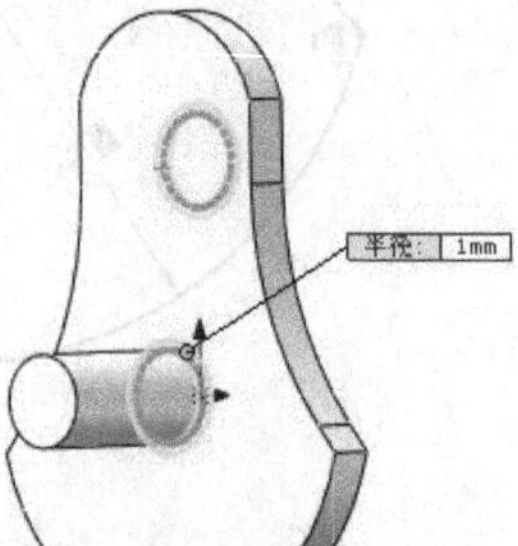
半径: 1mm

图 5.14　选取圆角边线

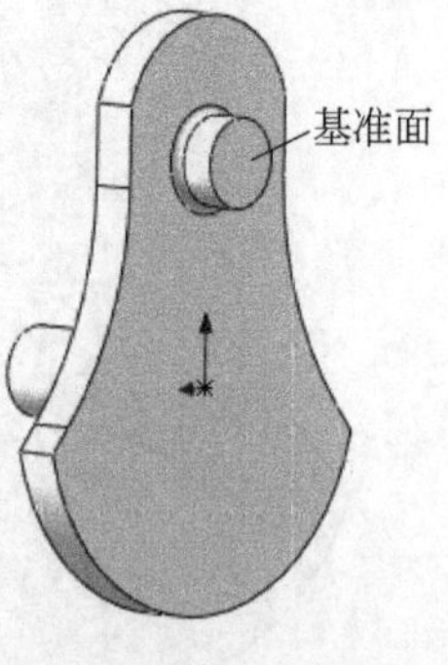
基准面

图 5.15　镜像的基准面

3. 活塞

新建一个零件文件，选择【前视基准面】，绘制一个如图 5.17 所示的圆。退出草图绘制，将活塞草图 1 拉伸 40mm，得到一圆柱体。单击“抽壳”按钮，选择圆柱体的一个端面进行抽壳，抽壳厚度设为 3mm，得到的活塞壳体如图 5.18 所示。

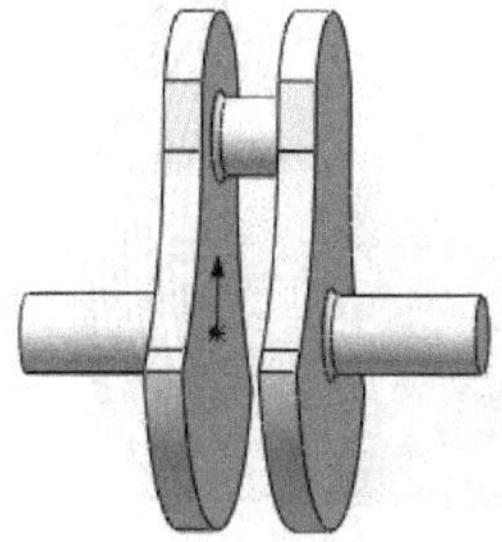

图 5.16 曲轴

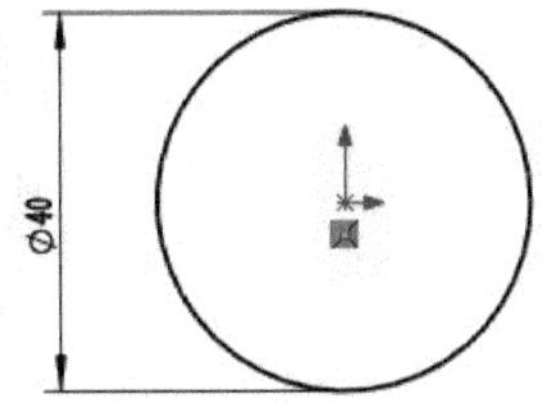
⌀40

图 5.17 活塞草图 1

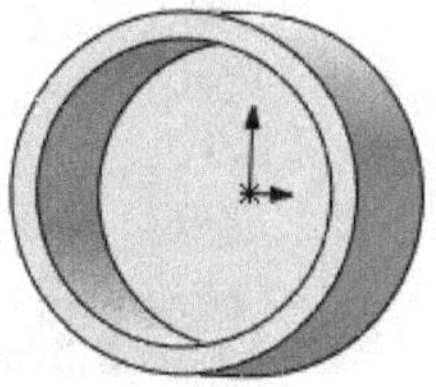

图 5.18 活塞壳体

选择【右视基准面】为草图绘制平面，在壳体上靠近开口的一端绘制一个直径为 5mm 的圆，如图 5.19 所示，退出草图绘制。将绘制的活塞草图 2 按“两侧对称”方式进行拉伸切除，切除深度设为 100mm，得到一个销轴孔。单击特征工具栏上的“基准轴”按钮，为活塞壳体创建一基准轴，如图 5.20 所示。

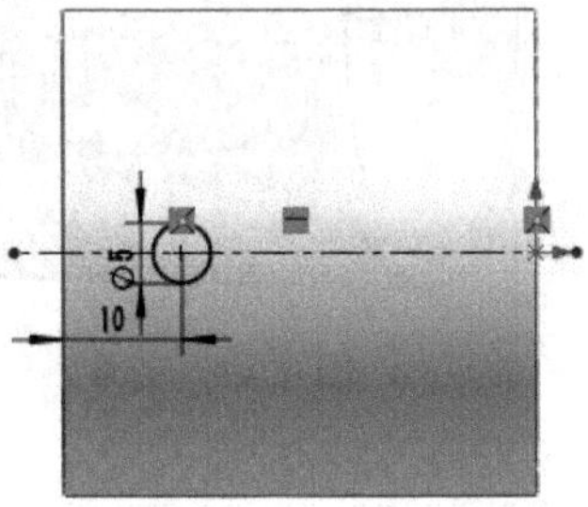
⌀5
10

图 5.19 活塞草图 2

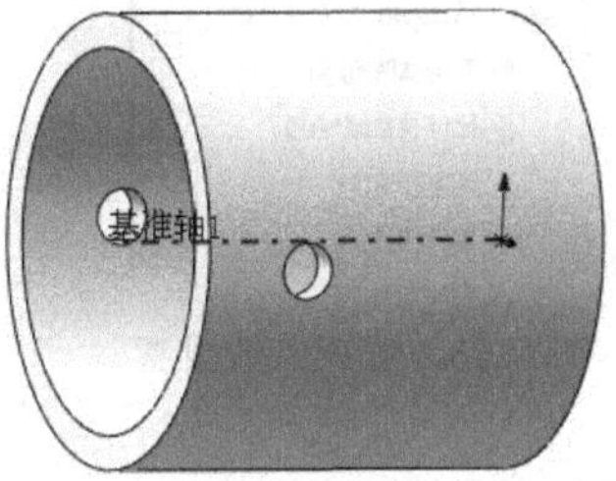
基准轴1

图 5.20 活塞基准轴 1

选择【右视基准面】为草图绘制平面，绘制如图 5.21 所示草图，退出草图绘制。单击“旋转切除”按钮，以基准轴 1 为旋转轴，对活塞壳体按活塞草图 3 进行旋转切除，得到的活塞环切槽如图 5.22 所示。

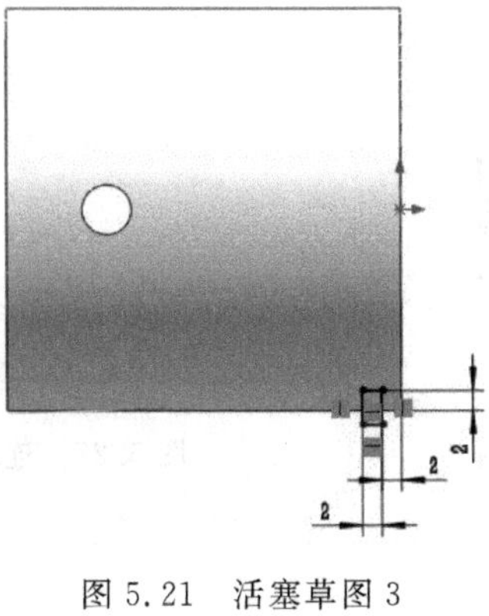
2
2
2

图 5.21 活塞草图 3

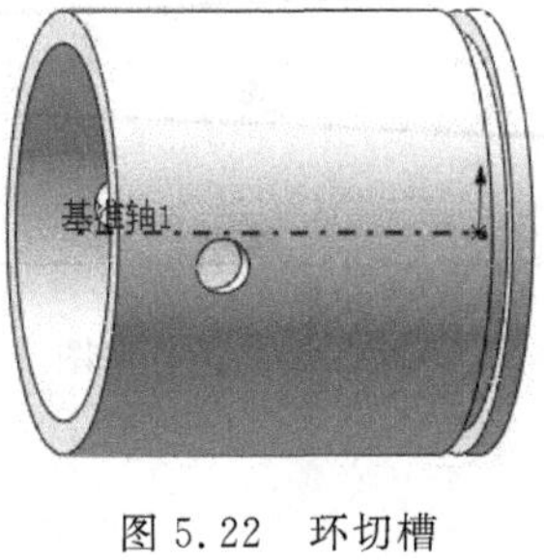
基准轴1

图 5.22 环切槽

选择特征工具栏上的“线性阵列”按钮，按图 5.23 所示参数对环切槽进行阵列。然后选择“圆角”按钮，对图 5.24 所示的三条边进行倒圆角，圆角半径设置为 0.5mm，得到的活塞如图 5.25 所示。在 FeatureManager 设计树中将零件的材质设为“普通碳钢”，然后以文件名“活塞”保存该零件。

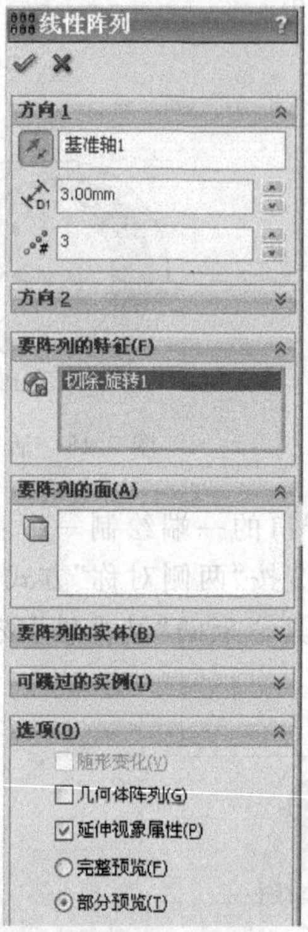
线性阵列
方向1
基准轴1
3.00mm
3
方向2
要阵列的特征(F)
切除-旋转1
要阵列的面(A)
要阵列的实体(B)
可跳过的实例(I)
选项(O)
随形变化(V)
几何体阵列(G)
延伸视象属性(P)
完整预览(F)
部分预览(T)

图 5.23 阵列参数设置

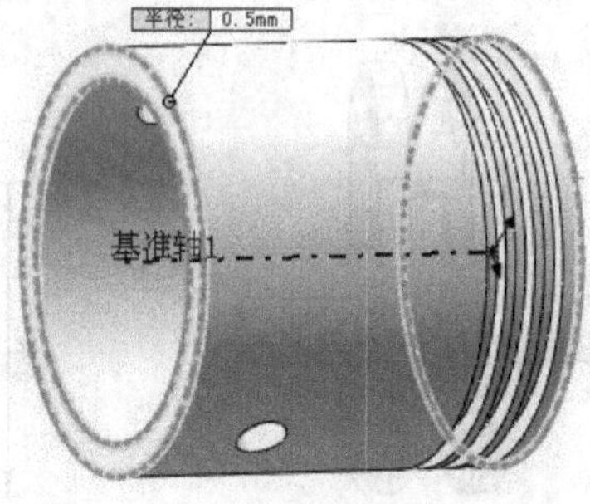
半径: 0.5mm
基准轴1

图 5.24 选取要倒圆角的边

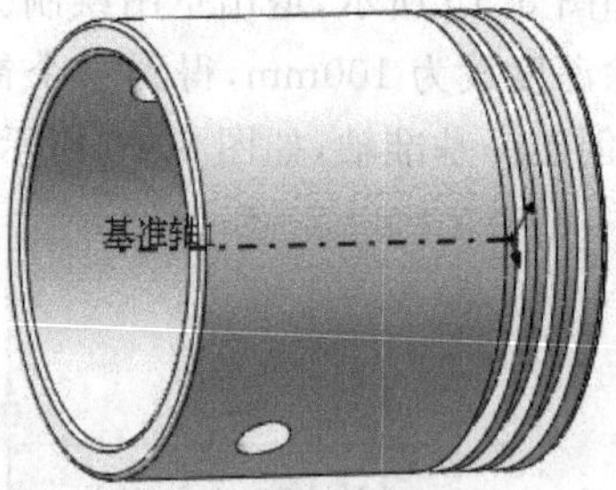
基准轴1

图 5.25 活塞

4. 连杆

新建一个零件文件，选择【前视基准面】，绘制如图 5.26 所示草图，并标注相应的尺寸，退出草图绘制。单击“拉伸凸台/基体”按钮，将草图按“两侧对称”方式拉伸 5mm 厚。单击“倒角”按钮，将拉伸体的外轮廓均倒成距离为 1mm，角度为 45°的倒角，生成的连杆如图 5.27 所示。在 FeatureManager 设计树中将零件的材质设为“普通碳钢”，然后以文件名“连杆”保存该零件。

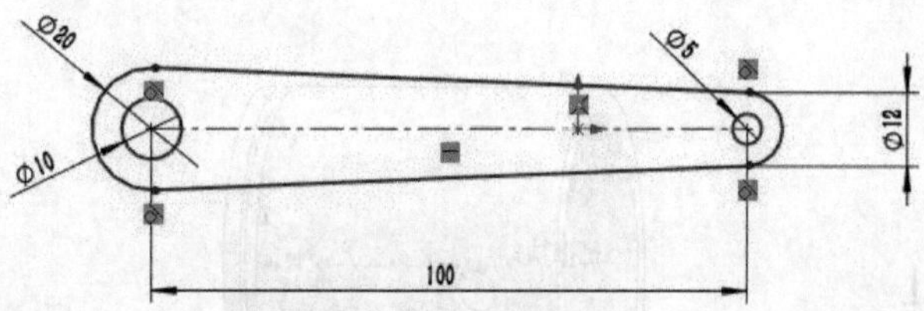
Ø20
Ø5
Ø10
Ø12
100

图 5.26 连杆草图

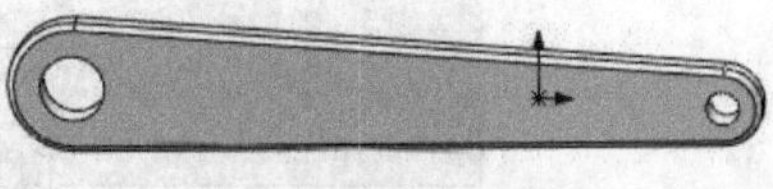

图 5.27 连杆

5. 活塞销

新建一个零件文件，选择【前视基准面】，绘制如图 5.28 所示草图，退出草图后将其按“两侧对称”方式拉伸 38mm，得到的活塞销如图 5.29 所示。在 FeatureManager 设计树中将零件的材质设为“普通碳钢”，然后以文件名“活塞销”保存该零件。

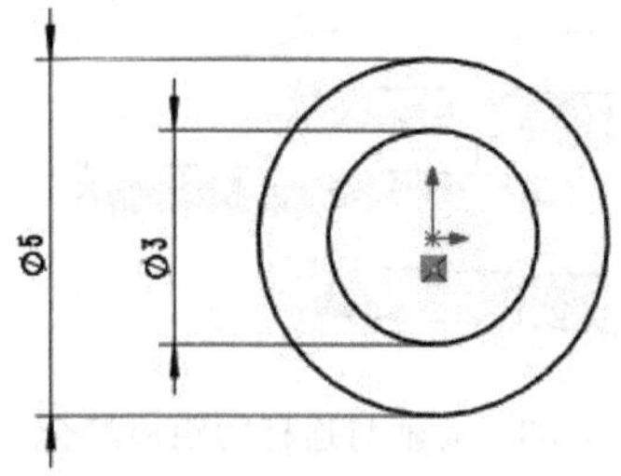
Ø5
Ø3

图 5.28　活塞销草图

图 5.29　活塞销

5.3　装配

选择【文件】/【新建】/【装配体】命令，建立一个新装配体文件，在左边出现的【开始装配体】属性管理器中选择要插入的零件“机架”，若属性管理器中没有“机架”，可以通过单击 浏览(B)... 按钮，在存放本章零件的随书光盘文件夹中找到该零件。然后在绘图区单击放置该零件，系统将“机架”自动设置为固定件。

单击装配体工具栏上的“插入零部件”按钮，在出现的【插入零部件】属性管理器中选择“曲轴”并将其添加到绘图区，若属性管理器中没有“曲轴”，同样可以通过单击 浏览(B)... 按钮来找到该零件。在进行配合前，调整好零件的位置和大小，以便于装配。单击装配体工具栏上的“配合”按钮，在【配合】属性管理器的【配合选择】栏下，分别选择机架的一个圆孔面和曲轴的一个圆柱面，如图 5.30 所示，在出现的配合工具条里默认了一个“同轴心”配合，若默认的配合方式不合理，可以在配合工具条或者【标准配合】里选择所需的配合。单击配合工具条上的，完成同轴心配合的添加。按图 5.31 所示分别选择机架和曲轴上相应的面，对其添加距离配合，将后面设置为 5mm，如果对齐方向不对，可以通过取消选中 反转尺寸(F) 复选框。

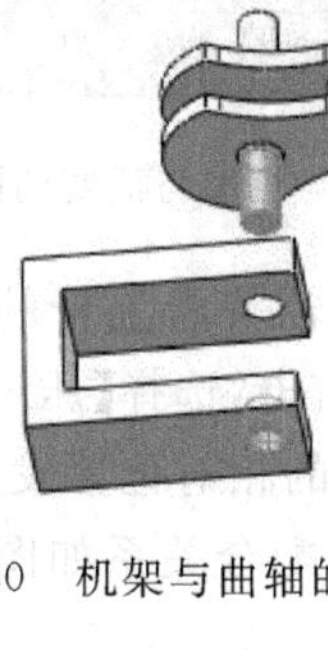

图 5.30　机架与曲轴的同轴心配合

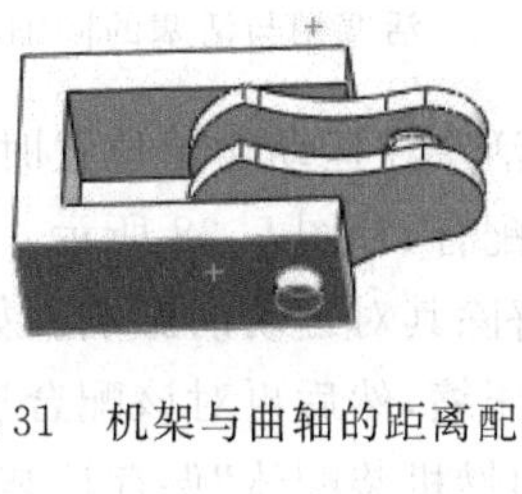

图 5.31　机架与曲轴的距离配合

单击装配体工具栏上的按钮，在出现的【插入零部件】属性管理器中选择“连杆”，将该零件添加到绘图区中，并通过移动和旋转调整好连杆的位置，以便于装配。将曲轴和连杆的大端进行同轴心配合，如图 5.32 所示，将曲轴的内表面和连杆的表面进行距离配合，后面的距离设置为 2.5mm，如图 5.33 所示。

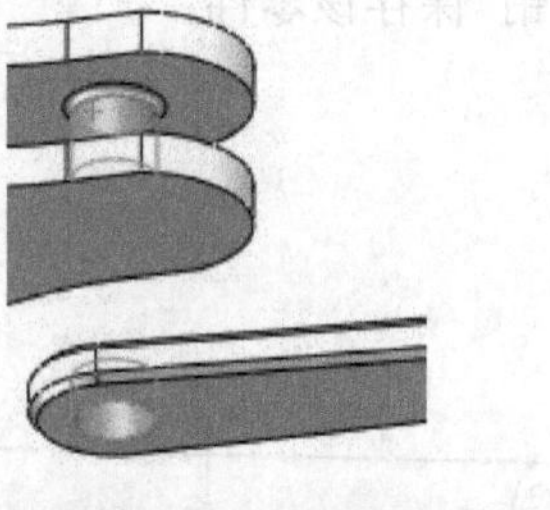

图 5.32　曲轴与连杆的同轴心配合

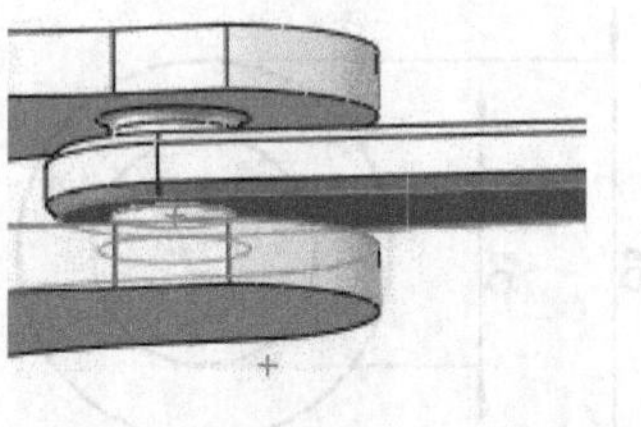

图 5.33　曲轴与连杆的距离配合

单击装配体工具栏上的按钮，将“活塞销”添加到绘图区中，通过移动和旋转调整好活塞销的位置，以便于装配。将连杆的小端与活塞销进行同轴心配合，如图 5.34 所示，将连杆的前视基准面与活塞销上的前视基准面进行重合配合，如图 5.35 所示。

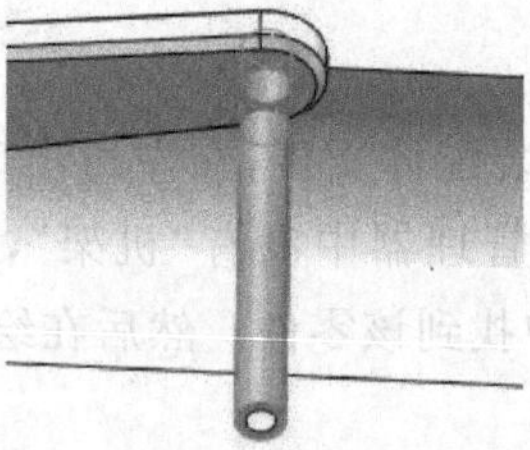

图 5.34　连杆与活塞销的同轴心配合

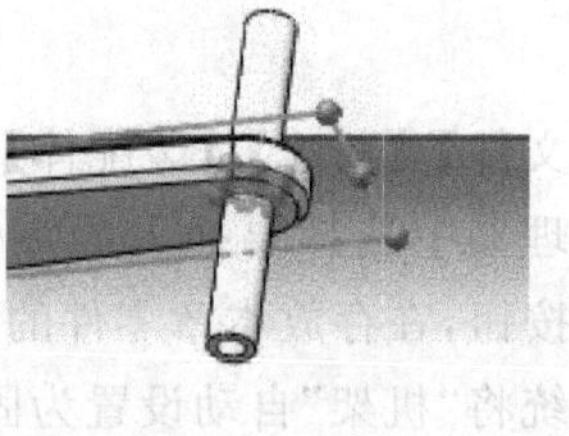

图 5.35　连杆与活塞销的重合配合

单击装配体工具栏上的按钮，将“活塞”添加到绘图区中，通过移动和旋转调整好活塞的位置，便于装配。选择活塞销的圆柱面和活塞上销轴孔的曲面，将活塞销与活塞进行同轴心配合，如图 5.36 所示，将机架与活塞进行同轴心配合，如图 5.37 所示。

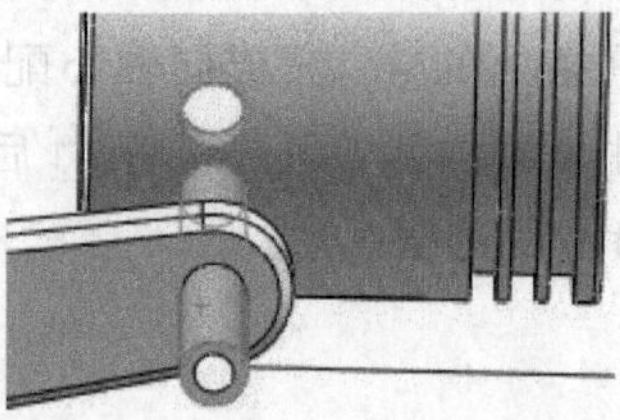

图 5.36　活塞销与活塞的同轴心配合

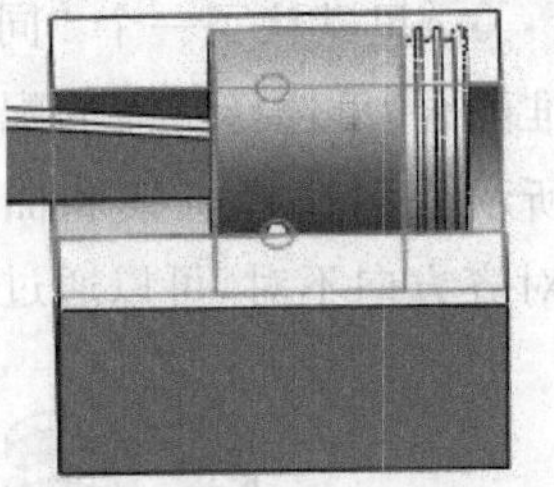

图 5.37　机架与活塞的同轴心配合

为了使活塞在运动初始位置时处于行程的上止点位置，需要将连杆的上视基准面与机架进行重合配合，如图 5.38 所示。在刚添加的重合配合上右击，选择【压缩】命令，对该配合进行压缩，解除其对运动的影响。如果不小心使连杆与机架的相对位置发生了变化，可以解除该配合的压缩，然后再对该配合进行压缩。装配完毕后的配合关系如图 5.39 所示，以文件名“单缸内燃机装配体”保存该装配体文件。

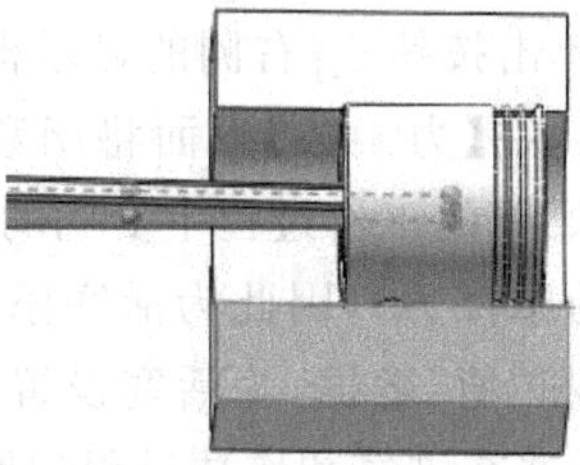

图 5.38 连杆与机架的重合配合

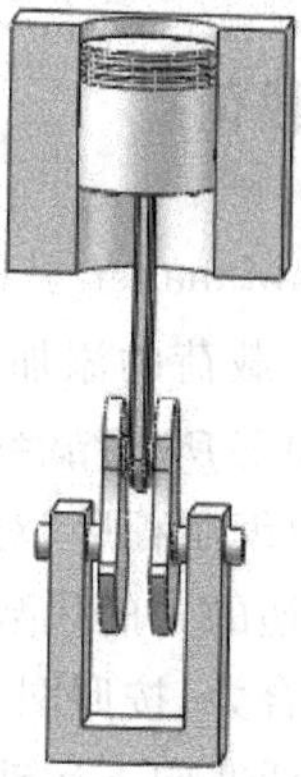

图 5.39 单缸内燃机装配体

5.4 仿真

在装配体界面，将“SolidWorks Motion”插件载入，单击布局选项卡中的【运动算例 1】，在 MotionManager 工具栏中的【算例类型】下拉列表中选择“Motion 分析”。

5.4.1 添加马达

单击 MotionManager 工具栏中的“马达”按钮，弹出【马达】属性管理器，如图 5.40 所示。在【马达类型】栏中单击“旋转马达”按钮，为曲轴添加旋转驱动。单击“马达位置”按钮右侧的显示框，然后单击曲轴一端的圆柱面，指定马达的添加位置，如图 5.41 所示，马达的方向采用逆时针方向。在【运动】栏内将马达类型设为“等速”，马达转速设为 100RPM，单击完成马达的添加。

马达
马达类型(T)
旋转马达(R)
线性马达(驱动器)(L)
路径配合马达(P)
零部件/方向(D)
面<1>@曲轴-1
面<1>@曲轴-1
运动(M)
等速
100 RPM
RPM
t
单击图表进行放大

图 5.40 曲轴马达的参数设置

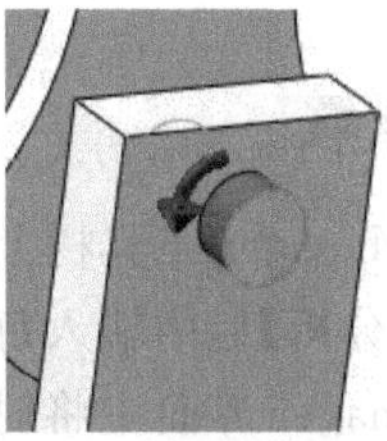

图 5.41 曲轴马达的添加位置

5.4.2 添加载荷

单击 MotionManager 工具栏中的“力”按钮，弹出【力/扭矩】属性管理器，参数设置如图 5.42 所示。载荷的添加位置如图 5.43 所示，单击按钮右侧的显示框，选取活塞的上端面，然后选中 所选零部件: ，单击活塞的圆柱面。在【力函数】下面将函数类型设为【数据点】，进入“函数编制程序”对话框。由于活塞在内燃机的工作过程中受到的合力为气体膨胀压力和连杆传递的力的代数和(不考虑与汽缸壁的摩擦力)，因此为活塞添加的载荷为一个随时间变化的合力，按照图 5.44 所示输入“时间”和“值”数据，为活塞设置在一个工作循环内的合力。取活塞向下运动的方向为正方向，则活塞在进气和作功过程中所受合力为正，在压缩和排气过程中合力为负。单击“确定”按钮，完成载荷的添加。

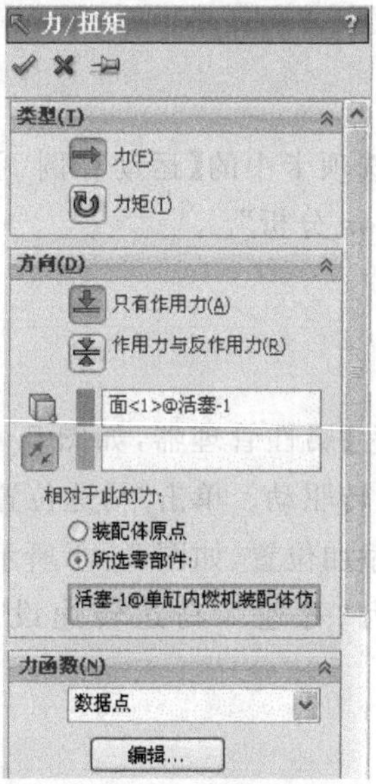
力/扭矩
类型(T)
力(F)
力矩(T)
方向(D)
只有作用力(A)
作用力与反作用力(R)
面<1>@活塞-1
相对于此的力:
装配体原点
所选零部件:
活塞-1@单缸内燃机装配体仿
力函数(N)
数据点
编辑...

图 5.42 活塞载荷的参数设置

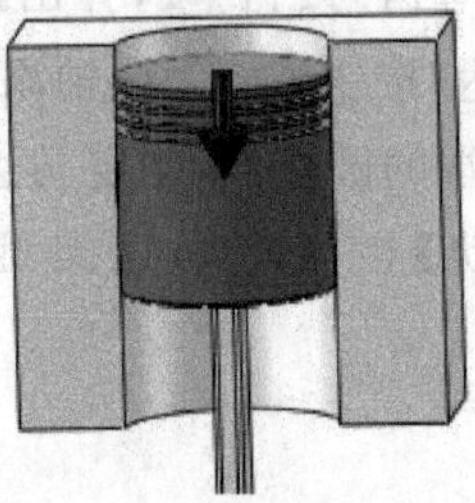

图 5.43 活塞载荷的添加位置

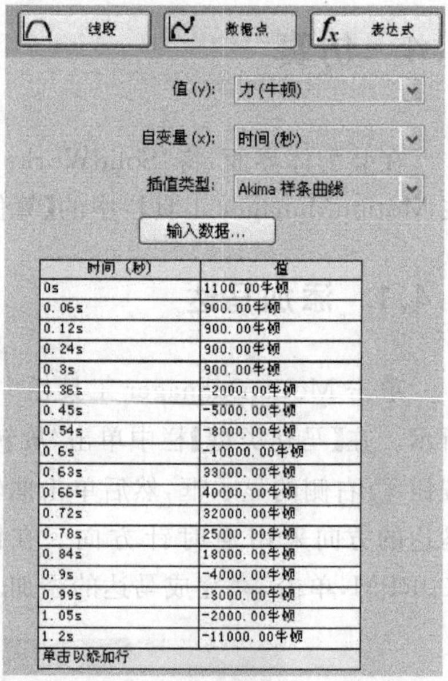
线段
数据点
表达式
值(y): 力(牛顿)
自变量(x): 时间(秒)
插值类型: Akima 样条曲线
输入数据...

时间(秒)	值
0s	1100.00牛顿
0.06s	900.00牛顿
0.12s	900.00牛顿
0.24s	900.00牛顿
0.3s	900.00牛顿
0.36s	-2000.00牛顿
0.45s	-5000.00牛顿
0.54s	-8000.00牛顿
0.6s	-10000.00牛顿
0.63s	33000.00牛顿
0.66s	40000.00牛顿
0.72s	32000.00牛顿
0.78s	25000.00牛顿
0.84s	18000.00牛顿
0.9s	-4000.00牛顿
0.99s	-3000.00牛顿
1.05s	-2000.00牛顿
1.2s	-11000.00牛顿
单击以添加行	

图 5.44 活塞在一个工作循环内所受合力

5.4.3 仿真求解

模型的马达和载荷添加完成后，对其进行仿真求解，可以得到活塞的位移、速度、加速和曲轴的输出转矩。

1. 仿真参数设置

单击 MotionManager 工具栏上的“运动算例属性”按钮，在【运动算例属性】属性管理器中的【Motion 分析】栏内输入每秒帧数为 50，其余参数采用默认设置。

在 MotionManager 界面中将时间的长度拉到 1.2s，如图 5.45 所示。单击工具栏中的“计算”按钮，对单缸内燃机机构进行仿真求解。

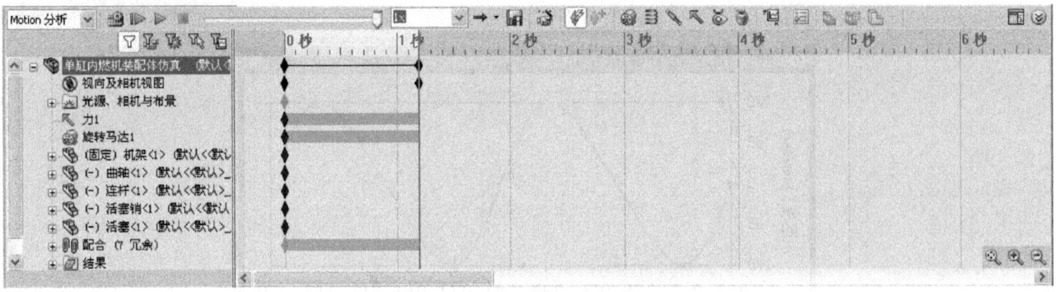
Motion 分析
0 秒
1 秒
2 秒
3 秒
4 秒
5 秒
6 秒
单缸内燃机装配体仿真 (默认<
视向及相机视图
光源、相机与布景
力1
旋转马达1
(固定) 机架<1> (默认<<默认
(-) 曲轴<1> (默认<<默认>_
(-) 连杆<1> (默认<<默认>_
(-) 活塞销<1> (默认<<默认
(-) 活塞<1> (默认<<默认>_
配合 (7 冗余)
结果

图 5.45 MotionManager 界面

2. 仿真结果分析

单击 MotionManager 工具栏上的"结果和图解"按钮，进行如图 5.46 所示参数设置，其中右侧显示栏里的面为活塞上的任意一个面。单击"确认"按钮，生成活塞的位移图解，如图 5.47 所示。

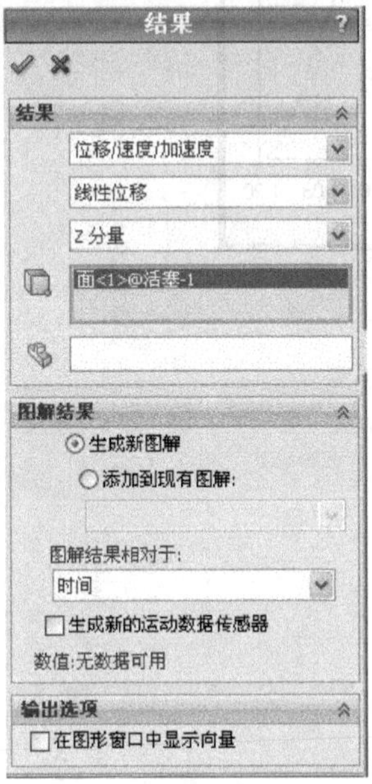
结果
结果
位移/速度/加速度
线性位移
Z 分量
面<1>@活塞-1
图解结果
生成新图解
添加到现有图解:
图解结果相对于:
时间
生成新的运动数据传感器
数值:无数据可用
输出选项
在图形窗口中显示向量

图 5.46 活塞位移图的参数设置

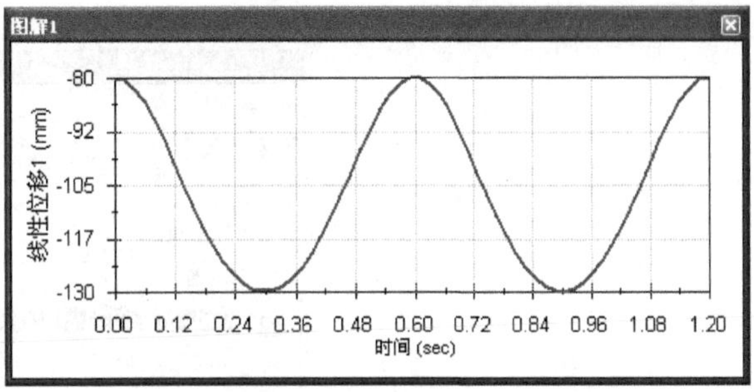
图解1
-80
-92
-105
-117
-130
线性位移1 (mm)
0.00
0.12
0.24
0.36
0.48
0.60
0.72
0.84
0.96
1.08
1.20
时间 (sec)

图 5.47 活塞位移曲线

同理，在图 5.46 里的【选取子类别】下拉列表框中选择"线性速度"和"线性加速度"，将分别得到活塞的速度图解和加速度图解，如图 5.48 和图 5.49 所示。

单击"结果和图解"按钮，按如图 5.50 所示进行参数设置，其中右侧显示栏里的【旋转马达 1】为曲轴上的马达。单击"确认"按钮，生成的马达力矩曲线如图 5.51 所示。

图 5.52 所示为活塞合力曲线，通过对比图 5.51 和图 5.52 可知，在 0.6～0.9s 之间为内燃机的作功阶段，活塞受到的合力变大，则内燃机的输出转矩也相应变大，所以仿真结果与实际相符。

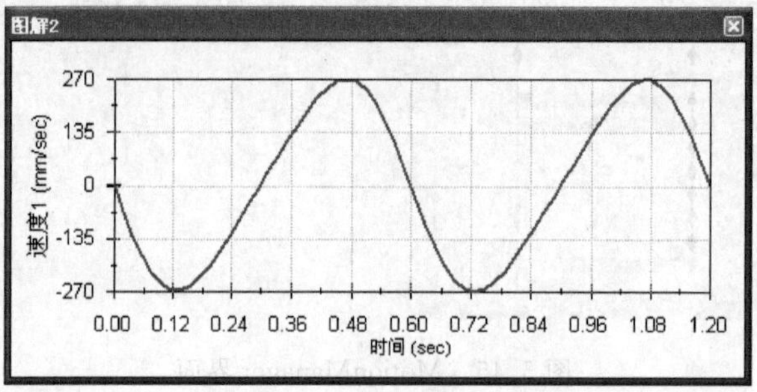
图解2
270
135
0
-135
-270
速度1 (mm/sec)
0.00 0.12 0.24 0.36 0.48 0.60 0.72 0.84 0.96 1.08 1.20
时间 (sec)

图 5.48　活塞速度曲线

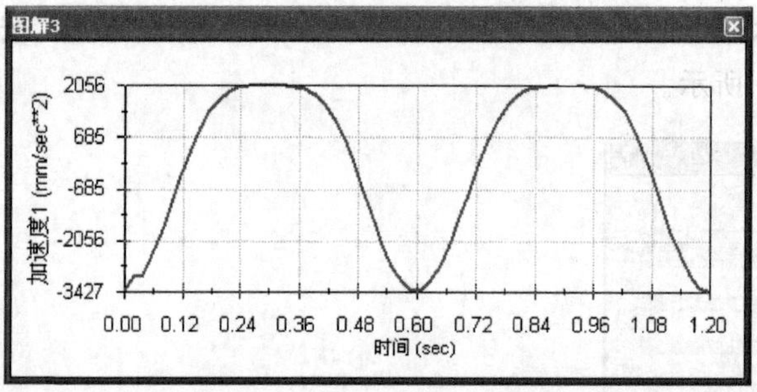
图解3
2056
685
-685
-2056
-3427
加速度1 (mm/sec**2)
0.00 0.12 0.24 0.36 0.48 0.60 0.72 0.84 0.96 1.08 1.20
时间 (sec)

图 5.49　活塞加速度曲线

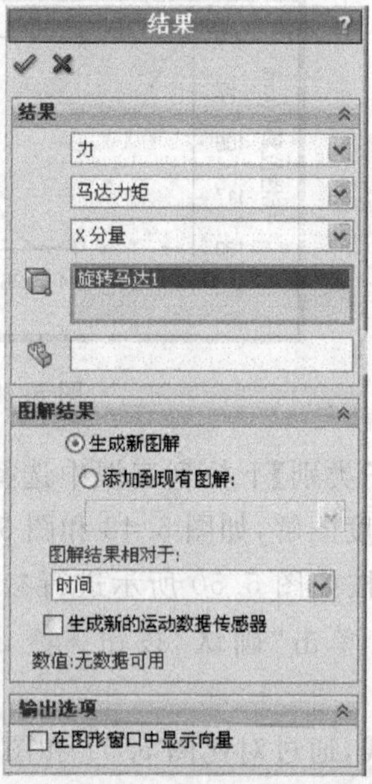
结果
结果
力
马达力矩
X分量
旋转马达1
图解结果
生成新图解
添加到现有图解:
图解结果相对于:
时间
生成新的运动数据传感器
数值:无数据可用
输出选项
在图形窗口中显示向量

图 5.50　测量马达力矩的参数设置

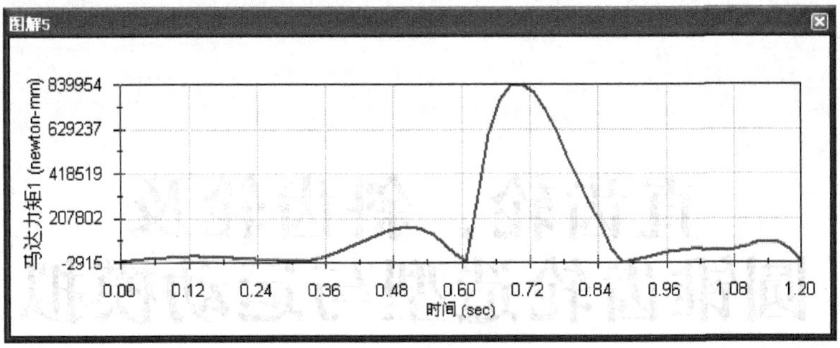
图解5
839954
629237
418519
207802
-2915
马达力矩1 (newton-mm)
0.00
0.12
0.24
0.36
0.48
0.60
0.72
0.84
0.96
1.08
1.20
时间 (sec)

图 5.51 马达力矩曲线

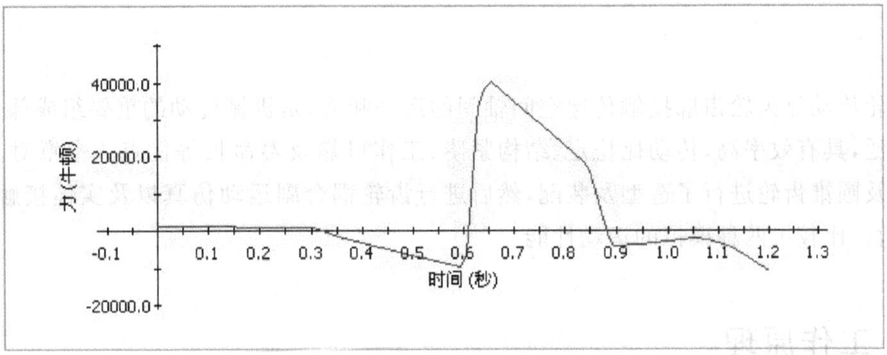
40000.0
20000.0
-20000.0
力 (牛顿)
-0.1
0.1
0.2
0.3
0.4
0.5
0.6
0.7
0.8
0.9
1.0
1.1
1.2
1.3
时间 (秒)

图 5.52 活塞合力曲线

第6章

直齿轮、斜齿轮及圆锥齿轮造型与运动模拟

齿轮传动靠齿轮齿廓接触传递空间轴间的运动和力，是机械传动的重要组成部分，应用非常广泛，具有效率高、传动比稳定、结构紧凑、工作可靠及寿命长等优点。本章对直齿轮、斜齿轮及圆锥齿轮进行了造型及装配，然后进行齿轮耦合副运动仿真以及实体接触状态动力学仿真，比较了两种模拟的运动性能。

6.1 工作原理

齿轮传动形式多样，其中根据齿轮啮合时的瞬时传动比是否恒定，可将齿轮传动分为圆形(传动比恒定)齿轮传动和非圆(传动比不为常数)齿轮传动，本章研究应用最广的圆形齿轮传动。直齿圆柱齿轮传动简图如图 6.1(a)所示，各齿轮的齿向与其轴线方向一致，主动轮 1 带动从动轮 2 转动，传动比为从动轮与主动轮的齿数比，两轮外啮合时，转向相反；内啮合时，转向相同。斜齿圆柱齿轮传动简图如图 6.1(b)所示，各齿轮的齿向与其轴线方向倾斜了一个角度(螺旋角)，主动轮 3 带动从动轮 4 转动，外啮合传动时，两轮螺旋角旋向相反，转向相反；内啮合传动时，两轮螺旋角旋向相同，转向相同，传动比为从动轮与主动轮的齿数比，与直齿轮传动相比，斜齿轮传动更平稳，常用于高速机械传动。直齿圆锥齿轮传动简图如图 6.1(c)所示，两轮轴线相交，主动轮 5 带动从动轮 6 转动，两轮的转向不再是相同或者相反的关系，但传动比仍为从动轮与主动轮的齿数比。

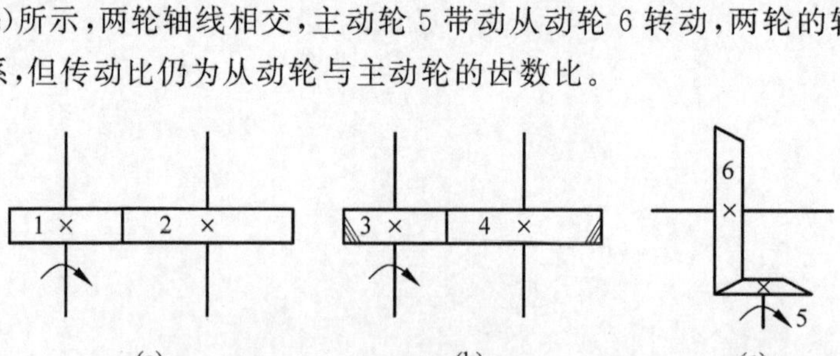
1 ×
2 ×
3 ×
4 ×
6
5
(a)
(b)
(c)

图 6.1　直齿轮、斜齿轮及锥齿轮传动原理简图

设计参数如下所述。

直齿轮传动：主动轮齿数为20，从动轮齿数为40，中心距为240mm，模数为8mm，压力角为20°，齿宽为30mm，主动轮转速$n=10\text{r/min}$；

斜齿轮传动：主动轮齿数为20，从动轮齿数为40，中心距为250mm，法面模数为8mm，法面压力角为20°，螺旋角为16.26°，齿宽30mm，主动轮转速$n=10\text{r/min}$；

锥齿轮传动：主动轮齿数为40，从动轮齿数为40，锥齿轮轴间交角为90°，大端模数为8mm，大端压力角为20°，齿宽30mm，主动轮转速$n=10\text{r/min}$。

6.2　直齿轮造型与仿真

6.2.1　零件造型

SolidWorks软件中有标准设计库，里面有轴承、螺栓、螺母、键及动力传动等标准零件，只需将零件库插件载入，即可直接调用所需零件。

1. 主动直齿轮

启动SolidWorks 2012，选择【文件】/【新建】/【装配体】命令，然后单击【开始装配体】属性管理中的“确定”按钮。在视图区右侧的任务窗格中，单击“设计库”图标，再单击Toolbox，下面会显示【Toolbox未插入】，单击【现在插入】即可。拖动下拉工具条浏览到“国标”文件夹，然后双击，在弹出的窗口中接着浏览到“动力传动”文件夹并双击，最后在弹出的窗口中双击【齿轮】文件夹，将会弹出图6.2所示的各种标准齿轮。左击【正齿轮】(直齿圆柱齿轮)图标不放，将其拖动到视图区后放开鼠标，弹出【配置零部件】属性管理器，如图6.3所示。将模块(模数)设为8，齿数设为20，压力角设为20，面宽(齿宽)设为30，标称轴直径(齿轮轴孔)设为60，键槽选择“矩形(1)”，显示齿设为20(显示全部齿)。齿轮参数设置好后单击“确定”按钮，再单击【插入零部件】对话框中的“取消”按钮，完成单个齿轮的添加，如需要多个相同齿轮，则先在视图区左击，单击一次齿轮增加一个，最后才单击【插入零部件】对话框中的“取消”按钮，完成多个相同齿轮的添加。

现在装配体中的齿轮是一些面而非完整的实体，有些特征操作不能实现，只能进行动画的模拟，不能实现实体接触模拟，故需将其转换为实体零件。选择【文件】/【保存所有】命令，【文件名】中输入“主动直齿轮”，【保存类型】中选择“Part”，选中【所有零部件】单选按钮，如图6.4所示，单击“保存”按钮保存(S)，将装配体中的齿轮另存为零件，系统会弹出“默认模板无效”的警告，单击“确定”按钮。将装配体关闭，选择不保存，退出装配体界面。

打开保存好的齿轮零件，系统弹出【特征识别】对话框，单击【否】。选择【插入】/【参考几何体】/【基准轴】命令，在弹出的管理器中的【选择】栏里选择齿轮轴孔面，如图6.5所示，单击“确定”按钮，完成基准轴的创建。选择【视图】/【基准轴】命令，将创建的基准轴显示出来。选择【插入】/【参考几何体】/【基准面】命令，在弹出的管理器中为“第一参考”选择基准轴，为“第二参考”选择一齿根轮廓线中点，如图6.6所示，单击“确定”，完成基准面的创建，齿轮材料设为“普通碳钢”，保存齿轮零件后退出齿轮零件编辑。

螺旋齿轮
直齿内齿轮
齿条（矩形直齿）
正齿轮

图 6.2　设计库中的标准齿轮

零件号
零件号未指派
添加
编辑
删除
属性
模块
8
齿数
20
压力角
20
面宽
30
毂样式
类型 A
标称轴直径
60
键槽
矩形（1）
显示齿
20
模块: 8

图 6.3　主动直齿轮参数设置

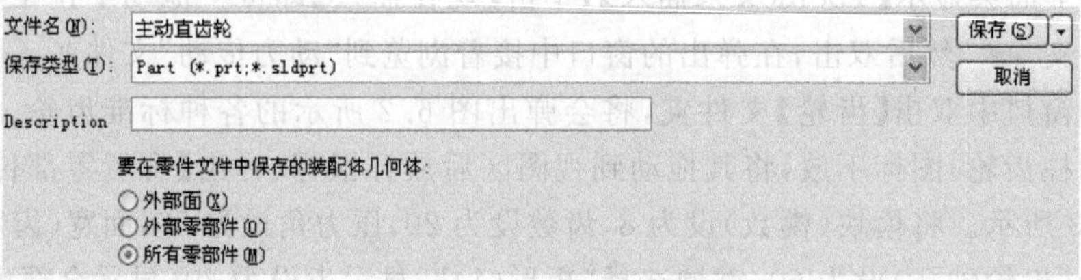
文件名(N):
主动直齿轮
保存类型(T):
Part (*.prt;*.sldprt)
Description
要在零件文件中保存的装配体几何体:
外部面(X)
外部零部件(O)
所有零部件(M)
保存(S)
取消

图 6.4　保存齿轮零件设置

PropertyManager
基准轴
选择(S)
面<1>
一直线/边线/轴(O)
两平面(T)
两点/顶点(W)
圆柱/圆锥面(C)
点和面/基准面(P)

图 6.5　主动直齿轮基准轴创建设置

PropertyManager
基准面
信息
完全定义
第一参考
基准轴1
垂直
重合
投影
第二参考
点<1>
重合

图 6.6　主动直齿轮基准面创建设置

2. 从动直齿轮

参照主动直齿轮的调用方法，从设计库中调用一“正齿轮”作为从动直齿轮。将齿数设为 40，其余参数与主动直齿轮设置相同。将齿轮另存为实体零件，参照主动直齿轮的基准轴与基准面创建方法，为从动直齿轮创建基准轴与基准面。其中基准面的“第二参考”选择一齿顶轮廓线中点，如图 6.7 所示，齿轮材料设为“普通碳钢”。

PropertyManager
基准面2
信息
完全定义
第一参考
基准轴2
垂直
重合
投影
第二参考
点<1>
重合
投影
基准轴2

图 6.7 从动直齿轮基准面创建设置

3. 齿轮轴

选择【文件】/【新建】/【零件】命令，绘制如图 6.8 所示的草图，完成后以距离 150mm 拉伸。以圆柱面为参考，创建一基准轴，如图 6.9 所示。材质设为“普通碳钢”，以文件名“齿轮轴”保存文件。

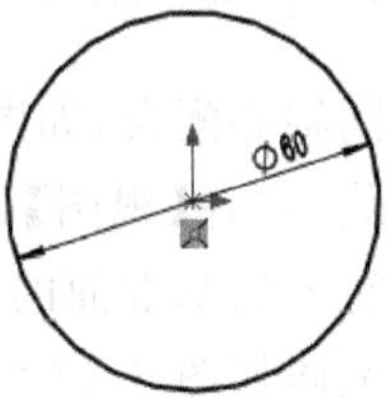
Ø60

图 6.8 齿轮轴草图

PropertyManager
基准轴
选择(S)
面<1>
一直线/边线/轴(O)
两平面(T)
两点/顶点(W)
圆柱/圆锥面(C)
点和面/基准面(P)

图 6.9 齿轮轴基准轴创建设置

6.2.2 装配

选择【文件】/【新建】/【装配体】命令，建立一个新装配体文件。依次将齿轮轴和主动直齿轮添加进来，系统默认齿轮轴为固定零部件，添加主动直齿轮与齿轮轴的同轴心配合，如图 6.10 所示，其端面添加 60mm 的距离配合，如图 6.11 所示。

图 6.10　主动直齿轮与齿轮轴的同轴心配合面

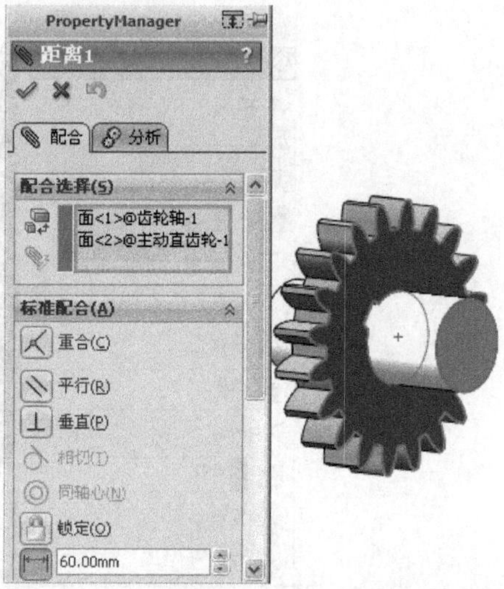
PropertyManager
距离1
配合
分析
配合选择(S)
面<1>@齿轮轴-1
面<2>@主动直齿轮-1
标准配合(A)
重合(C)
平行(R)
垂直(P)
相切(T)
同轴心(N)
锁定(O)
60.00mm

图 6.11　主动直齿轮与齿轮轴的距离配合面

将齿轮轴再次添加进来，如果基准轴没有显示出来，选择【视图】/ 基准轴(A)命令即可，再次选择该命令可隐藏基准轴。添加两齿轮轴上基准轴的 240mm 的距离配合，如图 6.12 所示，其端面添加重合配合，如图 6.13 所示。

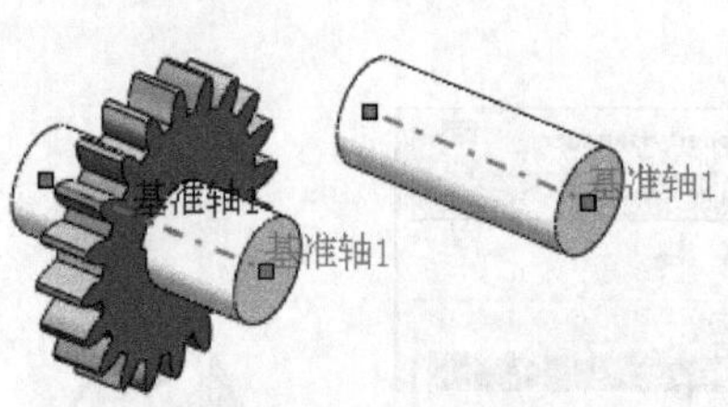
基准轴1
基准轴1
基准轴1

图 6.12　两齿轮轴的距离配合轴

图 6.13　两齿轮轴的重合配合面

将从动直齿轮添加进来，添加从动直齿轮与浮动齿轮轴的同轴心配合，如图 6.14 所示，添加从动直齿轮与主动直齿轮端面的重合配合，如图 6.15 所示。选择【视图】/ 基准面(P)命令，将创建的基准面显示出来。添加从动直齿轮与主动直齿轮上的基准面的重合配合，如图 6.16 所示，右击将两根齿轮轴设为固定零部件，配合好的装配体如图 6.17 所示。此时装配体自由度为零，所有零部件不能运动，右击将从动直齿轮与主动直齿轮上基准面的重合配合压缩，这时齿轮便可以转动，右击将该配合解除压缩，零部件会回到预定装配位置，以文件名“直齿轮传动装配体”保存文件。

图 6.14 从动直齿轮与齿轮轴的同轴心配合面

图 6.15 从动直齿轮与主动直齿轮的重合配合面

图 6.16 从动直齿轮与主动直齿轮的重合基准面

图 6.17 直齿轮传动装配体

6.2.3 仿真

在装配体界面，将“SolidWorks Motion”插件载入，单击布局选项卡中的【运动算例 1】，在 MotionManager 工具栏中的【算例类型】下拉列表中选择【Motion 分析】。

1. 齿轮副仿真

选择【插入】/【配合】命令，在弹出的属性管理器中选择【机械配合】中的，如图 6.18 所示，在【配合选择】栏中选择两齿轮的轴孔面，【比率】中输入两齿轮的齿数（注意，比率为齿轮的传动比，其值为两齿轮的分度圆或者节圆直径之比，由于没有绘制该圆，这里输入轴孔直径，然后修改为两齿轮齿数，输入框显示为黄色警示，但为正确的传动比，不影响结果），单击“确定”完成齿轮配合的添加。

单击 MotionManager 工具栏中“马达”按钮，为主动轮添加一逆时针等速旋转马达，如图 6.19 所示，凸轮转速 n=10RPM，马达位置为主动轮轴孔处。

单击 MotionManager 工具栏上的“计算”按钮，进行仿真求解。待仿真自动计算完毕后，单击工具栏上的“结果和图解”按钮，在弹出的属性管理器中进行如图 6.20 所示的参数设置，其中右侧显示栏里的面为主动直齿轮的轴孔面。单击“确定”按钮，生成主动直齿轮的角速度图解，如图 6.21 所示。

同理，创建从动直齿轮的角速度图解，参数设置如图 6.22 所示，测得的角速度图解如图 6.23 所示。

由图 6.21 及图 6.23 可知，从动直齿轮的角速度是主动直齿轮角速度的一半，传动比为 2，且两者转向相反，故通过齿轮副仿真得到的结果与理想结果完全相符。

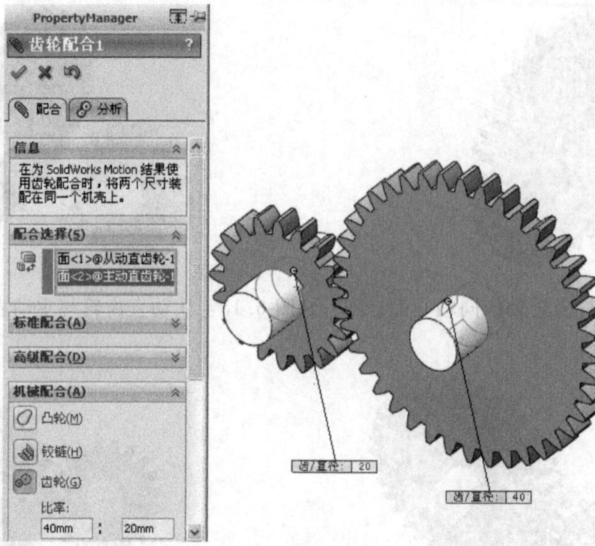

PropertyManager
齿轮配合1
配合
分析
信息
在为 SolidWorks Motion 结果使用齿轮配合时，将两个尺寸装配在同一个机壳上。
配合选择(S)
面<1>@从动直齿轮-1
面<2>@主动直齿轮-1
标准配合(A)
高级配合(D)
机械配合(A)
凸轮(M)
铰链(H)
齿轮(G)
比率:
40mm
20mm
齿/直径: 20
齿/直径: 40

图 6.18　直齿轮传动齿轮副配合参数设置

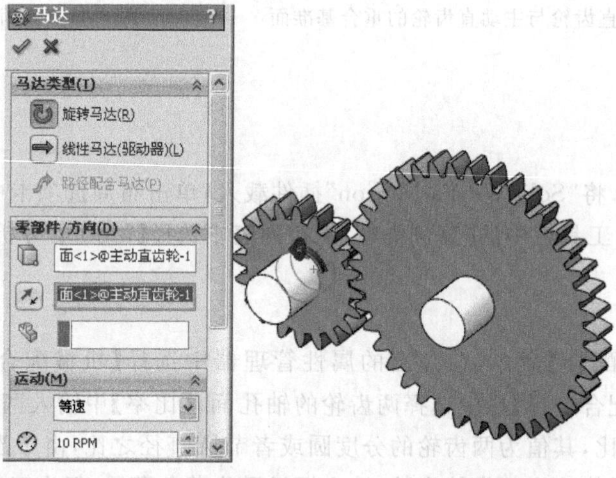

马达
马达类型(T)
旋转马达(R)
线性马达(驱动器)(L)
路径配合马达(P)
零部件/方向(D)
面<1>@主动直齿轮-1
面<1>@主动直齿轮-1
运动(M)
等速
10 RPM

图 6.19　主动直齿轮马达参数设置

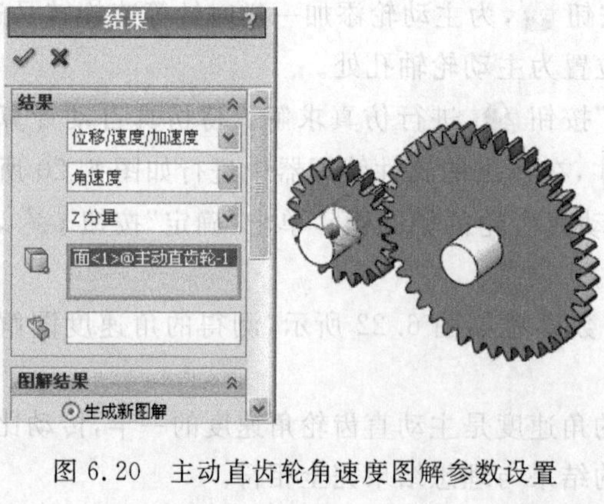

结果
结果
位移/速度/加速度
角速度
Z 分量
面<1>@主动直齿轮-1
图解结果
生成新图解

图 6.20　主动直齿轮角速度图解参数设置

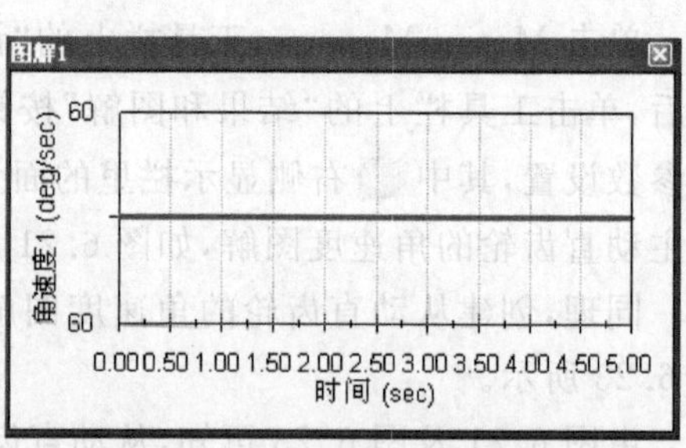

图解1
60
60
角速度1 (deg/sec)
0.00 0.50 1.00 1.50 2.00 2.50 3.00 3.50 4.00 4.50 5.00
时间 (sec)

图 6.21　主动直齿轮角速度图解

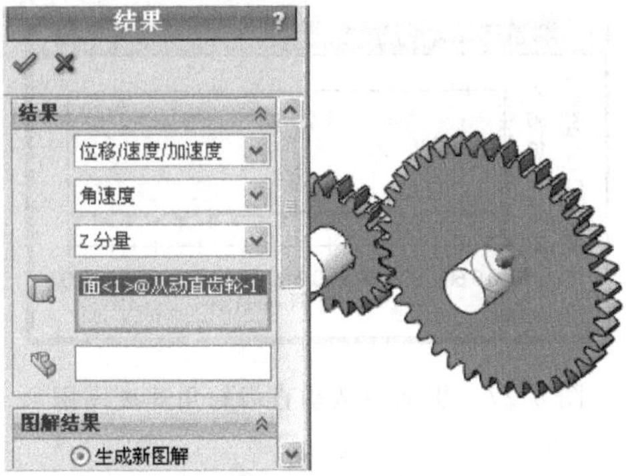
结果
结果
位移/速度/加速度
角速度
Z 分量
面<1>@从动直齿轮-1
图解结果
生成新图解

图 6.22　从动直齿轮角速度图解参数设置

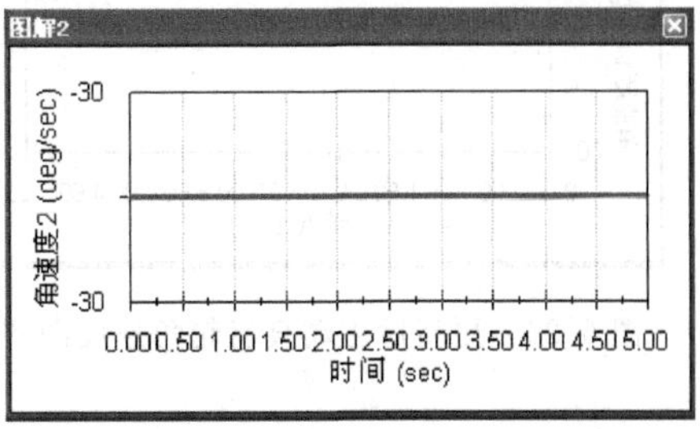
图解2
角速度2 (deg/sec)
-30
-30
0.00 0.50 1.00 1.50 2.00 2.50 3.00 3.50 4.00 4.50 5.00
时间 (sec)

图 6.23　从动直齿轮角速度图解

2. 实体接触仿真

首先右击将前面添加的“齿轮配合”压缩(或者删除),然后单击 MotionManager 工具栏上的“接触”按钮,在弹出属性管理器中的【接触类型】栏内选择【实体接触】,如图 6.24 所示,在【选择】栏内【零部件】中用鼠标在视图区选取两齿轮,在【材料】栏内两【材料名称】下拉列表中均选择 Steel(Greasy),其余参数采用默认设置,单击“确定”按钮,完成实体接触的添加。单击 MotionManager 工具栏上的“阻尼”按钮,在弹出属性管理器中的【阻尼类型】栏内选择 扭转阻尼(T),在“第一终点和轴向”栏内选择从动直齿轮的轴孔面,如图 6.25 所示,其余参数默认不变,单击“确定”按钮,完成阻尼的添加。

接触
信息
选取材料为摩擦和弹性使用预设值,要修改这些属性,消除选择材料。
选择
使用接触组(U)
主动直齿轮-1
从动直齿轮-1
接触面组数: 1
材料(M)
Steel (Dry)
Steel (Greasy)

图 6.24　直齿轮传动接触参数设置

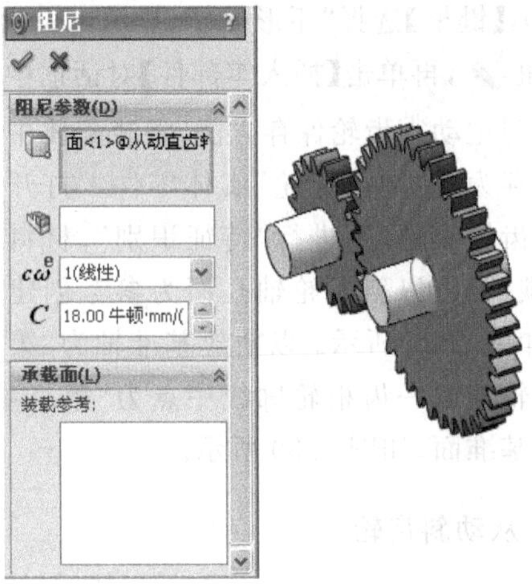
阻尼
阻尼参数(D)
面<1>@从动直齿轮
1(线性)
18.00 牛顿·mm/(
承载面(L)
装载参考:

图 6.25　从动直齿轮阻尼参数设置

单击“计算”按钮,进行仿真求解。待仿真自动计算完毕后,主动直齿轮与从动直齿轮的角速度图解会自动更新,更新结果如图 6.26 及图 6.27 所示。

由图 6.23 及图 6.27 可知,同一直齿轮传动,经过齿轮副仿真及实体接触仿真,得到的从动直齿轮的角速度有差距,前者为理想值,后者在理想值较小范围内波动,这是实际情况允许的,后者更接近真实情况。

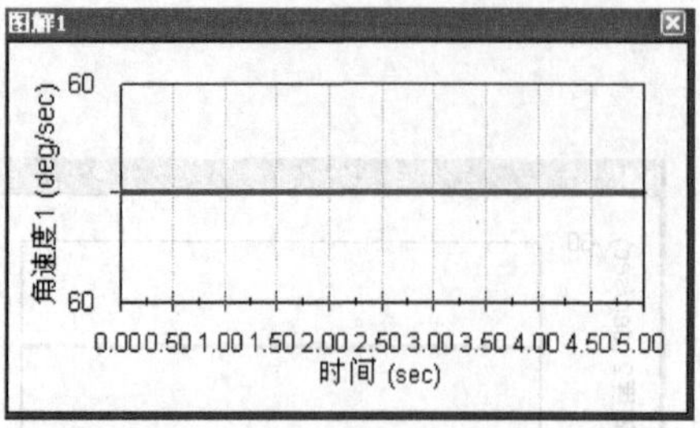
图解1
角速度1 (deg/sec)
60
60
0.00 0.50 1.00 1.50 2.00 2.50 3.00 3.50 4.00 4.50 5.00
时间 (sec)
图 6.26　更新后主动直齿轮角速度图解

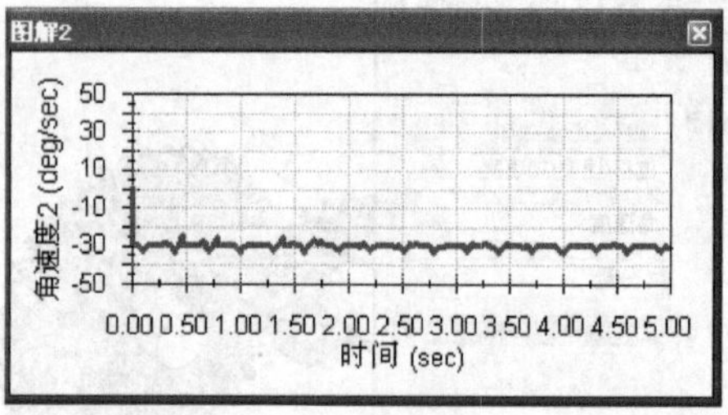
图解2
角速度2 (deg/sec)
50
30
10
-10
-30
-50
0.00 0.50 1.00 1.50 2.00 2.50 3.00 3.50 4.00 4.50 5.00
时间 (sec)
图 6.27　更新后从动直齿轮角速度图解

6.3 斜齿轮造型与仿真

6.3.1 零件造型

1. 主动斜齿轮

参照主动直齿轮的造型方法，在设计库的 Toolbox 中浏览到“国标”文件夹 /“动力传动”文件夹 /“齿轮”文件夹。单击【螺旋齿轮】(斜齿圆柱齿轮)图标不放，将其拖动到视图区后放开鼠标，弹出【配置零部件】属性管理器，如图 6.28 所示。将模块(模数)设为 8(这里的模数是法面模数，按标准值选取)，【齿数】设为 20，【螺旋方向】设为右手(右旋)，【螺旋角度】设为 16.26，【压力角】设为 20，【面宽】(齿宽)设为 30，【标称轴直径】(齿轮轴孔)设为 60，【键槽】选择“矩形(1)”，显示齿设为 20(显示全部齿)。齿轮参数设置好后单击“确定”按钮 ，再单击【插入零部件】对话框中的“取消”按钮 ，完成单个齿轮的添加。

参照主动直齿轮保存方法，将装配体中的斜齿轮另存为“主动斜齿轮”实体零件。打开保存好的斜齿轮零件，不进行“特征识别”，材料设为“普通碳钢”。以斜齿轮轴孔面为参考创建一基准轴，如图 6.29 所示。以新建基准轴为“第一参考”，齿轮端面一齿根轮廓线中点为“第二参考”创建一基准面，如图 6.30 所示。

模块
8
齿数
20
螺旋方向
右手
螺旋角度
16.26
压力角
20
面宽
30
毂样式
类型 A
标称轴直径
60
键槽
矩形(1)
显示齿
20
模块: 8
图 6.28　主动斜齿轮参数设置

2. 从动斜齿轮

参照主动斜齿轮的调用方法，从设计库中调用一“螺旋齿轮”作为从动斜齿轮。将【齿数】设为 40，【螺旋方向】设为“左手”(左旋)，其余参数与主动斜齿轮设置相同，如图 6.31 所示，这时视图中轮齿没有显示出来，先完成单个斜齿轮的添加。单击 FeatureManager 设计树中 (固定) helical gear_3_gb 前面的“+”展开齿轮特征项目，右击将其中的 ToothCutLH（左旋齿廓）及其圆周阵列 TeethCutsLH 解除压缩，保持 ToothCutRH（右旋齿廓）及其圆周阵列 TeethCutsRH 被压缩，这时视图区会显示所有的左旋轮齿。

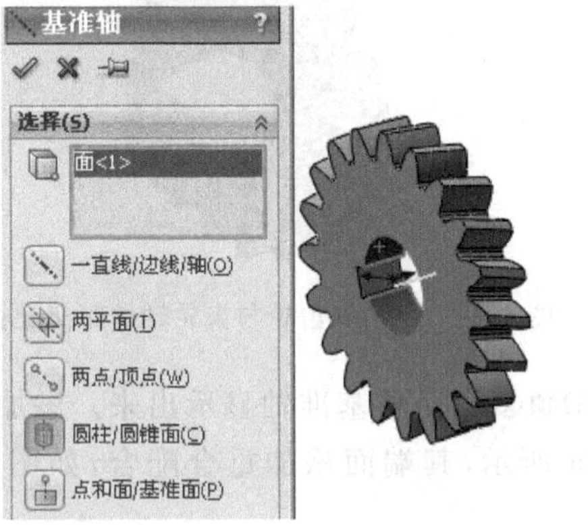
基准轴
选择(S)
面<1>
一直线/边线/轴(O)
两平面(T)
两点/顶点(W)
圆柱/圆锥面(C)
点和面/基准面(P)

图 6.29 主动斜齿轮基准轴创建设置

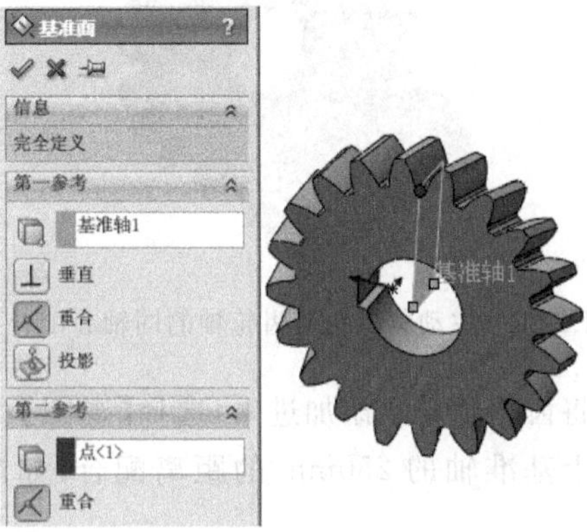
基准面
信息
完全定义
第一参考
基准轴1
垂直
重合
投影
第二参考
点<1>
重合
基准轴1

图 6.30 主动斜齿轮基准面创建设置

将齿轮另存为实体零件，参照主动斜齿轮的基准轴与基准面创建方法，为从动斜齿轮创建基准轴与基准面。其中基准面的“第二参考”选择一端面齿顶轮廓线中点，如图 6.32 所示，齿轮材料设为“普通碳钢”。

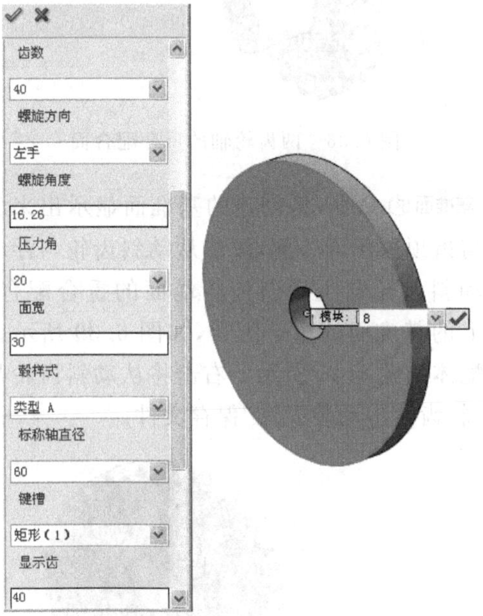
齿数
40
螺旋方向
左手
螺旋角度
16.26
压力角
20
面宽
30
毂样式
类型 A
标称轴直径
60
键槽
矩形（1）
显示齿
40
模块:
8

图 6.31 从动斜齿轮参数设置

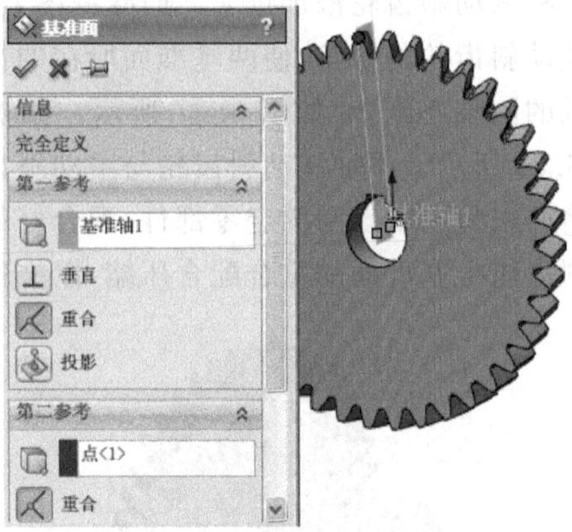
基准面
信息
完全定义
第一参考
基准轴1
垂直
重合
投影
第二参考
点<1>
重合

图 6.32 从动斜齿轮基准面创建设置

6.3.2 装配

选择【文件】/【新建】/【装配体】命令，建立一个新装配体文件。将齿轮轴和主动斜齿轮添加进来，并将齿轮轴设为固定零部件，添加主动斜齿轮与齿轮轴的同轴心配合，如图 6.33 所示，其端面添加 60mm 的距离配合，如图 6.34 所示。

图 6.33　主动斜齿轮与齿轮轴的同轴心配合面

图 6.34　主动斜齿轮与齿轮轴的距离配合面

将齿轮轴再次添加进来，选择【视图】/ 基准轴(A) 命令将基准轴显示出来。添加两齿轮轴上基准轴的 250mm 的距离配合，如图 6.35 所示，其端面添加重合配合，如图 6.36 所示。

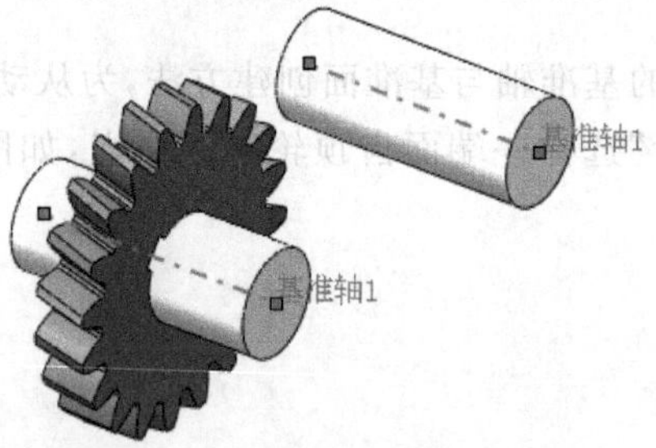
基准轴1
基准轴1

图 6.35　两齿轮轴的距离配合轴

图 6.36　两齿轮轴的重合配合面

将从动斜齿轮添加进来，选择【视图】/ 基准面(P) 命令，将创建的基准面显示出来。调整从动斜齿轮的视角，使两基准面所在的齿根与齿顶位于同一侧，添加从动斜齿轮与浮动齿轮轴的同轴心配合，如图 6.37 所示。添加从动斜齿轮与主动斜齿轮端面的重合配合，如图 6.38 所示。添加从动斜齿轮与主动斜齿轮上的基准面的重合配合，如图 6.39 所示。右击将两根齿轮轴设为固定零部件，配合好的装配体如图 6.40 所示。右击将从动斜齿轮与主动斜齿轮上基准面的重合配合压缩，以文件名“斜齿轮传动装配体”保存文件。

图 6.37　从动斜齿轮与齿轮轴的同轴心配合面

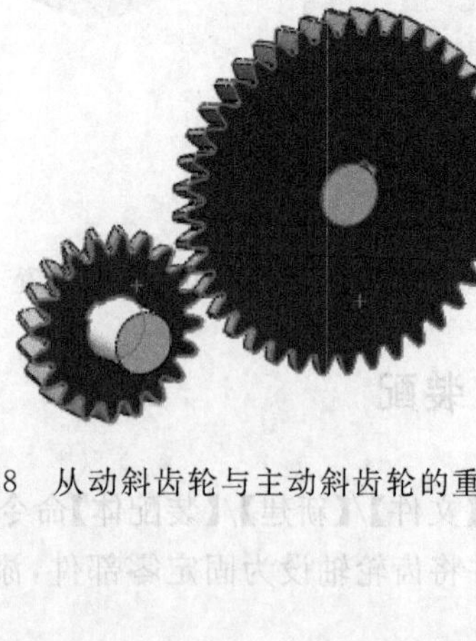

图 6.38　从动斜齿轮与主动斜齿轮的重合配合面

图 6.39　从动斜齿轮与主动斜齿轮的重合基准面

图 6.40　斜齿轮传动装配体

6.3.3　仿真

在装配体界面，将“SolidWorks Motion”插件载入，单击布局选项卡中的【运动算例 1】，在 MotionManager 工具栏中的【算例类型】下拉列表中选择【Motion 分析】。

1. 齿轮副仿真

参考“直齿轮传动齿轮副仿真”中“齿轮配合”的添加，添加一“比率”为两斜齿轮齿数的齿轮配合。为主动斜齿轮添加一逆时针等速旋转马达，转速 $n=10\text{r/min}$，马达位置为主动斜齿轮轴孔处。单击“计算”按钮，进行仿真求解。待仿真自动计算完毕后，添加主、从动斜齿轮的“角速度图解”，如图 6.41 及图 6.42 所示。

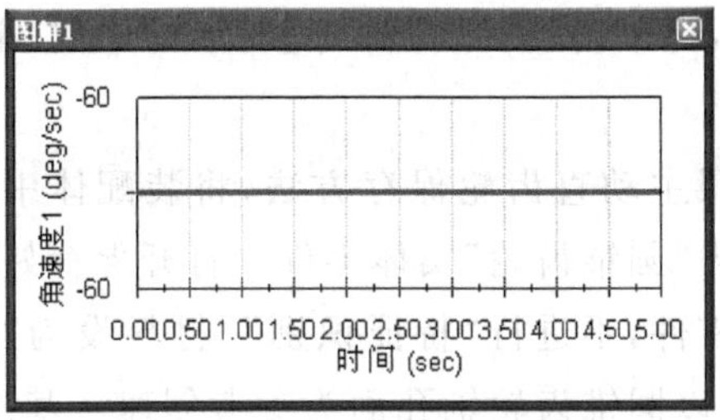
图解1
角速度1 (deg/sec)
-60
-60
0.00 0.50 1.00 1.50 2.00 2.50 3.00 3.50 4.00 4.50 5.00
时间 (sec)

图 6.41　主动斜齿轮角速度图解

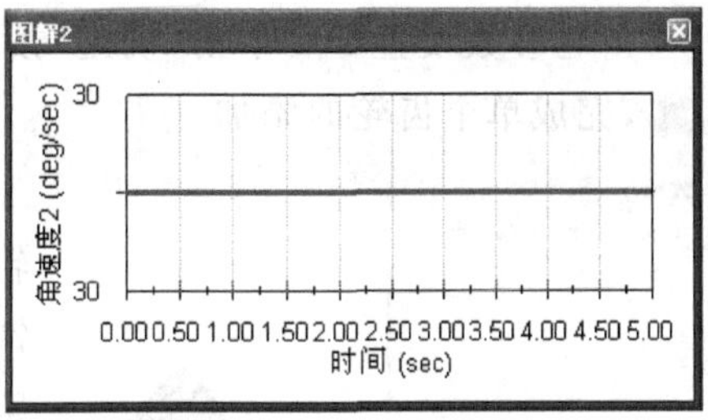
图解2
角速度2 (deg/sec)
30
30
0.00 0.50 1.00 1.50 2.00 2.50 3.00 3.50 4.00 4.50 5.00
时间 (sec)

图 6.42　从动斜齿轮角速度图解

由图 6.41 及图 6.42 可知，从动斜齿轮的角速度是主动斜齿轮角速度的一半，传动比为 2，且两者转向相反，故通过齿轮副仿真得到的结果与理想结果完全相符。

2. 实体接触仿真

首先将前面添加的“齿轮配合”压缩（或者删除），然后为两斜齿轮添加一“实体接触”，接触材料为 Steel(Greasy)，其余参数采用默认设置。再为从动斜齿轮添加一“扭转阻尼”，在“第一终点和轴向”选择从动直齿轮的轴孔面，其余参数默认不变。单击“计算”按钮，进行仿真求解。待仿真自动计算完毕后，主动斜齿轮与从动斜齿轮的角速度图解会自动更新，更新结果如图 6.43 和图 6.44 所示。

由图 6.42 及图 6.44 可知，从动斜齿轮的角速度经过齿轮副仿真及实体接触仿真有变动，前者为理想值，后者在理想值较小范围内波动，与实际情况相符。

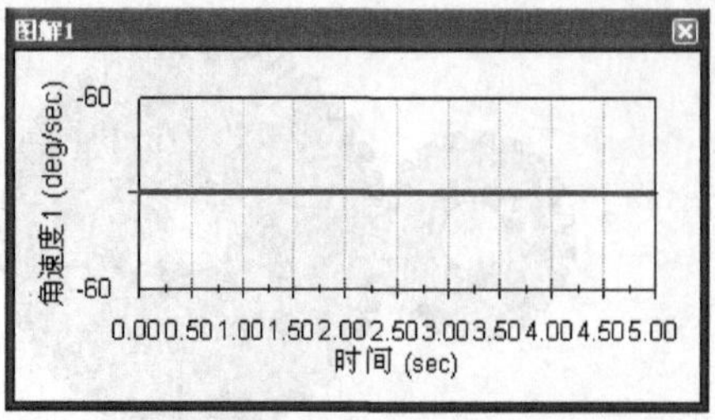
图解1
角速度1 (deg/sec)
-60
-60
0.00 0.50 1.00 1.50 2.00 2.50 3.00 3.50 4.00 4.50 5.00
时间 (sec)

图 6.43　更新后主动斜齿轮角速度图解

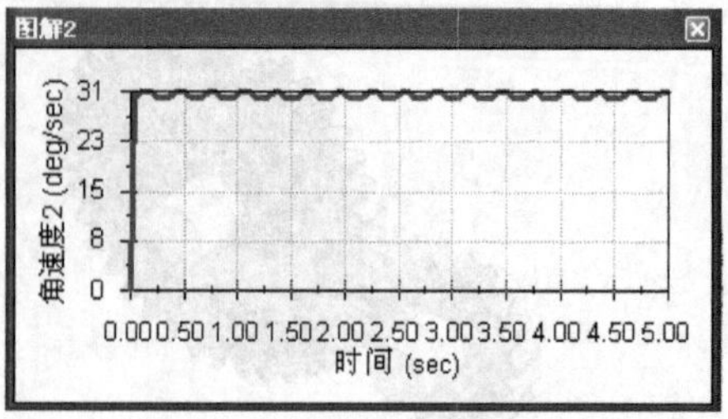
图解2
角速度2 (deg/sec)
31
23
15
8
0
0.00 0.50 1.00 1.50 2.00 2.50 3.00 3.50 4.00 4.50 5.00
时间 (sec)

图 6.44　更新后从动斜齿轮角速度图解

6.4 圆锥齿轮造型与仿真

6.4.1 零件造型

参照主动直齿轮的造型方法，在设计库的 Toolbox 中浏览到“国标”文件夹 /“动力传动”文件夹 /“齿轮”文件夹。单击【直斜接齿轮】图标不放，将其拖动到视图区后放开鼠标，弹出【配置零部件】属性管理器，如图 6.45 所示（注意，是在装配图中，出现该参数设置对话框），将【模块】（模数）设为 8（这里的模数是大端模数），【齿数】设为 40，【压力角】设为 20，【面宽】（齿宽）设为 30，【轮毂直径】设为 75，【安放距离】（轮毂长度）设为 200，【标称轴直径】（齿轮轴孔）设为 60，键槽选择“矩形（1）”，【显示齿】设为 40（显示全部齿）。齿轮参数设置好后单击“确定”按钮 ，再单击【插入零部件】对话框中的“取消”按钮 ，完成单个齿轮的添加。

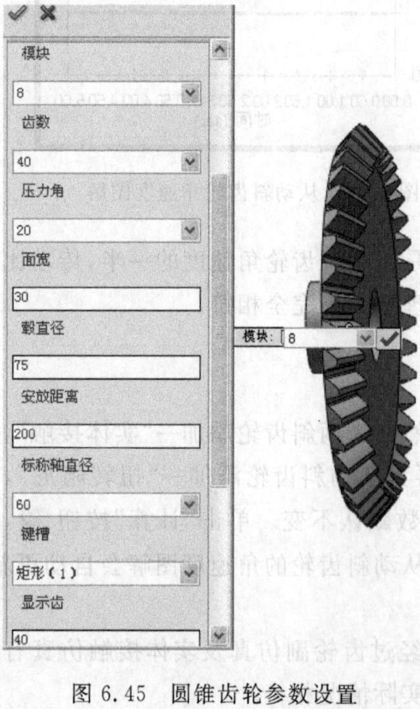
模块
8
齿数
40
压力角
20
面宽
30
毂直径
75
安放距离
200
标称轴直径
60
键槽
矩形（1）
显示齿
40
模块: 8

图 6.45　圆锥齿轮参数设置

参照主动直齿轮保存方法，将装配体中的齿轮另存为“圆锥齿轮”实体零件。打开保存好的圆锥齿轮零件，不进行“特征识别”，材料设为“普通碳钢”。以圆锥齿轮轴孔面为参考创建一基准轴，如图 6.46 所示。以新建基准轴为“第一参考”，圆锥齿轮大端面一齿根轮廓线的中点为“第二参考”创建一基准面，如图 6.47 所示。再以新建基准轴为“第一参考”，圆锥齿轮大端面一齿顶轮廓线的中点为“第二参考”创建另一基准面，如图 6.48 所示。

需要指出的是，目前 SolidWorks 2012 设计库绘制锥齿轮，当齿数不同时，绘制出的一对锥齿轮，装配配合时齿形啮合状况有明显错误。可以选择另一款专业软件“迈迪三维设计工具集”绘制，其标准件库包括普通标准件库和机床夹具标准件库，共千余种零件。

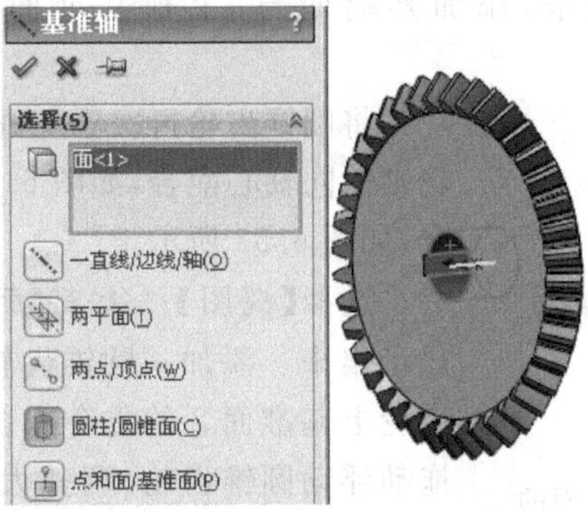
基准轴
选择(S)
面<1>
一直线/边线/轴(O)
两平面(T)
两点/顶点(W)
圆柱/圆锥面(C)
点和面/基准面(P)

图 6.46 圆锥齿轮基准轴创建设置

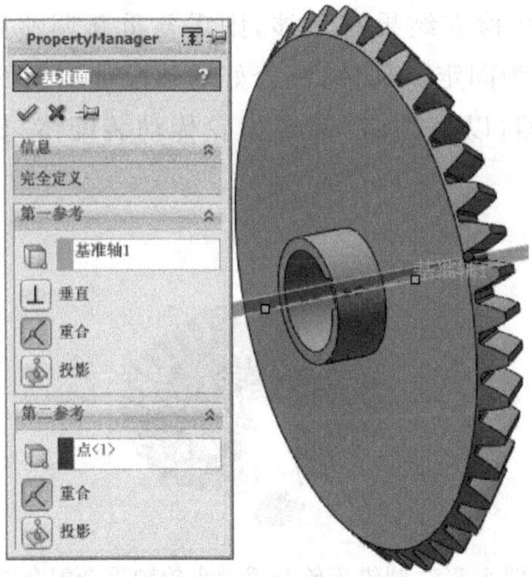
PropertyManager
基准面
信息
完全定义
第一参考
基准轴1
垂直
重合
投影
第二参考
点<1>
重合
投影

图 6.47 圆锥齿轮基准面 1 创建设置

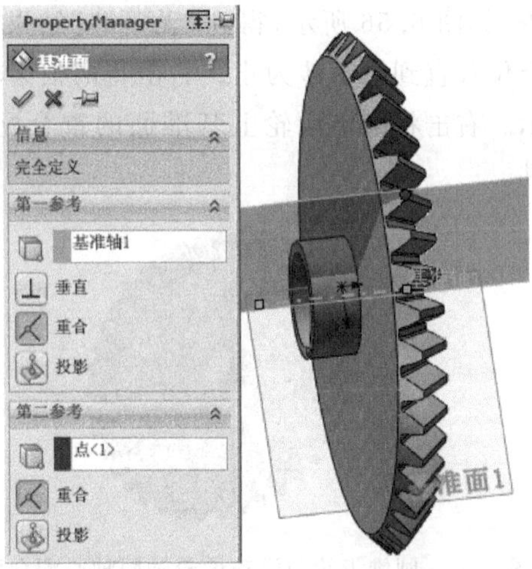
PropertyManager
基准面
信息
完全定义
第一参考
基准轴1
垂直
重合
投影
第二参考
点<1>
重合
投影

图 6.48 圆锥齿轮基准面 2 创建设置

6.4.2 装配

选择【文件】/【新建】/【装配体】命令，建立一个新装配体文件。将齿轮轴和圆锥齿轮添加进来，并将齿轮轴设为固定零部件，添加圆锥齿轮与齿轮轴的同轴心配合，如图 6.49 所示，其端面添加重合配合，如图 6.50 所示。

图 6.49 圆锥齿轮与齿轮轴的同轴心配合面

图 6.50 圆锥齿轮与齿轮轴的重合配合面

将齿轮轴再次添加进来，添加其端面与“上视基准面”的平行配合，如图 6.51 所示。

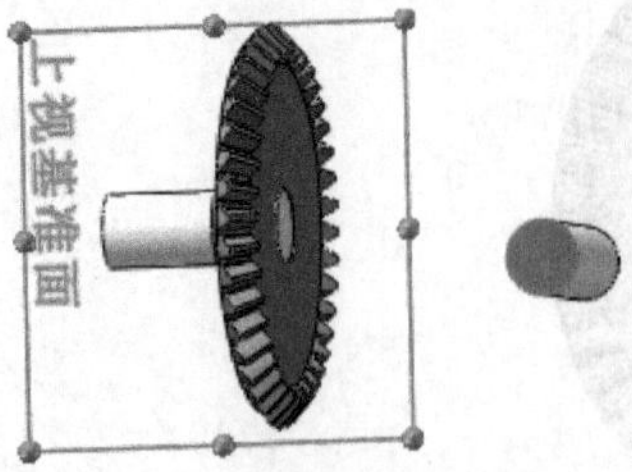
上视基准面

图 6.51　齿轮轴与上视基准面的平行配合面

将圆锥齿轮再次添加进来，添加其轴孔面与浮动齿轮轴的同轴心配合，如图 6.52 所示，其端面添加重合配合，如图 6.53 所示。

选择【视图】/ 基准面(P) 命令，将创建的基准面显示出来。添加一圆锥齿轮上基准面 1 与另一个圆锥齿轮上基准面 2 的重合配合，如图 6.54 所示。用鼠标拖动浮动圆锥齿轮，调整大端及小端啮合位置大致与图 6.55 所示相似，选择【工具】/【干涉检查】命令，单击弹出对话框中的 计算(C) 按钮对装配体进行干涉检查，如图 6.56 所示，得到“无干涉”结果即可，如检查结果有干涉，则需要重新调整齿轮啮合位置直到无干涉为止。右击将两根齿轮轴设为固定零部件，配合好的装配体如图 6.56 所示。右击将圆锥齿轮上基准面的重合配合压缩，以文件名“圆锥齿轮传动装配体”保存文件。

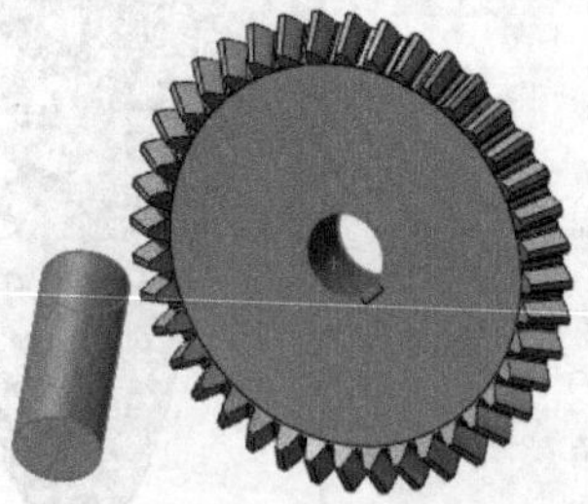

图 6.52　圆锥齿轮与浮动齿轮轴同轴心配合面

图 6.53　圆锥齿轮与浮动齿轮轴重合配合面

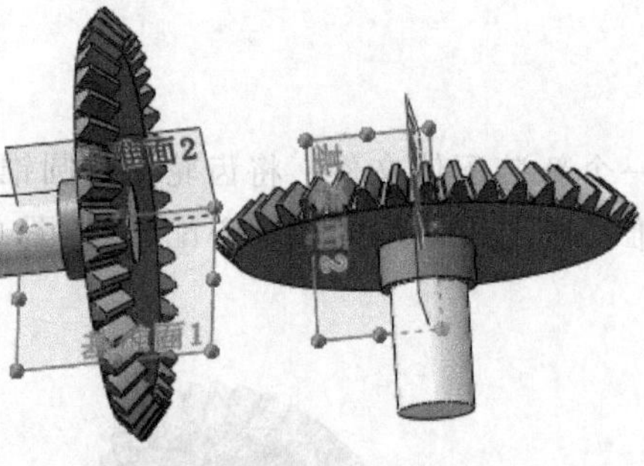

图 6.54　两圆锥齿轮的重合配合基准面面

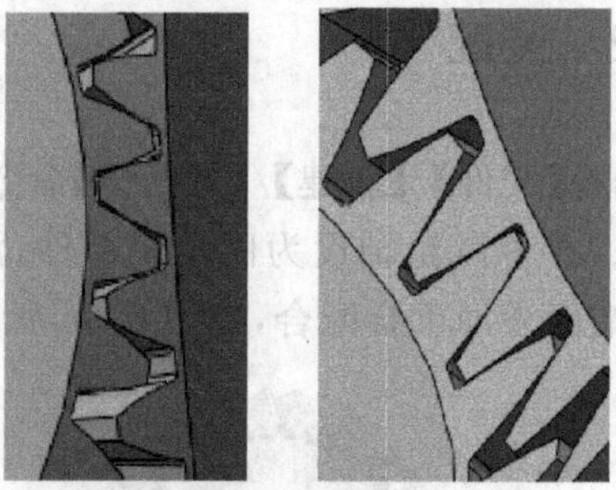

图 6.55　两圆锥齿轮大端与小端啮合位置

6.4.3　仿真

在装配体界面，将“SolidWorks Motion”插件载入，单击布局选项卡中的【运动算例 1】，在 MotionManager 工具栏中的【算例类型】下拉列表中选择【Motion 分析】。

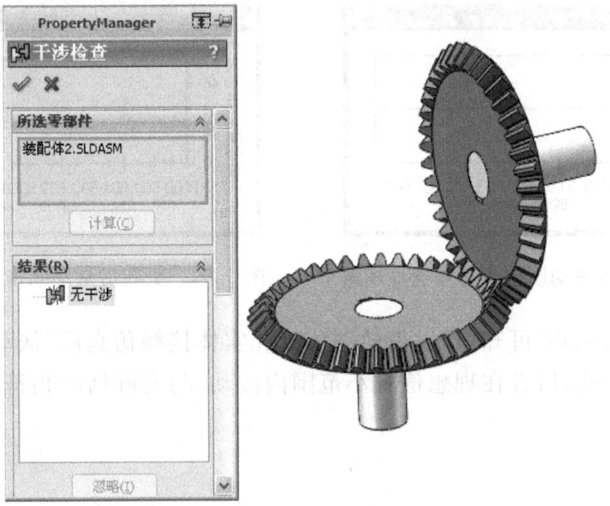
PropertyManager
干涉检查
所选零部件
装配体2.SLDASM
计算(C)
结果(R)
无干涉
忽略(I)

图 6.56　圆锥齿轮传动装配体干涉检查

1. 齿轮副仿真

参考“直齿轮传动齿轮副仿真”中“齿轮配合”的添加，添加一“比率”为两圆锥齿轮齿数的齿轮配合。为一个圆锥齿轮添加一逆时针等速旋转马达，转速 $n=10\mathrm{r/min}$，马达位置为齿轮轴孔处。单击“计算”按钮，进行仿真求解。待仿真自动计算完毕后，添加两圆锥齿轮的“角速度图解”，其中主动圆锥齿轮角速度是 Z 分量，从动圆锥齿轮角速度是 Y 分量，测得结果如图 6.57 及图 6.58 所示。

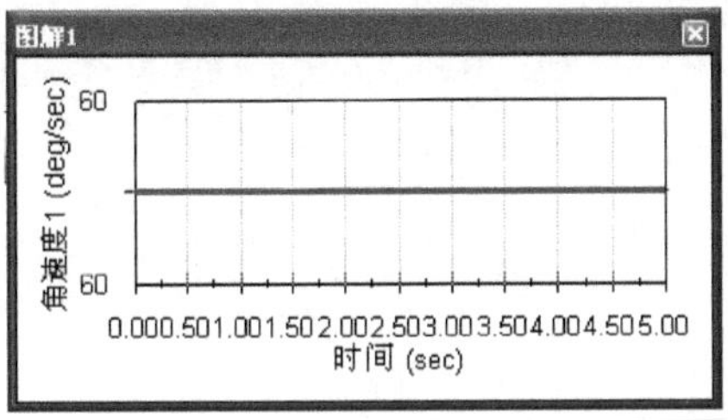
图解1
角速度1 (deg/sec)
60
60
0.00 0.50 1.00 1.50 2.00 2.50 3.00 3.50 4.00 4.50 5.00
时间 (sec)

图 6.57　主动圆锥齿轮角速度图解

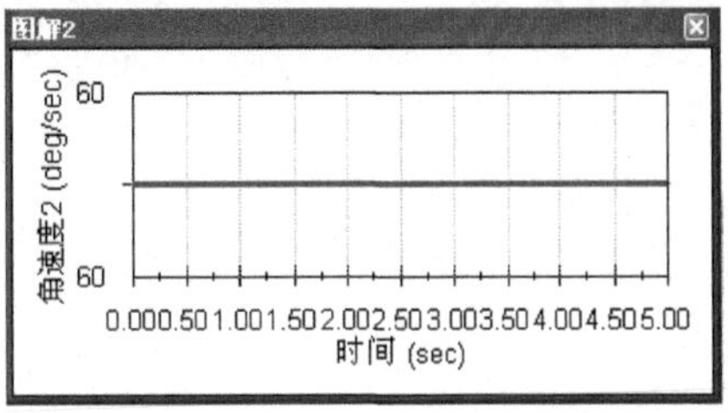
图解2
角速度2 (deg/sec)
60
60
0.00 0.50 1.00 1.50 2.00 2.50 3.00 3.50 4.00 4.50 5.00
时间 (sec)

图 6.58　从动圆锥齿轮角速度图解

由图 6.57 及图 6.58 可知，从动圆锥齿轮的角速度与主动圆锥齿轮角速度大小相等，实现了交错轴运动的传递，传动比为 1，故通过齿轮副仿真得到的结果与理想结果完全相符。

2. 实体接触仿真

首先将前面添加的“齿轮配合”压缩(或者删除)，然后为两圆锥齿轮添加一“实体接触”，接触材料为 Steel(Greasy)，其余参数采用默认设置。再为从动圆锥齿轮添加一“扭转阻尼”，在“第一终点和轴向”选择从动圆锥齿轮的轴孔面，其余参数默认不变。单击“计算”按钮，进行仿真求解。待仿真自动计算完毕后，主动圆锥齿轮与从动圆锥齿轮的角速度图解会自动更新，更新结果如图 6.59 及图 6.60 所示。

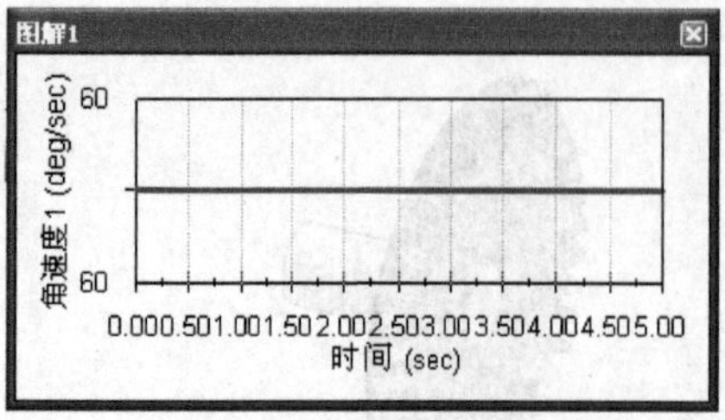
图解1
角速度1 (deg/sec)
60
60
0.000.501.001.502.002.503.003.504.004.505.00
时间 (sec)

图 6.59　更新后主动圆锥齿轮角速度图解

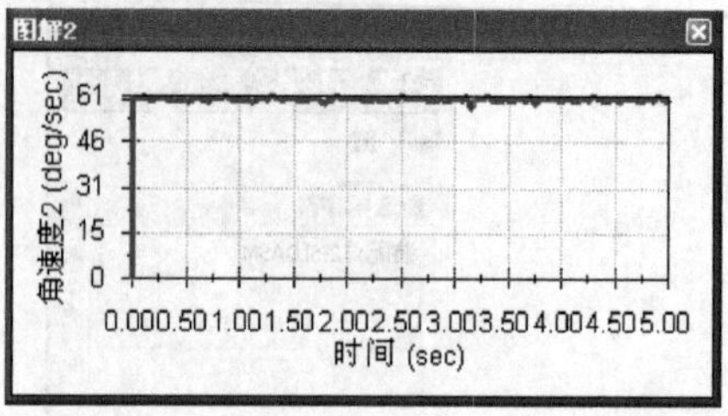
图解2
角速度2 (deg/sec)
61
46
31
15
0
0.000.501.001.502.002.503.003.504.004.505.00
时间 (sec)

图 6.60　更新后从动圆锥齿轮角速度图解

由图 6.58 及图 6.60 可知，经过齿轮副仿真和实体接触仿真后，从动圆锥齿轮的角速度有出入，前者为理想值，后者在理想值较小范围内波动，与实际情况相符。

第7章

按给定运动轨迹反求凸轮轮廓机构

按给定运动轨迹反求零件模型，是机构设计的一种常用方法，采用 SolidWorks 完成设计，相对于传统计算方法，简单实用，并且可以模拟再现轨迹的实现。本章以应用广泛的凸轮连杆组合机构为例，根据连杆一端点预定轨迹，利用反求法得到凸轮的理论廓线及实际轮廓，并通过运动仿真验证了凸轮连杆组合机构的实际运动轨迹与预定轨迹相符。

7.1 工作原理

凸轮连杆组合机构简图如图 7.1 所示，凸轮 1 固定，原动件曲柄 2 匀速转动，带动连杆 3 运动，此时固定凸轮约束着与连杆端点 B 通过铰链结合的滚子 4，使连杆的端点 C 沿着给定的运动轨迹 5 运动，从而达到该机构的工作要求。

设计参数：

预定轨迹：长为 400mm，宽为 300mm 的长方形，经半径 $R=100$mm 的边角倒圆；各杆长度：$l_{OA}=150$mm，$l_{AB}=80$mm，$l_{AC}=150$mm；$\angle BAC=120°$，滚子半径 $R_g=10$mm，曲柄 OA 转速 $n=60$r/min。

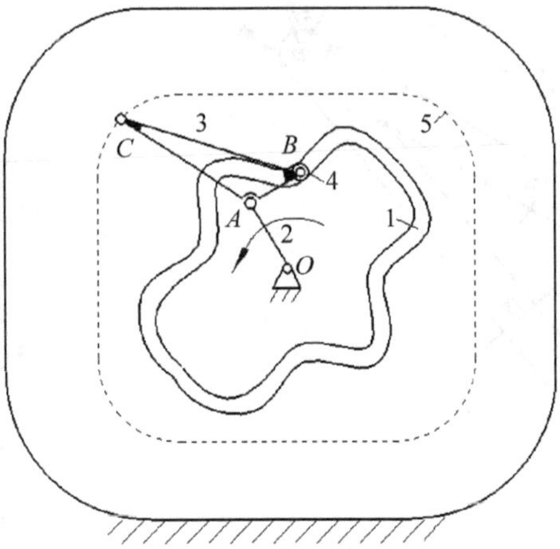
3
5
C
B
4
A
2
1
O

图 7.1　凸轮连杆组合机构简图

7.2 零件造型

启动 SolidWorks 2012，选择【文件】/【新建】/【零件】命令，创建新的零件文件。选择【插入】/【草图绘制】命令，选择一基准面为草绘平面。

根据图 7.2～图 7.5 所示，分别绘制机架、曲柄、连杆和滚子的轮廓草图。然后选择【插入】/【凸台/基体】/【拉伸】命令，分别以距离 10mm 拉伸机架、曲柄和连杆轮廓草图分别得到其实体零件。选择【插入】/【凸台/基体】/【旋转】命令，以滚子轴线为旋转轴，以 360°为旋转角度，旋转后得到滚子实体零件。零件的材质均设置为“普通碳钢”，分别以文件名“机架”、“曲柄”、“连杆”和“滚子”保存。

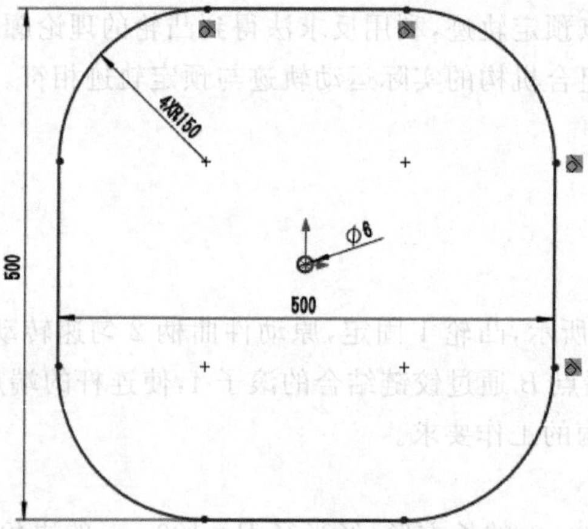
4XR150
Φ6
500
500

图 7.2 机架草图

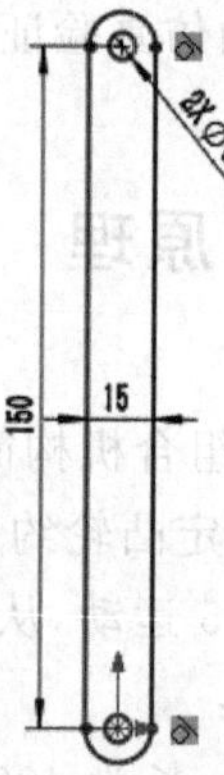
2XΦ6
150
15

图 7.3 曲柄草图

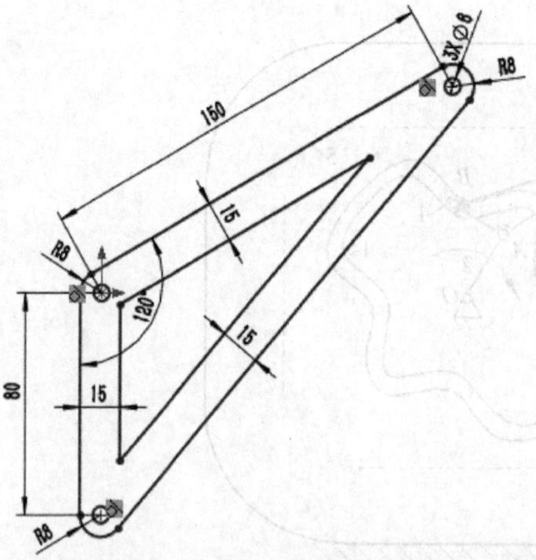
3XΦ6
R8
150
15
R8
120°
15
80
15
R8

图 7.4 连杆草图

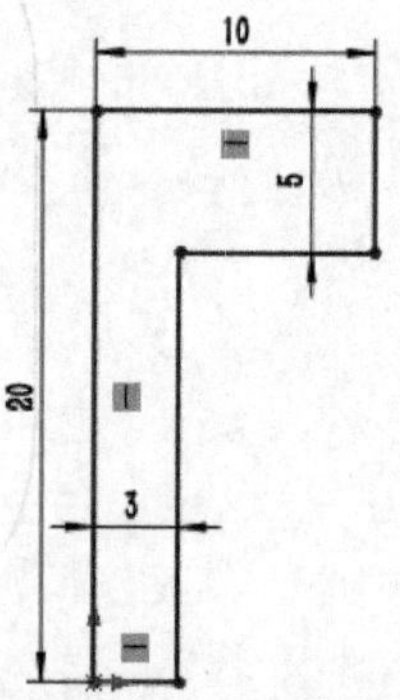
10
5
20
3

图 7.5 滚子草图

为了满足装配时的“路径配合”要求，在连杆零件图中，选择【插入】/【参考几何体】/【点】命令，在图 7.1 所示连杆中的端点 C 处创建一个参考点。如图 7.6 所示，在弹出的属性管理器【选择】栏中，单击"圆弧中心"按钮，然后单击"参考实体"按钮，在视图区选择连杆 C 端的圆孔边线，单击"确定"按钮，完成连杆参考点的创建。

PropertyManager
点2
选择(E)
边线<1>
圆弧中心(T)
面中心(C)
交叉点(I)
投影(P)
10.00mm

图 7.6　连杆参考点的创建

7.3　装配

选择【文件】/【新建】/【装配体】命令，建立一个新装配体文件。将机架和曲柄添加进来，右击把机架设为固定零部件，添加曲柄与机架转动处的同轴心配合，如图 7.7 所示，其端面添加重合配合，如图 7.8 所示。

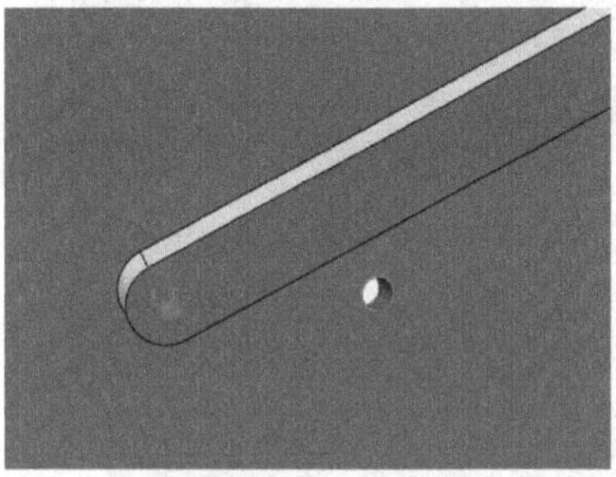

图 7.7　曲柄与机架的同轴心配合面

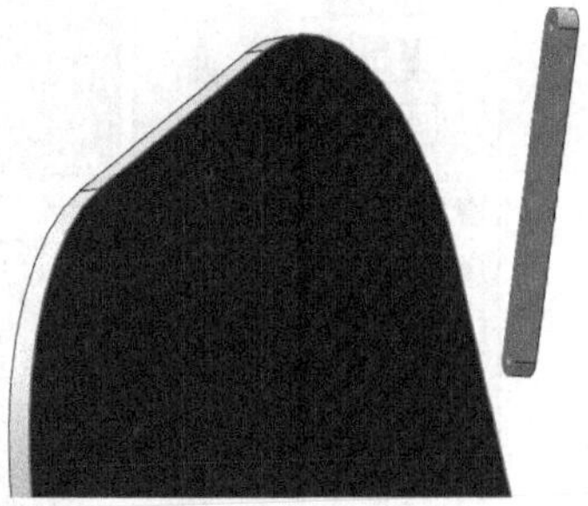

图 7.8　曲柄与机架的重合配合面

将连杆添加进来，在图 7.1 所示连杆的 A 端与曲柄转动处添加同轴心配合，如图 7.9 所示，其端面添加重合配合，如图 7.10 所示。

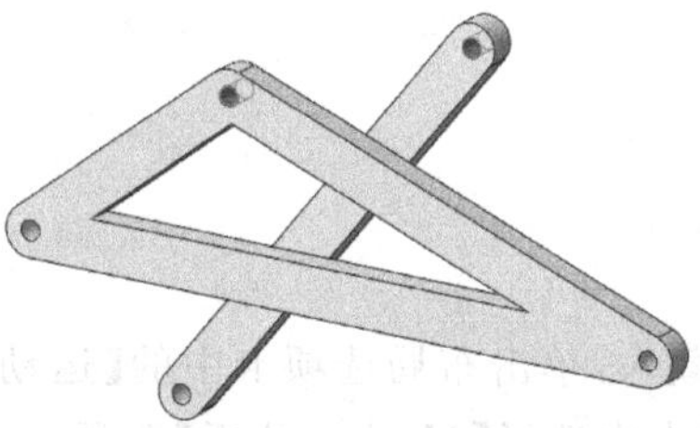

图 7.9　连杆与曲柄的同轴心配合面

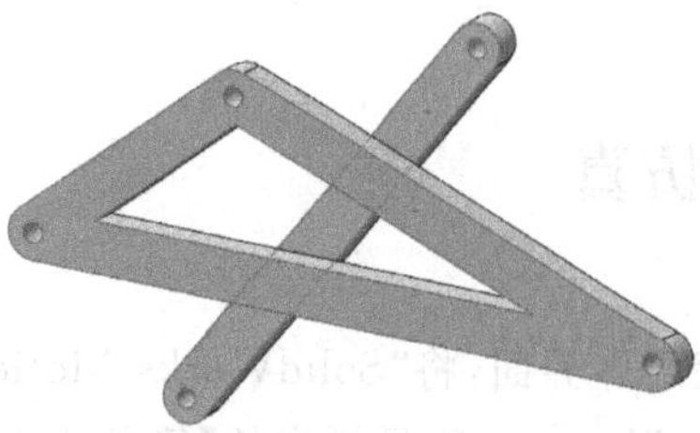

图 7.10　连杆与曲柄的重合配合面

选择【插入】/【草图绘制】命令，选择机架上表面为草绘基准面，根据图 7.11 所示绘制预定轨迹草图，完成后退出草图绘制界面。

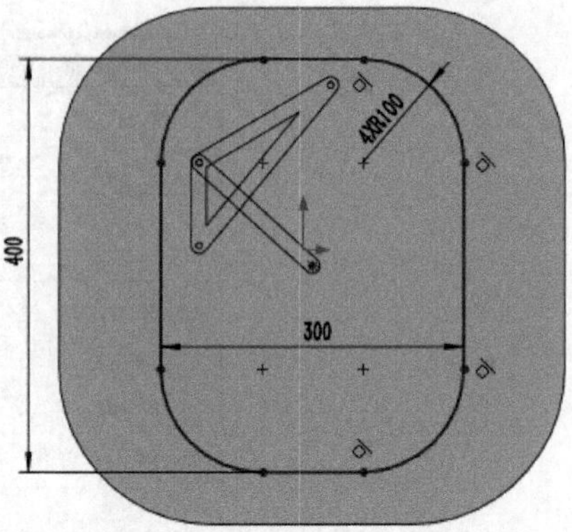
4XR100
400
300

图 7.11　预定轨迹草图

单击【视图】，选择“点”按钮，将连杆的参考点在视图区中显示出来。选择【插入】/【配合】/【高级配合】命令，单击 路径配合 按钮，如图 7.12 所示，在【配合选择】栏中的【零部件顶点】栏中选择连杆的参考点(注意连杆的参考点必须在预定轨迹的平面上)；在【路径选择】栏中，单击下方的 SelectionManager 按钮，在弹出的选择框内单击“选择组”按钮，然后在视图区用鼠标单击预定轨迹的所有曲线，单击选择框内的“确定”按钮，完成配合路径的选取，其他设置保持系统默认不变，最后在配合管理器中单击“确定”按钮，完成路径配合的添加。

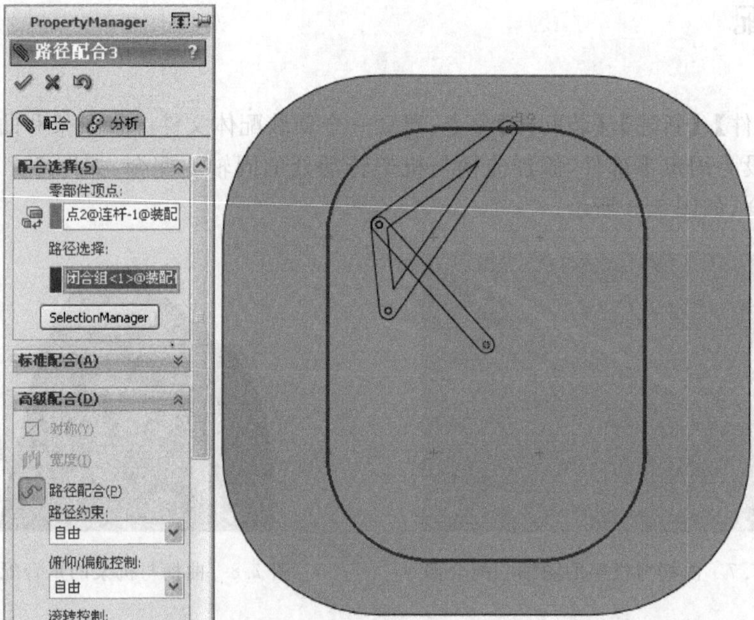
PropertyManager
路径配合3
配合
分析
配合选择(S)
零部件顶点:
点2@连杆-1@装配
路径选择:
闭合组<1>@装配
SelectionManager
标准配合(A)
高级配合(D)
对称(Y)
宽度(I)
路径配合(P)
路径约束:
自由
俯仰/偏航控制:
自由
滚转控制:
自由

图 7.12　路径配合参数设置

7.4　仿真

在装配体界面，将“SolidWorks Motion”插件载入，单击布局选项卡中的【运动算例 1】，在 MotionManager 工具栏中的【算例类型】下拉列表中选择【Motion 分析】选项。

7.4.1 反求凸轮轮廓

1. 添加马达

单击 MotionManager 工具栏中的"马达"按钮，为曲柄添加一逆时针等速旋转马达，如图 7.13 所示，凸轮转速 $n=60\mathrm{r/min}=360(°)/\mathrm{s}$，马达位置为曲柄旋转处的轴孔，如图 7.14 所示。

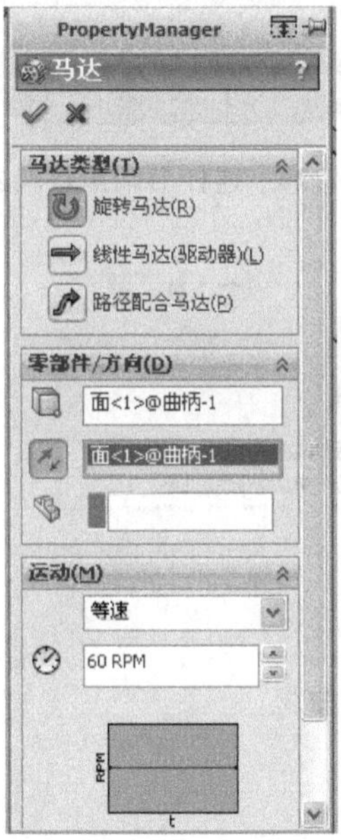
PropertyManager
马达
马达类型(T)
旋转马达(R)
线性马达(驱动器)(L)
路径配合马达(P)
零部件/方向(D)
面<1>@曲柄-1
面<1>@曲柄-1
运动(M)
等速
60 RPM
RPM
t

图 7.13 曲柄马达参数设置

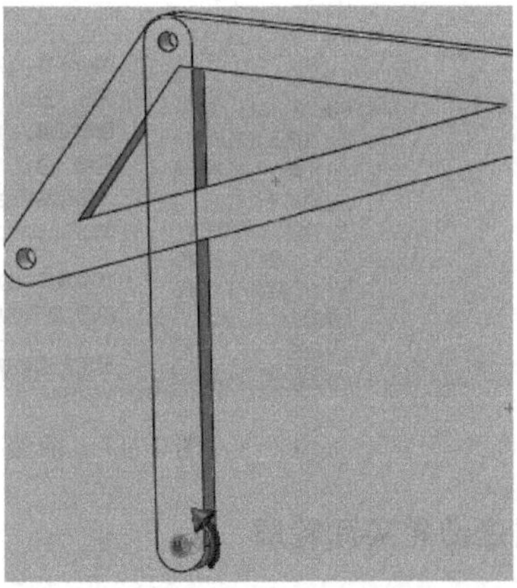

图 7.14 曲柄马达位置

2. 仿真参数设置

在 MotionManager 界面中将时间的长度拉到 1 秒，单击工具栏上的"运动算例属性"按钮，在弹出的属性管理器【Motion 分析】栏内将每秒帧数设为 100，其余参数采用默认设置。

3. 创建凸轮理论廓线

单击 MotionManager 工具栏上的"计算"按钮，进行仿真求解。待仿真自动计算完毕后，单击工具栏上的"结果和图解"按钮，在弹出的属性管理器中进行如图 7.15 所示的参数设置，其中右侧显示栏里的边线为图 7.1 所示连杆 B 端的圆孔边线。单击"确定"按钮，生成连杆的跟踪轨迹，如图 7.16 所示。

在 MotionManager 设计树中，展开【结果】选项，右击【跟踪路径图解】，选择【从跟踪路径生成曲线】/【从路径生成曲线】命令，如图 7.17 所示，创建凸轮理论廓线。完成后在 FeatureManager 设计树中将多出 曲线1。右击将【跟踪路径图解 1】隐藏起来，然后单击【视图】，选择"曲线"按钮，将创建的曲线在视图区中显示出来。

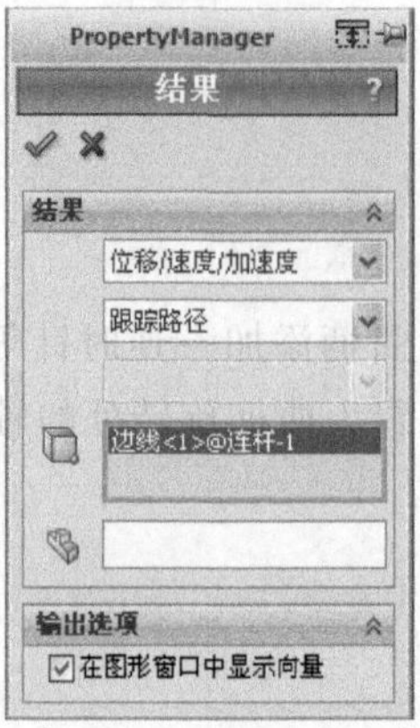
PropertyManager
结果
结果
位移/速度/加速度
跟踪路径
边线<1>@连杆-1
输出选项
在图形窗口中显示向量

图 7.15　连杆 B 端跟踪路径参数设置

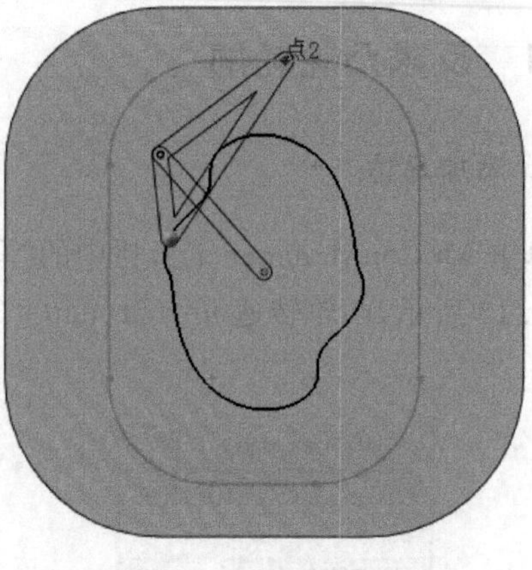
点2

图 7.16　连杆 B 端跟踪轨迹

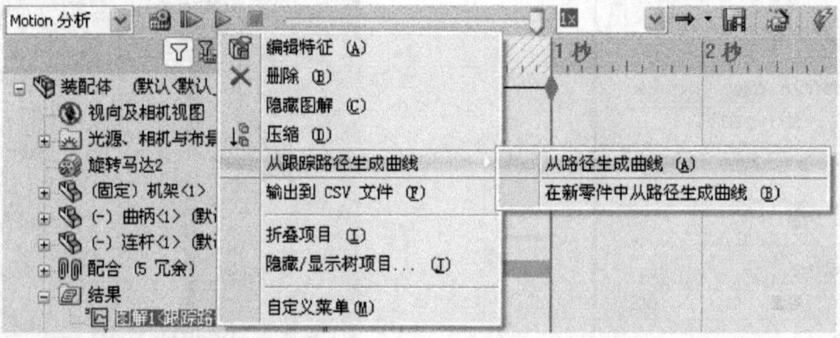
Motion 分析
编辑特征 (A)
删除 (B)
隐藏图解 (C)
压缩 (D)
从跟踪路径生成曲线
输出到 CSV 文件 (F)
折叠项目 (I)
隐藏/显示树项目... (T)
自定义菜单 (M)
从路径生成曲线 (A)
在新零件中从路径生成曲线 (B)
1 秒
2 秒
装配体
视向及相机视图
光源、相机与布景
旋转马达2
(固定) 机架<1>
(-) 曲柄<1>
(-) 连杆<1>
配合 (5 冗余)
结果

图 7.17　曲线接触时摆杆角速度曲线

4. 创建凸轮实际轮廓

选择【插入】/【草图绘制】命令，选择机架上表面为草绘基准面，在草图工具栏中单击“等距实体”按钮。如图 7.18 所示，在弹出的窗口中选中【双向】复选框，在距离栏中输入滚子半径 10mm，然后单击刚创建的凸轮理论廓线，单击“确定”按钮，完成等距实体的添加，得到凸轮实际轮廓草图如图 7.19 所示。

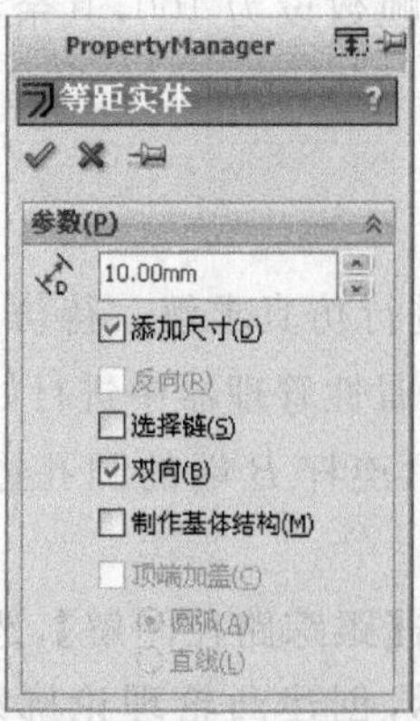
PropertyManager
等距实体
参数(P)
10.00mm
添加尺寸(D)
反向(R)
选择链(S)
双向(B)
制作基体结构(M)
顶端加盖(C)
圆弧(A)
直线(L)

图 7.18　等距凸轮理论廓线参数设置

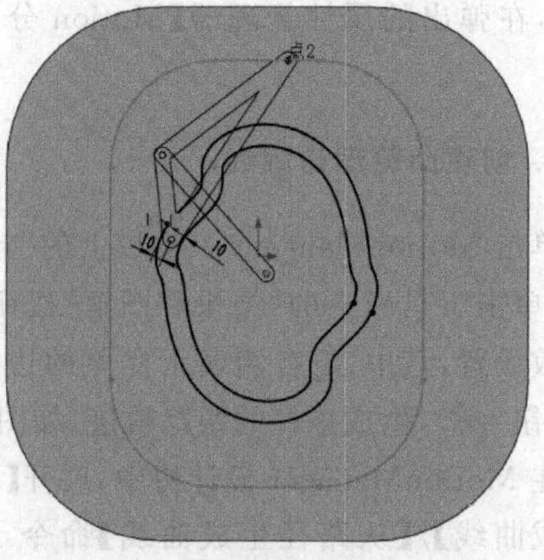
点2
10
10

图 7.19　凸轮实际轮廓草图

退出草图后，选择【插入】/【装配体特征】/【切除】/【拉伸】命令。如图 7.20 所示，在弹出的属性管理器【距离】栏输入 8mm，选择凸轮实际轮廓草图为拉伸切除草图，按【给定深度】对机架进行拉伸切除，创建凸轮实际轮廓如图 7.21 所示。

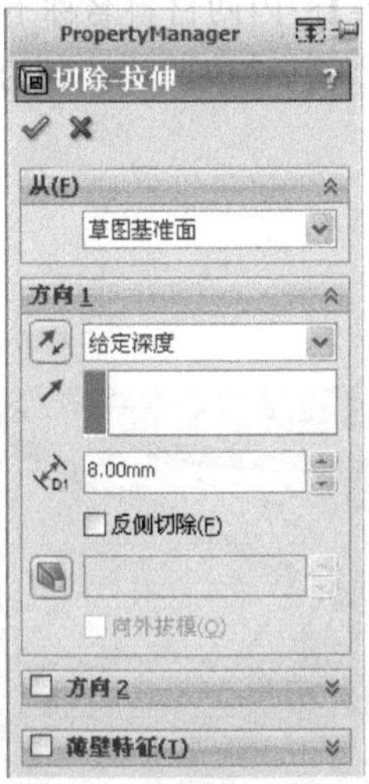
PropertyManager
切除-拉伸
从(F)
草图基准面
方向 1
给定深度
8.00mm
反侧切除(F)
向外拔模(O)
方向 2
薄壁特征(T)

图 7.20　机架切除拉伸参数设置

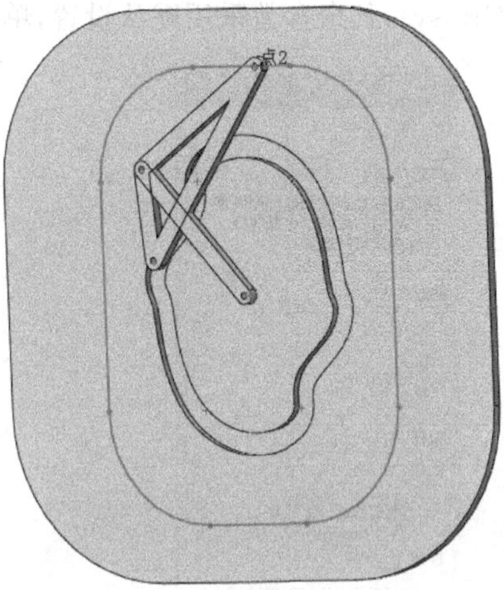
点2

图 7.21　凸轮实际轮廓

7.4.2　验证运动轨迹

1. 添加滚子

将滚子添加进来，将凸轮底面与滚子大端外表面添加重合配合，如图 7.22 所示。将图 7.1 所示连杆的 *B* 端与滚子的转动轴添加同轴心配合，如图 7.23 所示。

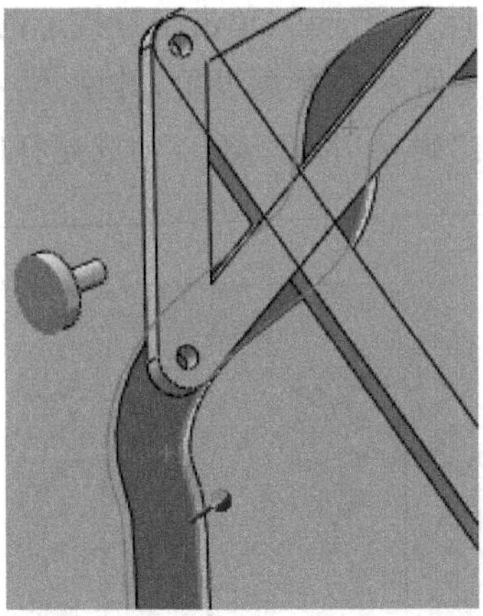

图 7.22　凸轮与滚子的重合配合面

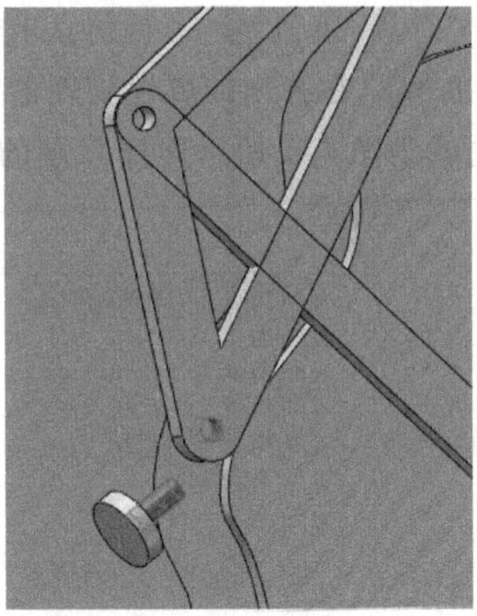

图 7.23　连杆与滚子的同轴心配合面

2. 添加曲线接触

首先右键将前面添加的“路径配合”删除，此时用鼠标拖动连杆运动，可见连杆不再受到预定轨迹的约束。然后再单击 MotionManager 工具栏上的"接触"按钮，如图 7.24 所示，在弹出的属性管理器中【接触类型】栏内选择"曲线接触" 曲线(C)，在【选择】栏内选取凸轮底面的一实际轮廓线为"第一接触曲线"，选取滚子大端外表面轮廓线为"第二接触曲线"，如图 7.25 所示。选中【曲线始终接触】复选框，在【材料】栏内两材料名称下拉列表中均选择 Steel(Greasy)，其余参数采用默认设置，单击"确定"按钮，完成曲线接触的添加。

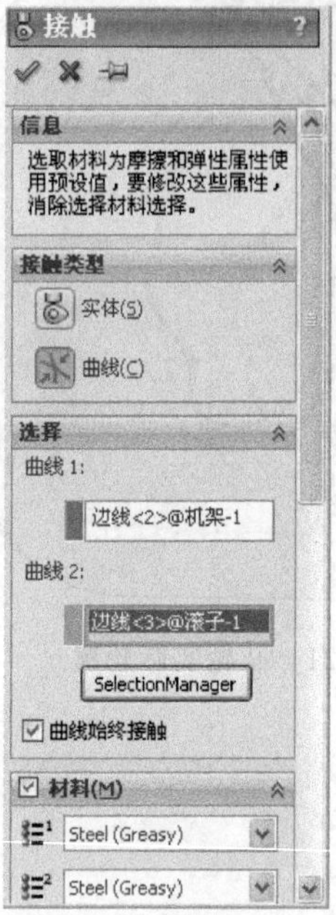
接触
信息
选取材料为摩擦和弹性属性使用预设值，要修改这些属性，消除选择材料选择。
接触类型
实体(S)
曲线(C)
选择
曲线 1:
边线<2>@机架-1
曲线 2:
边线<3>@滚子-1
SelectionManager
曲线始终接触
材料(M)
Steel (Greasy)
Steel (Greasy)

图 7.24　曲线接触参数设置

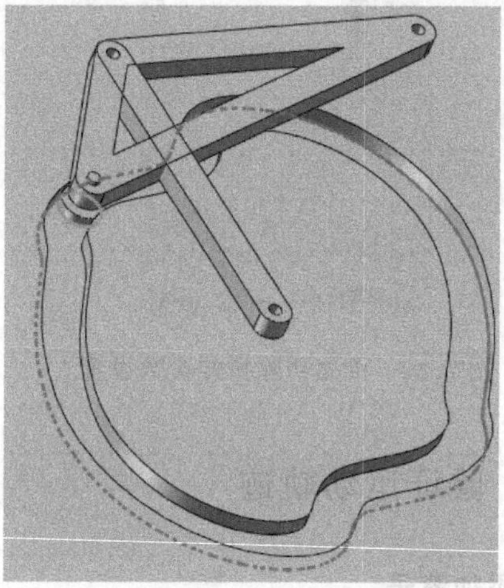

图 7.25　凸轮与滚子的接触曲线

3. 仿真分析

单击"计算"按钮，进行仿真求解。待仿真自动计算完毕后，单击工具栏上的"结果和图解"按钮，在弹出的属性管理器中进行如图 7.26 所示的参数设置，其中右侧显示栏里的边线为图 7.1 所示连杆 C 端的圆孔边线。单击"确定"按钮，生成连杆的跟踪轨迹，如图 7.27 所示。

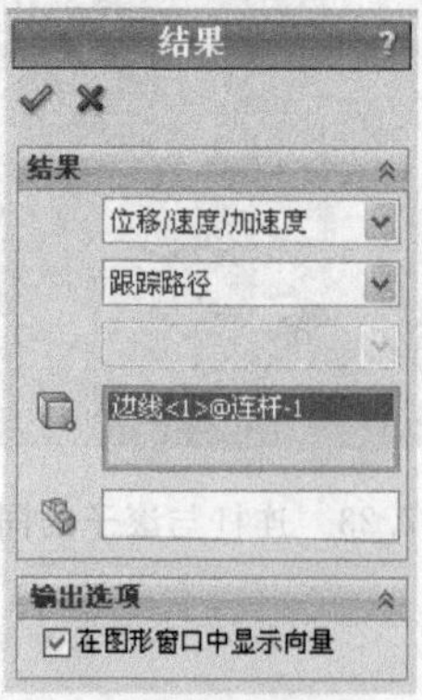
结果
结果
位移/速度/加速度
跟踪路径
边线<1>@连杆-1
输出选项
在图形窗口中显示向量

图 7.26　连杆 C 端跟踪路径参数设置

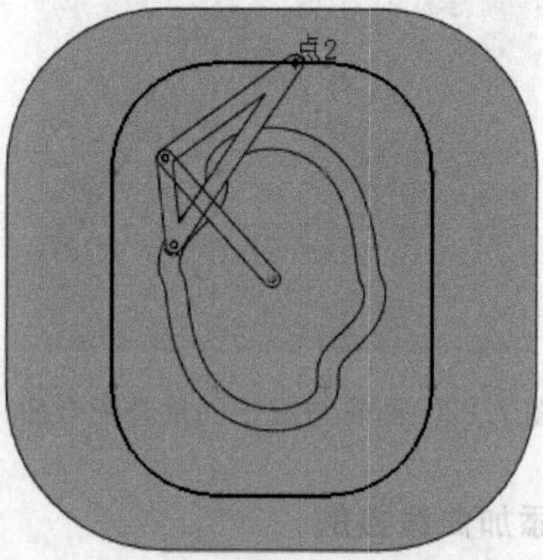
点2

图 7.27　连杆 C 端跟踪轨迹

由图 7.27 可见，跟踪的运动轨迹与预订运动轨迹完全重合，充分验证了在运动性能方面，按给定运动轨迹反求凸轮的理论廓线及实际轮廓的可靠性。

单击工具栏上的“结果和图解”按钮，在弹出的属性管理器中进行如图 7.28 所示的参数设置，其中右侧显示栏里的面为连杆上的任意一个面。单击“确定”按钮，生成连杆的角加速度图解，如图 7.29 所示。

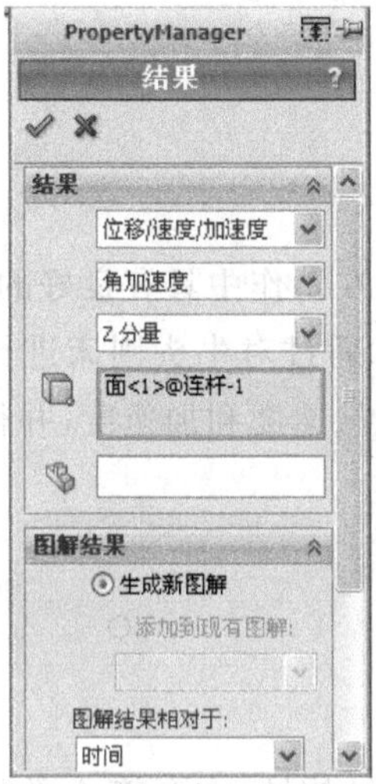
PropertyManager
结果
结果
位移/速度/加速度
角加速度
Z 分量
面<1>@连杆-1
图解结果
生成新图解
添加到现有图解:
图解结果相对于:
时间

图 7.28 连杆角加速度参数设置

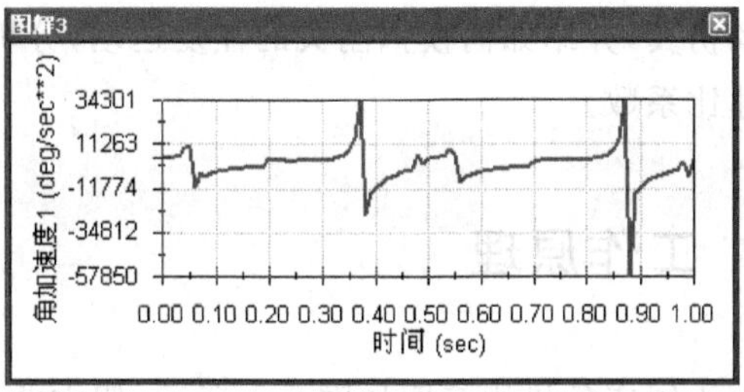
图解3
角加速度1 (deg/sec**2)
34301
11263
-11774
-34812
-57850
0.00 0.10 0.20 0.30 0.40 0.50 0.60 0.70 0.80 0.90 1.00
时间 (sec)

图 7.29 连杆角加速度曲线

分析图 7.29 可知，在一个运动周期内，连杆角加速度总体上趋于平缓，但在某几个位置有较明显的突变，这是实际运行时，为了实现预定运动轨迹，凸轮与滚子接触时可能会产生的情况。

第8章

牛头刨床机构设计

牛头刨床是一种用于平面切削加工的机床，其导杆机构在工作中具有良好的急回特性，在空回行程阶段能有效减少回程时间，提高工作效率。本章通过对牛头刨床进行三维造型和运动仿真，介绍如何模拟刨头的往复运动，分析刨头的位置、速度和加速度，并得到机构的行程速比系数。

8.1 工作原理

牛头刨床的机构简图如图8.1所示，假定曲柄OA逆时针旋转，在套筒A的带动下导杆BD绕D点往复摆动，因此杆BC带动套筒C(套筒C为简化的刨头)在机架EF上往复移动。当刨头向左运动时为工作行程，切削工件，速度较低；当刨头向右运动时为空回行程，具有较高速度，节省回程时间。

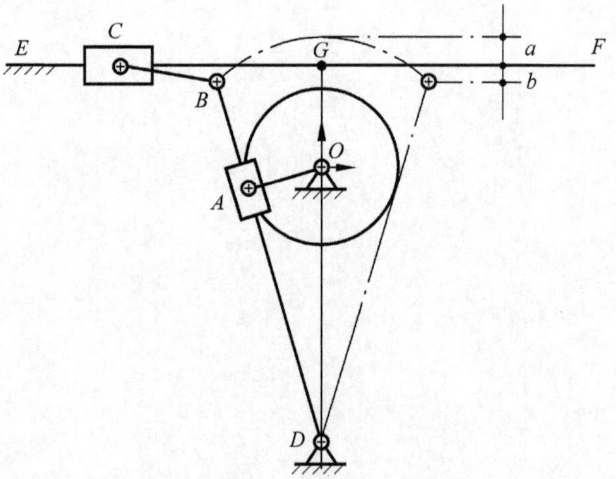

C
E
G
a
F
B
b
O
A
D

图8.1　牛头刨床机构简图

设计参数为：曲柄OA转速n为100r/min，各杆长度为$l_{OA}=100$mm，$l_{BD}=500$mm，$l_{BC}=150$mm，$l_{EF}=500$mm，$l_{OD}=300$mm。

8.2 零件造型

1. 机架

启动 SolidWorks 2012,选择【文件】/【新建】/【零件】命令,创建一个新零件文件。在左边的 FeatureManager 设计树中选择【前视基准面】,然后选择【草图绘制】,绘制图 8.2 所示的草图,并单击工具栏上的"智能尺寸"按钮 进行尺寸标注。图 8.1 中点 O 与点 G 的距离 l_{OG} 可以根据各杆的长度和导杆 BD 的两极限位置确定(为保证机构具有良好的力学性能,取 $a=b$),即在绘制机架前根据已知参数在草绘环境下画出导杆 BD 的两极限位置和点 B 的运动轨迹,找到点 B 的最高位置和最低位置之间的高度,然后确定点 G,并测得 $l_{OG}=185.7\text{mm}$;或者可以根据几何知识进行计算,可以得到:

$$\begin{aligned} l_{OG} &= l_{BD} - l_{OD} - (l_{BD} - (l_{BD}^2 - ((l_{OA}/l_{OD}) \times l_{BD})^2)^{1/2})/2 \\ &= 500 - 300 - (500 - (500^2 - ((100/300) \times 500)^2)^{1/2}) \\ &= 185.7\text{mm} \end{aligned}$$

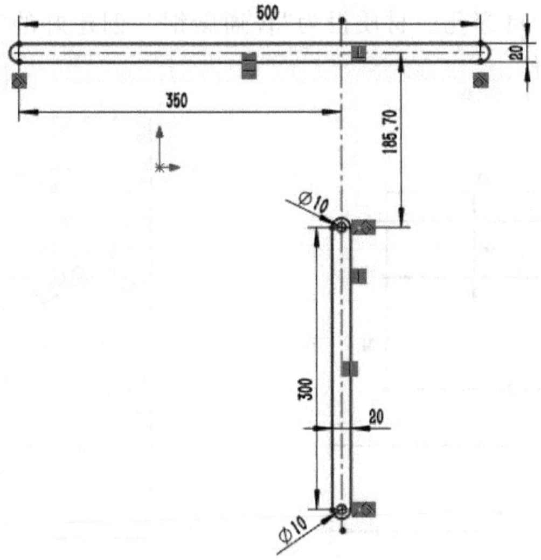
500
20
350
185.70
Ø10
300
20
Ø10

图 8.2 机架草图

草图绘制完毕后,单击【退出草图】,然后选择【特征】状态下工具栏里的"拉伸凸台/基体"按钮 ,对草图轮廓进行拉伸,在出现的 凸台-拉伸 属性管理器中指定拉伸深度为 10mm。右击 FeatureManager 设计树中的 材质 <未指定>,选择【编辑材料】命令,将零件的材质设为"普通碳钢",然后以文件名"机架"保存该零件。

2. *OA* 杆/*BD* 杆/*BC* 杆

新建一个零件文件,按图 8.3 中的尺寸绘制草图,退出草图绘制。单击"拉伸凸台/基体"按钮 ,将草图拉伸为 10mm 厚的零件,材质设为"普通碳钢",以文件名"OA 杆"保存该零件。

零件“OA 杆”保存后，不必退出再新建零件文件，右击 FeatureManager 设计树中的“草图 1”，选择【编辑草图】命令，如图 8.4 所示，将 *OA* 杆的草图尺寸 100 改为 500，其他尺寸不变，退出草图。然后选择【文件】/【另存为】命令，将文件名“OA 杆”改为“BD 杆”，单击“保存”。以同样的方法，可以得到 *BC* 杆。

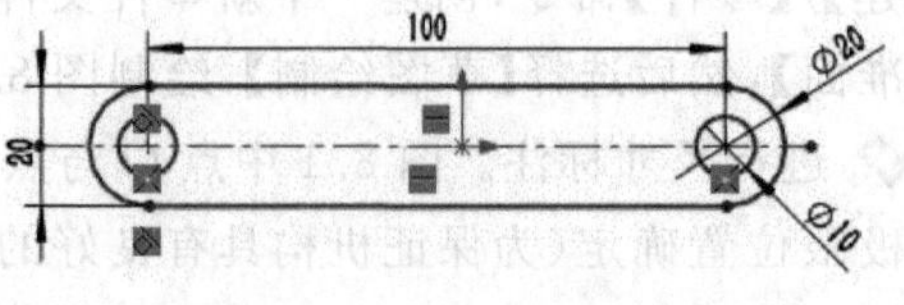
100
Ø20
20
Ø10

图 8.3 OA 杆草图

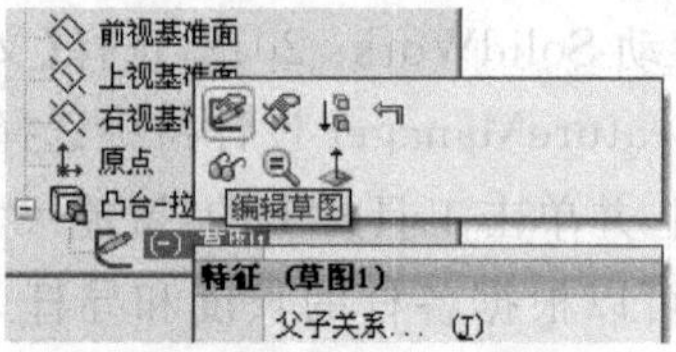
前视基准面
上视基准面
右视基准
原点
凸台-拉
编辑草图
特征 (草图1)
父子关系... (T)

图 8.4 草图修改

3. 套筒 *A*/套筒 *C*

新建一个零件文件，按照图 8.5 所示绘制套筒 *A* 的草图。绘制完毕后，退出草图进行拉伸，拉伸深度为 40mm。选取拉伸体较宽的一个面作为草图绘制基准面，绘制图 8.6 所示的草图，退出草图对圆孔进行拉伸切除，选择特征工具栏中的“拉伸切除”按钮，参数设置如图 8.7 所示，拉伸一个贯穿孔。材质设为“普通碳钢”，创建好的零件如图 8.8 所示，以文件名“套筒 A”保存该零件。

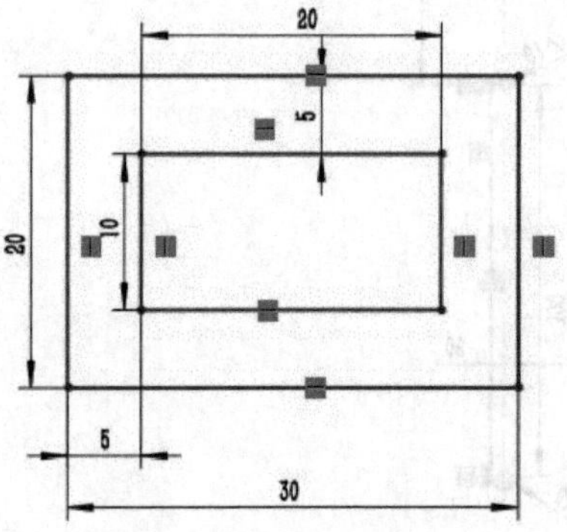
20
5
10
20
5
30

图 8.5 套筒 *A* 草图

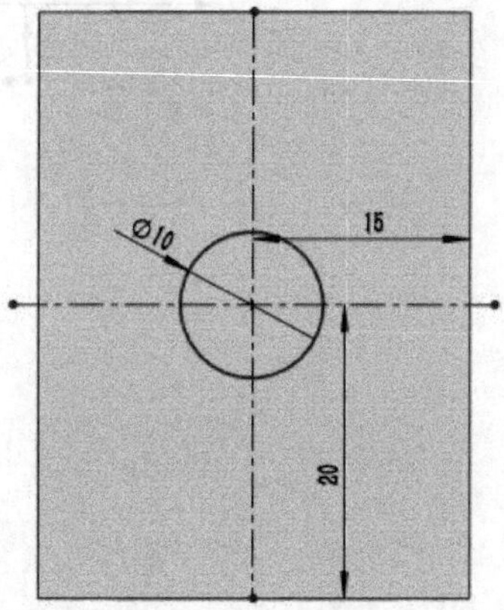
Ø10
15
20

图 8.6 圆孔草图

方向1
完全贯穿
反侧切除(F)
向外拔模(O)
方向2

图 8.7 孔的拉伸切除参数设置

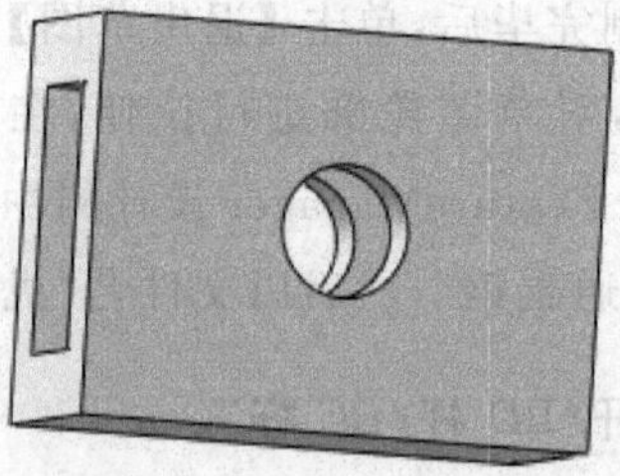

图 8.8 套筒 *A*

在 FeatureManager 设计树中右击套筒 *A* 的“草图 1”，选择【编辑草图】命令，将草图按图 8.9 进行修改，退出草图，将拉伸深度改为 60mm，将套筒 *A* 的“草图 2”进行图 8.10 所示修改。

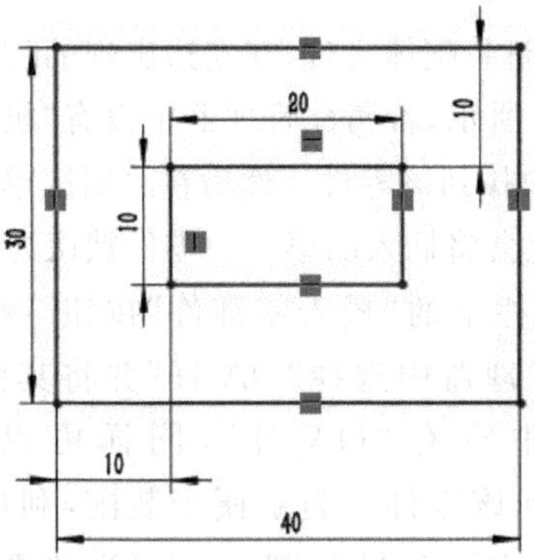
20
10
30
10
10
40
图 8.9　修改草图 1

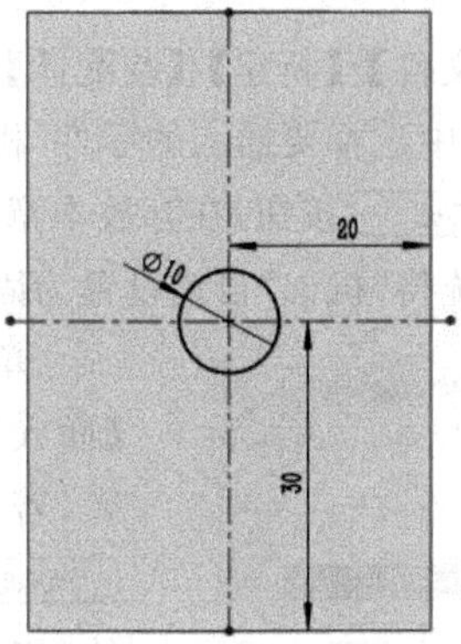
Ø10
20
30
图 8.10　修改草图 2

选取拉伸体上绘制圆孔的面作为草图绘制基准面，绘制图 8.11 所示的草图(上面的曲线为一条样条曲线)，将绘制好的草图拉伸 30mm 厚。单击工具栏上的“圆角”按钮，在出现的【圆角】属性管理器中进行如图 8.12 所示参数设置，选取图 8.13 所示的边线做圆角。创建好的零件如图 8.14 所示，以文件名“套筒 C”另存该零件。

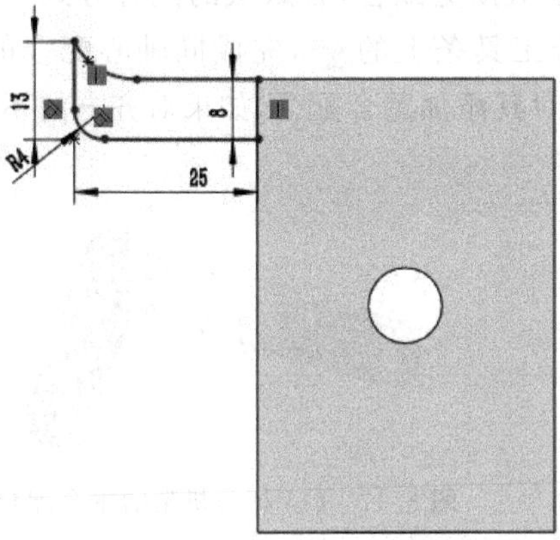
13
R4
8
25
图 8.11　刨头刀刃草图

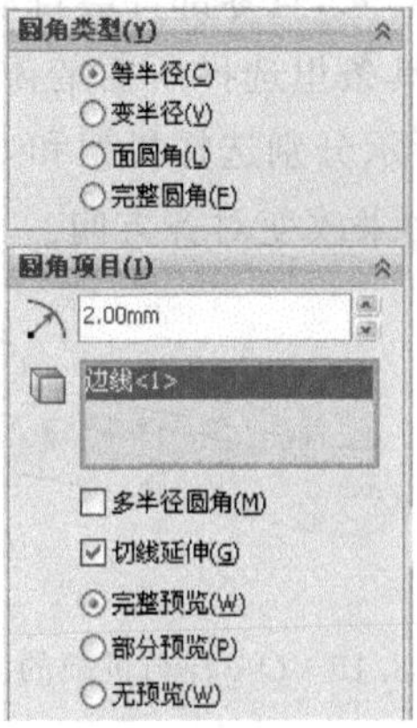
圆角类型(Y)
等半径(C)
变半径(V)
面圆角(L)
完整圆角(F)
圆角项目(I)
2.00mm
边线<1>
多半径圆角(M)
切线延伸(G)
完整预览(W)
部分预览(P)
无预览(W)
图 8.12　圆角参数设置

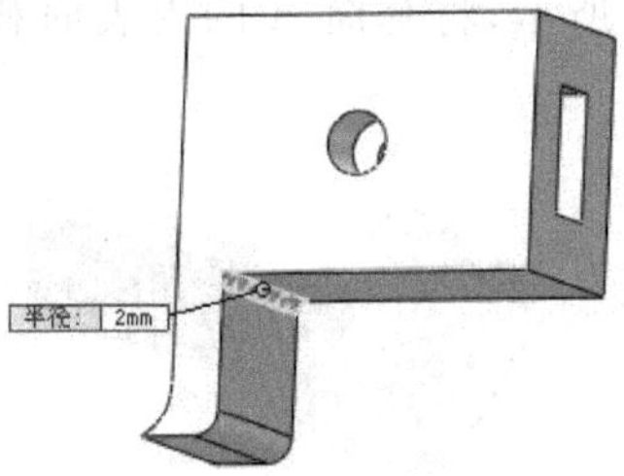
半径: 2mm
图 8.13　选取边线

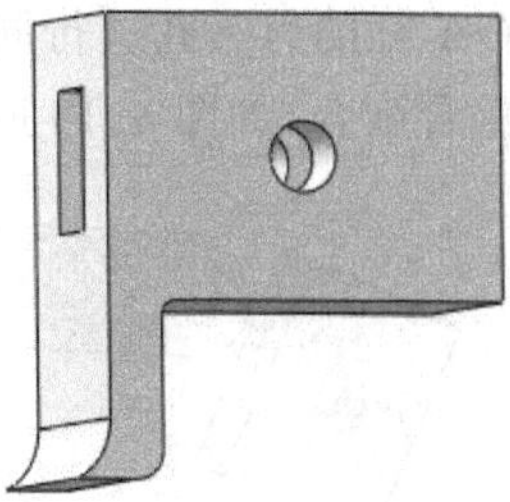
图 8.14　套筒 *C*

8.3 装配

选择【文件】/【新建】/【装配体】命令，创建一个新装配体文件，在左边出现的【开始装配体】属性管理器中选择要插入的零件“机架”，如图 8.15 所示，若属性管理器中没有“机架”，可以通过单击 浏览(B)... 按钮，在存放本章零件的文件夹中找到该零件。然后在绘图区单击放置该零件，此时系统将“机架”自动设置为固定件（一般系统会将插入的第一个零件默认为固定件）。

要插入的零件/装配体(P)
打开文档(D):
BC杆
BD杆
OA杆
机架
套筒A
套筒C
浏览(B)...

图 8.15 【开始装配体】属性管理器

单击装配体工具栏上的“插入零部件”按钮，在出现的【插入零部件】属性管理器中选择“OA 杆”并将其添加到绘图区，若属性管理器中没有“OA 杆”，同样可以通过单击 浏览(B)... 按钮来找到该零件。为了便于装配，利用工具栏上的“移动零部件”按钮 移动零部件，用“旋转零部件”按钮 来调节零部件的视角，并单击前导视图工具栏上的“局部放大”按钮，将机架和 *OA* 杆放大。单击工具栏上的“配合”按钮，在【配合】属性管理器的【配合选择】下，分别选择机架的一个圆孔面和 *OA* 杆的一个圆孔面，如图 8.16 所示，在出现的配合工具条 里默认了一个同轴心配合，即将选中的两个圆孔面以同轴心的方式配合起来，且零部件会自动移动到位并显示预览配合，若默认的配合方式不合理，可以在配合工具条里选择所需的配合。单击配合工具条上的，完成同轴心配合的添加。按图 8.17 所示分别选择机架和 *OA* 杆上的面，对其添加重合配合，如果对齐方向不对，可以通过或来改变对齐方向。

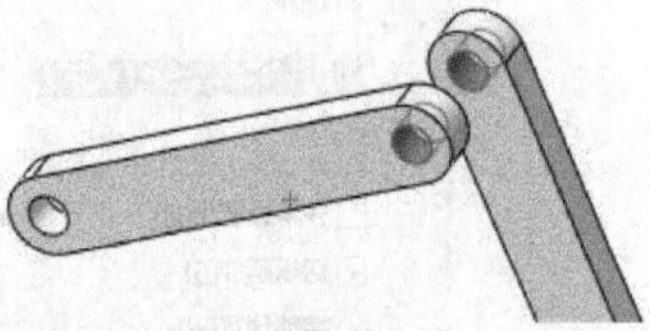

图 8.16 *OA* 杆与机架的同轴心配合面

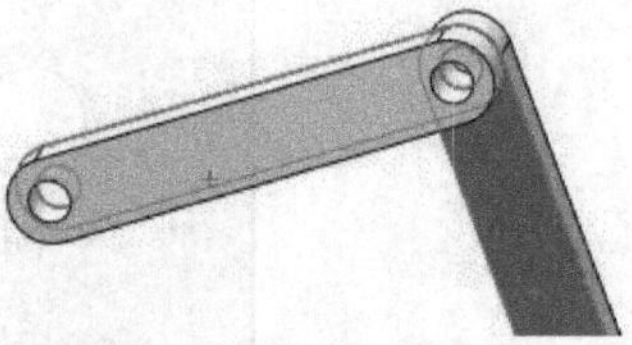

图 8.17 *OA* 杆与机架的重合配合面

单击装配体工具栏上的按钮，在出现的【插入零部件】属性管理器中选择“套筒 A”，将该零件添加到绘图区中，并通过移动和旋转调整好套筒 *A* 的位置，以便于装配。将套筒 *A* 的孔和 *OA* 杆的另一孔进行同轴心配合，如图 8.18 所示，将套筒 *A* 的内表面和 *OA* 杆的表面进行重合配合，如图 8.19 所示。

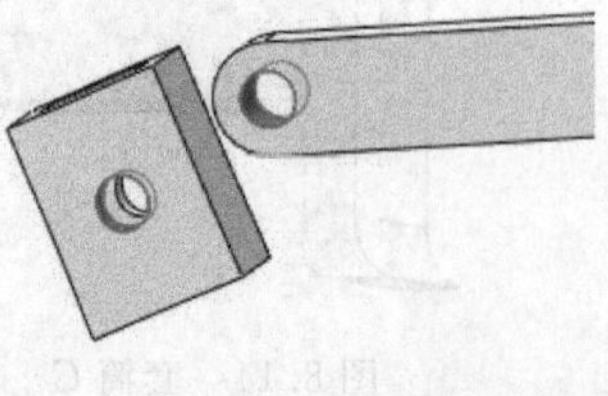

图 8.18 套筒 *A* 与 *OA* 杆的同轴心配合

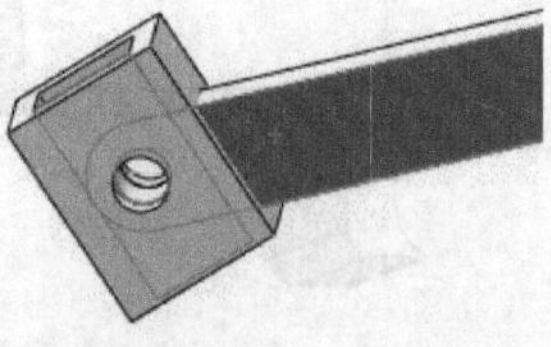

图 8.19 套筒 *A* 与 *OA* 杆的重合配合

再次单击装配体工具栏上的“插入零部件”按钮，将创建好的零件“BD杆”添加进来，通过移动和旋转调整 BD 杆的放置位置。将 BD 杆一端的孔与机架的另一个孔进行同轴心配合，如图 8.20 所示，再将 BD 杆和机架按图 8.21 进行重合配合。

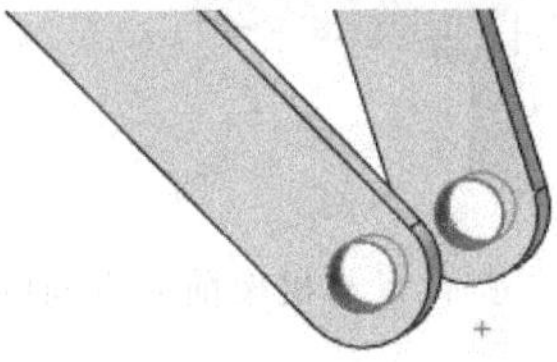

图 8.20 BD 杆与机架的同轴心配合

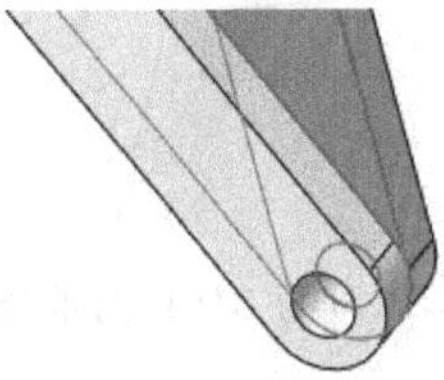

图 8.21 BD 杆与机架的重合配合

将 BD 杆与套筒 A 按图 8.22 进行重合配合，为了使 OA 杆与 BD 杆在运动初始位置时处于垂直状态，需要在 OA 杆与 BD 杆上添加垂直配合，分别选取 OA 杆与 BD 杆上的一条边线作为要配合的实体，如图 8.23 所示。在刚添加的垂直配合上右击，选择【压缩】命令，如图 8.24 所示，对该配合进行压缩，解除其对运动的影响，OA 杆与 BD 杆仍将保持垂直状态。如果不小心使 OA 杆与 BD 杆的相对位置发生了变化，可以解除该配合的压缩使两构件恢复垂直状态，然后再对该配合进行压缩。

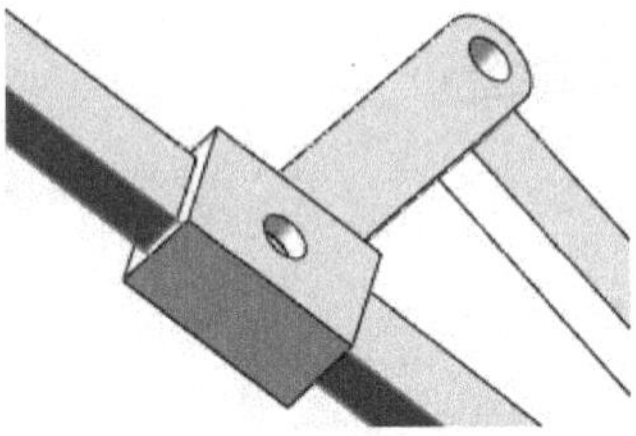

图 8.22 BD 杆与套筒 A 的重合配合

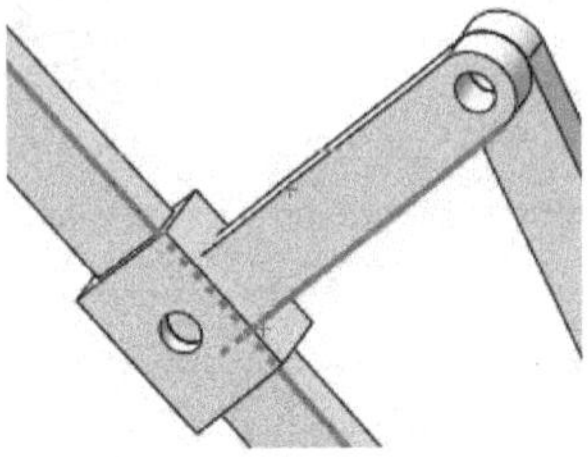

图 8.23 BD 杆与 OA 杆的垂直配合

单击装配体工具栏上的按钮，将创建好的零件“BC杆”添加进来，通过移动和旋转调整 BC 杆的放置位置。将 BC 杆一端的孔与 BD 杆上另一端的孔进行同轴心配合，如图 8.25 所示，再将 BC 杆和 BD 杆按图 8.26 进行重合配合。

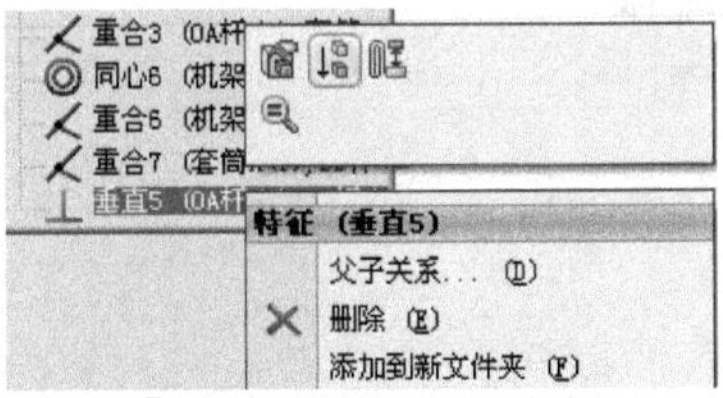
重合3
同心6
重合6
重合7
垂直5
特征 (垂直5)
父子关系...
删除
添加到新文件夹

图 8.24 压缩垂直配合

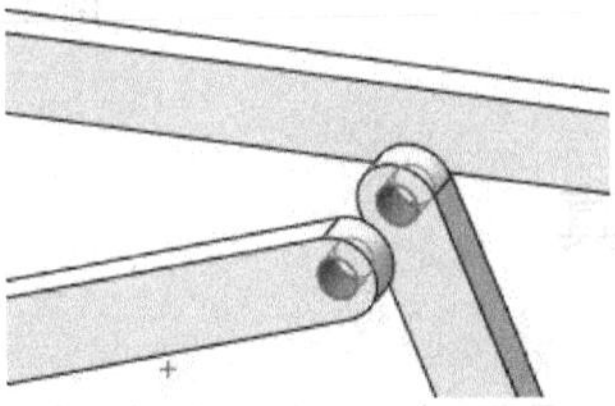

图 8.25 BC 杆与 BD 杆的同轴心配合

最后将“套筒 C”添加进来，并调整其放置位置，分别按照图 8.27 和图 8.28 所示将套筒 C 与机架进行两次重合配合。再将套筒 C 的孔与 BC 杆另一端的孔进行同轴心配合，如图 8.29 所示。

装配完毕后的配合关系如图 8.30 所示，以文件名“牛头刨床装配体”保存该装配体文件。

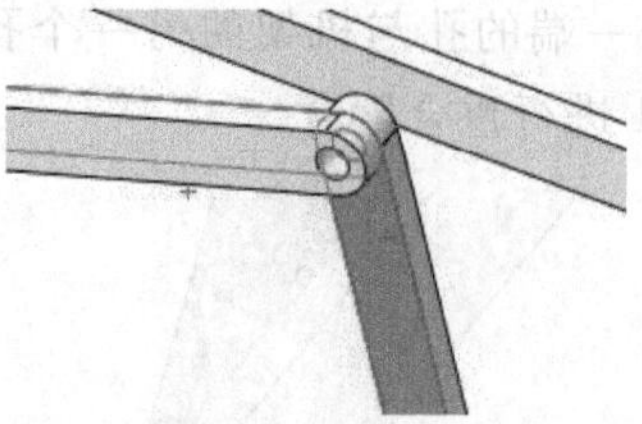

图 8.26　*BC* 杆与 *BD* 杆的重合配合

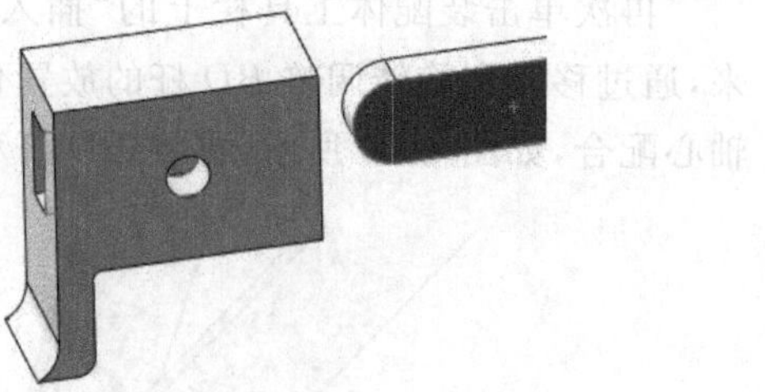

图 8.27　套筒 *C* 与机架前后方向的重合配合

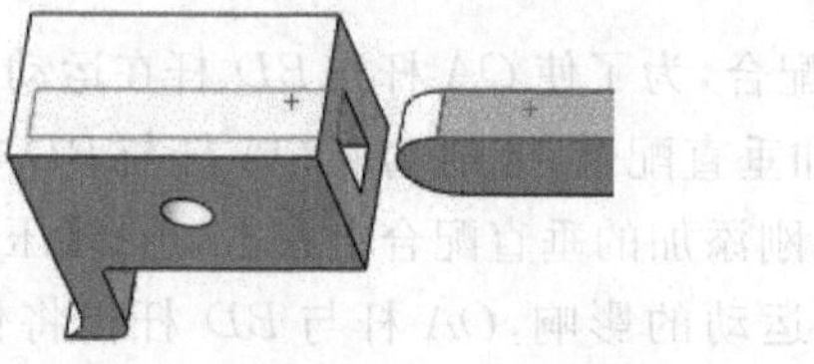

图 8.28　套筒 *C* 与机架上下方向的重合配合

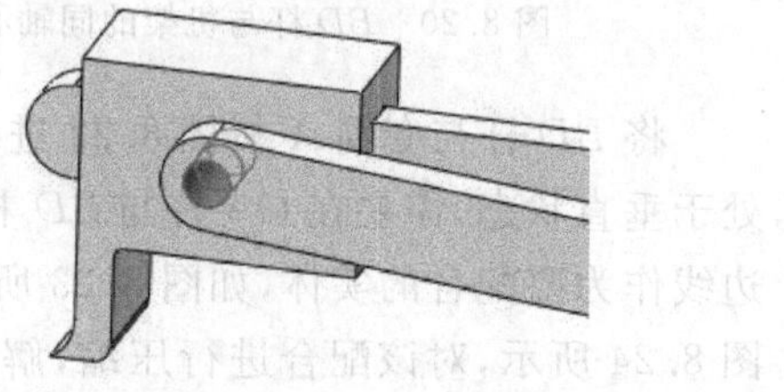

图 8.29　套筒 *C* 与 *BC* 杆的同轴心配合

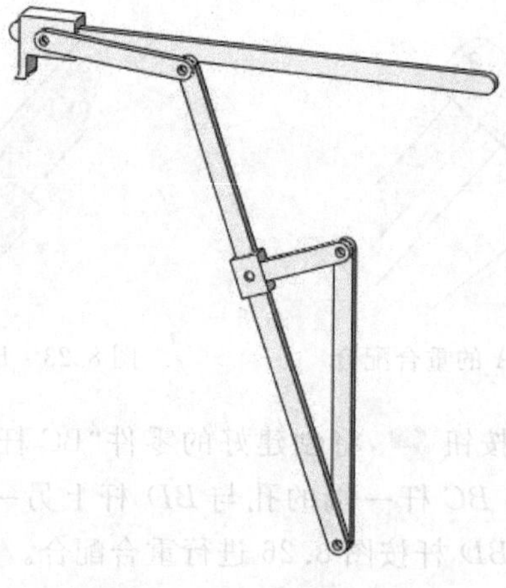

图 8.30　牛头刨床装配体

8.4　仿真

在装配体界面，将“SolidWorks Motion”插件载入，选择布局选项卡中的【运动算例 1】，在 MotionManager 工具栏中的【算例类型】下拉列表中选择【Motion 分析】。

8.4.1　添加马达

单击 MotionManager 工具栏中的“马达”按钮，弹出【马达】属性管理器，如图 8.31 所示。在【马达类型】栏中单击“旋转马达”按钮，为曲柄“OA 杆”添加驱动。单击“马达位置”按钮右侧的显示框，然后单击 OA 杆与机架连接处的圆孔，指定马达的添加位置，如图 8.32 所示，马达的方向采用默认的逆时针方向。在【运动】栏内将马达类型设为“等速”，马达转速设为 100r/min，单击“确定”按钮完成马达的添加。

马达
马达类型(T)
旋转马达(R)
线性马达(驱动器)(L)
路径配合马达(P)
零部件/方向(D)
边线<1>@OA杆-1
边线<1>@OA杆-1
运动(M)
等速
100 RPM
RPM
t
单击图表进行放大

图 8.31　曲柄马达参数设置

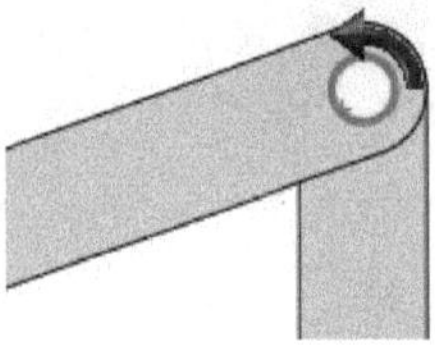

图 8.32　曲柄马达的添加位置

8.4.2　仿真求解

模型的运动参数设置完成后，然后在进行仿真求解，可以得到刨头的位移、速度、加速度和机构的行程速比系数。

1. 仿真参数设置

单击 MotionManager 工具栏上的“运动算例属性”按钮，在【运动算例属性】属性管理器中的【Motion 分析】栏内输入每秒帧数为 50，其余参数采用默认设置。

在 MotionManager 界面中将时间的长度拉到 1.8 秒，如图 8.33 所示。单击工具栏中的“计算”按钮，对牛头刨床机构进行仿真求解。

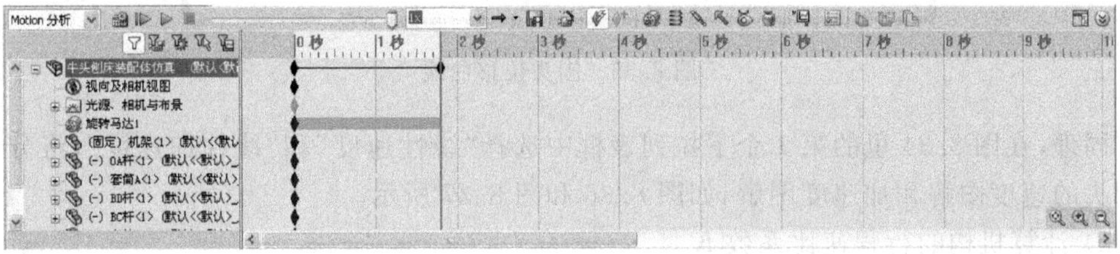
Motion 分析
0 秒
1 秒
2 秒
3 秒
4 秒
5 秒
6 秒
7 秒
8 秒
9 秒
视向及相机视图
光源、相机与布景
旋转马达1
(固定) 机架<1> (默认<<默认
(-) OA杆<1> (默认<<默认
(-) 套筒A<1> (默认<<默认
(-) BD杆<1> (默认<<默认
(-) BC杆<1> (默认<<默认

图 8.33　MotionManager 界面

2. 仿真结果分析

1) 刨头的位移、速度、加速度曲线

单击 MotionManager 工具栏上的"结果和图解"按钮，进行如图 8.34 所示参数设置，其中右侧显示栏里的面为刨头上的任意一个面。单击"确认"按钮，生成刨头的位移图解，如图 8.35 所示。

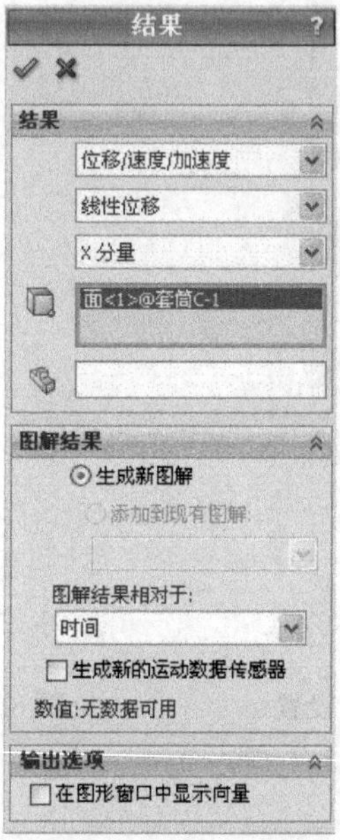
结果
结果
位移/速度/加速度
线性位移
X 分量
面<1>@套筒C-1
图解结果
生成新图解
添加到现有图解
图解结果相对于:
时间
生成新的运动数据传感器
数值:无数据可用
输出选项
在图形窗口中显示向量

图 8.34　刨头位移图的参数设置

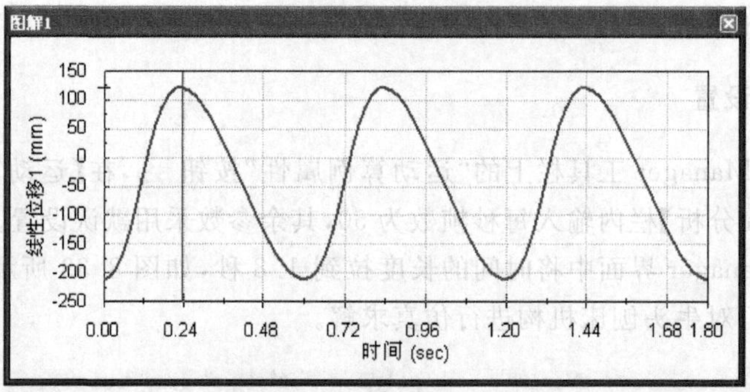
图解1
150
100
50
0
-50
-100
-150
-200
-250
线性位移1 (mm)
0.00
0.24
0.48
0.72
0.96
1.20
1.44
1.68
1.80
时间 (sec)

图 8.35　刨头位移曲线

同理，在图 8.34 里的第 1 个下拉列表框中选择"线性速度"和"线性加速度"，将分别得到刨头的速度图解和加速度图解，如图 8.36 和图 8.37 所示。

2) 计算机构的行程速比系数 K

行程速比系数为

$$K = v_2 / v_1 = t_1 / t_2$$

式中：v_1 表示工作构件工作行程的平均速度，v_2 表示工作构件空回行程的平均速度；

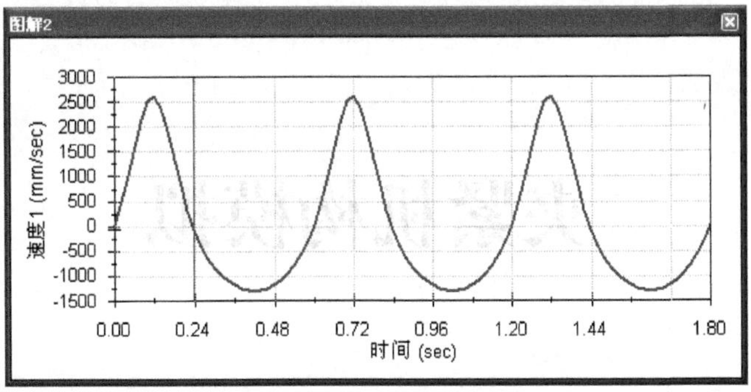
图解2
速度1 (mm/sec)
3000
2500
2000
1500
1000
500
0
-500
-1000
-1500
0.00
0.24
0.48
0.72
0.96
1.20
1.44
1.80
时间 (sec)

图 8.36 刨头速度曲线

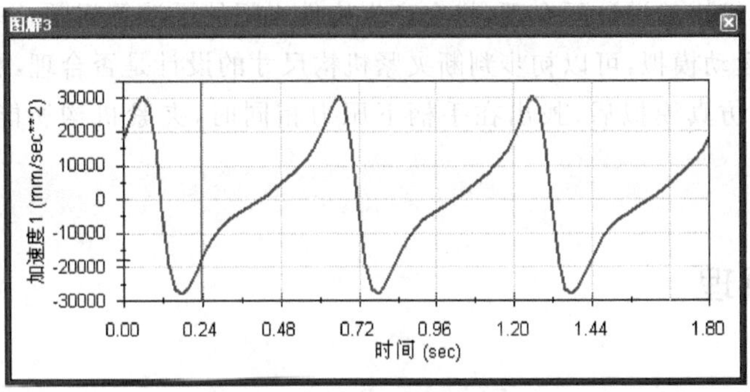
图解3
加速度1 (mm/sec**2)
30000
20000
10000
0
-10000
-20000
-30000
0.00
0.24
0.48
0.72
0.96
1.20
1.44
1.80
时间 (sec)

图 8.37 刨头加速度曲线

t_1 表示工作构件工作行程所需的时间，t_2 表示工作构件空回行程所需的时间。

在该机构中，曲柄 OA 的转速为 100r/min(600(°)/s)，因此刨头的运动周期 $T=360/600=0.6$s。由图 8.35 可以看出，刨头回程时向右运动到极限位置的时间为 0.24s，向左的工作行程时间为 $0.6-0.24=0.36$s。机构的行程速比系数为

$$K = 0.36/0.24 = 1.5$$

$K=1.5>1$，说明该牛头刨床机构具有良好的急回运动特性，工作行程速度慢，有利于保证工件的切削质量，回程速度较快，节约加工时间。此外，从图 8.36 也可以看出，刨头在空回行程时速度变化较大，而在工作行程时的速度相对较均匀。

第9章

夹紧机构模拟

夹紧机构是工程机械中常用的工具，计算其能够产生的夹持力需要进行比较复杂的力学计算，如果夹紧机构的设计不合理，将会产生构件之间的干涉等问题。本章通过夹紧机构的三维造型及其运动模拟，可以初步判断夹紧机构尺寸的设计是否合理，然后通过修改夹紧机构的设计尺寸，仿真模拟后，找出在手柄下压力相同时，夹紧机构所能够产生的较大夹持力。

9.1 工作原理

夹紧机构主要由手柄、支架、枢板、钩头、机架等组成，如图 9.1 所示，弹簧的弹力模拟夹紧机构的夹持力，工作时在手柄上端施加向下的作用力，当作用力足够大时，将能够克服弹簧的弹力而将手柄压下来，此时的弹簧力为夹紧机构将所产生的夹持力。

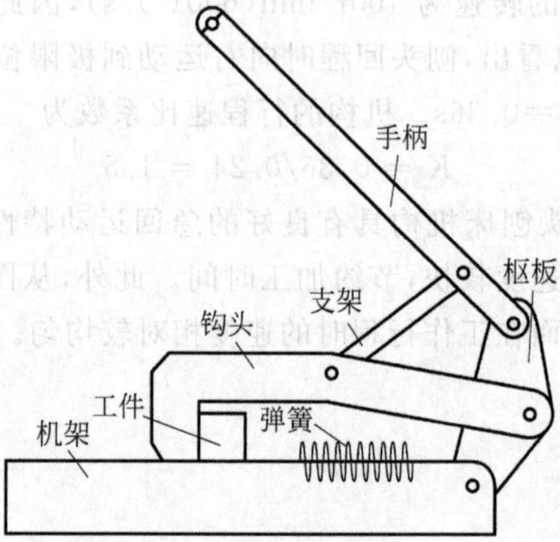

手柄
枢板
支架
钩头
工件
弹簧
机架

图 9.1 夹紧机构简图

设计主要参数：

机架长 210mm，宽 5mm，高 30mm；工件长 20mm，宽 5mm，高 10mm；支架长 70mm，宽 8mm，厚 5mm；手柄长 180mm，宽 12mm，厚 5mm；钩头长 170mm，宽 20mm，厚 5mm；枢板长 70mm，厚 5mm；钝角为 130°，人施加在手柄顶端的压力为 90N。

9.2 零件造型

启动 SolidWorks 2012，选择【文件】/【新建】/【零件】命令，创建新的零件文件。选择【插入】/【草图绘制】命令，选择一基准面为草绘平面。

1. 机架、工件

绘制如图 9.2 及图 9.3 所示机架与工件的草图，完成后机架以距离 5mm 拉伸，工件以距离 10mm 拉伸，将零件材料均设置为“普通碳钢”，分别以文件名“机架”及“工件”保存文件。

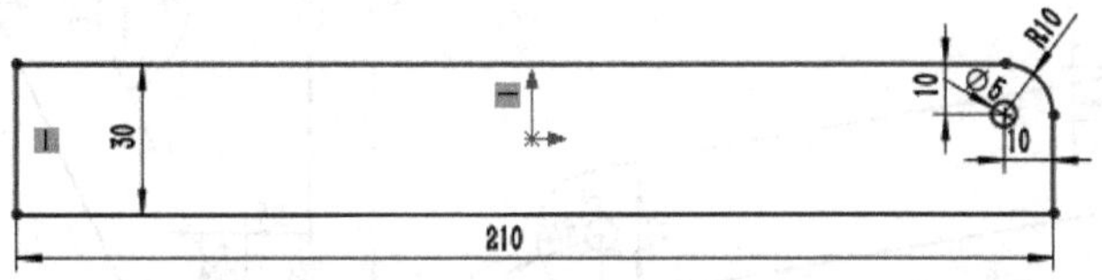
R10
Ø5
10
10
30
210

图 9.2 机架草图

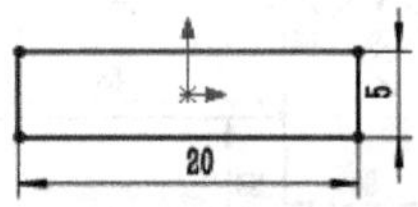
5
20

图 9.3 工件草图

2. 支架、手柄

绘制如图 9.4 及图 9.5 所示支架与手柄的草图，完成后均以距离 5mm 拉伸。选择手柄一表面为草绘平面，绘制如图 9.6 所示直线，供手柄施加力的参考，退出草图绘制后，选择【插入】/【曲线】/【分割线】命令，弹出如图 9.7 所示的属性管理器，【分割类型】选择“投影”，【选择】栏中【要投影的草图】选择刚创建的直线，【要分割的面】选择手柄表面，单击“确定”按钮。将零件材料均设置为“普通碳钢”，分别以文件名“支架”及“手柄”保存文件。

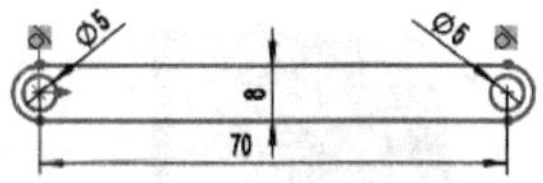
Ø5
Ø5
8
70

图 9.4 支架草图

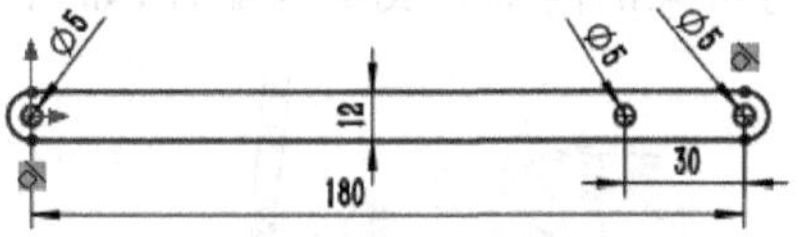
Ø5
Ø5
Ø5
12
30
180

图 9.5 手柄草图

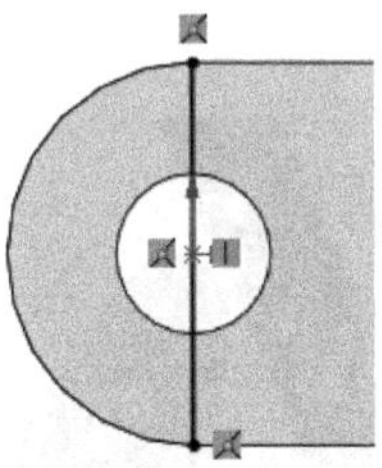

图 9.6 分割线投影参考草图

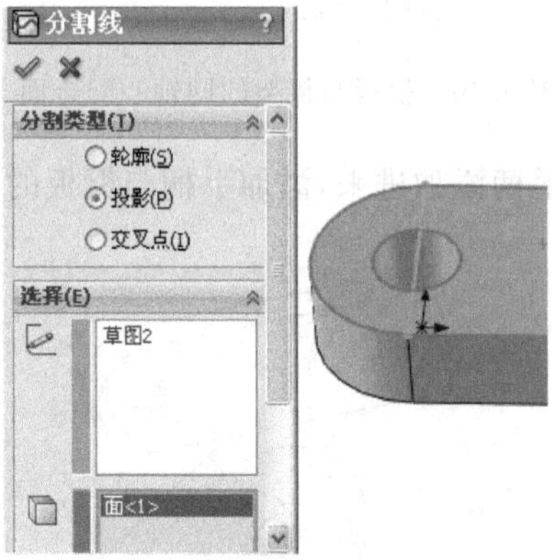
分割线
分割类型(T)
轮廓(S)
投影(P)
交叉点(I)
选择(E)
草图2
面<1>

图 9.7 分割线参数设置

3. 钩头、枢板

绘制如图 9.8 及图 9.9 所示钩头与枢板的草图,完成后均以距离 5mm 拉伸,将零件材料均设置为"普通碳钢",分别以文件名"钩头"及"枢板"保存文件。

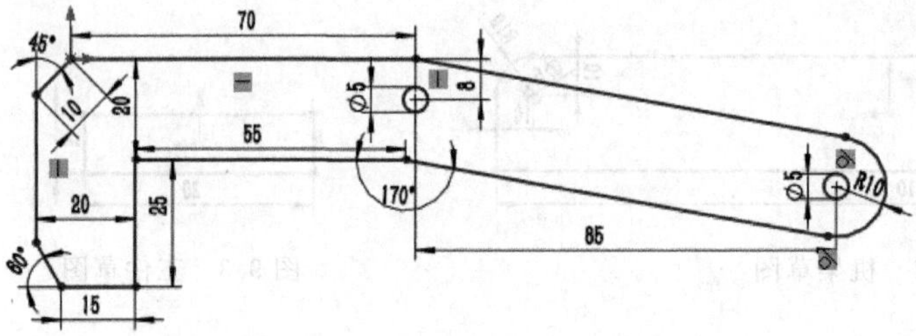
70
45°
10
20
Ø5
8
55
170°
Ø5
R10
20
25
85
60°
15

图 9.8　钩头草图

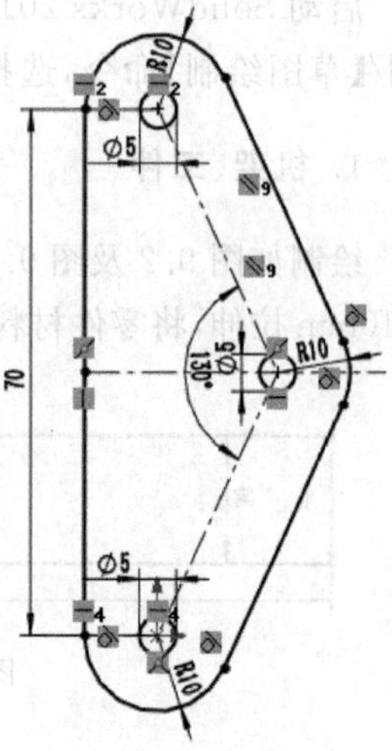
R10
Ø5
70
130°
Ø5
R10
Ø5
R10

图 9.9　枢板草图

9.3 装配

选择【文件】/【新建】/【装配体】命令,建立一个新装配体文件。将机架与枢板添加进来,添加枢板与机架的同轴心及重合配合,如图 9.10 及图 9.11 所示。

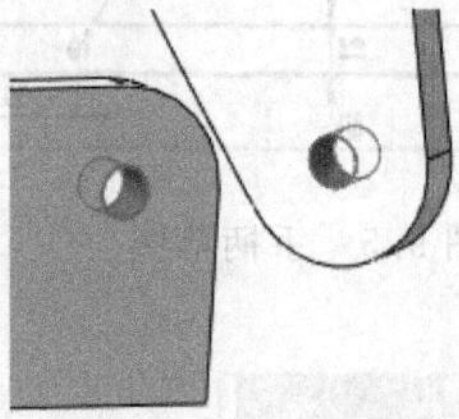

图 9.10　枢板与机架的同轴心配合面

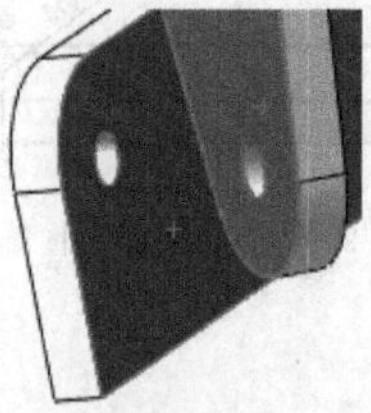

图 9.11　枢板与机架的重合配合面

将手柄添加进来,添加手柄与枢板的同轴心及重合配合,如图 9.12 及图 9.13 所示。

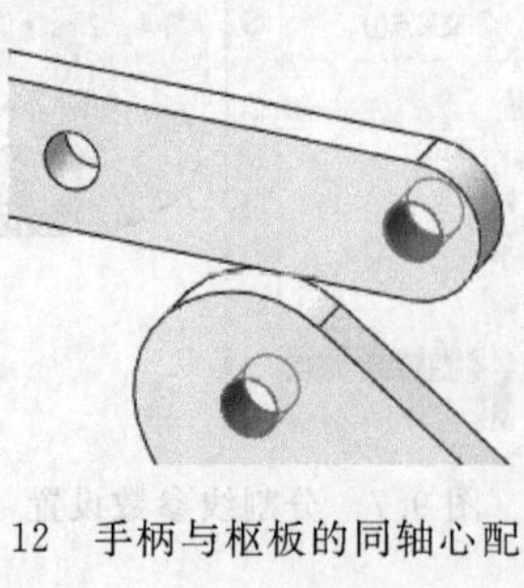

图 9.12　手柄与枢板的同轴心配合面

图 9.13　手柄与枢板的重合配合面

将支架添加进来，添加支架与手柄的同轴心及重合配合，如图 9.14 及图 9.15 所示。

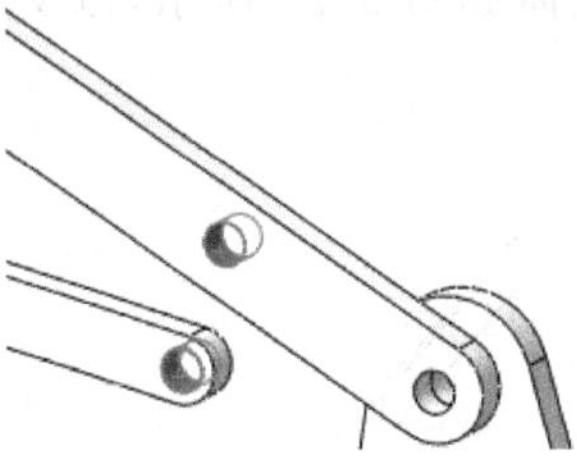

图 9.14　支架与手柄的同轴心配合面

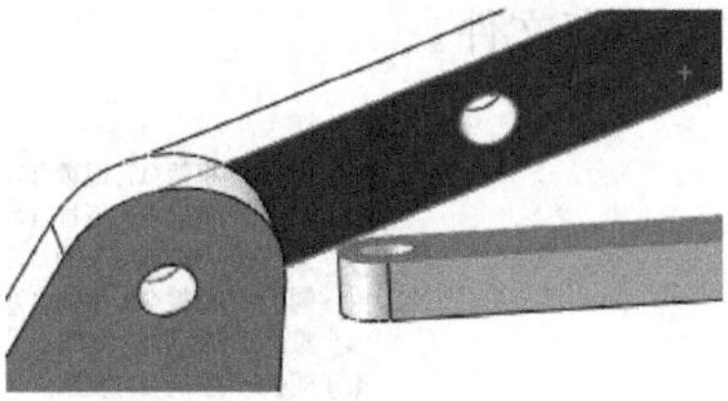

图 9.15　支架与手柄的重合配合面

将钩头添加进来，添加钩头与支架的同轴心配合，如图 9.16 所示；添加钩头与枢板的同轴心及重合配合，如图 9.17 及图 9.18 所示；添加钩头与机架的重合配合，如图 9.19 所示。

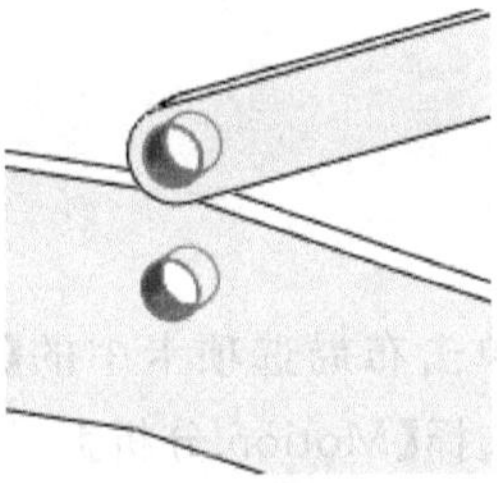

图 9.16　钩头与支架的同轴心配合面

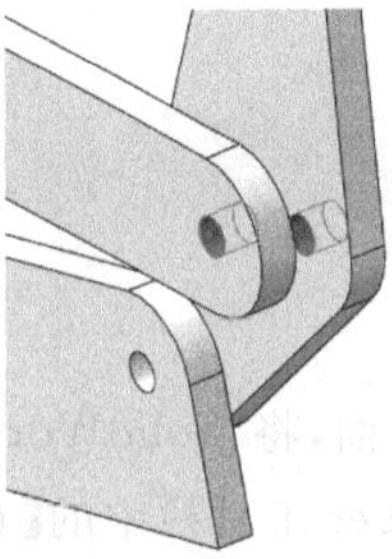

图 9.17　钩头与枢板的同轴心配合面

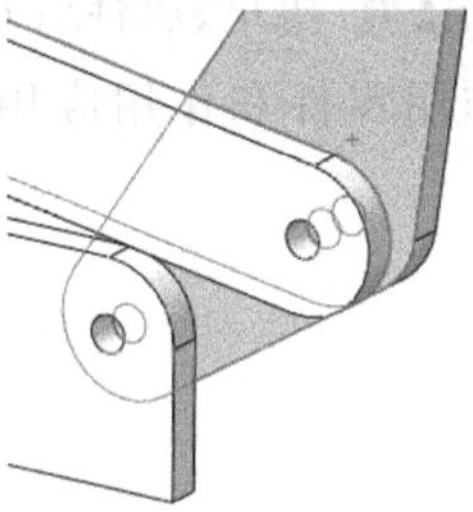

图 9.18　钩头与枢板的重合配合面

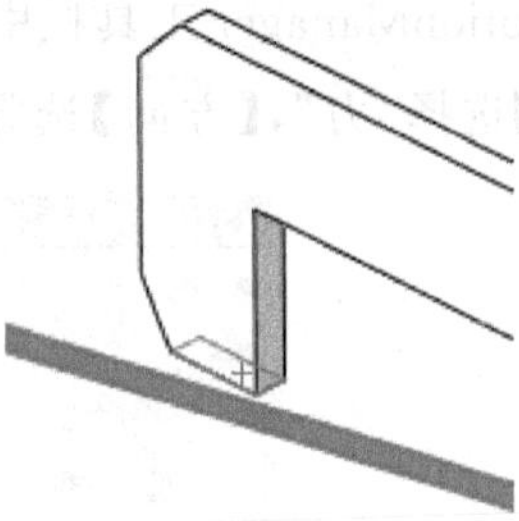

图 9.19　钩头与机架的重合配合面

将工件添加进来，添加工件与机架的两组重合配合，如图 9.20 所示，添加工件与钩头的重合配合，如图 9.21 所示。

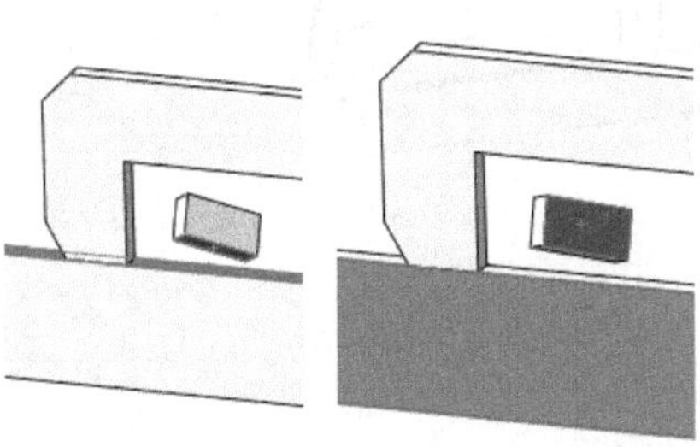

图 9.20　工件与机架的重合配合面

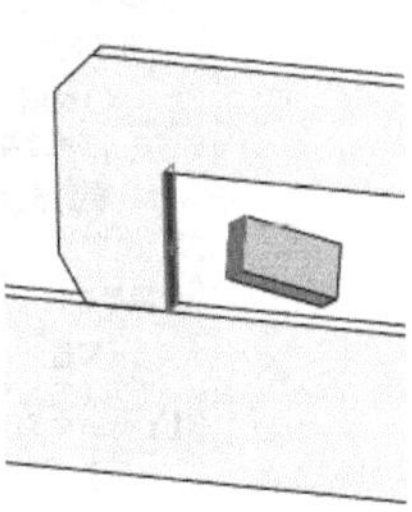

图 9.21　工件与钩头的重合配合面

这时完成的装配体的自由度为零，右击将机架与钩头的重合配合压缩，同时为了仿真的顺利进行，将钩头与工件的重合配合压缩，最后的装配体如图 9.22 所示，以文件名“夹紧机构装配体”保存文件。

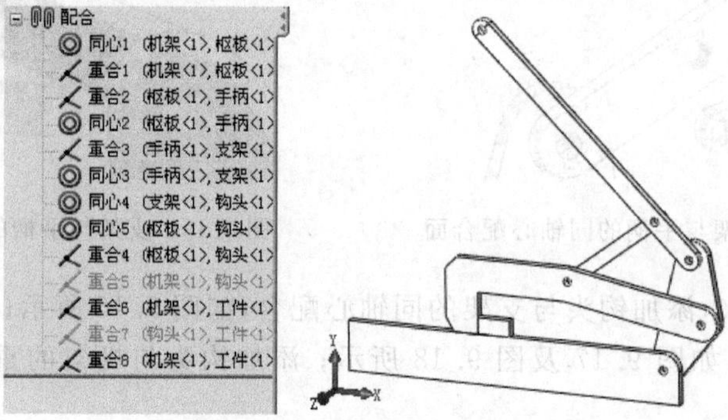
配合
同心1 (机架<1>,枢板<1>
重合1 (机架<1>,枢板<1>
重合2 (枢板<1>,手柄<1>
同心2 (枢板<1>,手柄<1>
重合3 (手柄<1>,支架<1>
同心3 (手柄<1>,支架<1>
同心4 (支架<1>,钩头<1>
同心5 (枢板<1>,钩头<1>
重合4 (枢板<1>,钩头<1>
重合5 (机架<1>,钩头<1>
重合6 (机架<1>,工件<1>
重合7 (钩头<1>,工件<1>
重合8 (机架<1>,工件<1>
Y
Z
X

图 9.22　夹紧机构装配体

9.4　仿真

在装配体界面，将“SolidWorks Motion”插件载入，单击布局选项卡中的【运动算例 1】，在 MotionManager 工具栏中的【算例类型】下拉列表中选择【Motion 分析】。

1. 添加压力

单击 MotionManager 工具栏中的“力”按钮，弹出【力/扭矩】属性管理器，如图 9.23 所示，【类型】选择“力”，【方向】选择“只有作用力”，“作用零件和作用应用点”选择如

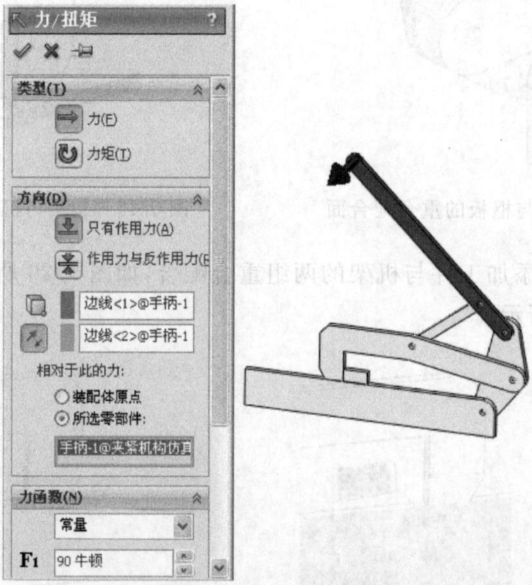
力/扭矩
类型(T)
力(F)
力矩(T)
方向(D)
只有作用力(A)
作用力与反作用力(E
边线<1>@手柄-1
边线<2>@手柄-1
相对于此的力:
装配体原点
所选零部件:
手柄-1@夹紧机构仿真
力函数(N)
常量
F1
90 牛顿

图 9.23　手柄力参数设置

图 9.24 所示手柄端部边线,【力的方向】选择手柄中的分割线,如图 9.25 所示,改变力的方向使其相对于机架向下。将【相对于此的力】下的【所选零部件】激活,然后选择手柄,【力函数】选择“常量”,大小输入“90 牛顿”。单击“确定”按钮,完成始终垂直于手柄的力的添加。

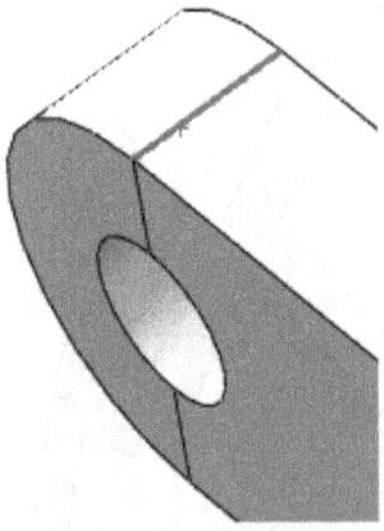

图 9.24 力作用应用点参考线

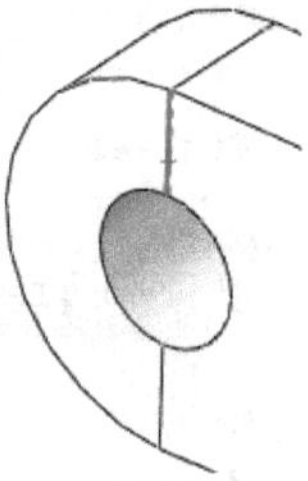

图 9.25 力的方向参考线

2. 添加实体接触

单击 MotionManager 工具栏上的“接触”按钮,在弹出属性管理器中的【接触类型】栏内选择“实体”接触,如图 9.26 所示,在【选择】栏内,选中 使用接触组(U) 复选框,“零部件”组 1 中用鼠标在视图区选取钩头,“零部件”组 2 中用鼠标在视图区选取机架和工件,在【材料】栏内两材料名称下拉列表中均选择 Steel(Dry)(钢材无润滑),其余参数采用默认设置,单击“确定”按钮,完成实体接触的添加。

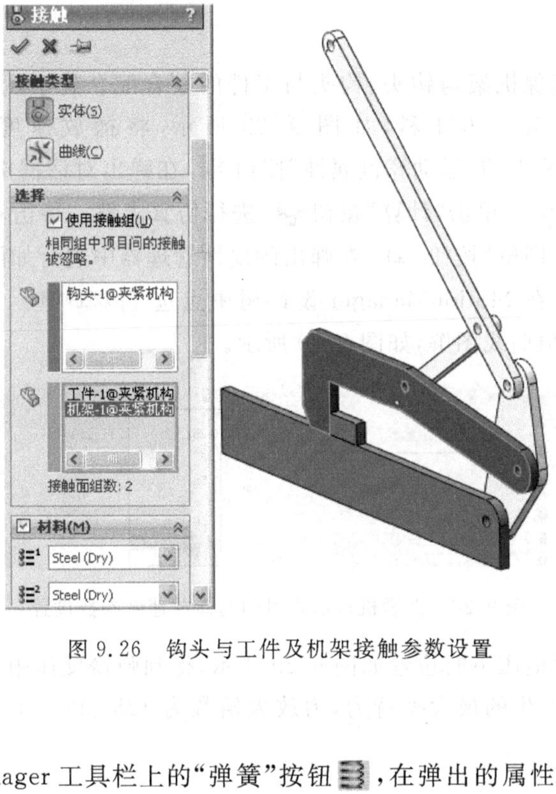
接触
接触类型
实体(S)
曲线(C)
选择
使用接触组(U)
相同组中项目间的接触被忽略。
钩头-1@夹紧机构
工件-1@夹紧机构
机架-1@夹紧机构
接触面组数: 2
材料(M)
Steel (Dry)
Steel (Dry)

图 9.26 钩头与工件及机架接触参数设置

3. 添加弹簧

单击 MotionManager 工具栏上的“弹簧”按钮,在弹出的属性管理器中【弹簧类型】

栏内选择“线性弹簧”，如图 9.27 所示，在【弹簧参数】栏内，“弹簧端点”选择视图区中工件边线与机架倒圆处边线，这时系统会自动计算出弹簧自由(原始)长度，“弹簧常数(刚度)”输入 100 牛顿/mm，其余参数采用默认设置，单击“确定”按钮，完成线性弹簧的添加。

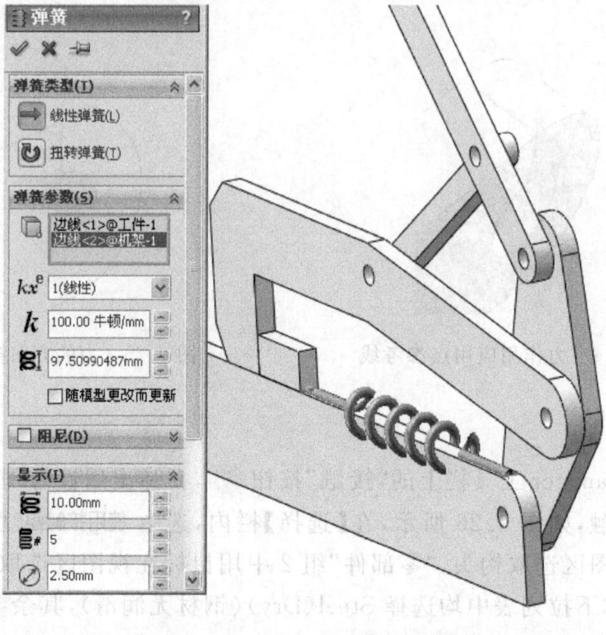
弹簧
弹簧类型(I)
线性弹簧(L)
扭转弹簧(T)
弹簧参数(S)
边线<1>@工件-1
边线<2>@机架-1
1(线性)
100.00 牛顿/mm
97.50990487mm
随模型更改而更新
阻尼(D)
显示(I)
10.00mm
5
2.50mm

图 9.27　工件与机架弹簧参数设置

4. 仿真分析

首先，在仿真前确保机架与钩头、钩头与工件的重合配合处于压缩状态。然后拖动键码，将仿真时间设置为 0.024 秒，如图 9.28 所示，将播放速度设置为 5 秒。单击 MotionManager 工具栏上的“运动算例属性”按钮，在弹出对话框中的“Motion 分析中”，将每秒帧数设置为 5000。单击“计算”按钮，进行仿真求解。待仿真自动计算完毕后，单击工具栏上的“结果和图解”按钮，在弹出的属性管理器中进行如图 9.29 所示的参数设置，其中选择栏中，在 MotionManager 设计树中点选 线性弹簧1，单击“确定”按钮，生成弹簧反作用力幅值曲线图解，如图 9.30 所示。

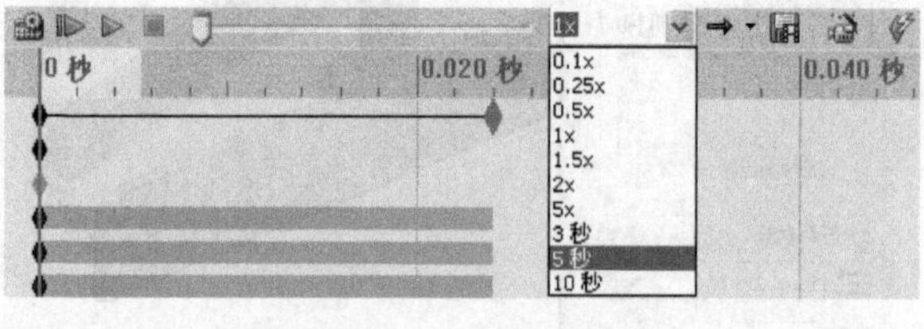
0 秒
0.020 秒
0.040 秒
1x
0.1x
0.25x
0.5x
1x
1.5x
2x
5x
3 秒
5 秒
10 秒

图 9.28　夹紧机构仿真时间与播放速度参数设置

经仿真计算知，手柄压下时位置如图 9.29 所示，得到弹簧反作用力幅值最大为 1283N，即为夹紧机构所能够产生的最大夹持力，力放大倍数为 1283/90＝14.26，可判断夹紧机构尺寸的设计基本合理。

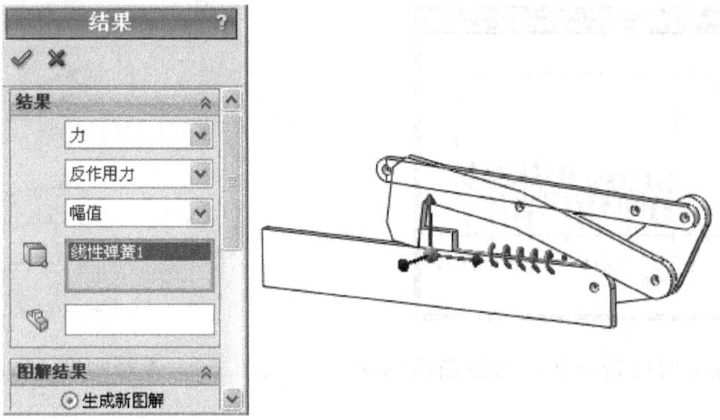
结果
结果
力
反作用力
幅值
线性弹簧1
图解结果
生成新图解

图 9.29 弹簧反作用力结果参数设置

将时间线拖到零位置，然后右击 线性弹簧1，选择“编辑特征”，将弹簧刚度修改为 110 牛顿/mm，其余参数不变，单击“确定”按钮 。再次单击“计算”按钮 ，待仿真自动计算完毕后，会发现 90N 的力不能将手柄压下，弹簧反作用力幅值曲线图解更新后如图 9.31 所示，力最大为 920N。

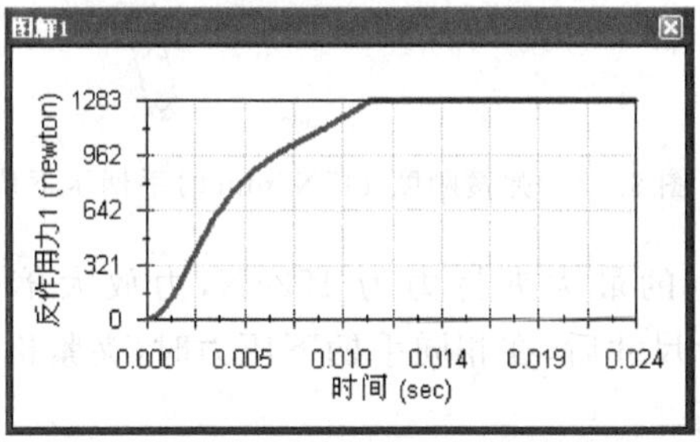
图解1
1283
962
642
321
0
反作用力1 (newton)
0.000 0.005 0.010 0.014 0.019 0.024
时间 (sec)

图 9.30 刚度 100N/mm 时弹簧反作用力图解

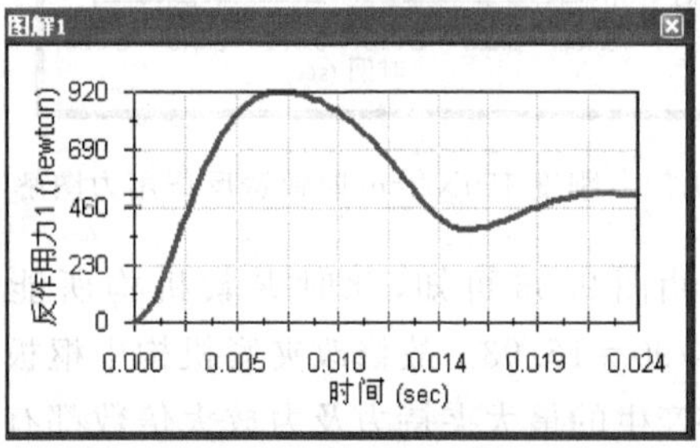
图解1
920
690
460
230
0
反作用力1 (newton)
0.000 0.005 0.010 0.014 0.019 0.024
时间 (sec)

图 9.31 刚度 110N/mm 时弹簧反作用力图解

将时间线拖到零位置，在视图区中右击枢板，选择“编辑” ，然后编辑枢板草图，将长度改为 80mm，角度改为 120°，其余尺寸不变，最后退出草图及零部件编辑。修改了枢板后的装配体没有装配好，在 FeatureManager 设计树中右击将机架与钩头、钩头与工件的重合配合解除压缩，待装配体重新装配好后又将它们都压缩，便于仿真。为使弹簧在仿真前处于自由状态，在 MotionManager 设计树中，右击 线性弹簧1，选择【编辑特征】，将【弹簧端点】中的选择消除，然后重新在视图区选取工件边线及机架倒圆处边线，单击“确定”按钮 。

此时弹簧刚度为 110N/mm，单击“计算”按钮 ，待仿真自动计算完毕后，可观察到 90N 的力可将手柄压下，弹簧反作用力幅值曲线图解更新后如图 9.32 所示，力最大值为 1176N。此时并不是夹紧机构可产生的最大夹持力。将时间线拖到零位置，将弹簧刚度修改为 150N/mm，其余参数不变，再次单击“计算”按钮 ，待仿真自动计算完毕后，会发现 90N 的力只能将手柄压到如图 9.33 所示位置，不能将手柄完全压下，弹簧反作用力幅值曲线图解更新后如图 9.34 所示，力最大为 1165N。

将时间线拖到零位置，将弹簧刚度改为 145N/mm，其余参数不变。再次单击“计算”按钮 ，待仿真自动计算完毕后，90N 的力可将手柄压到如图 9.35 所示位置，可见这时能将手柄压下，弹簧反作用力幅值曲线图解更新后如图 9.36 所示，力最大为 1524N。

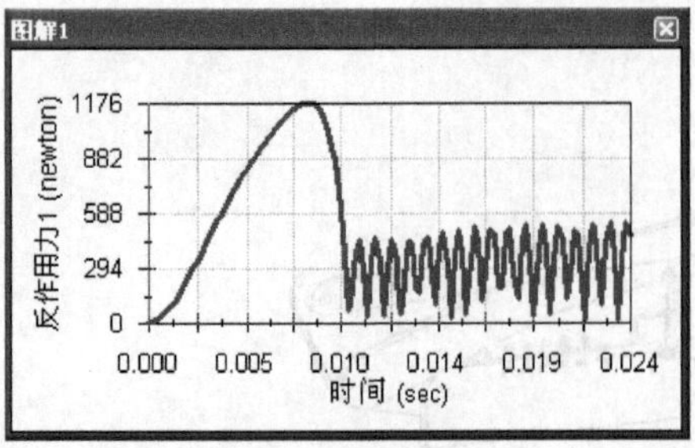
图解1
反作用力1 (newton)
1176
882
588
294
0
0.000 0.005 0.010 0.014 0.019 0.024
时间 (sec)

图 9.32　刚度 100N/mm 时弹簧反作用力更新后图解

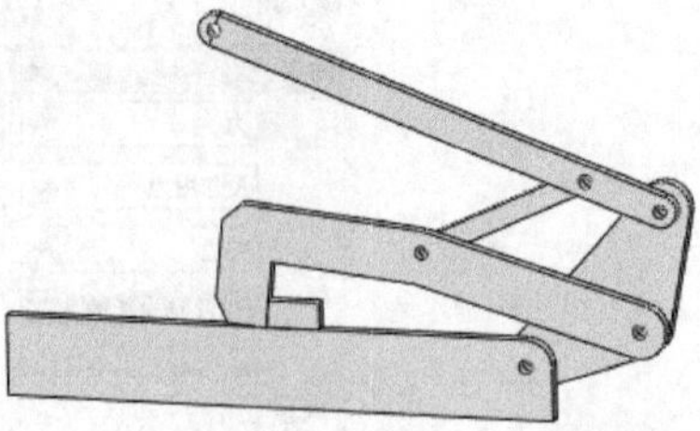

图 9.33　弹簧刚度 150N/mm 时手柄压下位置

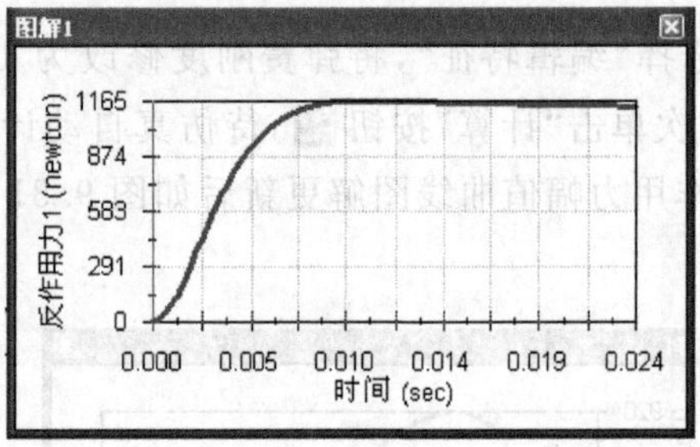
图解1
反作用力1 (newton)
1165
874
583
291
0
0.000 0.005 0.010 0.014 0.019 0.024
时间 (sec)

图 9.34　刚度 150N/mm 时弹簧反作用力图解

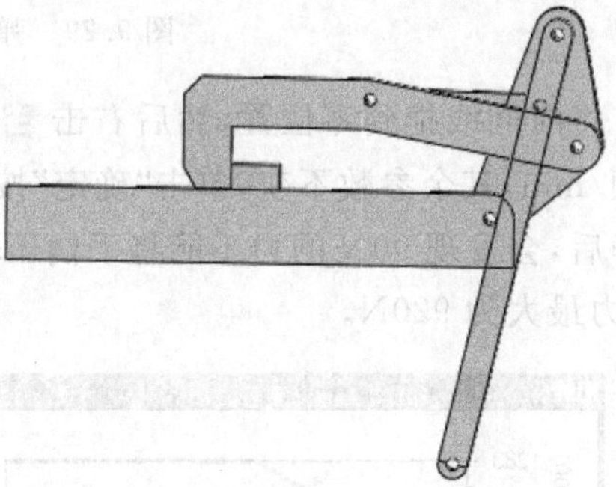

图 9.35　弹簧刚度 145N/mm 时手柄压下位置

由图 9.36 可知，此时夹紧机构所能够产生的最大夹持力为 1524N，力放大倍数为 1524/90=16.93。故修改夹紧机构中枢板的设计尺寸后，在相同手柄下压力时，夹紧机构所能够产生的最大夹持力及力放大倍数都有所提高。

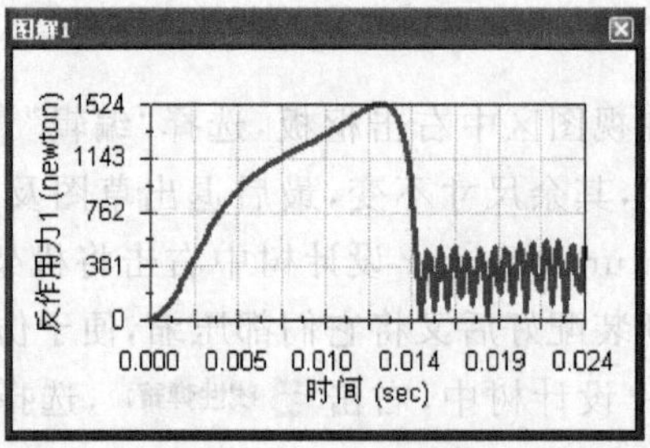
图解1
反作用力1 (newton)
1524
1143
762
381
0
0.000 0.005 0.010 0.014 0.019 0.024
时间 (sec)

图 9.36　刚度 145N/mm 时弹簧反作用力图解

第10章

飞 剪 机 构

飞剪是钢铁企业用来对金属坯料进行剪切加工的重要设备，其性能的优劣将直接影响轧制生产线的生产效率。飞剪机构的结构形式有很多种，本章采用四连杆结构形式，通过对其机架、上下曲柄、上下连杆、上下摇杆和工件的简单三维建模，并进行装配、仿真，可以得出工件在剪切过程中受到的剪切力和两剪刃的运动轨迹。

10.1 工作原理

四连杆飞剪机构的机构简图如图 10.1 所示，由上下两部分剪切机构组成，剪刃固定在四杆机构的连杆上。在实际应用的飞剪机构中，驱动力是从下曲柄输入，通过一对齿数相同的斜齿轮带动上曲柄以相同的转速运动，曲柄每转一周，机构就对工件剪切一次。为了简化结构和便于测量剪切力，仿真时对图 10.1 中的两曲柄添加相同大小的力矩，以减少斜齿轮的建模。

设计参数：各杆长为 $l_{AB}=l_{EF}=90\text{mm}$，$l_{BC}=l_{FG}=630\text{mm}$，$l_{CD}=l_{GH}=380\text{mm}$，$l_{AD}=l_{EH}=660\text{mm}$。

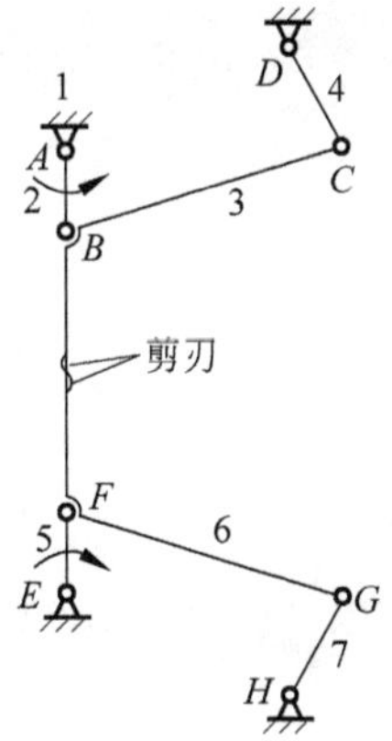
1
A
2
B
3
C
D
4
剪刃
F
5
6
E
G
7
H

图 10.1 四连杆飞剪机构简图

1—机架；2、5—上、下曲柄；3、6—上、下连杆；4、7—上、下摇杆

10.2 零件造型

1. 机架

新建一个零件文件，选择【前视基准面】，绘制如图 10.2 所示草图，并标注几何实体间的尺寸和约束关系。将绘制出的草图沿过坐标原点的中心线进行镜像，退出草图绘制，然后将其按“两侧对称”方式拉伸 50mm。再次选择【前视基准面】，绘制如图 10.3 所示草图，并按“两侧对称”方式将其拉伸 100mm。将零件材质设为“普通碳钢”，以文件名“机架”保存该零件。

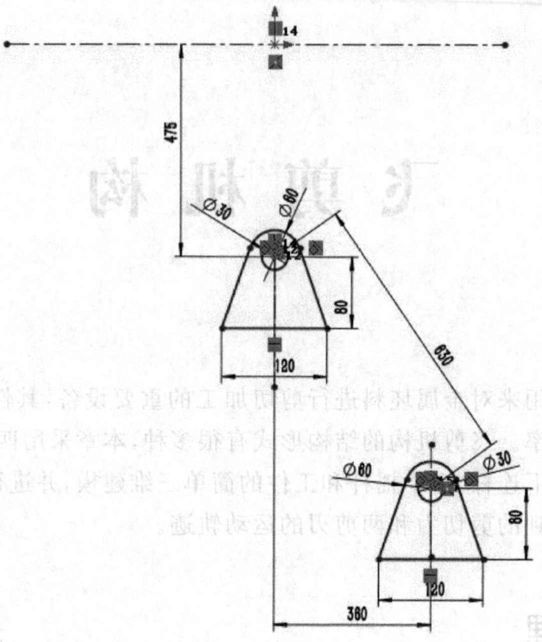
475
Ø30
Ø60
80
120
630
Ø60
Ø30
80
120
360

图 10.2 机架草图 1

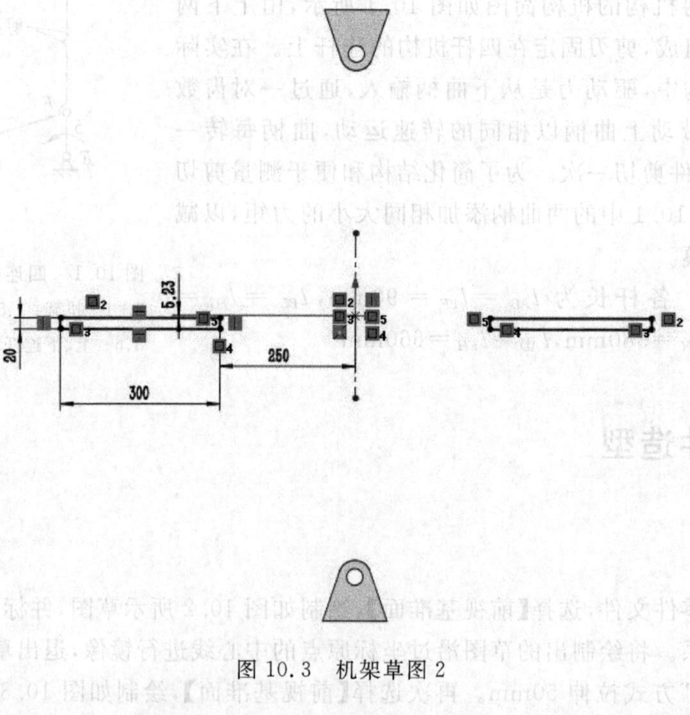
5.23
20
250
300

图 10.3 机架草图 2

2. 曲柄/摇杆

创建一个新零件文件，绘制图 10.4 所示草图，并拉伸 50mm。将零件材质设为“普通碳钢”，以文件名“曲柄”保存该零件。然后右击 FeatureManager 设计树中的【草图 1】，选择

【编辑草图】命令，将图 10.4 的草图按图 10.5 所示进行修改，退出草图后将得到的新零件另存为“摇杆”。

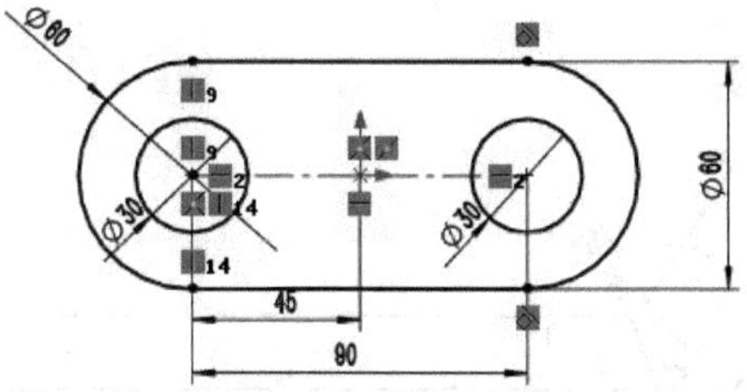
Ø60
Ø30
Ø30
Ø60
45
90

图 10.4 曲柄草图

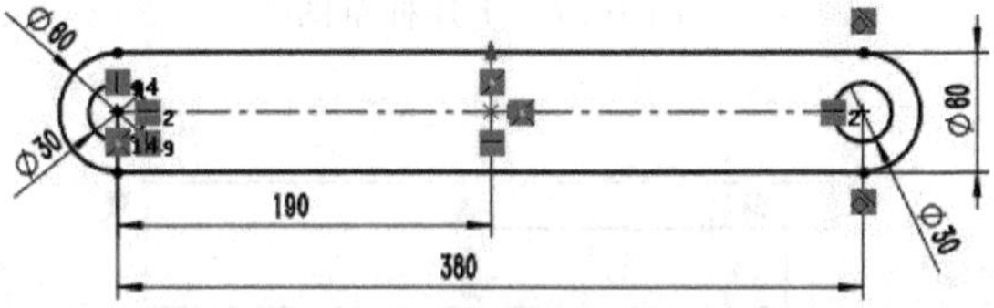
Ø60
Ø30
Ø60
Ø30
190
380

图 10.5 摇杆草图

3. 上、下连杆

按照图 10.6 绘制草图(为了便于测量剪切力，以宽为 5mm 的平面作为剪刃)，退出草图，将其拉伸 50mm，材质设为“普通碳钢”，以文件名“上连杆”保存该零件。右击 FeatureManager 设计树中的【草图 1】，选择【编辑草图】命令，按图 10.7 所示进行修改，退出草图，将新零件另存为“下连杆”。

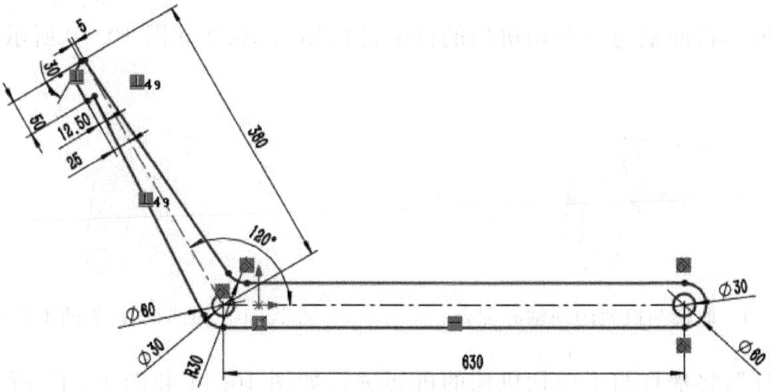
5
30
50
12.50
25
380
120°
Ø60
Ø30
R30
630
Ø30
Ø60

图 10.6 上连杆草图

4. 工件

按图 10.8 所示尺寸绘制一个矩形，退出草图，拉伸 10.46mm，材质设为“普通碳钢”，以文件名“工件”保存该零件。

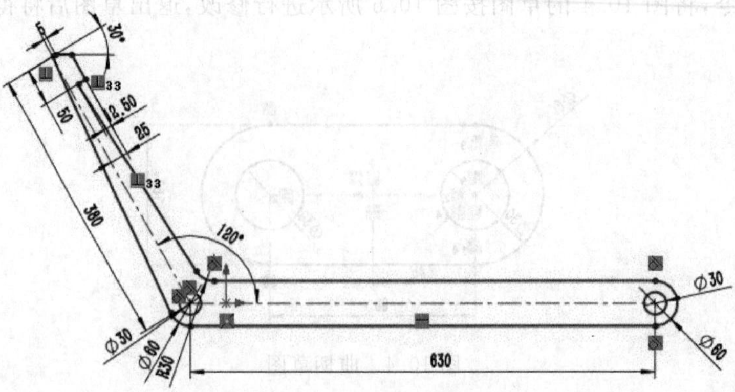
5
30°
33
50
2.50
25
380
33
120°
Ø30
Ø60
R30
630
Ø30
Ø60

图 10.7　下连杆草图

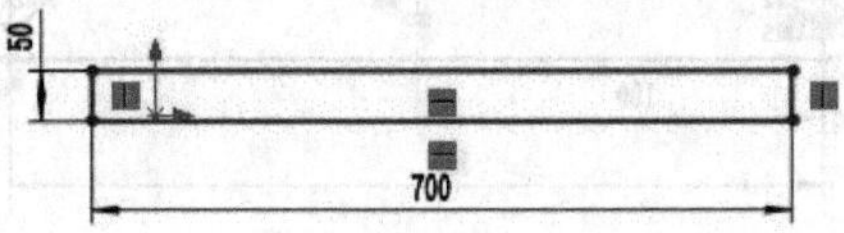
50
700

图 10.8　工件草图

10.3　装配

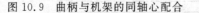

选择【文件】/【新建】/【装配体】命令，创建一个新装配体文件，在左边出现的开始装配体属性管理器中选择要插入的零件“机架”，在绘图区单击放置该零件，系统将“机架”默认为固定件。

插入“曲柄”，将曲柄与上剪切机构的机架进行如图 10.9 和图 10.10 所示的同轴心配合和重合配合。

图 10.9　曲柄与机架的同轴心配合

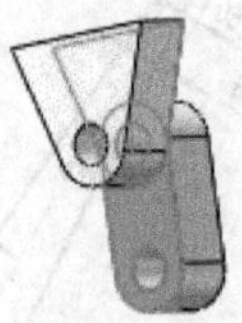

图 10.10　曲柄与机架的重合配合

插入“摇杆”，将摇杆与上剪切机构的机架进行如图 10.11 和图 10.12 所示的同轴心配合和重合配合。

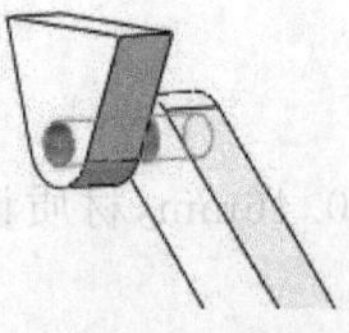

图 10.11　摇杆与机架的同轴心配合

图 10.12　摇杆与机架的重合配合

插入“上连杆”，并调整好上连杆的位置，将其与摇杆进行同轴心配合和重合配合，如图 10.13 和图 10.14 所示。同理，将上连杆与曲柄也进行同轴心配合和重合配合，装配好的上剪切机构如图 10.15 所示。

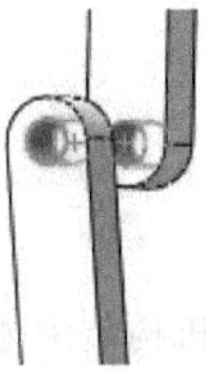

图 10.13 上连杆与摇杆的同轴心配合

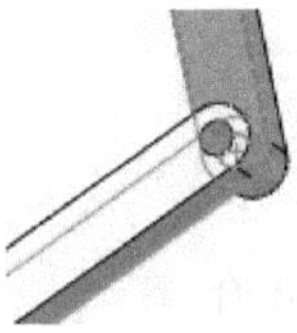

图 10.14 上连杆与摇杆的重合配合

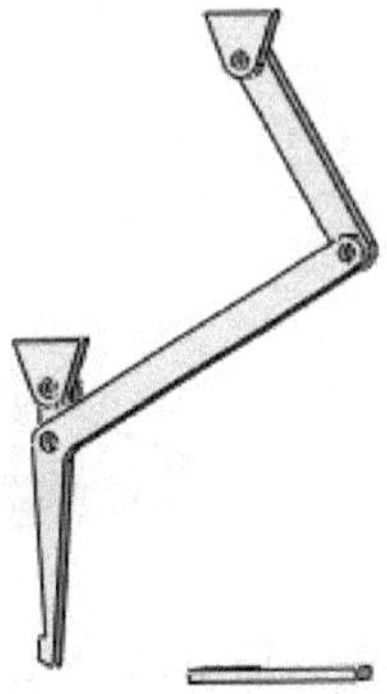

图 10.15 上剪切机构

将“曲柄”和“摇杆”再次插入到绘图区中，再将“下连杆”插入到绘图区中，按照装配上剪切机构的方法对下剪切机构进行装配。插入“工件”，将工件与机架按图 10.16 和图 10.17 进行两次重合配合，与上下剪刃进行平行配合，以确定剪刃的初始位置，如图 10.18 和图 10.19 所示。将图 10.20 所示的工件与机架的面进行距离配合，距离设为 200mm。

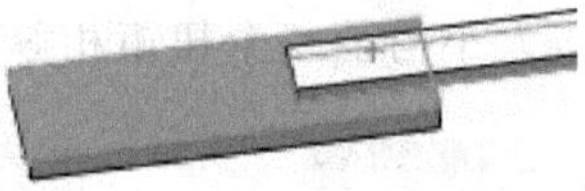

图 10.16 工件与机架的第一次重合配合

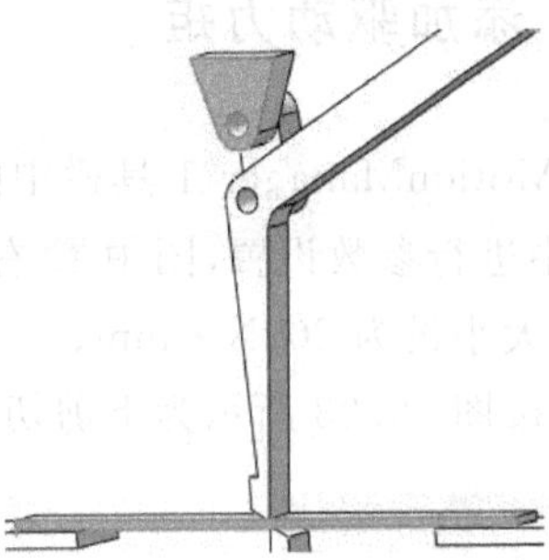

图 10.17 工件与机架的第二次重合配合

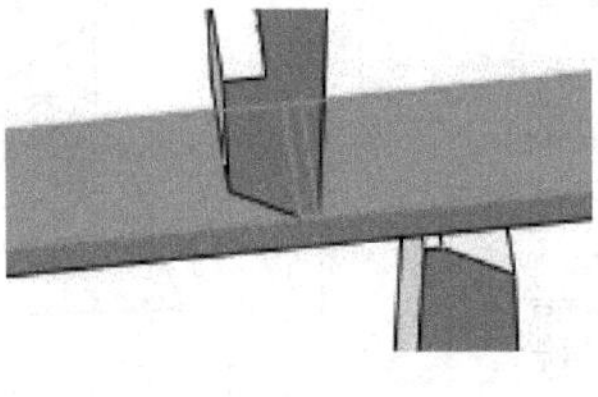

图 10.18 上剪刃与工件的平行配合

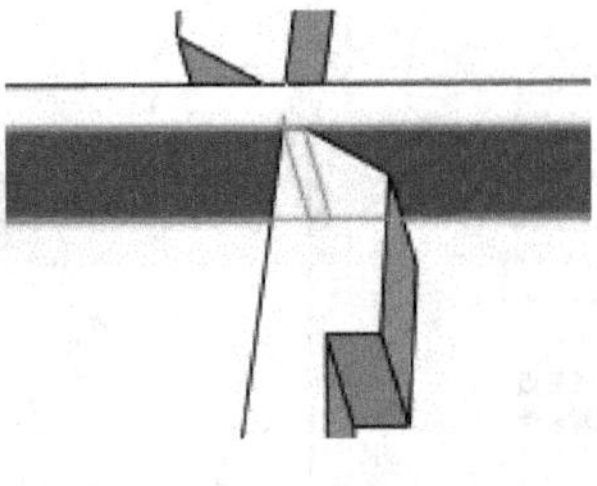

图 10.19 下剪刃与工件的平行配合

最后将工件与机架的两次重合配合和上下剪刃与工件的平行配合均压缩，得到的飞剪机构装配体如图 10.21 所示。

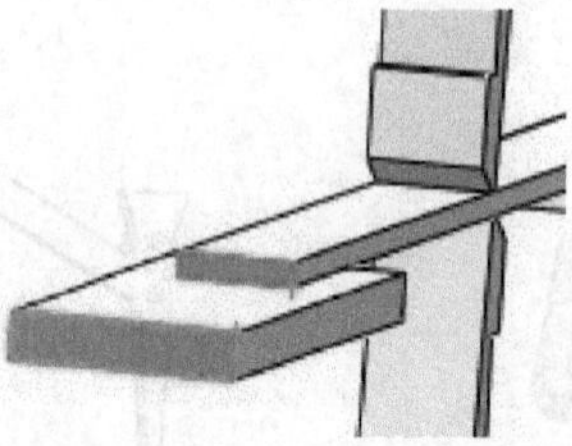

图 10.20　工件与机架的距离配合

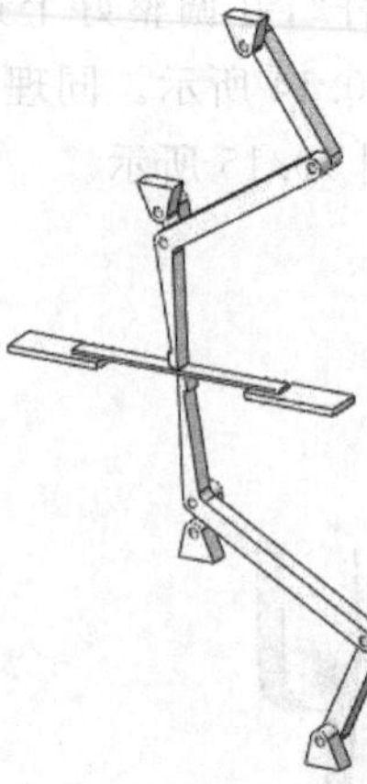

图 10.21　飞剪机构装配体

10.4　仿真

在装配体界面，将“SolidWorks Motion”插件载入，单击布局选项卡中的【运动算例 1】，在 MotionManager 工具栏中的【算例类型】下拉列表中选择【Motion 分析】。

10.4.1　添加驱动力矩

单击 MotionManager 工具栏中的“力”按钮，按图 10.22 所示在弹出的【力/扭矩】属性管理器中进行参数设置，图中右侧显示框中的面为上剪切机构曲柄与机架配合的圆柱孔面，扭矩大小设为 200N · mm。

同理，按图 10.23 所示为下剪切机构曲柄添加扭矩，大小与前一个扭矩相等。

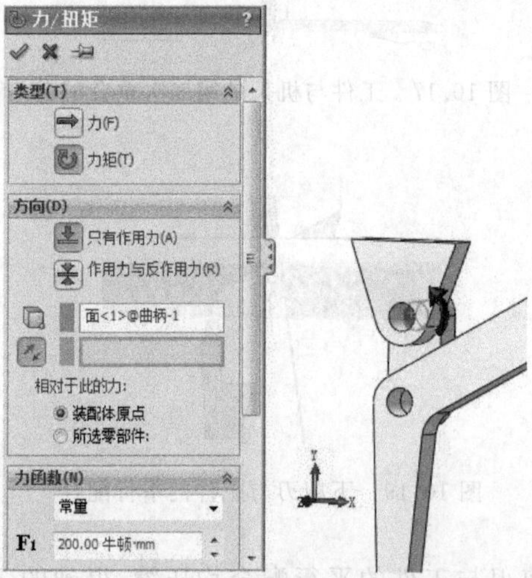
力/扭矩
类型(T)
力(F)
力矩(T)
方向(D)
只有作用力(A)
作用力与反作用力(R)
面<1>@曲柄-1
相对于此的力:
装配体原点
所选零部件:
力函数(N)
常量
F1
200.00 牛顿·mm

图 10.22　上剪切机构扭矩的参数设置

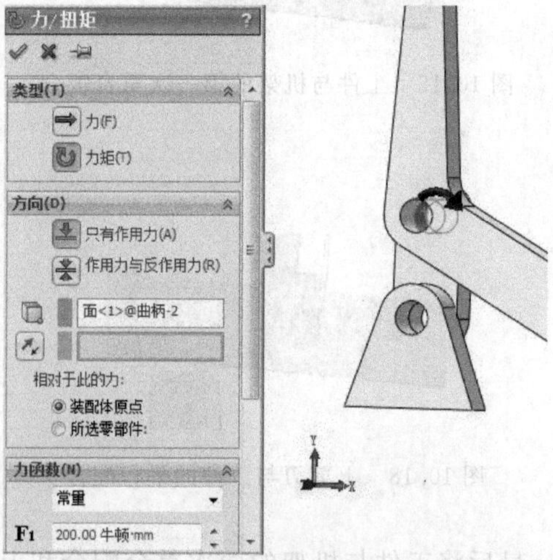
力/扭矩
类型(T)
力(F)
力矩(T)
方向(D)
只有作用力(A)
作用力与反作用力(R)
面<1>@曲柄-2
相对于此的力:
装配体原点
所选零部件:
力函数(N)
常量
F1
200.00 牛顿·mm

图 10.23　下剪切机构扭矩的参数设置

10.4.2 添加接触

单击 MotionManager 工具栏中的“接触”按钮，按图 10.24 所示为工件与上连杆、下连杆和机架添加一个接触组，其余参数采用默认设置。

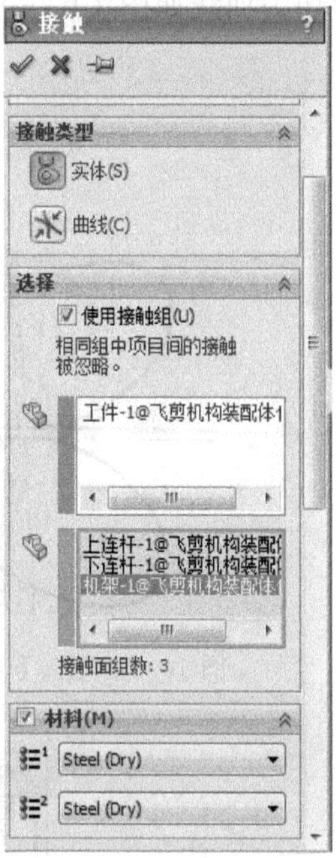
接触
接触类型
实体(S)
曲线(C)
选择
使用接触组(U)
相同组中项目间的接触被忽略。
工件-1@飞剪机构装配体1
上连杆-1@飞剪机构装配
下连杆-1@飞剪机构装配
机架-1@飞剪机构装配体
接触面组数: 3
材料(M)
Steel (Dry)
Steel (Dry)

图 10.24 添加接触组

10.4.3 仿真求解

1. 仿真参数设置

单击 MotionManager 工具栏上的“运动算例属性”按钮，在【运动算例属性】属性管理器中的【Motion 分析】栏内输入每秒帧数为 50，其余参数采用默认设置。在 MotionManager 界面中将时间键码拉到 4 秒处，然后单击 MotionManager 工具栏上的“计算”按钮，对飞剪机构模型进行仿真求解。

2. 仿真结果分析

1）绘制上、下剪刃运动轨迹

单击 MotionManager 工具栏上的“结果和图解”按钮，进行如图 10.25 所示参数设置，其中右侧显示栏里的顶点为上剪刃上的一个顶点，在绘图区中绘出上剪刃的运动轨迹。按图 10.26 所示进行设置，同理可绘出下剪刃的运动轨迹。得到上、下剪刃的运动轨迹如图 10.27 所示。

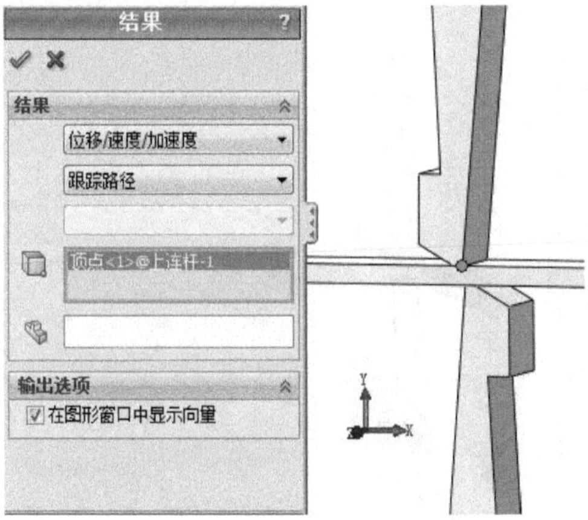
结果
结果
位移/速度/加速度
跟踪路径
顶点<1>@上连杆-1
输出选项
在图形窗口中显示向量

图 10.25 绘制上剪刃运动轨迹

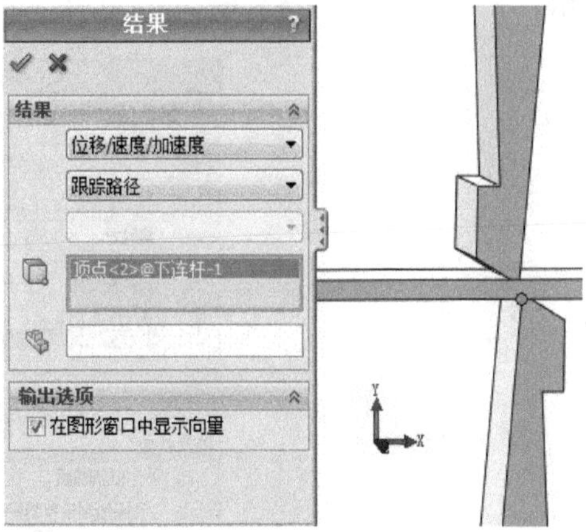
结果
结果
位移/速度/加速度
跟踪路径
顶点<2>@下连杆-1
输出选项
在图形窗口中显示向量

图 10.26 绘制下剪刃运动轨迹

飞剪机构在实际的生产设计中，上、下两剪刃间是有一定重叠度的，两剪刃的运动轨迹也会交叉。但在该实例中，为了便于测量剪切力，简化了模型，没有考虑两剪刃的重叠度。

2）测量剪切力

单击“结果和图解”按钮，按图 10.28 进行设置测量上剪刃对工件的剪切力，测得的剪切力曲线如图 10.29 所示。

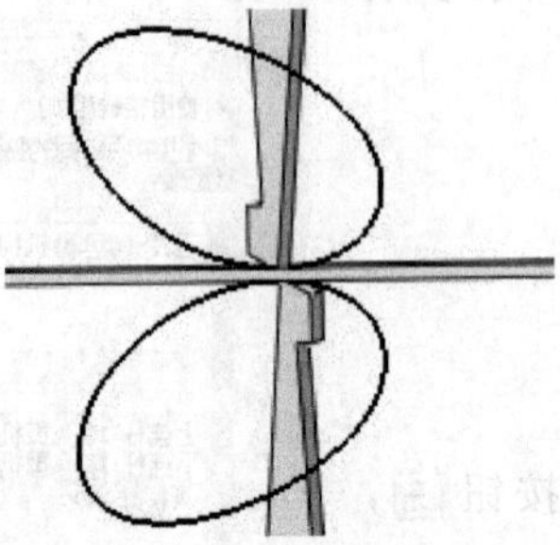

图 10.27　上、下剪刃运动轨迹

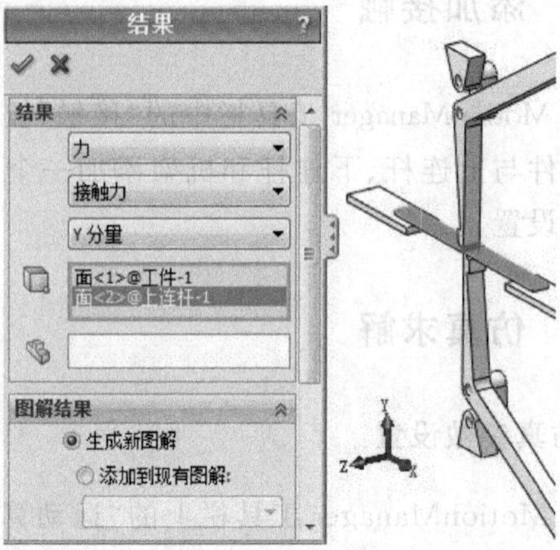
结果
结果
力
接触力
Y 分量
面<1>@工件-1
面<2>@上连杆-1
图解结果
生成新图解
添加到现有图解:

图 10.28　测量上剪刃对工件的剪切力

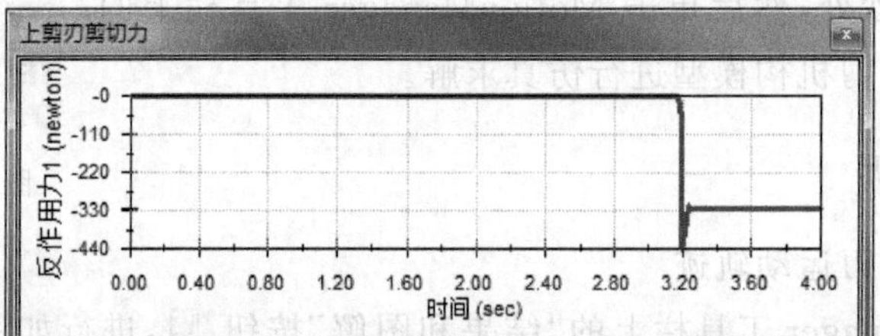
上剪刃剪切力
反作用力1 (newton)
-0
-110
-220
-330
-440
0.00
0.40
0.80
1.20
1.60
2.00
2.40
2.80
3.20
3.60
4.00
时间 (sec)

图 10.29　上剪刃对工件的剪切力曲线

同样，按图 10.30 所示设置可测得下剪刃对工件的剪切力，剪切力曲线如图 10.31 所示。

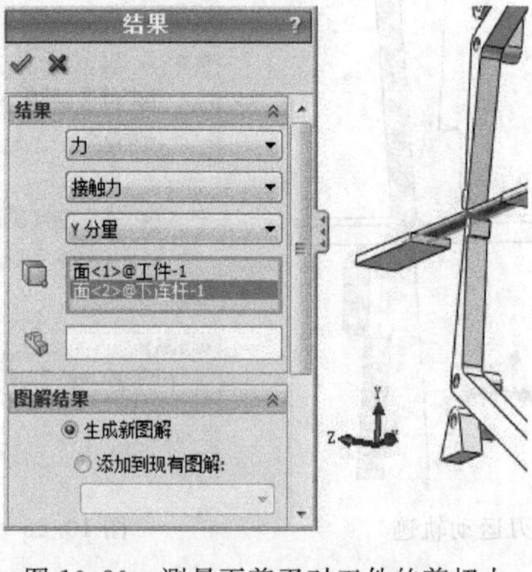
结果
结果
力
接触力
Y 分量
面<1>@工件-1
面<2>@下连杆-1
图解结果
生成新图解
添加到现有图解:

图 10.30　测量下剪刃对工件的剪切力

注意：在测量力时，先选择的实体为受力物体，后选择的实体为施力物体，切勿混淆。

在剪刃与工件开始接触到剪刃停止运动的过程中，剪刃与工件的接触深度在逐渐变化。当接触深度到达一定值时，剪刃就停止运动。从图 10.29 和图 10.31 可以看出，剪切力是随

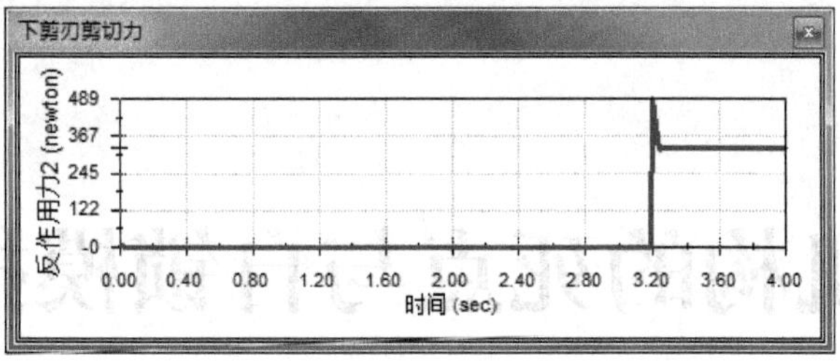
下剪刃剪切力
反作用力2 (newton)
489
367
245
122
-0
0.00
0.40
0.80
1.20
1.60
2.00
2.40
2.80
3.20
3.60
4.00
时间 (sec)

图 10.31　下剪刃对工件的剪切力曲线

着接触深度的变化而变化的，在接触前剪切力为零，当剪刃运动停止接触深度不变时，剪切也不再变化。

第11章

机构的死点与自锁模拟

死点与自锁现象广泛存在于工程实际中，死点与自锁在机械工程中有利也有弊，为使机械能实现期望的运动，应该避免机械中机构的死点与自锁；有时为满足机械实际工作的需要，应该使机械中的机构出现死点与自锁特性，例如飞机起落架利用死点特性，保证起落架不会反转，使飞机起落更可靠；手摇螺旋千斤顶利用自锁特性，不论被顶物体多重，使其都不会自行降落。本章采用曲柄摇杆机构与压榨机机构，分别对机构的死点与自锁进行了分析及模拟。

11.1 死点与自锁分析

1. 曲柄摇杆机构死点分析

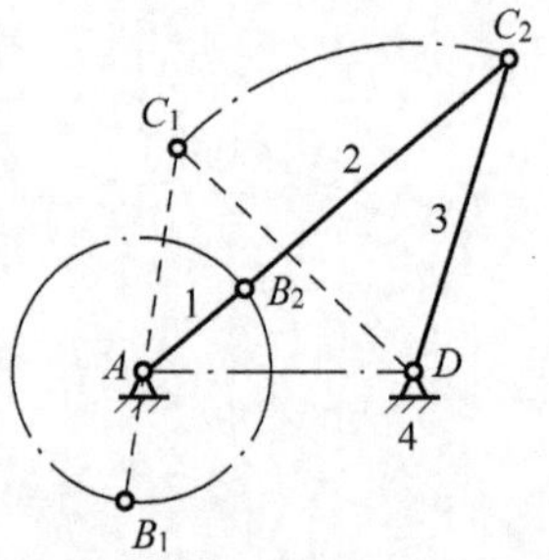

C_2
C_1
2
3
1
B_2
A
D
4
B_1

图 11.1 曲柄摇杆机构简图

主动件通过连杆作用于从动件上的力恰好通过从动件的回转中心，出现从动件不能转动的“顶死”现象，机构的这种位置称为死点，机构处于死点位置时其传动角为零。

曲柄摇杆机构简图如图 11.1 所示，主要由曲柄 1、连杆 2、摇杆 3 及机架 4 组成，曲柄做周转运动，摇杆在两极限位置之间来回摆动。如果以摇杆 3 为主动件，曲柄 1 为从动件，则当摇杆运动到极限位置 C_1D 或者 C_2D 时，从动件的传动角为零，故该机构有两个死点位置。

2. 压榨机机构自锁分析

机构中，由于存在摩擦力及所施加驱动力的方向不合适，有时无论驱动力多大，都不能使机构运动的现象称为机构的自锁。

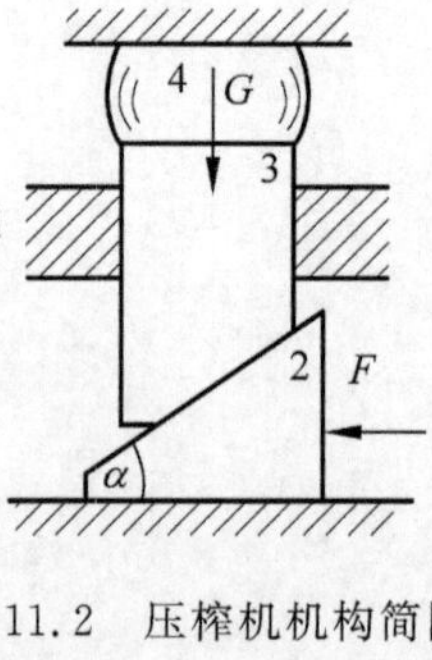

4
G
3
1
2
F
α

图 11.2 压榨机机构简图

压榨机机构简图如图 11.2 所示，主要由机架 1、滑块 2、压榨杆 3 及物体 4 组成。对物体 4 进行压榨时，作用于滑块 2 上的外力 F 为驱动力，同时物体 4 会给压榨杆 3 一个反作用力 G，当把力 F 撤去时，该机构的驱动力变为 G，这时要求压榨机机构具有自锁性。根据几何关系受力分析可得，该机构的自锁条件是 $\alpha \leqslant 2\phi$，式中 α 为滑块斜面倾角，$\phi = \arctan f$ 为接触面之间的摩擦角，f 为接触面之间的摩擦系数。

主要设计参数如下所述。

曲柄摇杆机构：机架长 300mm，曲柄长 100mm，连杆长 180mm，摇杆长 280mm，所有杆件宽 20mm，厚 10mm。

压榨机机构：压榨杆外径 79mm，长 250mm，滑块斜面初始倾角 30°，长 200mm，宽 100mm，各个接触面的静摩擦系数为 0.4，动摩擦系数为 0.3。

11.2 曲柄摇杆机构死点模拟

11.2.1 零件造型

启动 SolidWorks 2012，选择【文件】/【新建】/【零件】命令，创建新的零件文件。选择【插入】/【草图绘制】命令，选择一基准面为草绘平面。

1. 机架

绘制如图 11.3 所示机架草图，完成后以距离 10mm 拉伸，将零件材料设置为“普通碳钢”，以文件名“机架”保存文件。

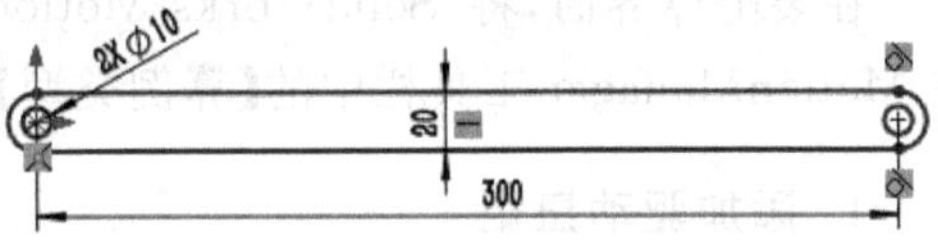
2X Φ10
20
300

图 11.3 机架草图

2. 曲柄、连杆及摇杆

在机架零件图中，修改机架的草图，将长度尺寸分别修改为 100mm、180mm 及 280mm，退出草图编辑后，将零件另存为“曲柄”、“连杆”及“摇杆”。

11.2.2 装配

选择【文件】/【新建】/【装配体】，建立一个新装配体文件。依次将机架和曲柄添加进来，添加曲柄与机架的同轴心配合，如图 11.4 所示，其端面添加重合配合，如图 11.5 所示。

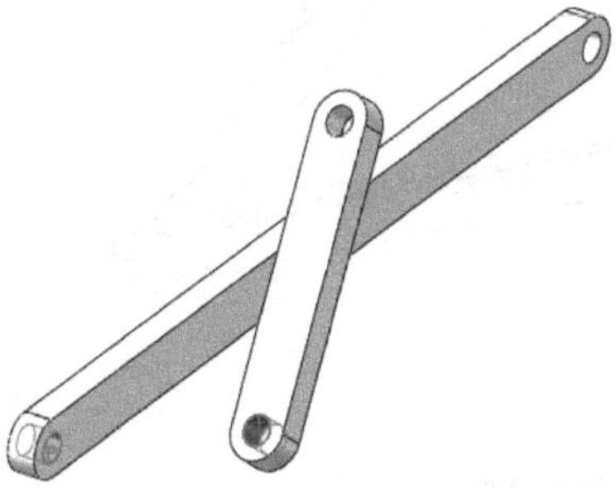

图 11.4 曲柄与机架的同轴心配合面

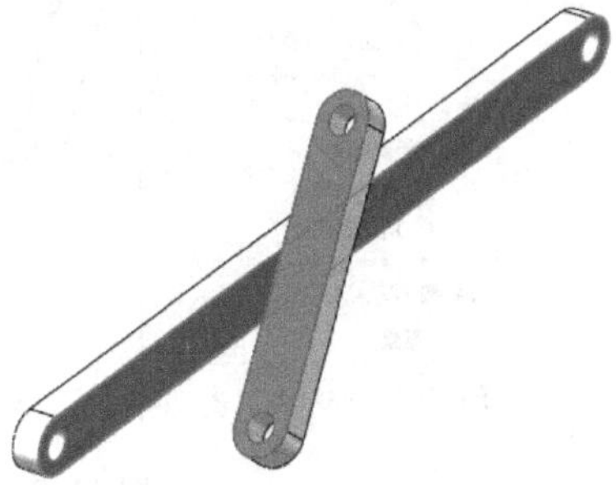

图 11.5 曲柄与机架轴的重合配合面

同理，将连杆及摇杆添加进来，添加各个零件之间相关的同轴心及重合配合，完成的装配体如图 11.6 所示，以文件名“曲柄摇杆机构装配体”保存文件。

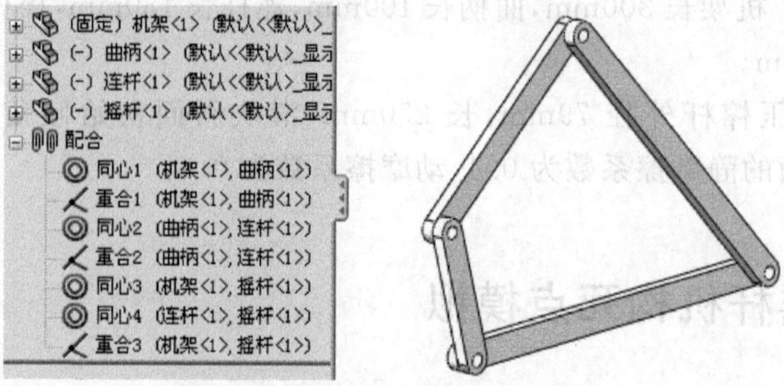
(固定) 机架<1> (默认<<默认>_
(-) 曲柄<1> (默认<<默认>_显示
(-) 连杆<1> (默认<<默认>_显示
(-) 摇杆<1> (默认<<默认>_显示
配合
同心1 (机架<1>, 曲柄<1>)
重合1 (机架<1>, 曲柄<1>)
同心2 (曲柄<1>, 连杆<1>)
重合2 (曲柄<1>, 连杆<1>)
同心3 (机架<1>, 摇杆<1>)
同心4 (连杆<1>, 摇杆<1>)
重合3 (机架<1>, 摇杆<1>)

图 11.6　曲柄摇杆机构装配体

11.2.3　仿真

在装配体界面，将“SolidWorks Motion”插件载入，单击布局选项卡中的【运动算例 1】，在 MotionManager 工具栏中的【算例类型】下拉列表中选择【Motion 分析】。

1. 添加驱动扭矩

为摇杆添加一顺时针常量扭矩，单击 MotionManager 工具栏中的“力”按钮，弹出如图 11.7 所示的【力/扭矩】属性对话框，【类型】中选择“力矩”，然后在视图区选择摇杆与机架同轴心配合处的圆孔面，其他设置保持默认不变，默认的扭矩大小为 100N · mm，单击“确定”按钮，完成扭矩的添加。

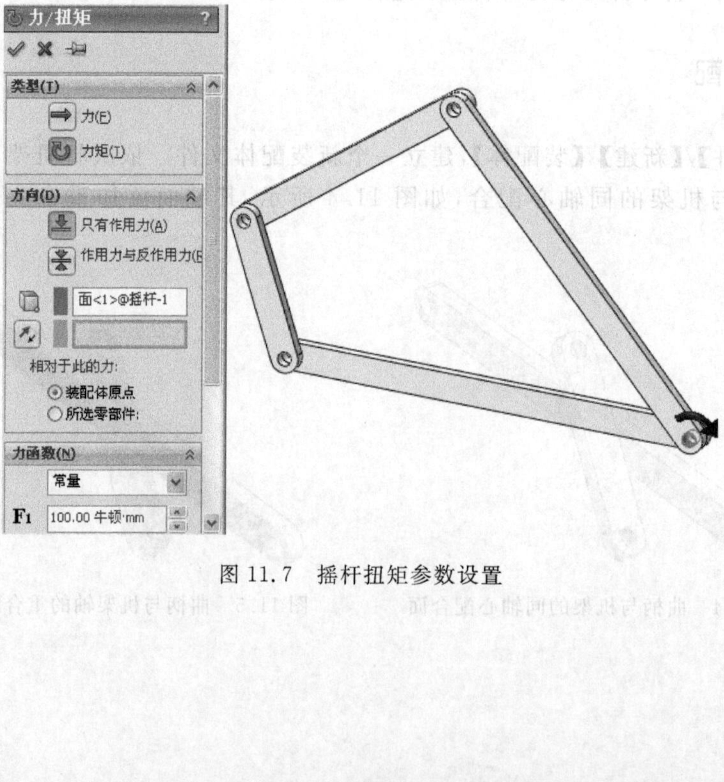
力/扭矩
类型(T)
力(F)
力矩(T)
方向(D)
只有作用力(A)
作用力与反作用力(
面<1>@摇杆-1
相对于此的力:
装配体原点
所选零部件:
力函数(N)
常量
F1
100.00 牛顿·mm

图 11.7　摇杆扭矩参数设置

2. 死点位置 1 仿真

首先，选择【插入】/【配合】命令，为从动件曲柄及连杆添加边线的平行配合，如图 11.8 所示，配合好后的位置即为该机构的一个死点位置，如图 11.9 所示。为了不影响仿真，在 MotionManager 设计树的配合中，右击将该配合压缩，注意该平行配合为仿真时的当地配合，在 FeatureManager 设计树的配合中不存在。

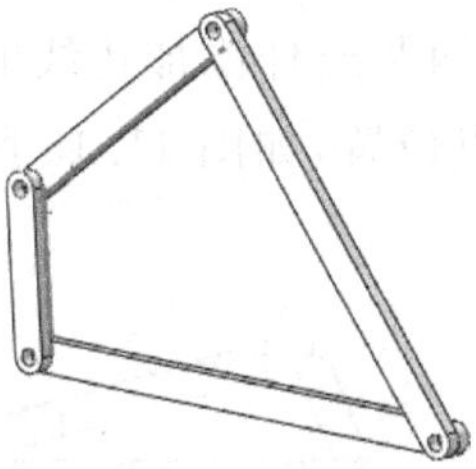

图 11.8 曲柄与连杆的平行配合边线

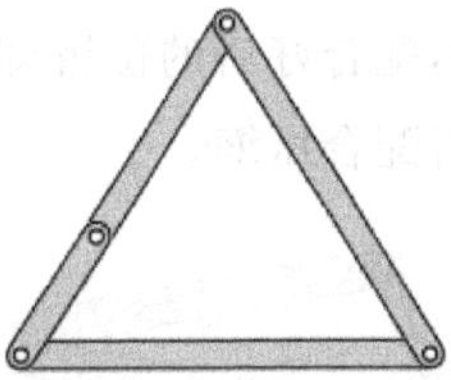

图 11.9 曲柄摇杆机构死点位置 1

拖动时间键码，将仿真时间设置为 5 秒，单击 MotionManager 工具栏上的“计算”按钮，进行仿真求解。待仿真自动计算完毕后，单击工具栏上的“结果和图解”按钮，在弹出的属性管理器中进行如图 11.10 所示的参数设置，其中右侧显示栏里的面为曲柄的一表面。单击“确定”按钮，生成从动件质心位置的 X 分量图解，如图 11.11 所示。

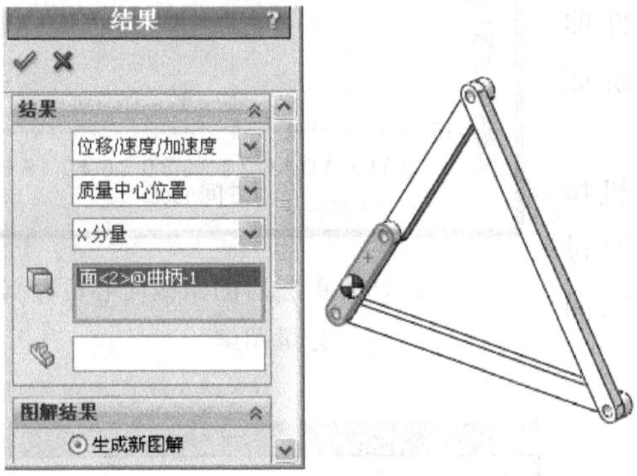
结果
结果
位移/速度/加速度
质量中心位置
X 分量
面<2>@曲柄-1
图解结果
生成新图解

图 11.10 曲柄质心位置图解参数设置

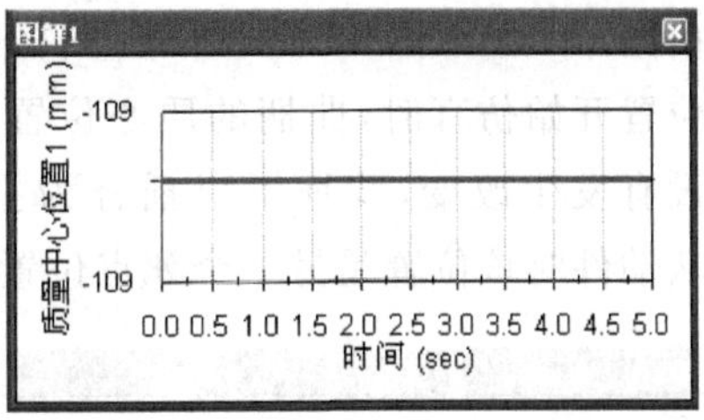
图解1
-109
-109
质量中心位置1 (mm)
0.0 0.5 1.0 1.5 2.0 2.5 3.0 3.5 4.0 4.5 5.0
时间 (sec)

图 11.11 曲柄质心位置 X 分量图解

同理，创建从动件曲柄质心位置的 Y、Z 分量图解，测得的位置图解如图 11.12 及图 11.13 所示。

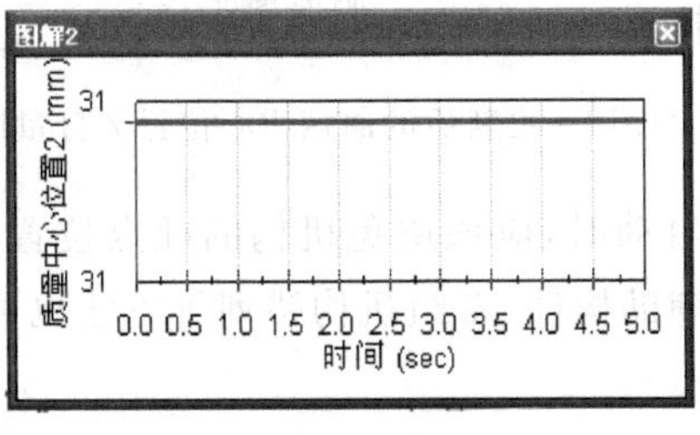
图解2
31
31
质量中心位置2 (mm)
0.0 0.5 1.0 1.5 2.0 2.5 3.0 3.5 4.0 4.5 5.0
时间 (sec)

图 11.12 曲柄质心位置 Y 分量图解

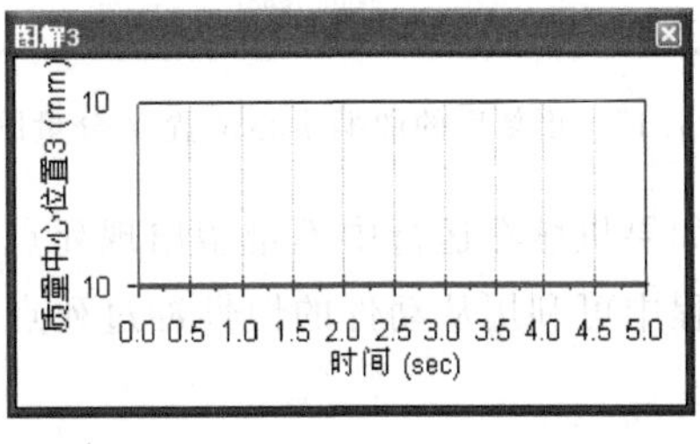
图解3
10
10
质量中心位置3 (mm)
0.0 0.5 1.0 1.5 2.0 2.5 3.0 3.5 4.0 4.5 5.0
时间 (sec)

图 11.13 曲柄质心位置 Z 分量图解

由图 11.11～图 11.13 可知，曲柄的质心位置在仿真过程中没有发生改变，说明从动件并没有运动，验证了曲柄摇杆机构以摇杆为主动件，曲柄为从动件时该位置是一个死点位置。

3. 死点位置 2 仿真

首先，将当地平行配合删除，在视图区用鼠标拖动曲柄，使其逆时针旋转到与图 11.14 所示相似的位置，再选择【插入】/【配合】命令，再次为曲柄及连杆添加边线的平行配合，如图 11.14 所示，配合好后的位置即为该机构的另一个死点位置，如图 11.15 所示，为不影响仿真，将该平行配合压缩。

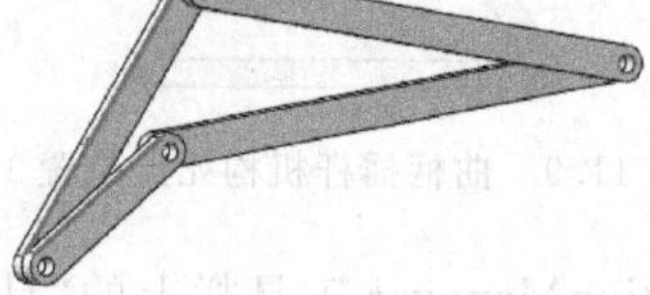

图 11.14　曲柄与连杆再次平行配合边线

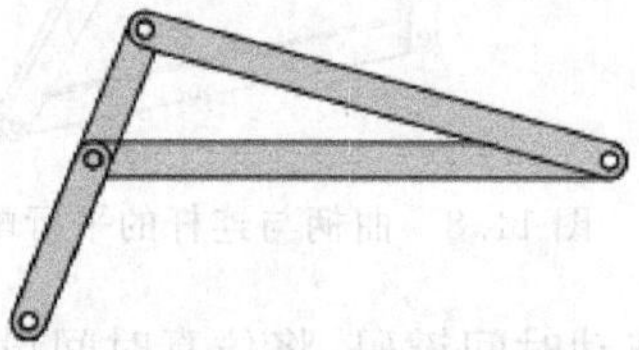

图 11.15　曲柄摇杆机构死点位置 2

改变作用于摇杆上的驱动力矩方向，使其变为逆时针，然后单击“计算”按钮，进行仿真求解。待仿真自动计算完毕后，所测从动件曲柄质心位置图解会自动更新，更新后的图解如图 11.16～图 11.18 所示。

由图 11.16～图 11.18 可知，曲柄摇杆机构在该位置开始仿真时，曲柄的质心位置在仿真过程中没有发生改变，验证了以摇杆为主动件、曲柄为从动件时该位置是另一个死点位置。

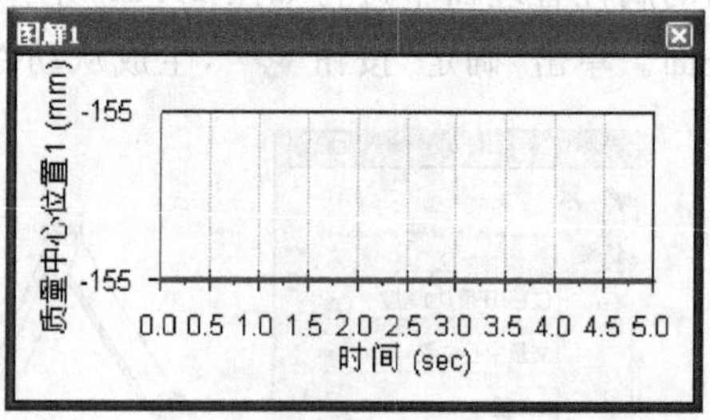
图解1
质量中心位置1 (mm)
-155
-155
0.0 0.5 1.0 1.5 2.0 2.5 3.0 3.5 4.0 4.5 5.0
时间 (sec)

图 11.16　更新后的曲柄质心位置 X 分量图解

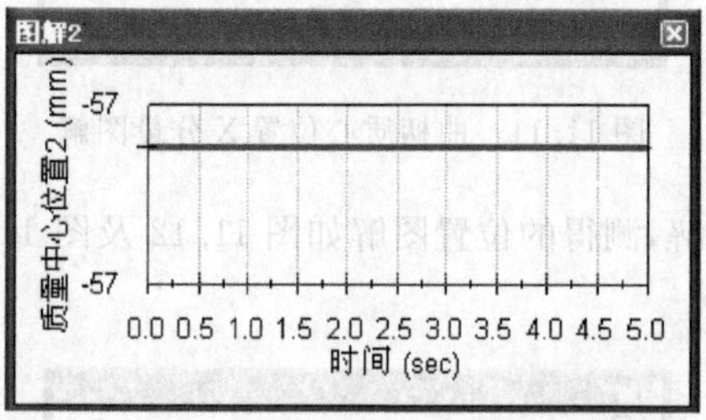
图解2
质量中心位置2 (mm)
-57
-57
0.0 0.5 1.0 1.5 2.0 2.5 3.0 3.5 4.0 4.5 5.0
时间 (sec)

图 11.17　更新后的曲柄质心位置 Y 分量图解

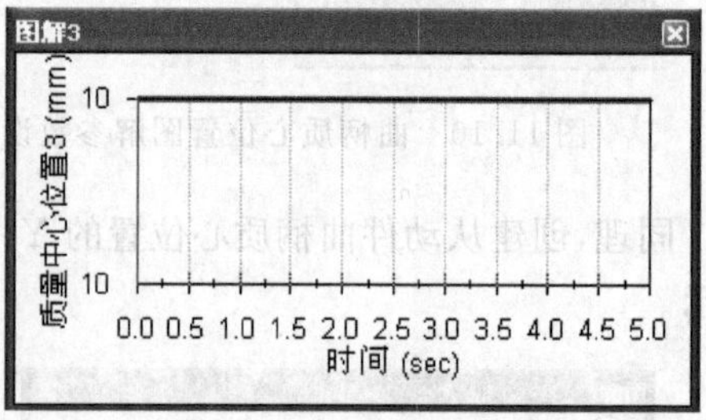
图解3
质量中心位置3 (mm)
10
10
0.0 0.5 1.0 1.5 2.0 2.5 3.0 3.5 4.0 4.5 5.0
时间 (sec)

图 11.18　更新后的曲柄质心位置 Z 分量图解

如果机械在运行中不希望出现死点现象，则在启动时，应该避免机构的死点位置，在运转过程中可利用从动件的惯性冲过死点，同时增设辅助构件、多组机构错列等方法也可渡过死点。

11.3 压榨机机构自锁模拟

11.3.1 零件造型

这里省略被压榨物体的建模，物体的反作用力在仿真时采用一外力代替，这里只对机架、滑块及压榨杆进行造型。

1. 机架

绘制如图 11.19 所示压榨机机架草图，注意绘制出中心构造线，完成后以构造线为旋转轴，旋转 360°得到如图 11.20 所示实体，将零件材料设置为“普通碳钢”，以文件名“机架”保存文件。

2. 滑块

绘制如图 11.21 所示的滑块草图，完成后以距离 100mm 拉伸得到实体，将零件材料设置为“普通碳钢”，以文件名“滑块”保存文件。

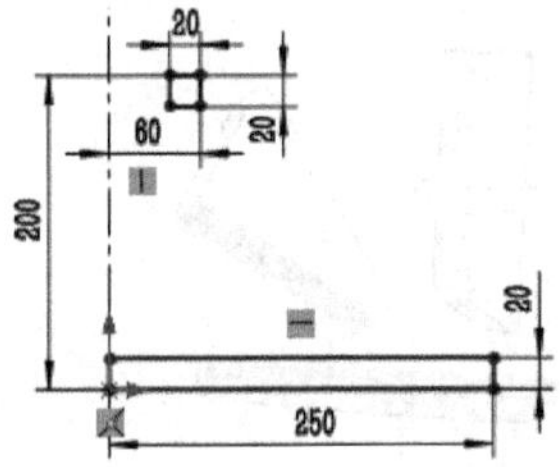
20
60
20
200
20
250
图 11.19 压榨机机架草图

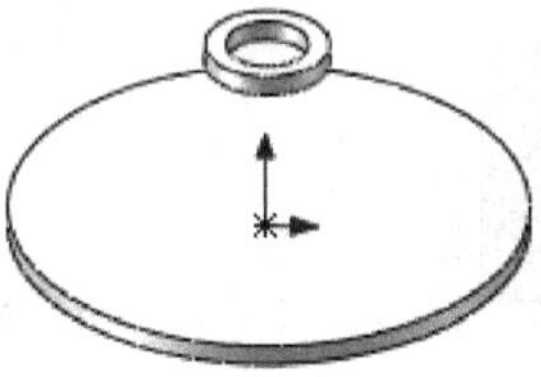
图 11.20 压榨机机架实体

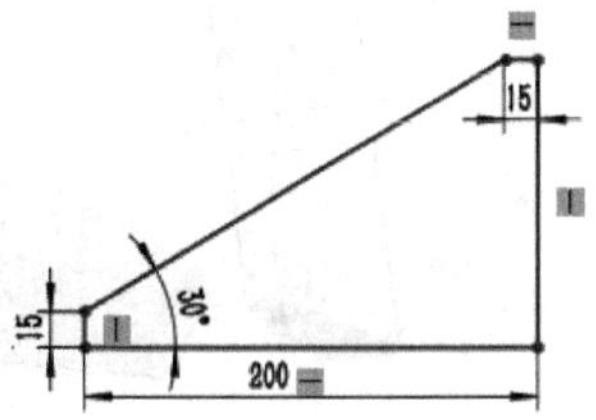
15
30°
15
200
图 11.21 滑块草图

3. 压榨杆

选择“前视基准面”为草绘平面，绘制如图 11.22 所示压榨杆草图，完成后以距离 250mm 拉伸得到实体。再以“上视基准面”为草绘平面，绘制如图 11.23 所示的压榨杆切除拉伸草图，完成后以距离 80mm“两侧对称”切除拉伸，压榨杆实体如图 11.24 所示。将零件材料设置为“普通碳钢”，以文件名“压榨杆”保存文件。

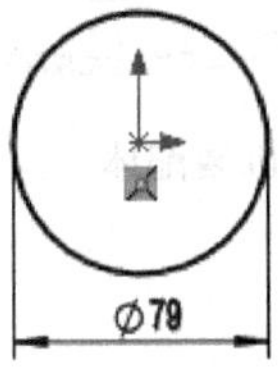
∅79
图 11.22 压榨杆草图

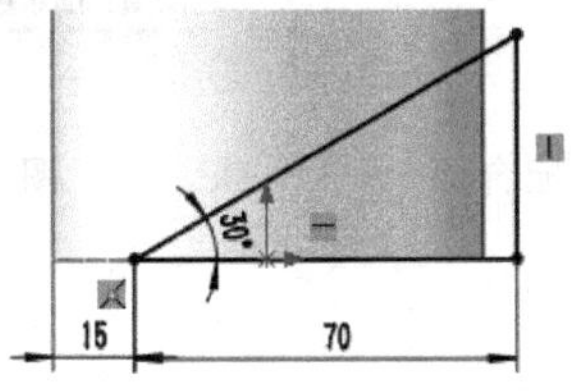
30°
15
70
图 11.23 压榨杆切除拉伸草图

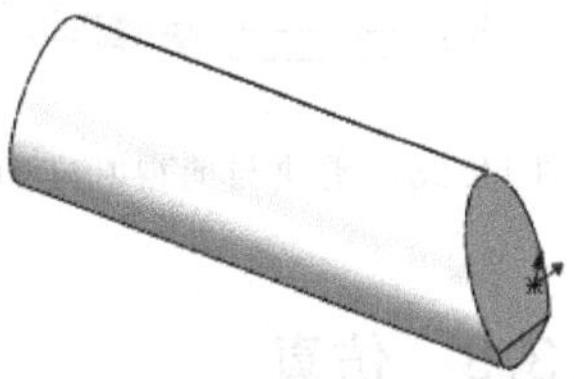
图 11.24 压榨杆实体

11.3.2 装配

选择【文件】/【新建】/【装配体】命令，建立一个新装配体文件。依次将机架和压榨杆添加进来，添加压榨杆与机架的同轴心配合，如图 11.25 所示。

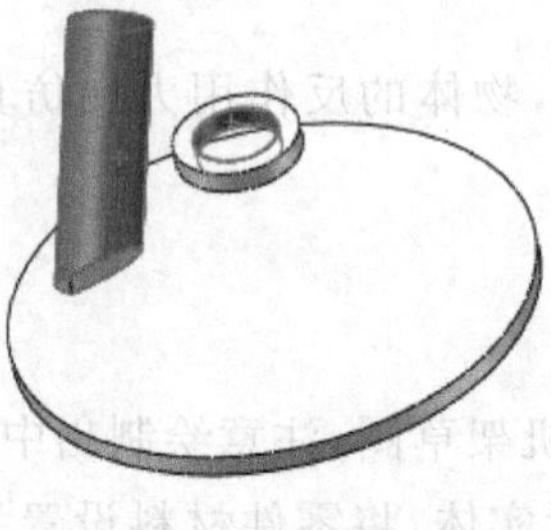

图 11.25 压榨杆与机架的同轴心配合面

再将滑块添加进来，添加滑块与压榨杆及机架的重合配合，如图 11.26 及图 11.27 所示。添加滑块与前视基准面 50mm 的距离配合，如图 11.28 所示，完成的装配体如图 11.29 所示，以文件名"压榨机装配体"保存文件。

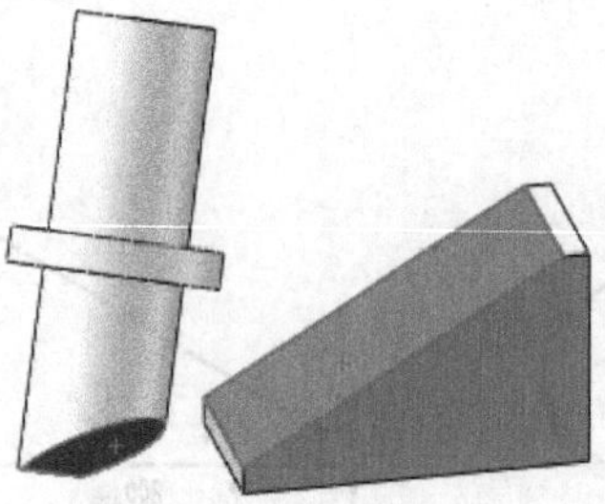

图 11.26 滑块与压榨杆的重合配合面

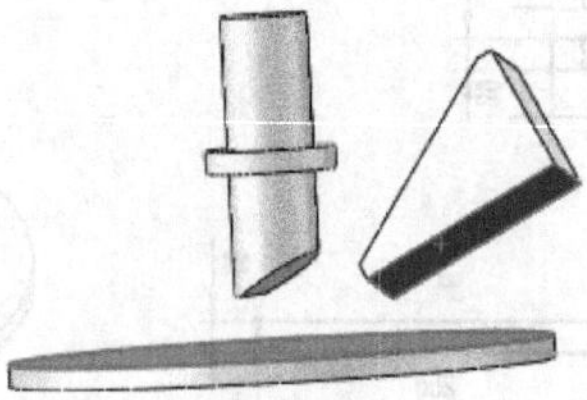

图 11.27 滑块与机架的重合配合面图

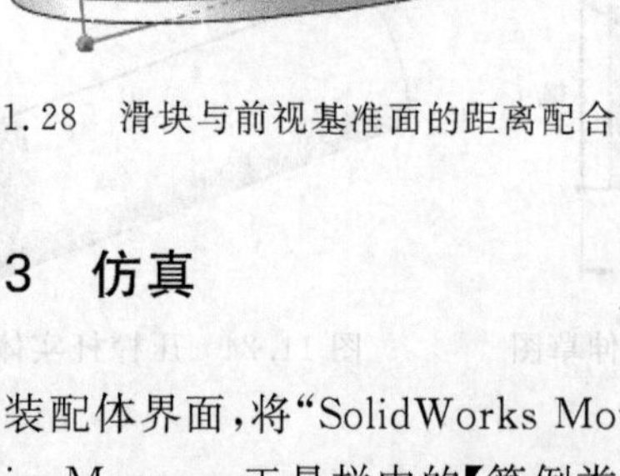
前视基准面

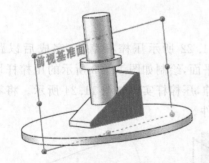

图 11.28 滑块与前视基准面的距离配合面

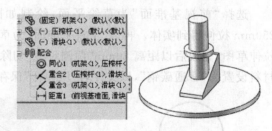

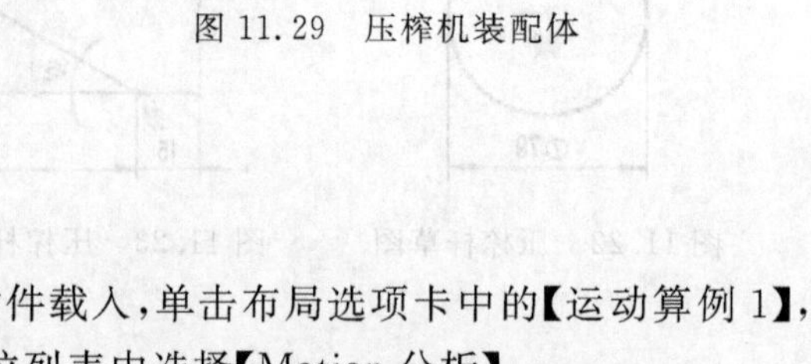
(固定) 机架<1> (默认<<默认
(-) 压榨杆<1> (默认<<默认
(-) 滑块<1> (默认<<默认>_
配合
同心1 (机架<1>, 压榨杆<
重合2 (压榨杆<1>, 滑块<
重合3 (机架<1>, 滑块<1>
距离1 (前视基准面, 滑块

图 11.29 压榨机装配体

11.3.3 仿真

在装配体界面，将"SolidWorks Motion"插件载入，单击布局选项卡中的【运动算例 1】，在 MotionManager 工具栏中的【算例类型】下拉列表中选择【Motion 分析】。

1. 添加实体接触

单击 MotionManager 工具栏上的“接触”按钮，在弹出的属性管理器中【接触类型】栏内选择“实体接触”，如图 11.30 所示，【选择】栏内在视图区选择压榨杆和滑块，取消选中【材料】复选框，便可自行设置接触面之间的摩擦系数，μ_k 输入 0.3，μ_s 输入 0.4，其余参数采用默认设置，单击“确定”按钮，完成实体接触的添加。再为滑块与机架添加实体接触，参数设置与压榨杆和滑块之间的实体接触设置相同。

2. 添加驱动力

自锁模拟时，物体对压榨杆的反作用力即为驱动力，故在压榨杆上添加一恒力即可。单击 MotionManager 工具栏中的“力”按钮，弹出【力/扭矩】属性管理器，如图 11.31 所示，【类型】选择“力”，【方向】选择“只有作用力”，“作用零件和作用应用点”选择压榨杆上表面，改变力的方向使其相对于机架向下，【力函数】选择“常量”，大小输入“50 牛顿”。单击“确定”按钮，完成驱动力的添加。

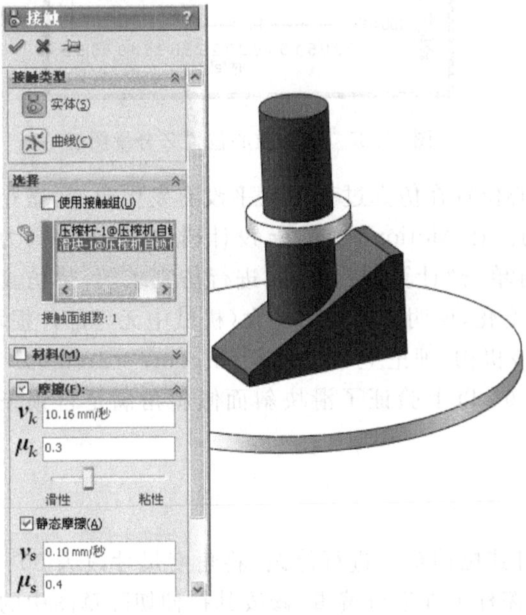
接触
接触类型
实体(S)
曲线(C)
选择
使用接触组(U)
压榨杆-1@压榨机自锁
滑块-1@压榨机自锁
接触面组数: 1
材料(M)
摩擦(F):
10.16 mm/秒
0.3
滑性
粘性
静态摩擦(A)
0.10 mm/秒
0.4

图 11.30 压榨杆与滑块接触参数设置

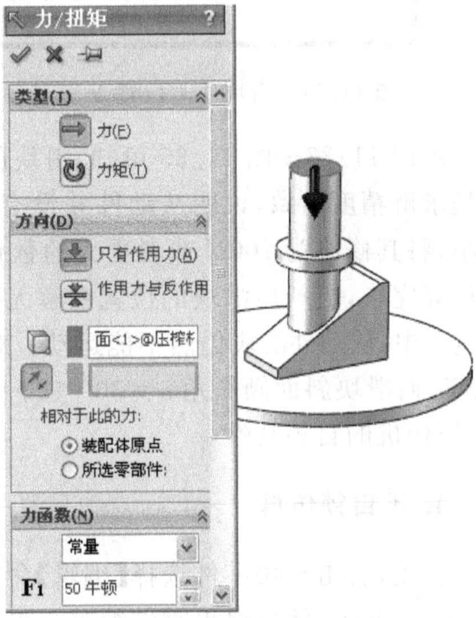
力/扭矩
类型(T)
力(F)
力矩(T)
方向(D)
只有作用力(A)
作用力与反作用
面<1>@压榨杆
相对于此的力:
装配体原点
所选零部件:
力函数(N)
常量
F1
50 牛顿

图 11.31 驱动力参数设置

3. 自锁仿真

首先，为不影响仿真，将滑块与压榨杆及机架的重合配合压缩，否则实体接触会失效。拖动时间键码，将仿真时间设置为 5 秒，单击“计算”按钮，进行仿真求解。待仿真自动计算完毕后，单击工具栏上的“结果和图解”按钮，在弹出的属性管理器中进行如图 11.32 所示的参数设置，其中右侧显示栏里的面为滑块的一表面。单击“确定”按钮，生成从动件滑块质心位置的 X 分量图解，如图 11.33 所示。

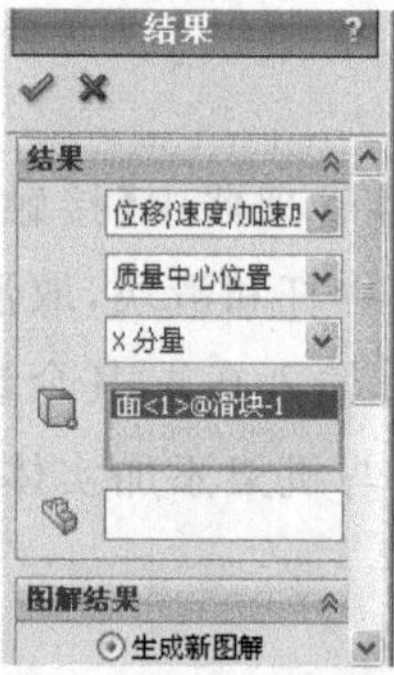
结果
结果
位移/速度/加速度
质量中心位置
X分量
面<1>@滑块-1
图解结果
生成新图解

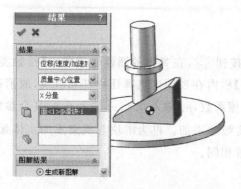

图 11.32　滑块质心位置图解参数设置

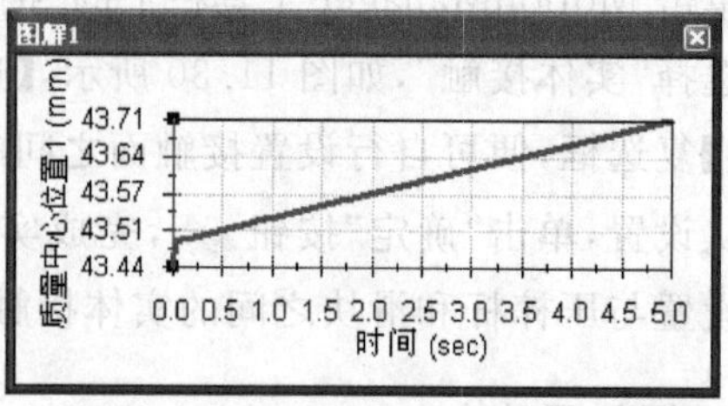
图解1
质量中心位置1 (mm)
43.71
43.64
43.57
43.51
43.44
0.0 0.5 1.0 1.5 2.0 2.5 3.0 3.5 4.0 4.5 5.0
时间 (sec)

图 11.33　滑块质心位置 X 分量图解

同理，创建从动件滑块质心位置的 Y、Z 分量图解，测得的位置图解如图 11.34 及图 11.35 所示。

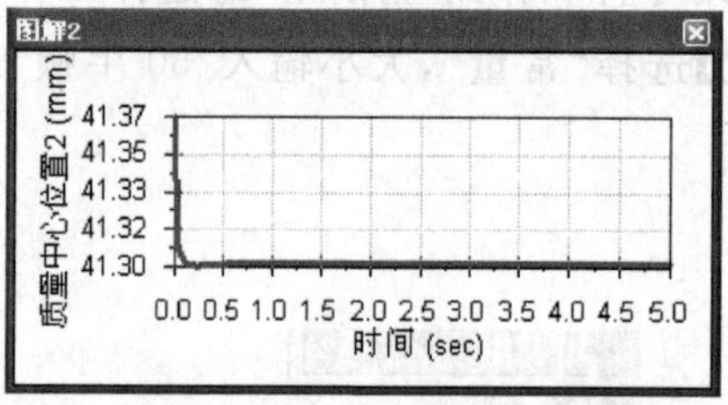
图解2
质量中心位置2 (mm)
41.37
41.35
41.33
41.32
41.30
0.0 0.5 1.0 1.5 2.0 2.5 3.0 3.5 4.0 4.5 5.0
时间 (sec)

图 11.34　滑块质心位置 Y 分量图解

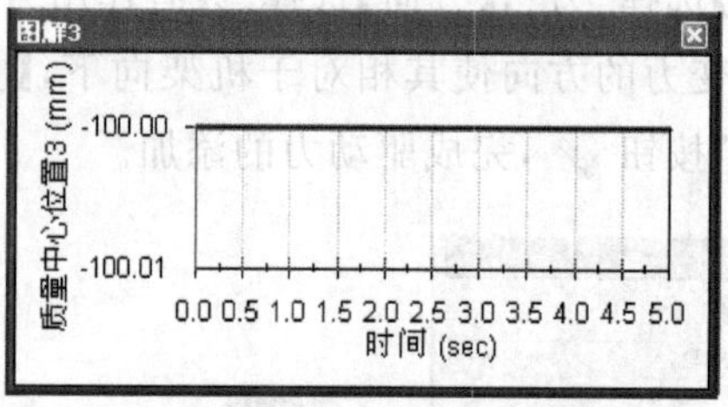
图解3
质量中心位置3 (mm)
-100.00
-100.01
0.0 0.5 1.0 1.5 2.0 2.5 3.0 3.5 4.0 4.5 5.0
时间 (sec)

图 11.35　滑块质心位置 Z 分量图解

由图 11.33～图 11.35 可知，滑块的质心位置在仿真过程中几乎没有发生改变，微小误差是求解精度所致，说明从动件并没有运动。在 MotionManager 设计树中，右击编辑力的大小，将其修改为 100N 或者更大的数值，再单击“计算”按钮，进行仿真求解，待仿真自动计算完毕，更新后滑块的位置图解无任何变化，说明在驱动力加大（机械中无零部件损坏）的过程中，从动件滑块仍然不能运动。对于该机构，理论上摩擦角 $\phi=\arctan f=\arctan 0.4=21.8°$，而滑块斜面倾斜角 $\alpha=30°<2\phi=43.6°$，以上验证了滑块斜面倾斜角满足自锁条件时，压榨机的自锁特性。

4. 不自锁仿真

首先，右击滑块零件选择【编辑】命令，对其拉伸草图进行修改，将角度尺寸改为 30°，如图 11.36 所示，然后退出零件编辑。再对压榨杆零件进行编辑，修改其拉伸切除草图中的角度尺寸，将其改为 45°，如图 11.37 所示。

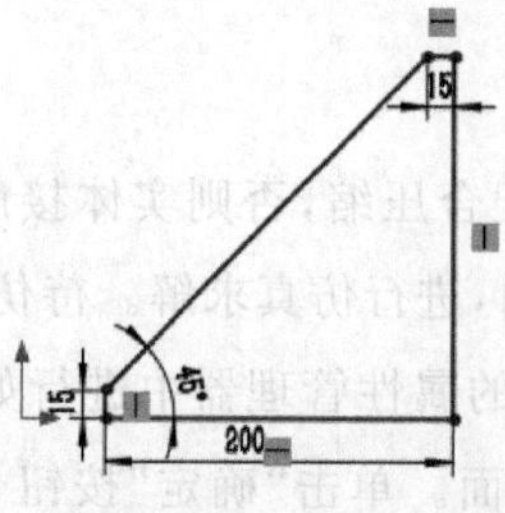
15
15
200

图 11.36　修改后的滑块草图

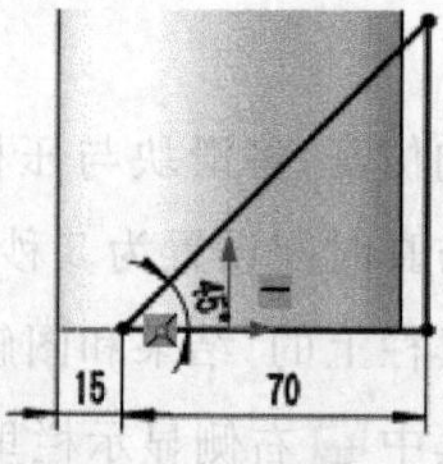
15
70

图 11.37　修改后的压榨杆拉伸切除草图

将滑块与压榨杆及机架的重合配合解除压缩，使各个零部件处于正确的安装位置，如图 11.38 所示，然后再次将这两个重合配合压缩，使其不影响仿真。

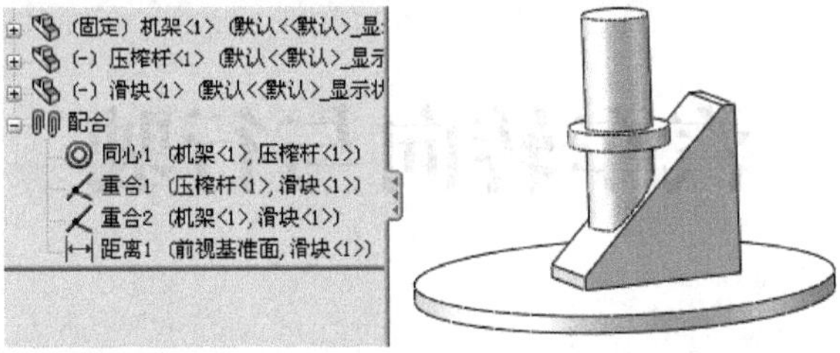
(固定) 机架<1> (默认<<默认>_显
(-) 压榨杆<1> (默认<<默认>_显示
(-) 滑块<1> (默认<<默认>_显示
配合
同心1 (机架<1>, 压榨杆<1>)
重合1 (压榨杆<1>, 滑块<1>)
重合2 (机架<1>, 滑块<1>)
距离1 (前视基准面, 滑块<1>)

图 11.38 修改后的压榨机装配体

单击“计算”按钮，进行仿真求解，待仿真自动计算完毕，更新后的位置图解在 X 分量及 Y 分量上发生了变化，如图 11.39 及图 11.40 所示，说明从动件滑块相对于机架在运动。对于该机构，滑块斜面倾斜角 $\alpha=45° > 2\phi=43.6°$，理论上不满足自锁条件，同时，经过仿真也验证了修改后的压榨机不具有自锁特性。

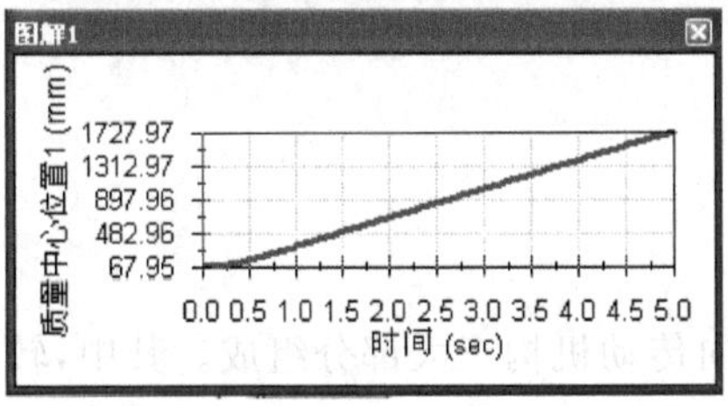
图解1
质量中心位置1 (mm)
1727.97
1312.97
897.96
482.96
67.95
0.0 0.5 1.0 1.5 2.0 2.5 3.0 3.5 4.0 4.5 5.0
时间 (sec)

图 11.39 更新后的滑块质心位置 X 分量图解

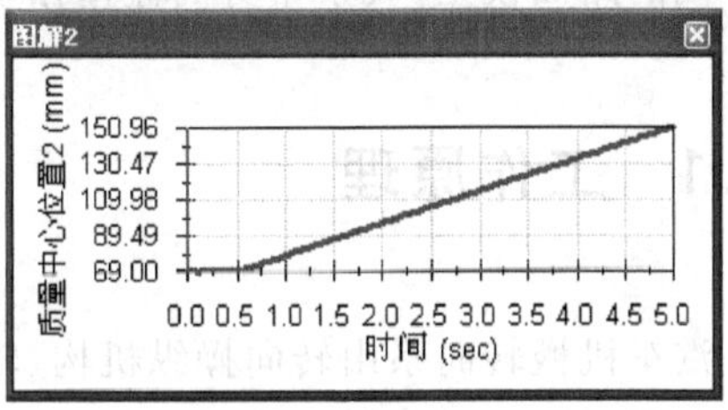
图解2
质量中心位置2 (mm)
150.96
130.47
109.98
89.49
69.00
0.0 0.5 1.0 1.5 2.0 2.5 3.0 3.5 4.0 4.5 5.0
时间 (sec)

图 11.40 更新后的滑块质心位置 Y 分量图解

第12章

汽车转向与行驶

本章建立了汽车转向机构及汽车行驶模型，并模拟了汽车转向机构的工作过程及汽车在给定驱动和转向关系时的行驶过程。通过给汽车方向盘加上分段的转向函数，经过梯形机构转化为前轮的转动，可用于汽车转向模拟和转向梯形机构转向性能的研究。通过本仿真模型，可以设置不同的转向函数，观察汽车的运行路径，以便避开障碍物，还可以进一步建立不同的路面模型，观察车身的碰撞振动情况等。

12.1 工作原理

汽车机械转向系由转向操纵机构、转向器和转向传动机构三大部分组成。其中，转向传动机构根据转向器位置和转向轮悬架类型不同，分为与非独立悬架配用的转向传动机构和与独立悬架配用的转向传动机构，这里讨论的是与非独立悬架配用的转向传动机构。转向传动机构是将转向器输出的力和运动传递给转向桥两侧的转向节，使两侧转向轮偏转，并使两转向轮偏转按一定的关系变化，以保证汽车转向时车轮与地面的相对滑动尽可能小。

为了避免汽车转向时产生的路面对汽车行驶的附加阻力和轮胎磨损太快，要求转向系在汽车转向时，所有车轮均做纯滚动而不产生侧向滑移，图 12.1 所示为汽车左转向，其中两侧车轮偏转角 α 和 β 的理想关系为

$$\cot\beta = \cot\alpha + B/L$$

式中，β 为汽车前转向轮外轮偏转角；α 为汽车前转向轮内轮偏转角；B 为两前轮主销中心距；L 为汽车轴距。

因此转向传动机构转向梯形的几何参数需要优化确定，但是，至今所有汽车的转向梯形都只能设计在一定的车轮偏转角范围内，接近于理想关系。为了模拟的方便，汽车转向机构简化为图 12.1 所示由方向盘、梯形机构、转向直拉杆、转向节臂、等腰梯形机构和车轮组成。图 12.2 所示为汽车行驶模拟模型，由车身、前轮转向机构、后轮驱动机构、地面组成，通过给车轮和路面之间建立三维碰撞关系，设置车轮与地面的摩擦，后轮转动，摩擦力使得汽车行驶，当后轮驱动与前轮转向配合时，可使汽车转弯行驶。

主要设计参数：两前轮主销中心距 B=1400mm，汽车轴距 L=2000mm，转向横拉杆长度为 1300mm，转向梯形底角 γ=70°，转向节臂长度为 350mm，转向直拉杆长度为 600mm，车轮外径 D=700mm。

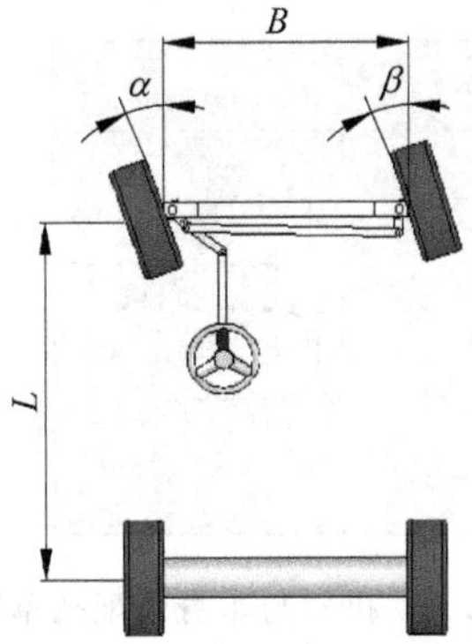
B
α
β
L

图 12.1　汽车转向机构简图

图 12.2　汽车行驶模型图

12.2　零件造型

启动 SolidWorks 2012，选择【文件】/【新建】/【零件】命令，创建新的零件文件。选择【插入】/【草图绘制】命令，选择一基准面为草绘平面。

1. 机架

根据图 12.3 所示绘制机架的轮廓草图，然后选择【插入】/【凸台/基体】/【拉伸】命令，拉伸距离设置为 100mm，单击"确定"按钮；选择机架上表面为草绘平面，绘制如图 12.4 所示的草图，退出草图绘制后选择【插入】/【切除】/【拉伸】命令，在方向栏中选择【形成到下一面】，单击"确定"按钮，得到机架与梯形臂的装配孔；在机架上选择如图 12.5 所示的平面为草绘平面，绘制如图 12.6 所示的草图，然后对机架进行"形成到下一面"拉伸切除，得到机架与车身的装配孔；零件的材质设置为"普通碳钢"，最后得到机架实体零件，以文件名"机架"保存文件。

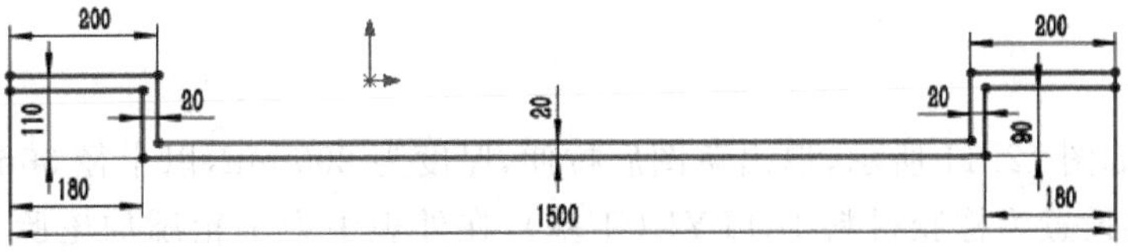
200
200
110
20
20
20
90
180
1500
180

图 12.3　机架草图

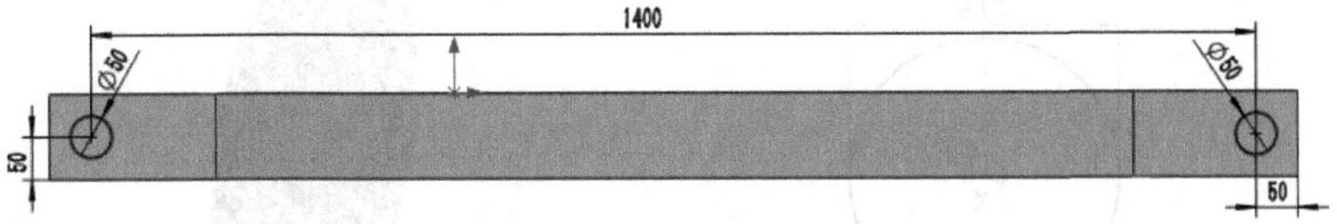
1400
Ø50
Ø50
50
50

图 12.4　机架与梯形臂装配孔草图

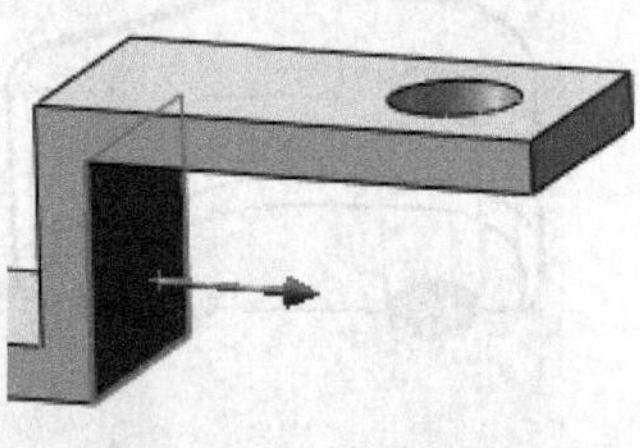

图 12.5　机架与车身装配孔草绘平面

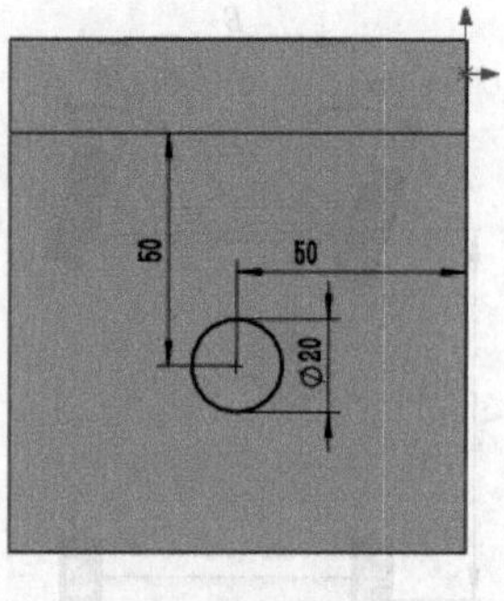
50
50
Ø20

图 12.6　机架与车身装配孔草图

2. 转向节臂、转向直拉杆、转向横拉杆和套筒

转向节臂、转向直拉杆、转向横拉杆和套筒的草图如图 12.7、图 12.8、图 12.9 和图 12.10 所示，退出草图后拉伸，套筒厚度为 100mm，其余厚度均为 20mm，材料均为普通碳钢，分别以文件名“转向节臂”、“转向直拉杆”、“转向横拉杆”和“套筒”保存文件。

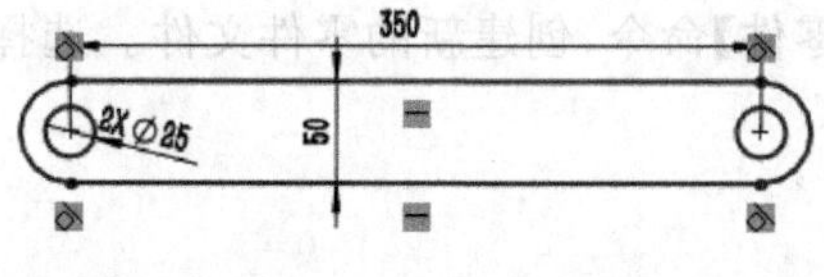
350
2X Ø25
50

图 12.7　转向节臂草图

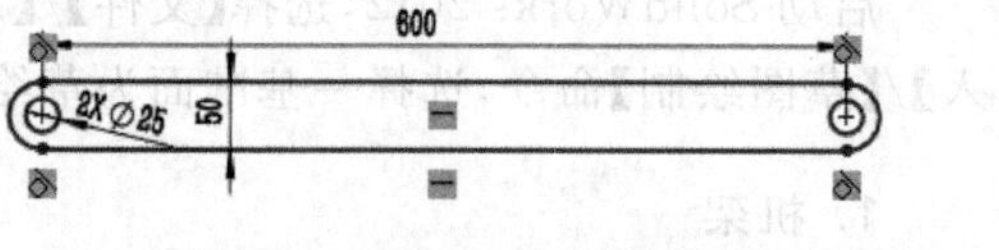
600
2X Ø25
50

图 12.8　转向直拉杆草图

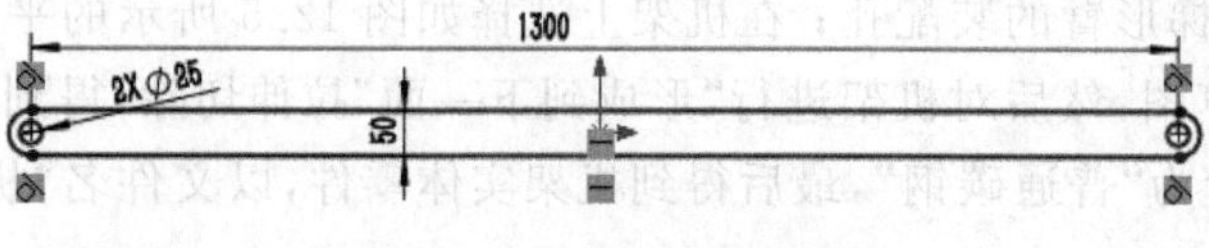
1300
2X Ø25
50

图 12.9　转向横拉杆草图

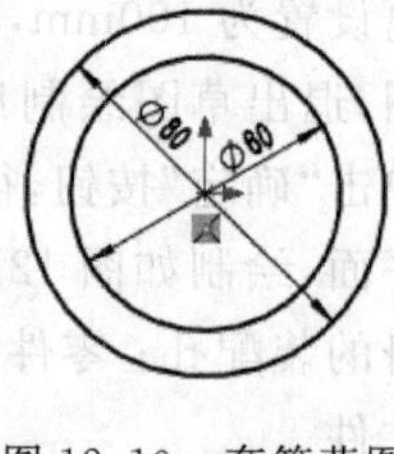
Ø80
Ø60

图 12.10　套筒草图

3. 车轮

车轮草图如图 12.11 所示，退出草图后拉伸，厚度为 200mm，以半径 30mm 对车轮边缘进行倒圆，材料设置为橡胶材料 BUTYL（丁基），在外观中为车轮添加轮胎花纹，完成的车轮模型如图 12.12 所示，以文件名“车轮”保存文件。

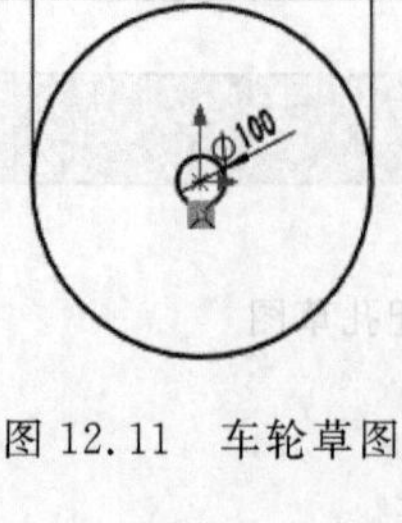
Ø700
Ø100

图 12.11　车轮草图

图 12.12　车轮模型

4. 左右梯形臂

按图 12.13 所示绘制梯形臂座草图，退出草图后拉伸，厚度为 100mm。然后选择【插入】/【参考几何体】/【基准面】命令，在拉伸方向中间创建一个基准面，右击该基准面插入一草图，绘制如图 12.14 所示梯形臂杆草图，退出草图后两侧对称拉伸，厚度为 20mm。

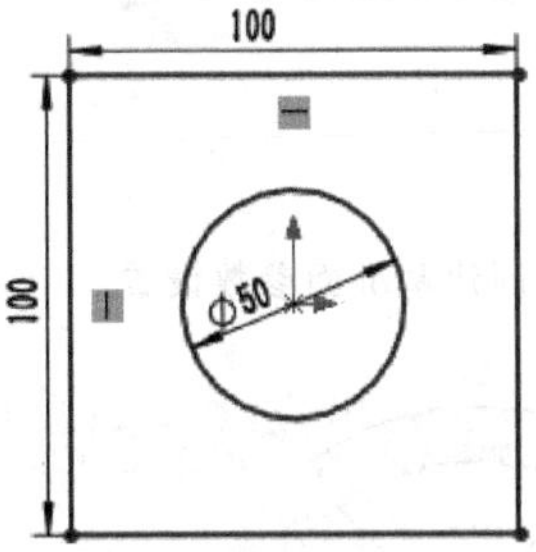
100
100
Ø50

图 12.13　梯形臂座草图

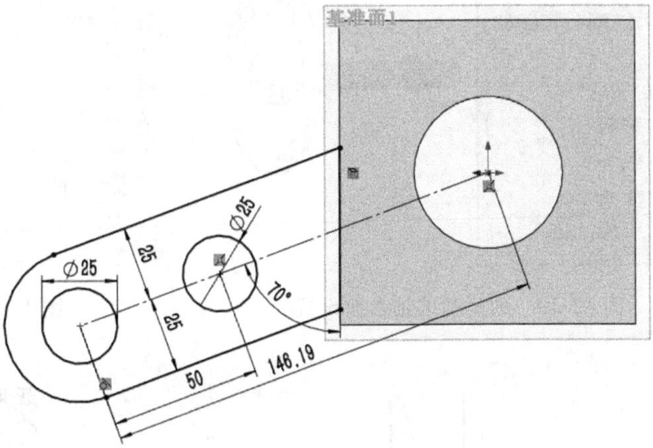
基准面1
Ø25
Ø25
25
25
70°
50
146.19

图 12.14　梯形臂杆草图

在梯形臂座端面绘制一直径 100mm，高 250mm 的圆柱体，得到如图 12.15 所示的左梯形臂。右梯形臂删除一个孔即可，如图 12.16 所示，左、右梯形臂的材料均设置为普通碳钢。

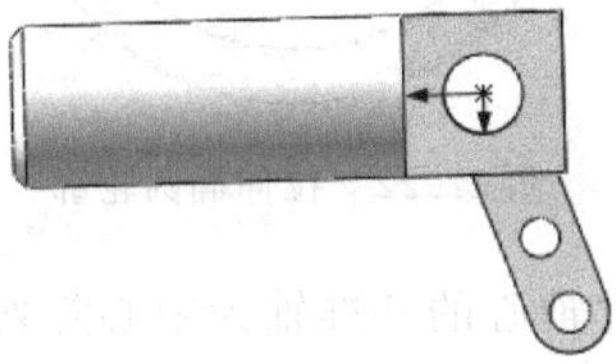

图 12.15　左梯形臂模型

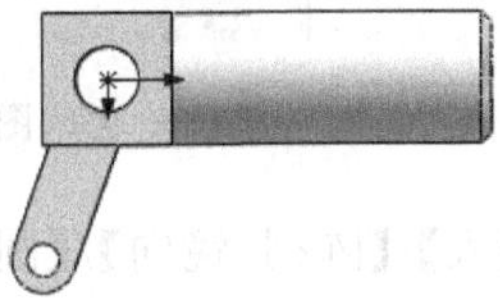

图 12.16　右梯形臂模型

5. 方向盘

按图 12.17 所示绘制方向盘草图，退出草图后，以方向盘中心轴为旋转轴，通过 360°旋转得到实体，如图 12.18 所示。然后选择【插入】/【参考几何体】/【基准轴】命令，选择方向盘转动轴为参考面，创建一基准轴，如图 12.19 所示。再创建一基准面，如图 12.20 所示，

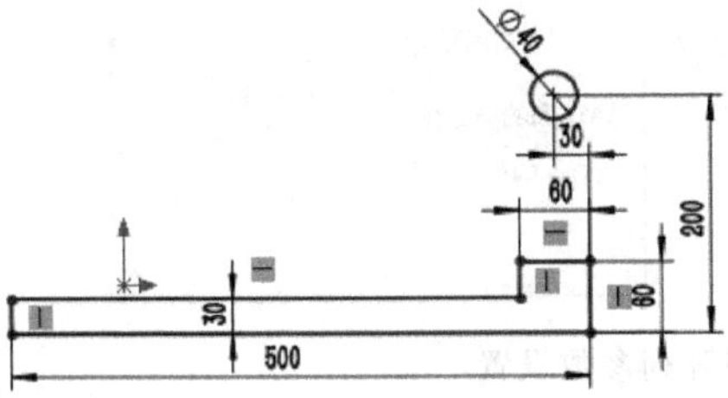
Ø40
30
60
200
60
30
500

图 12.17　方向盘草图

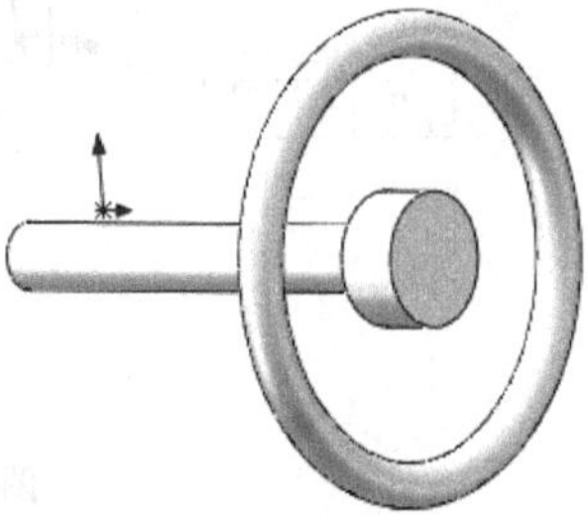

图 12.18　方向盘实体模型

【第一参考】选择刚创建的基准轴，【第二参考】选择前视基准面，右击该基准面插入一草图，用椭圆命令绘制如图 12.21 所示轮廓，然后"形成到一面"拉伸到圆盘面，如图 12.22 所示。

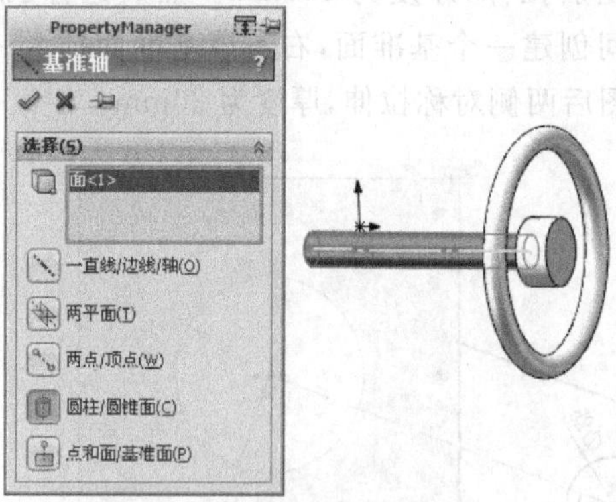
PropertyManager
基准轴
选择(S)
面<1>
一直线/边线/轴(O)
两平面(T)
两点/顶点(W)
圆柱/圆锥面(C)
点和面/基准面(P)

图 12.19　创建基准轴参数设置

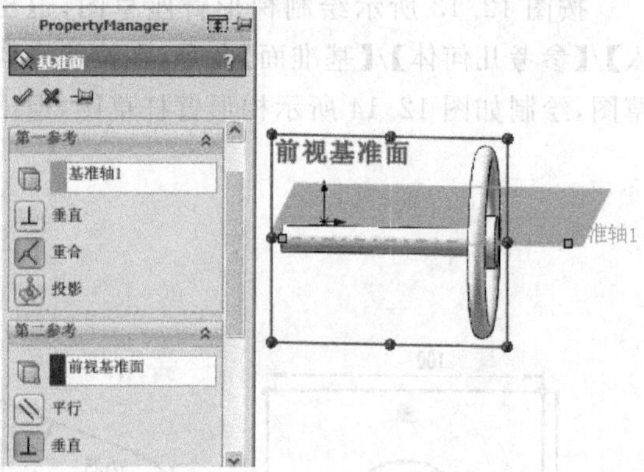
PropertyManager
基准面
第一参考
基准轴1
垂直
重合
投影
第二参考
前视基准面
平行
垂直
前视基准面
基准轴1

图 12.20　创建基准面参数设置

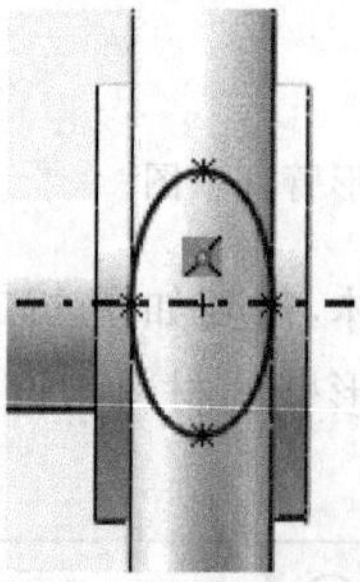

图 12.21　椭圆轮廓草图

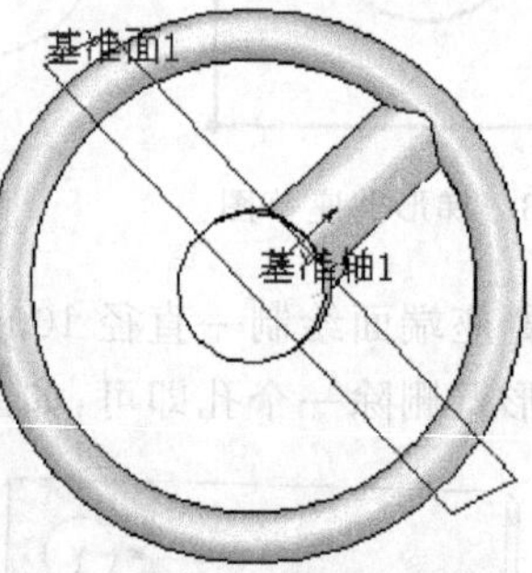
基准面1
基准轴1

图 12.22　拉伸椭圆轮廓

选择【插入】/【阵列/镜向】/【圆周阵列】命令，以过轴心的基准轴为中心阵列，如图 12.23 所示，最后材料设置为普通碳钢，以文件名"方向盘"保存文件。

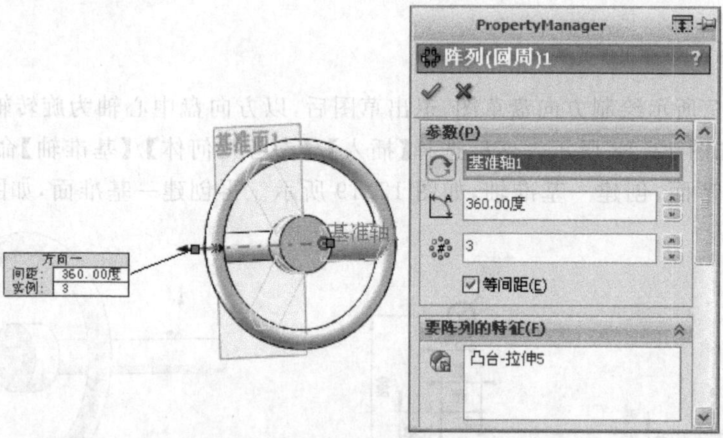
方向一
间距: 360.00度
实例: 3
基准轴
PropertyManager
阵列(圆周)1
参数(P)
基准轴1
360.00度
3
等间距(E)
要阵列的特征(F)
凸台-拉伸5

图 12.23　圆周阵列参数设置

6. 后轴

后轴草图如图 12.24 所示，退出草图后，以后轴中心轴为旋转轴，通过 360°旋转得到实体，材料设置为普通碳钢，以文件名“后轴”保存文件。

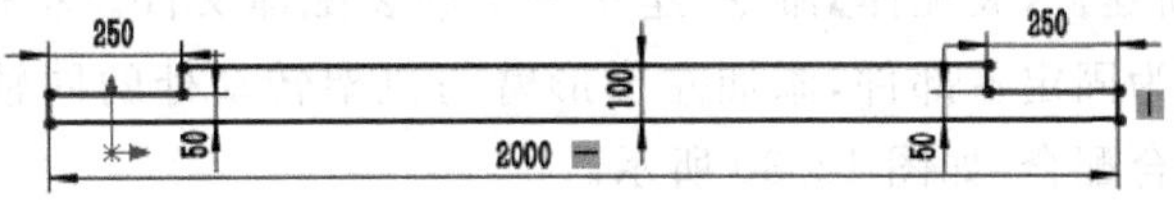
250
250
100
50
2000
50

图 12.24 车轮草图

7. 车身

车身草图如图 12.25 所示，其中车身上不规则曲线用样条曲线绘制，完成后退出草图进行拉伸，轮距为 2000mm，给车身边倒圆角，半径为 150mm，如图 12.26 所示。选择【插入】/【特征】/【抽壳】命令，选择图 12.27 所示的底面，抽壳厚度为 10mm。车身材料设置为普通碳钢，以文件名“车身”保存文件。

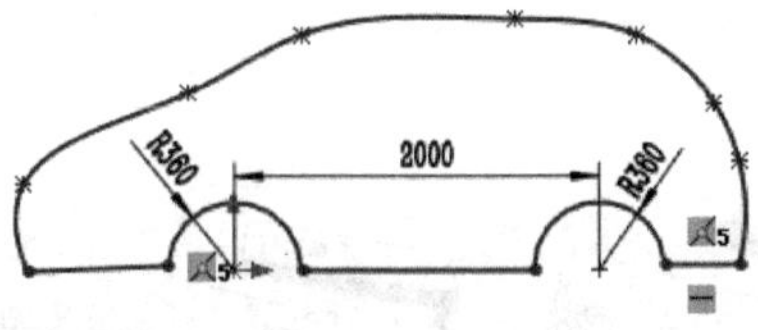
R360
2000
R360

图 12.25 车身草图

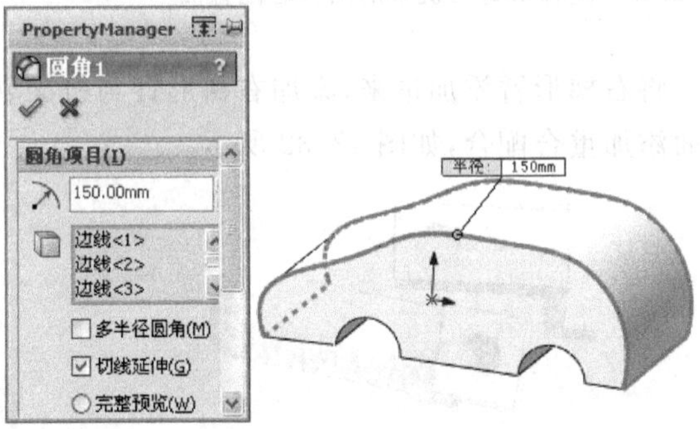
PropertyManager
圆角1
圆角项目(I)
150.00mm
边线<1>
边线<2>
边线<3>
多半径圆角(M)
切线延伸(G)
完整预览(W)
半径: 150mm

图 12.26 车身倒圆参数设置

8. 地面

地面草图如图 12.28 所示，退出草图后拉伸，厚度为 150mm，将材料设置为普通碳钢，以文件名“地面”保存文件。

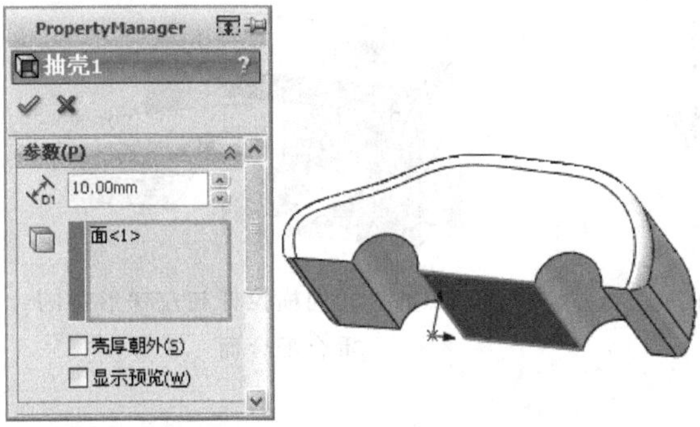
PropertyManager
抽壳1
参数(P)
10.00mm
面<1>
壳厚朝外(S)
显示预览(W)

图 12.27 车身抽壳参数设置

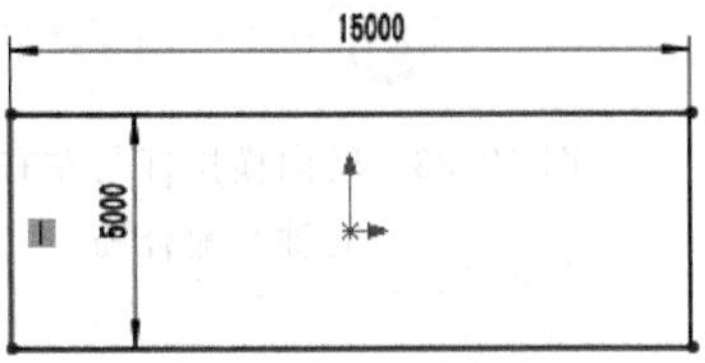
15000
5000

图 12.28 地面草图

12.3 装配

选择【文件】/【新建】/【装配体】命令，建立一个新装配体文件。将机架和左梯形臂添加进来，右击把机架设为固定零部件，添加左梯形臂与机架转动处的同轴心配合，如图 12.29 所示，其端面添加重合配合，如图 12.30 所示。

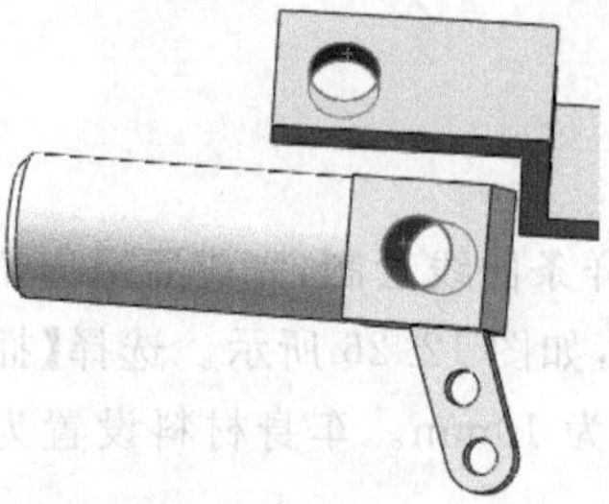

图 12.29　左梯形臂与机架的同轴心配合面

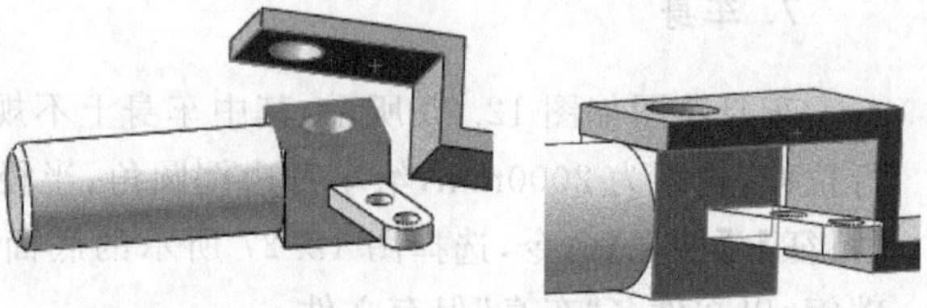

图 12.30　左梯形臂与机架的重合配合面

将右梯形臂添加进来，添加右梯形臂与机架转动处的同轴心配合，如图 12.31 所示，其端面添加重合配合，如图 12.32 所示。

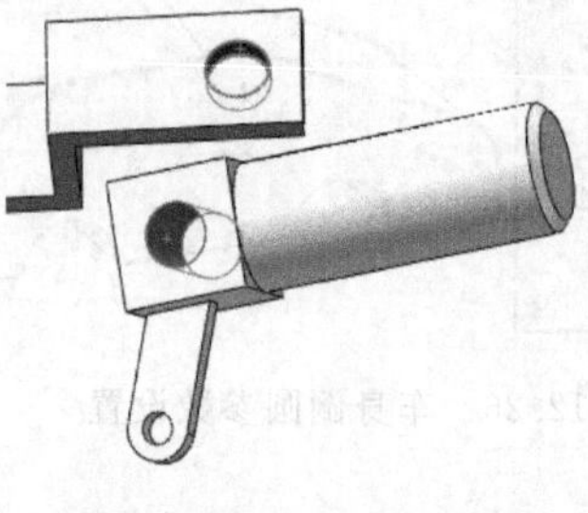

图 12.31　右梯形臂与机架的同轴心配合面

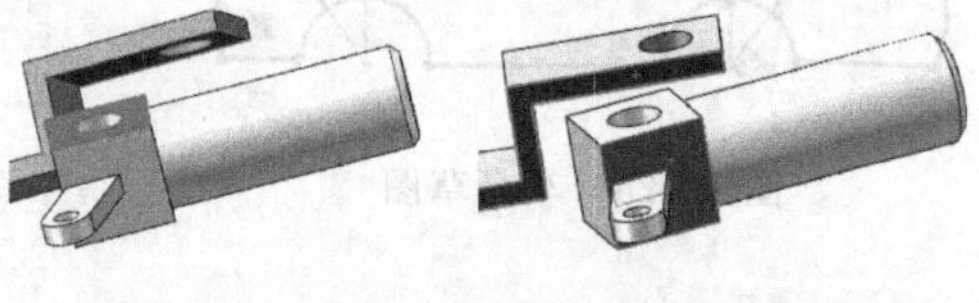

图 12.32　右梯形臂与机架的重合配合面

将转向横拉杆添加进来，添加转向横拉杆与左右梯形臂转动处的同轴心配合，如图 12.33 所示，添加转向横拉杆与左梯形臂的面重合配合，如图 12.34 所示。

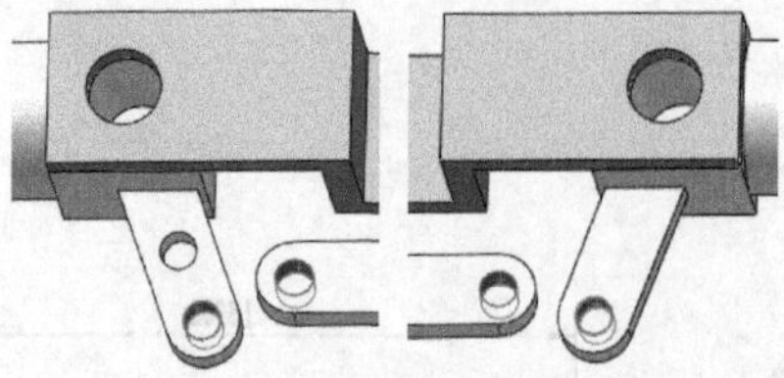

图 12.33　转向横拉杆与左右梯形臂的同轴心配合面

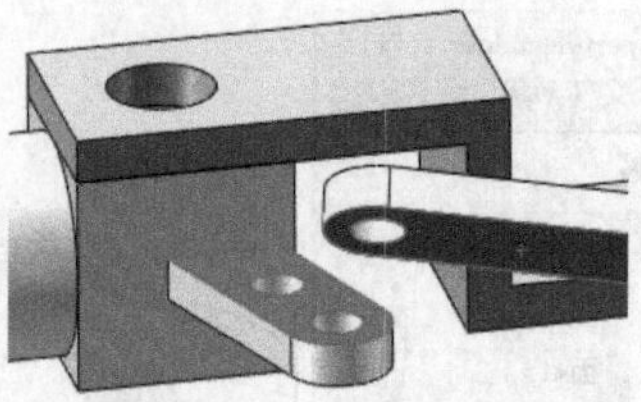

图 12.34　转向横拉杆与左梯形臂的重合配合面

将转向节臂添加进来，添加转向节臂与左梯形臂转动处的同轴心配合，如图 12.35 所示，其端面添加重合配合，如图 12.36 所示。

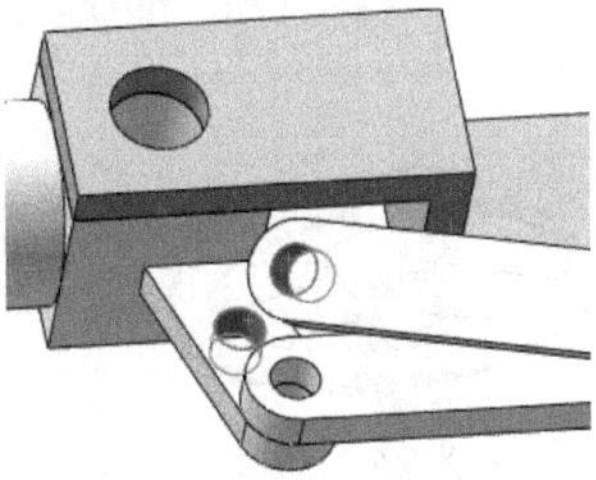

图 12.35 转向节臂与左梯形臂的同轴心配合面

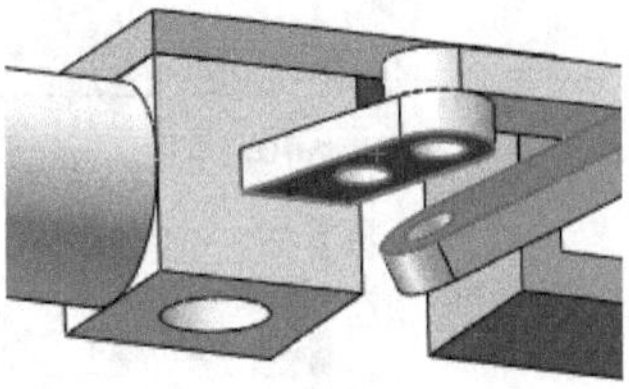

图 12.36 转向节臂与左梯形臂的重合配合面

将转向直拉杆添加进来，添加转向直拉杆与转向节臂转动处的同轴心配合，如图 12.37 所示，其端面添加重合配合，如图 12.38 所示。

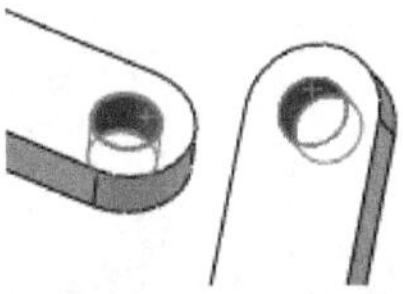

图 12.37 转向直拉杆与转向节臂的同轴心配合面

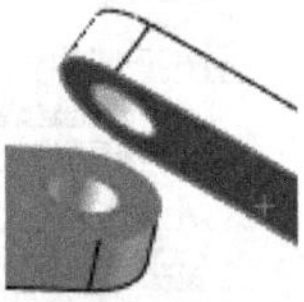

图 12.38 转向直拉杆与转向节臂的重合配合面

添加转向直拉杆与机架的垂直配合，如图 12.39 所示，添加两者的距离配合，距离为 190mm，如图 12.40 所示。

图 12.39 转向直拉杆与机架的垂直配合面

图 12.40 转向直拉杆与机架的距离配合面

将方向盘添加进来，添加方向盘与转向直拉杆转动处的同轴心配合，如图 12.41 所示，其端面添加重合配合，如图 12.42 所示。在【配合】中选择【机械配合】命令，为方向盘与转向直拉杆添加 齿条小齿轮 耦合副，如图 12.43 所示，选中【反转】复选框，使方向盘顺时针转动时，转向直拉杆向前移动。

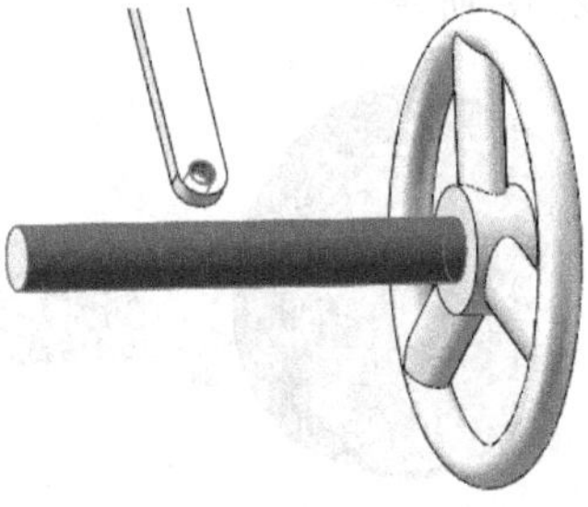

图 12.41 方向盘与转向直拉杆的同轴心配合面

图 12.42 方向盘与转向直拉杆的重合配合面

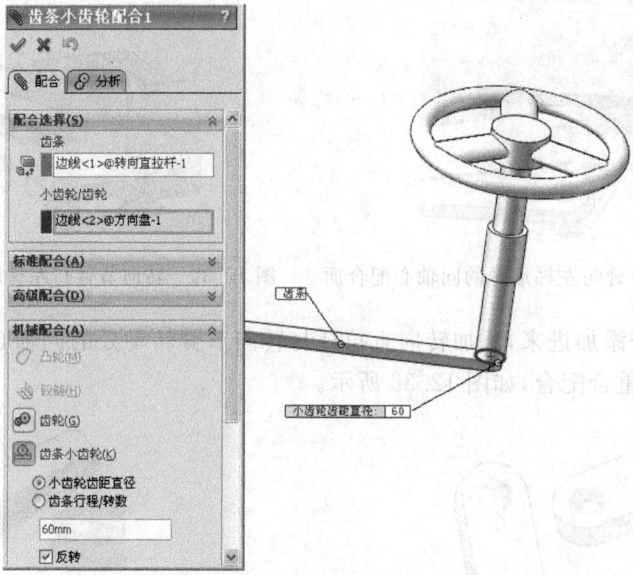
齿条小齿轮配合1
配合
分析
配合选择(S)
齿条
边线<1>@转向直拉杆-1
小齿轮/齿轮
边线<2>@方向盘-1
标准配合(A)
高级配合(D)
机械配合(A)
凸轮(M)
铰链(H)
齿轮(G)
齿条小齿轮(K)
小齿轮齿距直径
齿条行程/转数
60mm
反转
齿条
小齿轮齿距直径: 60

图 12.43　方向盘与转向直拉杆的齿条齿轮配合参数设置

将套筒添加进来，添加套筒与方向盘的同轴心配合，如图 12.44 所示。用鼠标将套筒移动到合适位置后，右击将方向盘与转向直拉杆的同轴心配合压缩(否则下面的锁定配合将会过约束装配体)，然后添加套筒与机架的锁定配合，如图 12.45 所示。

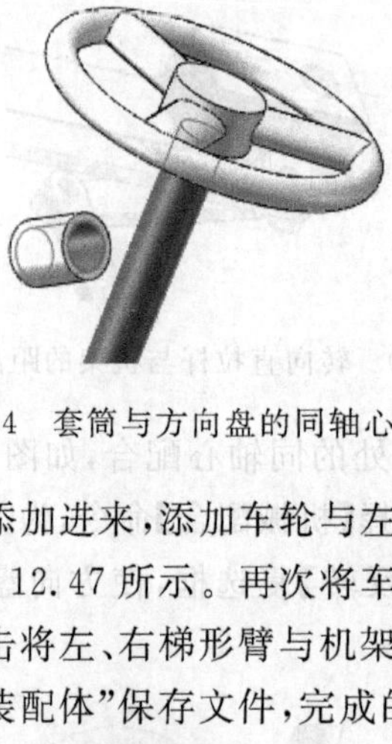

图 12.44　套筒与方向盘的同轴心配合面

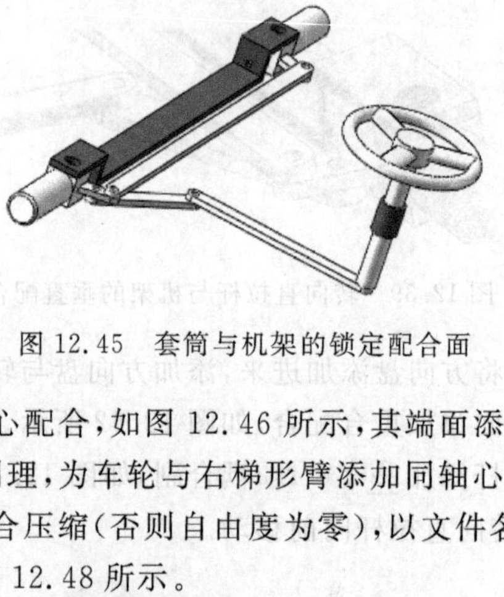

图 12.45　套筒与机架的锁定配合面

将车轮添加进来，添加车轮与左梯形臂的同轴心配合，如图 12.46 所示，其端面添加重合配合，如图 12.47 所示。再次将车轮添加进来，同理，为车轮与右梯形臂添加同轴心及重合配合。右击将左、右梯形臂与机架的侧面重合配合压缩(否则自由度为零)，以文件名"汽车转向机构装配体"保存文件，完成的装配模型如图 12.48 所示。

图 12.46　车轮与左梯形臂的同轴心配合面

图 12.47　车轮与左梯形臂的重合配合面

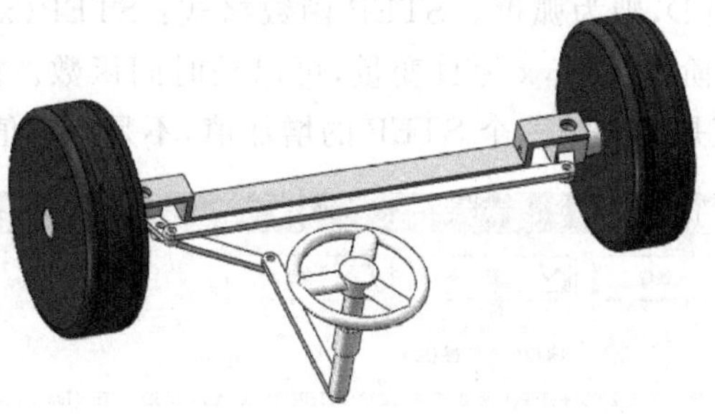

图 12.48 汽车转向机构装配体

12.4 仿真

在装配体界面，将“SolidWorks Motion”插件载入，单击布局选项卡中的【运动算例 1】，在 MotionManager 工具栏中的【算例类型】下拉列表中选择【Motion 分析】。

12.4.1 汽车转向机构仿真

1. 添加马达

单击 MotionManager 工具栏中的“马达”按钮，为方向盘添加一逆时针旋转马达，马达位置为方向盘旋转轴，马达的运动方式选择“表达式”，如图 12.49 所示。在弹出的【函数编制程序】对话框中将“值(y)”设置为“位移(度)”，如图 12.50 所示，然后输入以下 STEP 函数：

STEP(Time,0,0D,2,0D)＋STEP(Time,2,0D,4,－120D)
＋STEP(Time,6,0D,8,155D)＋STEP(Time,10,0D,12,－35D)

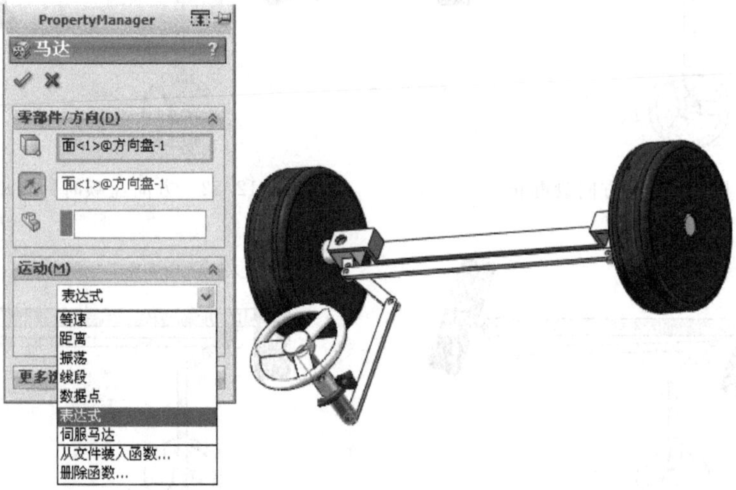
PropertyManager
马达
零部件/方向(D)
面<1>@方向盘-1
面<1>@方向盘-1
运动(M)
表达式
等速
距离
振荡
线段
数据点
表达式
伺服马达
从文件装入函数...
删除函数...
更多选

图 12.49 方向盘马达参数设置

其中,D 表示度。若不加 D,则为弧度。STEP 函数格式:STEP(x,x0,h0,x1,h1),生成区间(x0,h0)至(x1,h1)的阶梯曲线,x 为自变量,可以是时间函数。两个 STEP 函数相加,第二个 STEP 函数的 Y 值是相对第一个 STEP 的增加值,不是绝对值。

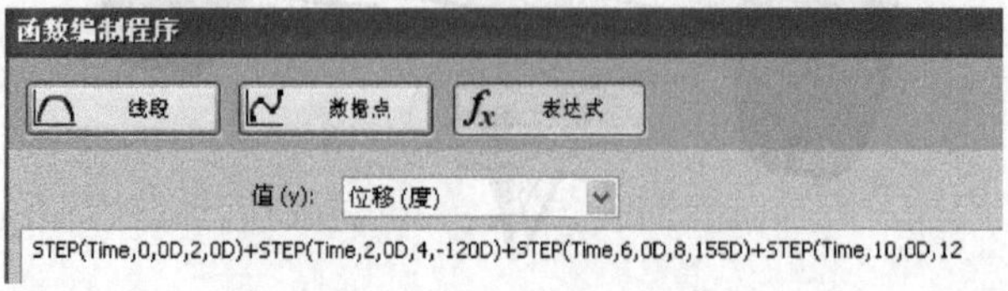
函数编制程序
线段
数据点
表达式
值(y):
位移(度)
STEP(Time,0,0D,2,0D)+STEP(Time,2,0D,4,-120D)+STEP(Time,6,0D,8,155D)+STEP(Time,10,0D,12

图 12.50　方向盘马达函数编制

2. 转向仿真分析

在 MotionManager 界面中将时间的长度拉到 13s,其余参数采用默认设置。单击工具栏上的"计算"按钮,进行仿真求解。

上述 4 个 STEP 函数相加实现方向盘以下运动:

0～2s:静止,如图 12.51 所示。

2～4s:顺时针转动 120°,如图 12.52 所示。

4～6s:静止。

6～8s:逆时针转动 155°,如图 12.53 所示。

8～10s:静止。

10°～12°:顺时针转动 35°,如图 12.54 所示。

12～13s:静止。仿真时间设置为 13s,所以 12s 以后方向盘一直维持最后位置状态,直到仿真结束。

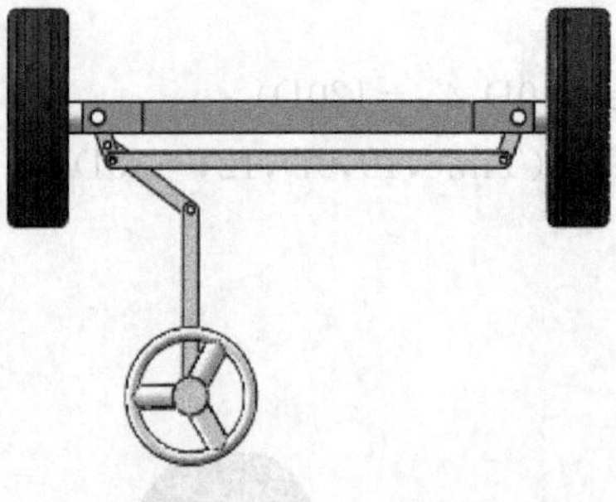

图 12.51　方向盘静止

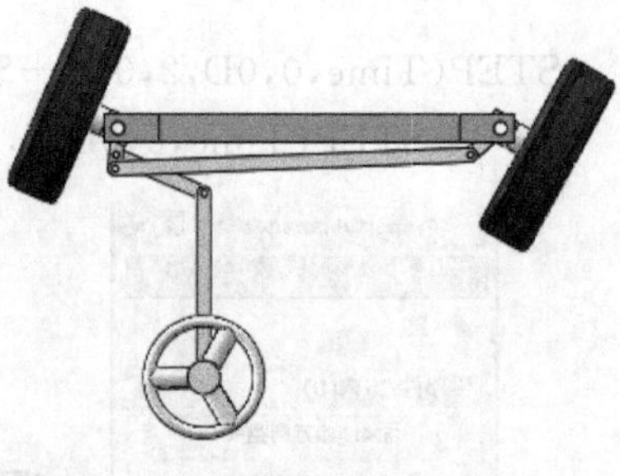

图 12.52　方向盘顺时针转动 120°

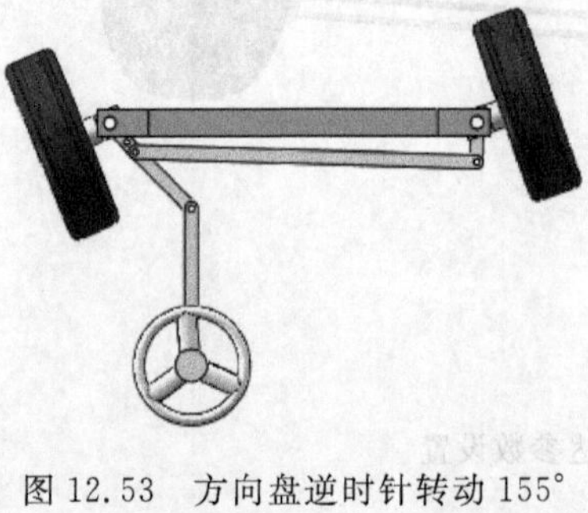

图 12.53　方向盘逆时针转动 155°

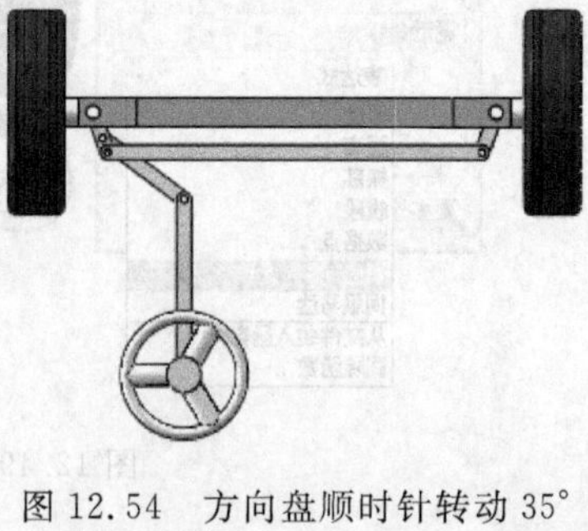

图 12.54　方向盘顺时针转动 35°

单击工具栏上的“结果和图解”按钮 ，在弹出的属性管理器中进行如图 12.55 所示的参数设置，其中 选择栏里依次选取左梯形臂顶点、机架顶点和与已选取两点共面的机架圆孔边线，若两顶点不方便选取，可将鼠标移至选取点附近，右击，选择【选择其他】，如图 12.56 所示，在弹出对话框里选取需要的项目。单击“确定”按钮 ，生成左梯形臂角位移曲线，如图 12.57 所示。同理，生成右梯形臂角位移曲线，如图 12.58 所示。以文件名“汽车转向机构仿真”保存文件。

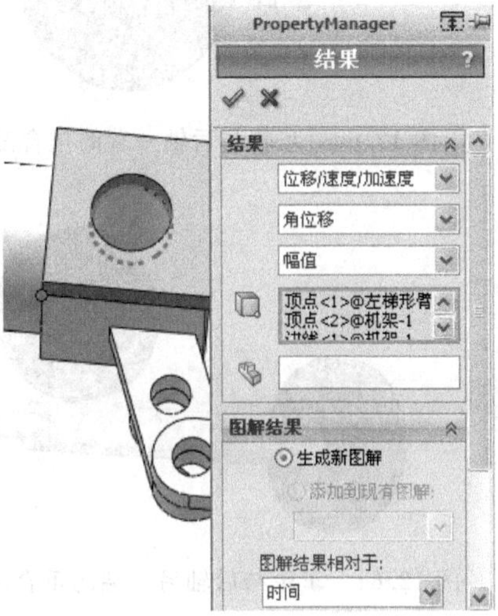
PropertyManager
结果
结果
位移/速度/加速度
角位移
幅值
顶点<1>@左梯形臂
顶点<2>@机架-1
图解结果
生成新图解
添加到现有图解:
图解结果相对于:
时间

图 12.55 左梯形臂角位移参数设置

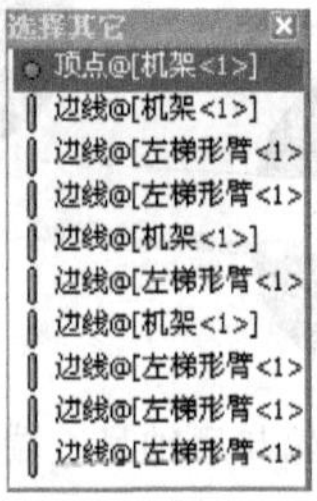
选择其它
顶点@[机架<1>]
边线@[机架<1>]
边线@[左梯形臂<1>]
边线@[左梯形臂<1>]
边线@[机架<1>]
边线@[左梯形臂<1>]
边线@[机架<1>]
边线@[左梯形臂<1>]
边线@[左梯形臂<1>]
边线@[左梯形臂<1>]

图 12.56 选择其他选择项目

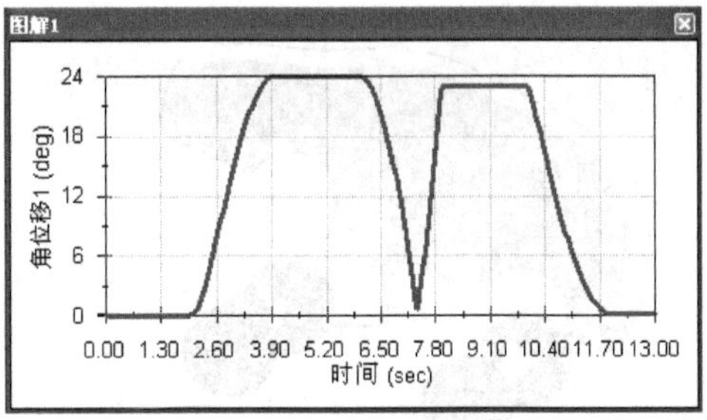
图解1
24
18
12
6
0
角位移1 (deg)
0.00 1.30 2.60 3.90 5.20 6.50 7.80 9.10 10.40 11.70 13.00
时间 (sec)

图 12.57 左梯形臂角位移曲线

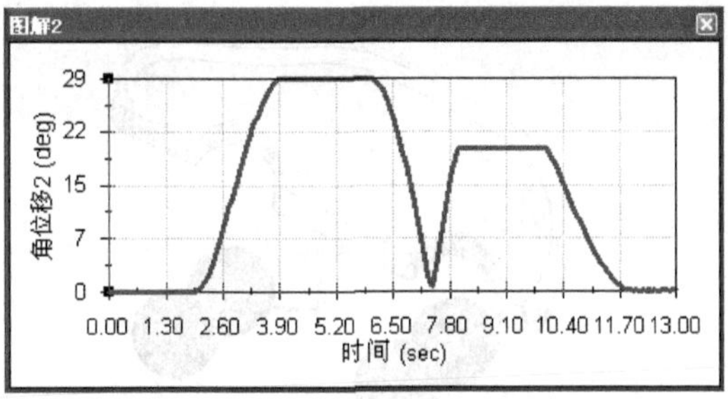
图解2
29
22
15
7
0
角位移2 (deg)
0.00 1.30 2.60 3.90 5.20 6.50 7.80 9.10 10.40 11.70 13.00
时间 (sec)

图 12.58 右梯形臂角位移曲线

可见，方向盘顺时针转动，车轮顺时针转动，即汽车右转，左车轮在 0°～24°之间转动，右车轮却在 0°～29°之间转动；方向盘逆时针转动，车轮逆时针转动，即汽车左转，左车轮在 0°～23°之间转动，右车轮却在 0°～20°之间转动。验证了汽车转向时，内转向轮转角大于外转向轮转角。

12.4.2 汽车行驶仿真

1. 汽车行驶零部件装配

将后轴添加进来，再将车轮添加进来，添加车轮与后轴的同轴心配合，如图 12.59 所示，其端面添加重合配合，如图 12.60 所示。再次将车轮添加进来，同理，添加车轮与后轴的同轴心及重合配合，如图 12.61 及图 12.62 所示。

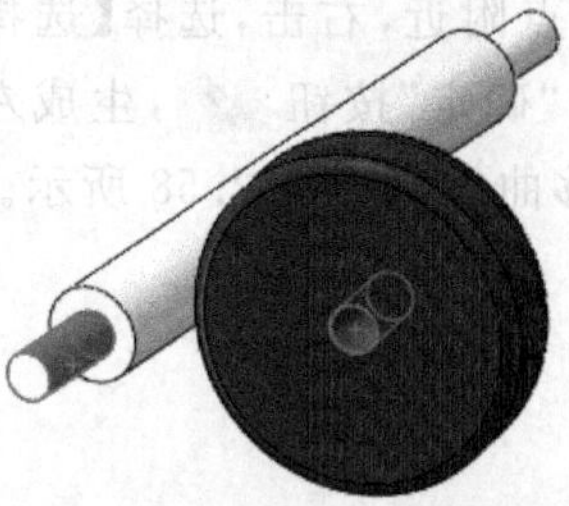

图 12.59　车轮与后轴一端的同轴心配合面

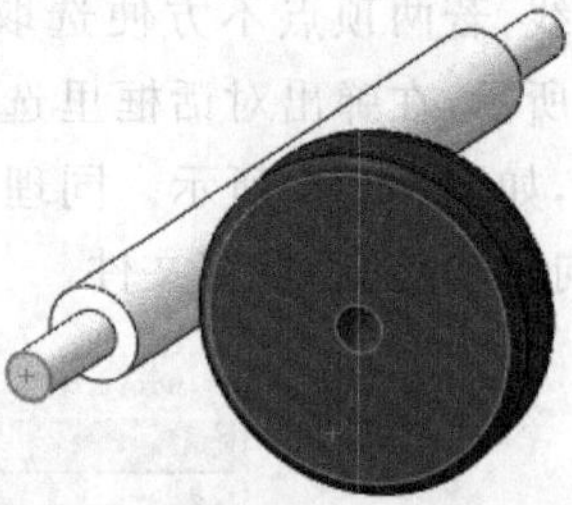

图 12.60　车轮与后轴一端的重合配合面

图 12.61　车轮与后轴另一端的同轴心配合面

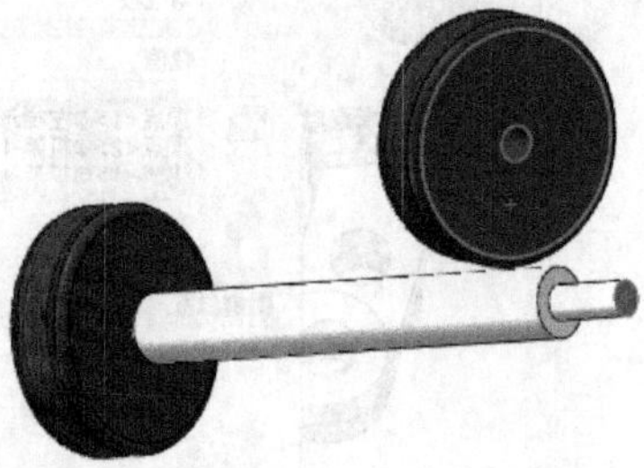

图 12.62　车轮与后轴另一端的重合配合面

将车身添加进来，添加车身与后轴的同轴心配合，如图 12.63 所示，其端面添加重合配合，如图 12.64 所示。

图 12.63　车身与后轴的同轴心配合面

图 12.64　车身与后轴的重合配合面

添加车身与机架定位孔的同轴心配合，如图 12.65 所示；添加车身侧面与机架安装孔端面的距离配合，配合距离为 1550mm，如图 12.66 所示；添加车身底面与机架表面的平行配合，如图 12.67 所示。在视图区右击车身，选择更改透明度，可观察装配情况。

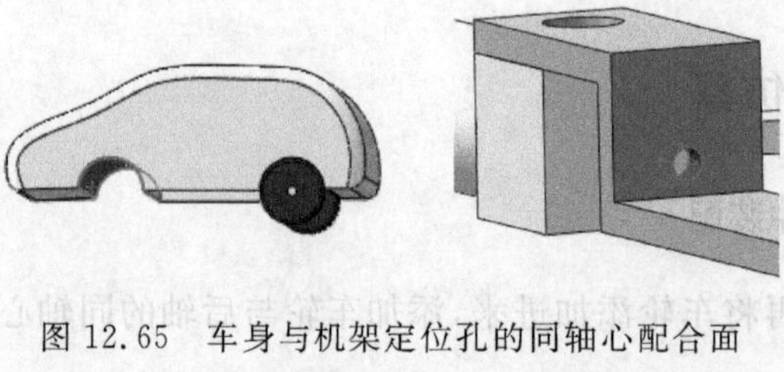

图 12.65　车身与机架定位孔的同轴心配合面

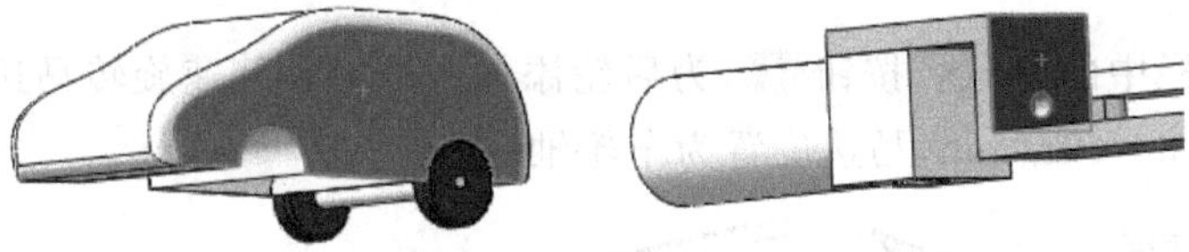

图 12.66 车身侧面与机架定位孔端面的距离配合面

图 12.67 车身底面与机架表面的平行配合面

将地面添加进来，添加地面与前轮的相切配合，如图 12.68 所示。同理，添加地面与后轮的相切配合，相切配合好后如图 12.69 所示。添加地面与车身的距离配合，距离为 1500mm，如图 12.70 所示，如车未移到地面中间，选中或取消选中【输入距离】下方的【反转尺寸】复选框即可。用鼠标拖动地面到合适位置，如图 12.71 所示。

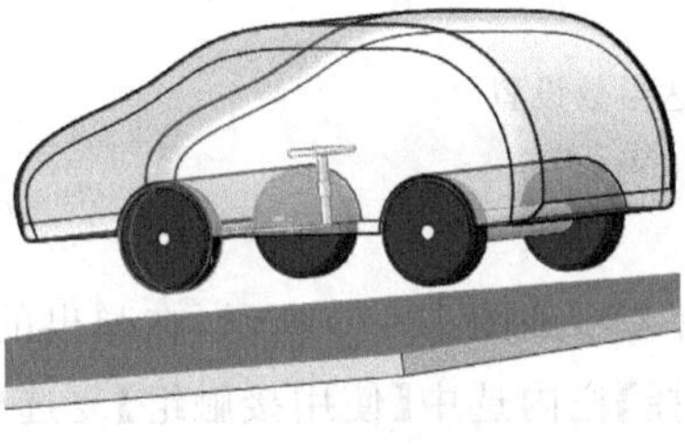

图 12.68 地面与前轮的相切配合面

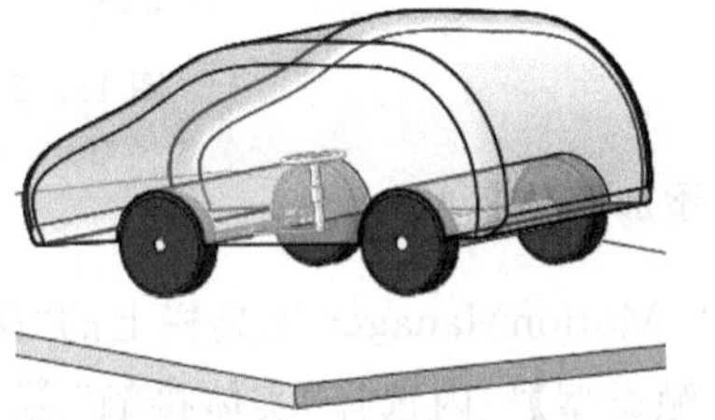

图 12.69 车身与前后轮相切配合后模型

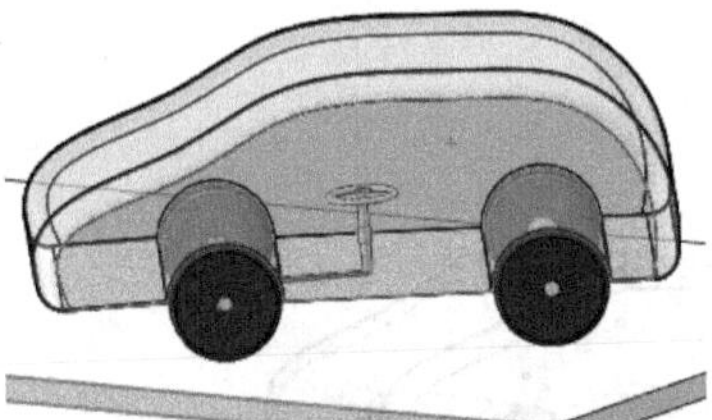

图 12.70 地面与车身的距离配合面

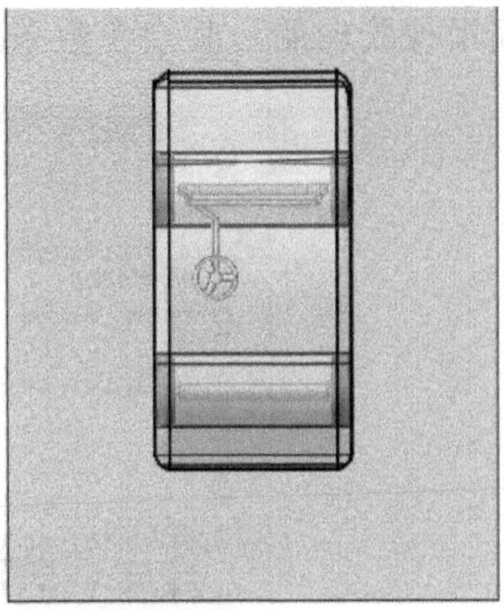

图 12.71 车身与地面的相对位置

在 FeatureManager 设计树中，右击先将机架设为浮动零部件，再将地面设为固定零部件。右击将配合中的车身与地面的距离配合及两个车轮与地面的相切配合压缩(或者删除)。以文件名“汽车行驶装配体”保存文件。

2. 添加马达

由于该仿真是建立在“汽车转向机构仿真”基础上的，所以方向盘的 STEP 旋转马达仍然存在，右击该“旋转马达 1”，选择“编辑特征”，将运动表达式改为

STEP(Time,0,0D,5,0D)＋STEP(Time,5,0D,10,－120D)

上式表示：在 0～5s 内，方向盘相对机架静止不动；在 5～10s 内，方向盘相对机架顺时针转动 120°。

单击 MotionManager 工具栏中的“马达”按钮，为后轮添加一顺时针等速旋转马达，如图 12.72 所示，其中车轮转速 n=60r/min，马达位置为车轮轴孔。

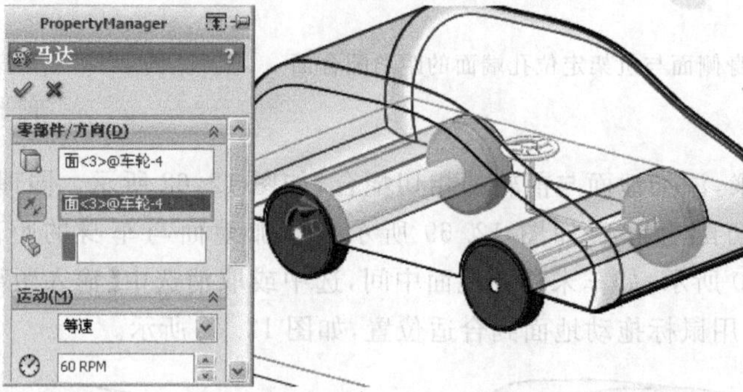
PropertyManager
马达
零部件/方向(D)
面<3>@车轮-4
面<3>@车轮-4
运动(M)
等速
60 RPM

图 12.72　后轮马达参数设置

3. 添加实体接触

单击 MotionManager 工具栏上的“接触”按钮，如图 12.73 所示，在弹出的属性管理器中【接触类型】栏内选择“实体接触”；在【选择】栏内选中【使用接触组】复选框，然后在“零部件组 1”里选择地面，在“零部件组 2”里选择 4 个车轮；在【材料】栏内第一个“材料名称”下拉列表中选择 Steel(Dry)(无润滑钢材)，第二个“材料名称”下拉列表中选择 Rubber(Dry)(无润滑橡胶轮胎)，其余参数采用默认设置，单击“确定”按钮。

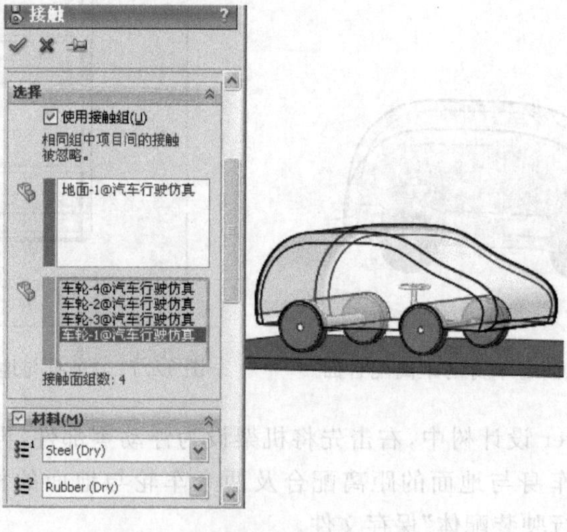
接触
选择
使用接触组(U)
相同组中项目间的接触被忽略。
地面-1@汽车行驶仿真
车轮-4@汽车行驶仿真
车轮-2@汽车行驶仿真
车轮-3@汽车行驶仿真
车轮-1@汽车行驶仿真
接触面组数: 4
材料(M)
Steel (Dry)
Rubber (Dry)

图 12.73　车轮与地面接触参数设置

4. 添加引力

单击 MotionManager 工具栏上的“引力”按钮，在弹出的属性管理器中【引力参数】栏内选择 Y 轴的负方向作为参考方向，数值为默认值，如图 12.74 所示。

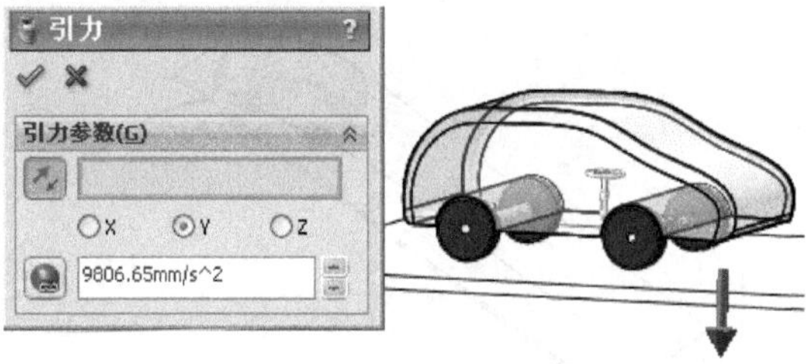
引力
引力参数(G)
X
Y
Z
9806.65mm/s^2

图 12.74　引力参数设置

5. 行驶仿真分析

将仿真时间拉到 10s，其余参数采用默认设置。单击工具栏上的“计算”按钮，进行仿真求解。由于实体碰撞的存在，需要较多的计算时间。

仿真计算完毕后，单击工具栏上的“结果和图解”按钮，在弹出的属性管理器中进行如图 12.75 所示的参数设置，其中选择栏里选择后车轮边线，单击“确定”按钮，生成车轮的跟踪轨迹。以文件名“汽车行驶仿真”保存文件。

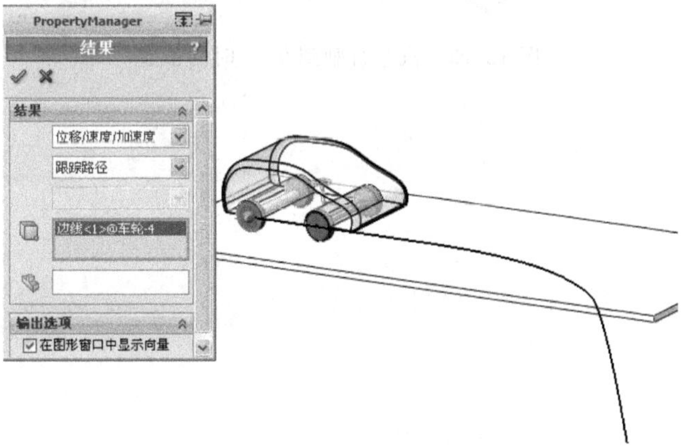
PropertyManager
结果
结果
位移/速度/加速度
跟踪路径
边线<1>@车轮-4
输出选项
在图形窗口中显示向量

图 12.75　后轮跟踪轨迹

图 12.76 是汽车行驶开始位置，图 12.77 是汽车行驶到 5s 时的位置，可见之前做的直线运动；图 12.78 是汽车行驶到 8s 时的位置，可见汽车已经转向行驶；图 12.79 是汽车行驶到 9.5s 时的位置，可见汽车已经冲出地面。这些图像很好地显示出了汽车直线运行，转向运行，以及后来冲出路面掉下去的全过程。

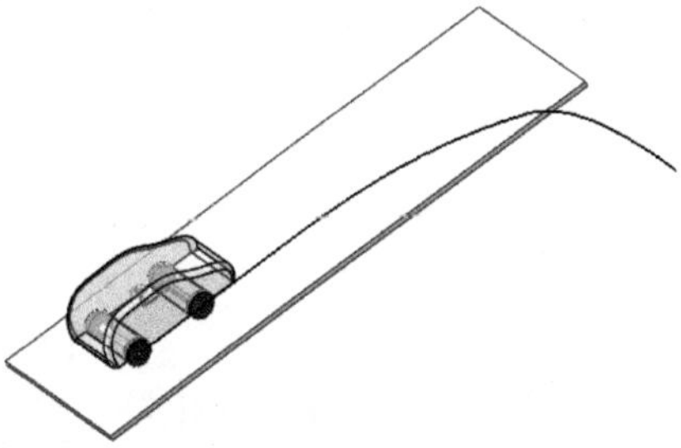

图 12.76　汽车行驶开始位置

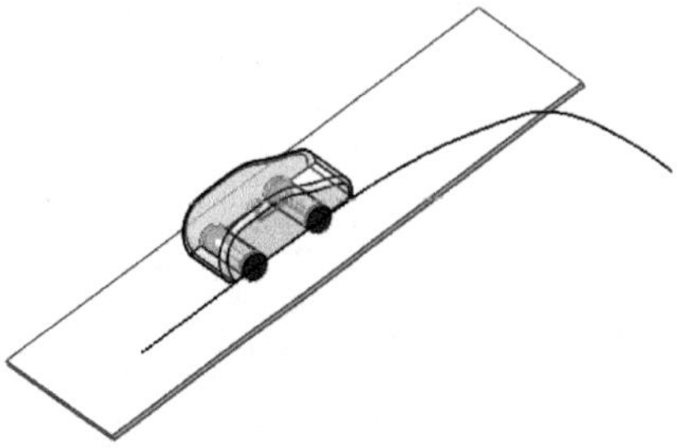

图 12.77　汽车行驶到 5s 时位置

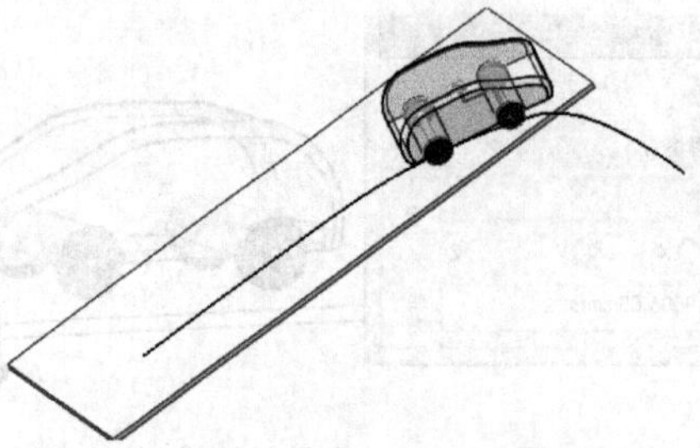

图 12.78　汽车行驶到 8s 时位置

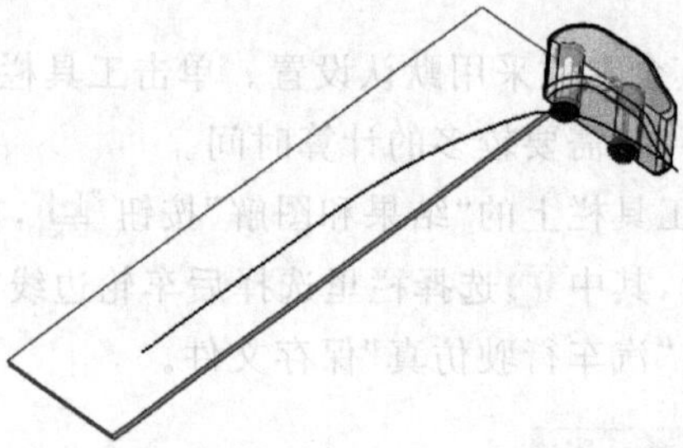

图 12.79　汽车行驶到 9.5s 时的位置

第13章

汽车差速器

差速器是汽车传动系统中重要的组成部分，用于调整汽车左、右车轮的角速度差，使汽车在转弯行驶或在不平路面上行驶时保证两侧驱动轮做纯滚动。由于汽车差速器的整体模型比较复杂，在不影响其运动效果的情况下，本章只对其主要构件(机架、输入轴、主动齿轮、从动齿轮、行星齿轮、左右半轴齿轮、左右两输出轴)进行三维建模，然后再装配进行运动仿真，能够得到汽车在直行和转弯行驶两种情况下左、右半轴的输出角速度。通过对本章实例的练习，读者不仅可以验证差速器中两输出轴的角速度之和等于行星架角速度的两倍，还能学会怎样在标准设计库中调用所需零件。

13.1 工作原理

汽车差速器的机构简图为一复合轮系，如图 13.1 所示。汽车差速器的作用就是在向两边半轴传递动力的同时，允许两边输出轴以不同的角速度旋转，满足两边车轮尽可能以纯滚动的形式作不等距行驶，减小轮胎与地面的摩擦。当汽车直线行驶时，行星齿轮只随着行星架绕从动齿轮的回转中心公转，而自身没有转动，左、右半轴齿轮与从动齿轮的角速度相等，处于平衡状态；当转弯行驶时，由于外侧车轮有滑拖的现象，内侧车轮有滑转的现象，此时行星轮不仅有公转还有自转，两输出轴输出的角速度就不相等。

根据图 13.1，由轮系计算理论可以得到

$$i_{46}^{\mathrm{H}} = \frac{\omega_4 - \omega_{\mathrm{H}}}{\omega_6 - \omega_{\mathrm{H}}} = -\frac{z_6}{z_4} = -1$$

化简为

$$\omega_4 + \omega_6 = 2\omega_{\mathrm{H}} \tag{1}$$

根据图 13.2 所示，左、右输出轴角速度与弯道半径及两驱动轮中心距关系为

$$\frac{\omega_6}{\omega_4} = \frac{R - L}{R + L} \tag{2}$$

式(1)、式(2)中，ω_6 为左输出轴角速度；ω_4 为右输出轴角速度；ω_{H} 为行星架角速度；R 为弯道平均半径；L 为两驱动轮中心距的$\frac{1}{2}$。

设计参数为：所有锥齿轮的大端模数 $m=2\mathrm{mm}$，压力角 $\alpha=20°$，齿宽 $B=10\mathrm{mm}$，$z_1=20$，$z_2=60$，$z_3=z_4=z_5=z_6=20$。

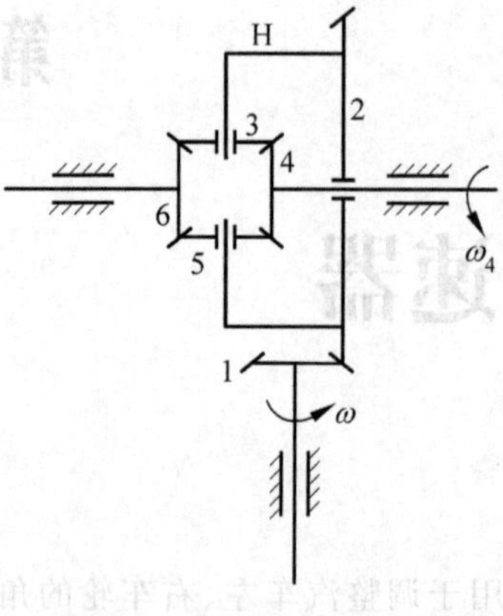
H
2
3
4
6
5
1
ω_4
ω

图 13.1 汽车差速器机构简图

1—主动齿轮；2—从动齿轮(行星架 H)；3、5—行星齿轮；
4—右半轴齿轮(右输出轴)；6—左半轴齿轮（左输出轴）

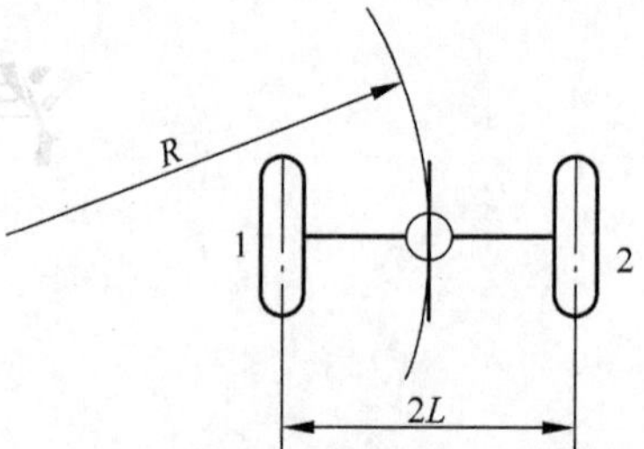
R
1
2
2L

图 13.2 左转弯示意图

13.2 零件造型

在本章实例中，用到的锥齿轮将从任务窗口的设计库中调取，其他构件只需在零件文件中直接绘制即可。

1. 机架

启动 SolidWorks 2012，选择【文件】/【新建】/【零件】命令，创建一个新零件文件。在左边的 FeatureManager 设计树中选择【前视基准面】，然后单击【草图绘制】，绘制图 13.3 所示的草图。退出草图绘制，将草图按“两侧对称”方式拉伸 50mm。选取拉伸体底部内侧的面作为草图绘制平面，绘制如图 13.4 所示输入轴孔的草图，退出草图后将其按“完全贯穿”方式进行拉伸切除。选择拉伸体的一个侧面为草图绘制平面，绘制输出轴孔的草图，如图 13.5 所示，并将其按“完全贯穿”方式进行拉伸切除。创建好的机架如图 13.6 所示，将材质设为“普通碳钢”，以文件名“机架”保存该零件。

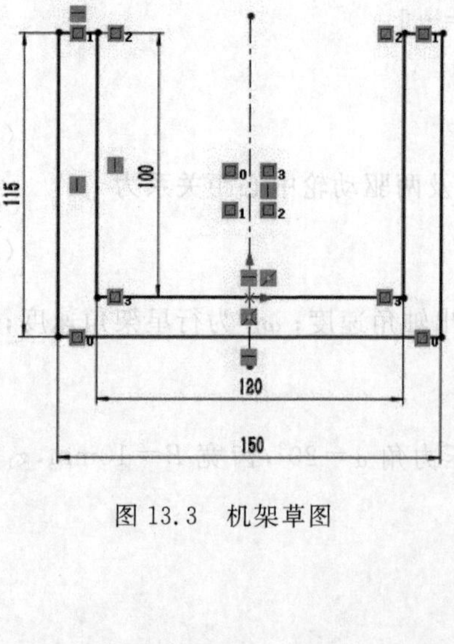
115
100
120
150

图 13.3 机架草图

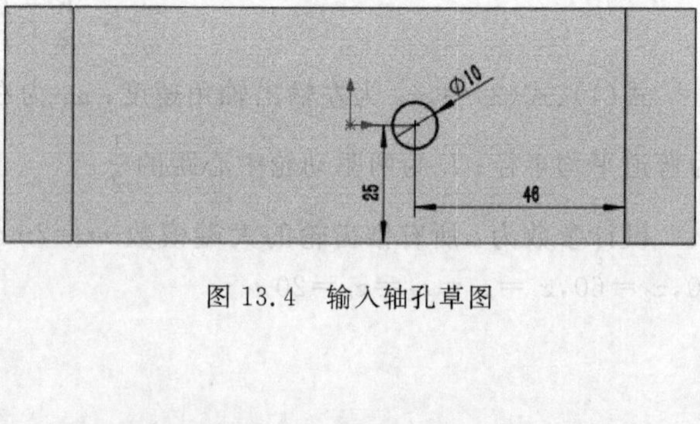
Ø10
25
46

图 13.4 输入轴孔草图

20
25
Ø15

图 13.5 输出轴孔草图

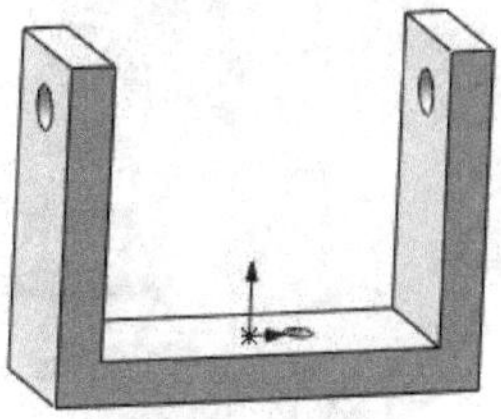

图 13.6 机架

2. 输入轴/左、右输出轴

新建一个零件文件，选择“前视基准面”为草绘平面，按图 13.7 中的尺寸绘制输入轴草图，退出草图绘制。单击“拉伸凸台/基体”按钮，将草图拉伸为 60mm 长的零件，得到的输入轴如图 13.8 所示。材质设为“普通碳钢”，以文件名“输入轴”保存该零件。

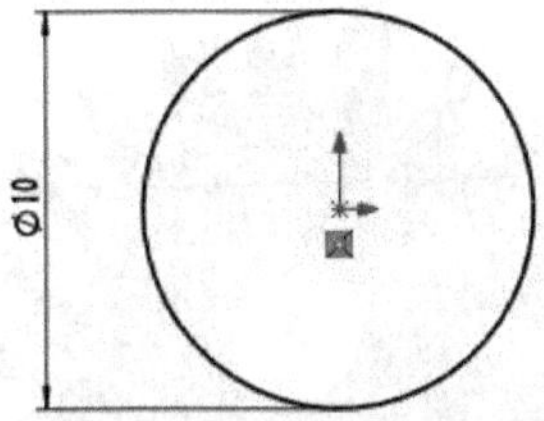
Ø10

图 13.7 输入轴草图

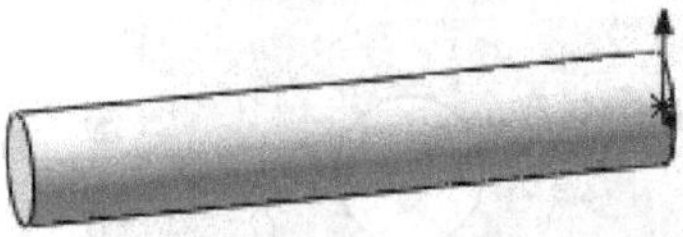

图 13.8 输入轴

零件“输入轴”保存后，不必退出再新建零件文件，右击 FeatureManager 设计树中输入轴的“草图 1”，选择“编辑草图”按钮，将图 13.7 中的直径改为 15mm，退出草图。右击 FeatureManager 设计树中“凸台-拉伸 1”，选择“编辑特征”按钮，将拉伸深度改为 70mm。然后选择【文件】/【另存为】，将文件名“输入轴”改为“左输出轴”，单击【保存】。

同理，可以得到右输出轴，右击 FeatureManager 设计树中左输出轴的“凸台-拉伸 1”，选择编辑特征按钮，将拉伸深度改为 100mm，以文件名“右输出轴”另存该零件。

3. 主动齿轮

由于 SolidWorks 2012 软件自身具有一定的缺陷，当相啮合的两锥齿轮齿数不同时，绘制出的锥齿轮齿厚不相同，装配时两齿轮的齿将会发生干涉，所以主动齿轮和从动齿轮采用迈迪三维设计工具集来绘制。迈迪三维设计工具集是为 SolidWorks 开发的一款插件，其标准件库包括普通标准件库和机床夹具标准件库，共千余种零件。此外，还集成了齿轮生成工具、链轮、带轮、法兰生成工具等，是目前市场上最全面的 SolidWorks 标准件库之一。

用迈迪三维设计工具集绘制主动齿轮时，按照前面的设计参数进行设置，生成的原始主动齿轮如图 13.9 所示。选择齿轮的小端面为草图绘制平面，绘制如图 13.10 所示轴孔草图，并按“完全贯穿”方式进行拉伸切除。选择齿轮的大端面为草图绘制平面，绘制如图 13.11 所示齿轮毂草图，按“给定深度”拉伸 5mm。

图 13.9　原始主动齿轮

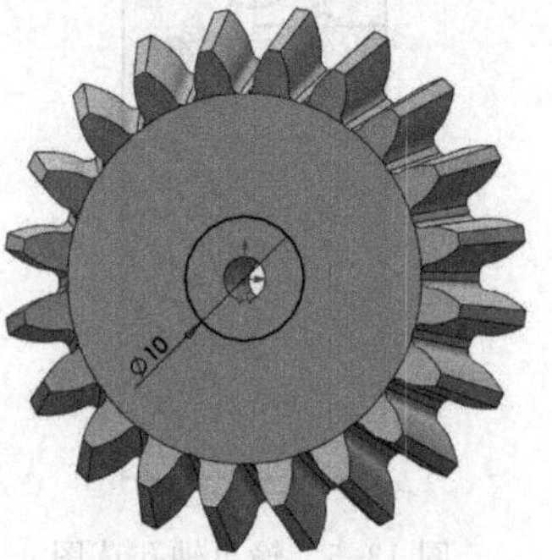
⌀10

图 13.10　轴孔草图

选择【插入】/【参考几何体】/【基准轴】命令，为齿轮添加一基准轴。然后选择【插入】/【参考几何体】/【基准面】命令，在弹出的管理器中的【第一参考】中选择刚新建的基准轴，【第二参考】中选择一齿顶轮廓线的中点，为齿轮添加一基准面，如图 13.12 所示。将齿轮材质设为“普通碳钢”，以文件名“主动齿轮”保存后退出零件文件。

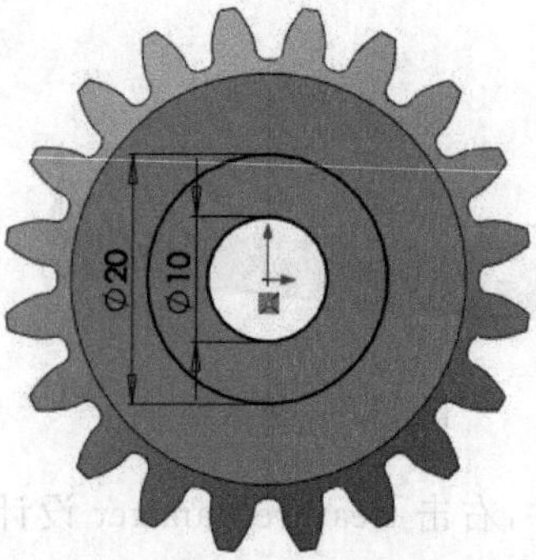
⌀20
⌀10

图 13.11　齿轮毂草图

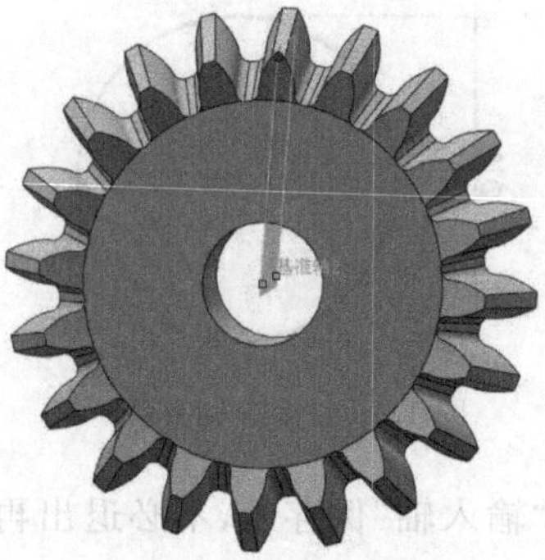

图 13.12　添加基准面

4. 从动齿轮

以前面同样的方式，用迈迪三维设计工具集绘制的原始从动齿轮如图 13.13 所示。选择从动齿轮的小端面为草图绘制平面，绘制如图 13.14 所示轴孔草图，并按“完全贯穿”方式进行拉伸切除。选择从动齿轮的大端面为草图绘制平面，绘制如图 13.15 所示齿轮毂草图，按“给定深度”拉伸 10mm。单击特征工具栏上的“基准轴”按钮，为从动齿轮添加一基准轴。再单击特征工具栏上的“基准面”按钮，在弹出的管理器中的【第一参考】中选择刚建好的基准轴，【第二参考】中选择一齿根轮廓线的中点，为齿轮创建一个新基准面，如图 13.16 所示。

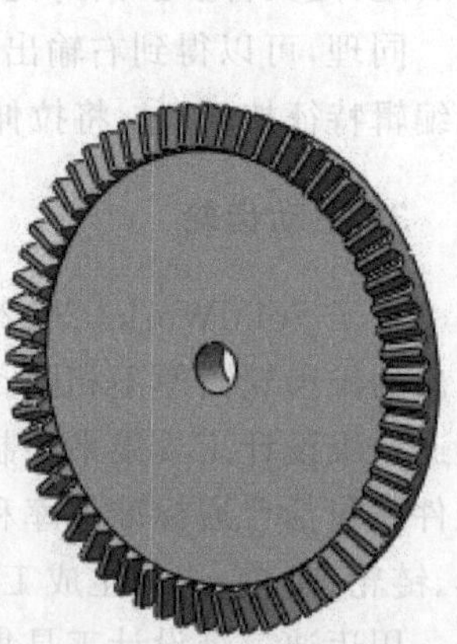

图 13.13　原始从动齿轮

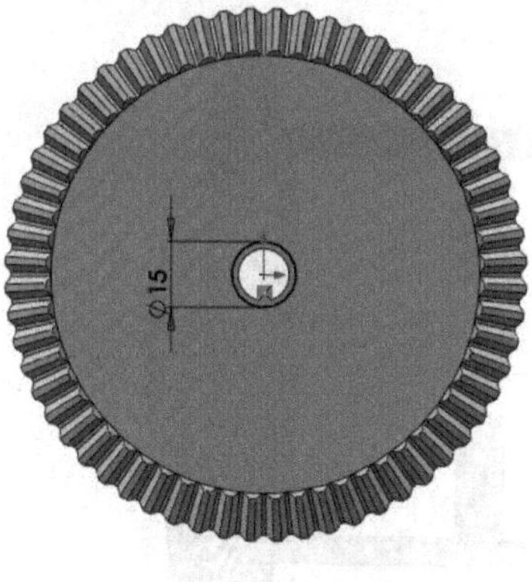
⌀15

图 13.14 轴孔草图

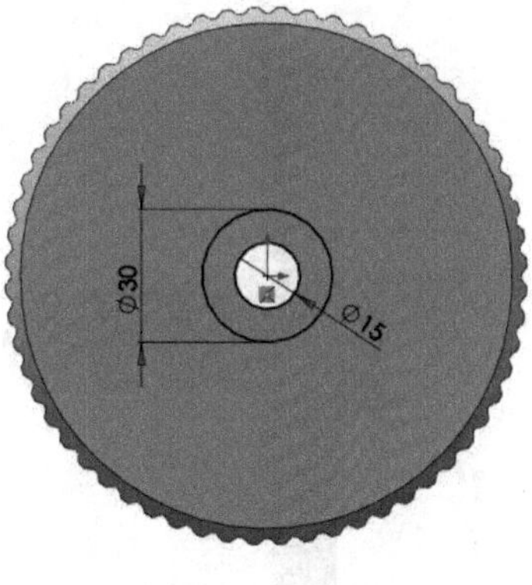
⌀30
⌀15

图 13.15 齿轮毂草图

选择从动齿轮的小端面为草图绘制平面，在与新建基准面的垂直方向上绘制如图 13.17 所示草图。退出草图，按图 13.18 所示将其拉伸 60mm。单击“圆角”按钮，选择图 13.19 所示的边线进行倒圆角，圆角半径为 10mm。选择一侧行星架的内侧面为草图绘制平面，绘制如图 13.20 所示草图，退出草图后将其拉伸 26mm；在另一侧行星架的内侧面绘制一个同样的草图，拉伸 26mm。创建好的从动齿轮如图 13.21 所示，将齿轮材质设为“普通碳钢”，以文件名“从动齿轮”保存后退出零件文件。

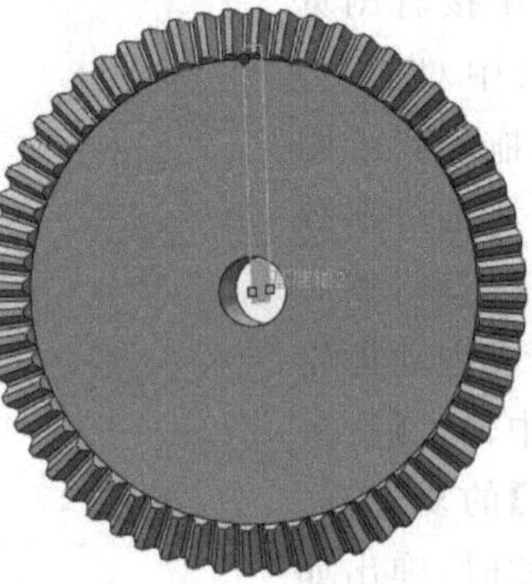

图 13.16 添加基准面

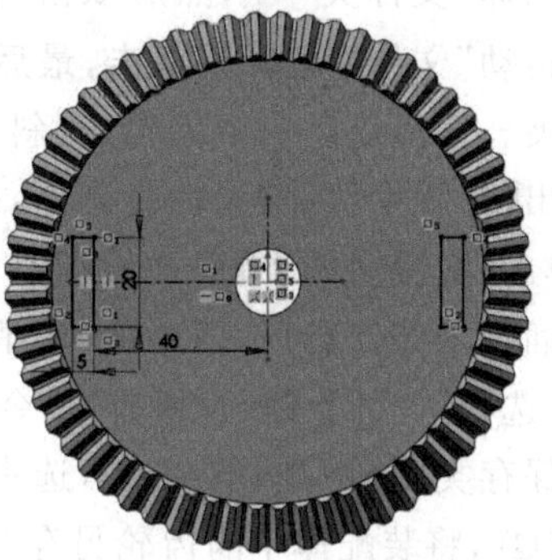
20
40
5

图 13.17 行星架草图 1

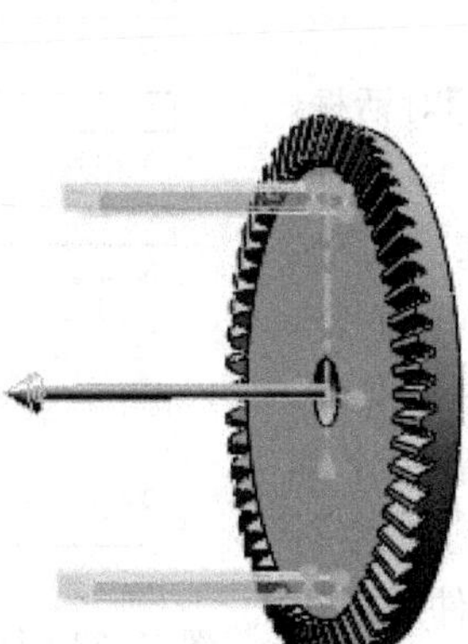

图 13.18 行星架拉伸体 1

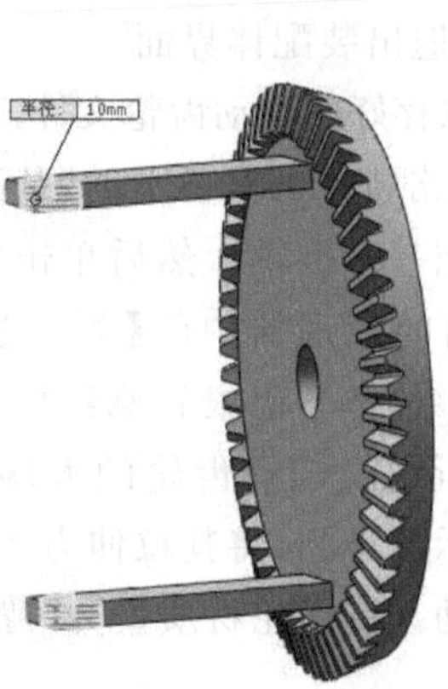
10mm

图 13.19 选取倒圆角的边线

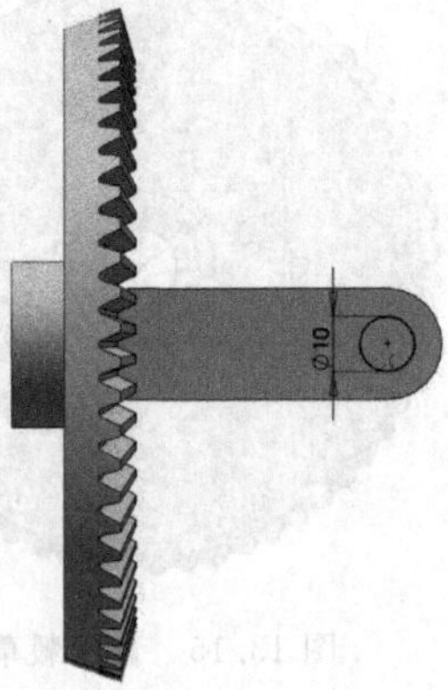
Ø10

图 13.20　行星架草图 2

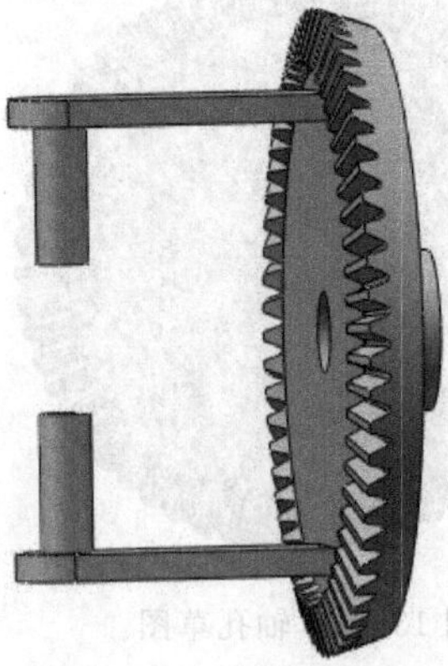

图 13.21　从动齿轮

5. 行星齿轮

选择【文件】/【新建】/【装配体】命令，然后单击【开始装配体】属性管理中的【确定】按钮。单击任务窗口中的设计库图标，点开 Toolbox 前的“+”，拖动任务窗口下方的下拉工具条浏览到“国标”文件夹，然后双击，在弹出的窗口中接着浏览到“动力传动”文件夹并双击，最后在弹出的窗口中双击“齿轮”文件夹。选择最后一个齿轮(直斜接齿轮)，将其拖动到绘图区中，弹出【配置零部件】属性管理器，按图 13.22 所示进行参数设置。单击【配置零部件】属性管理器中的“确定”按钮，然后再单击【插入零部件】对话框中的“取消”按钮，完成主动齿轮的添加。选择【文件】/【保存所有】命令，在【文件名】中输入【行星齿轮】，【保存类型】中选择【Part】，选中【所有零部件】的复选框，单击 保存(S)，将装配体中的齿轮另存为零件文件。此时，弹出如图 13.23 所示的警告对话框，单击【确定】即可。将装配体关闭，选择不保存，退出装配体界面。

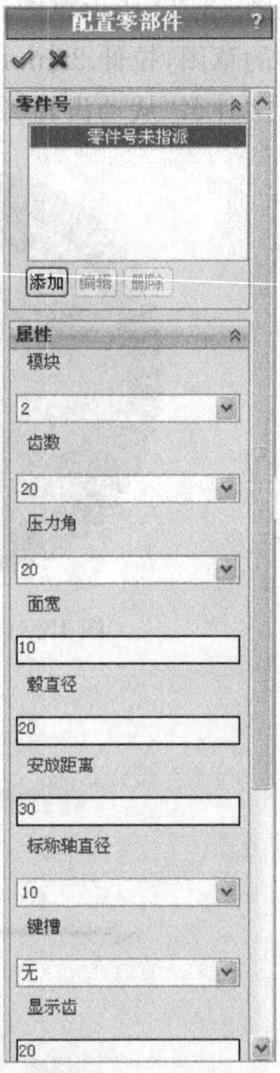
配置零部件
零件号
零件号未指派
添加
编辑
删除
属性
模块
2
齿数
20
压力角
20
面宽
10
毂直径
20
安放距离
30
标称轴直径
10
键槽
无
显示齿
20

图 13.22　行星齿轮参数设置

打开刚保存好的主动齿轮文件，系统弹出【特征识别】对话框，单击【否】。单击特征工具栏上的“基准轴”按钮，按图 13.24 所示为齿轮添加一基准轴。然后单击特征工具栏上的“基准面”按钮，在弹出的管理器中的【第一参考】中选择与基准轴重合，【第二参考】中选择一齿根轮廓线的中点，为齿轮添加一基准面，如图 13.25 所示。选择齿轮的大端面为草绘平面，绘制一个如图 13.26 所示的小圆，将其拉伸为 2mm 厚的小凸台，用于观察行星齿轮的运动。将齿轮材质设为“普通碳钢”，保存该零件后退出零件文件。

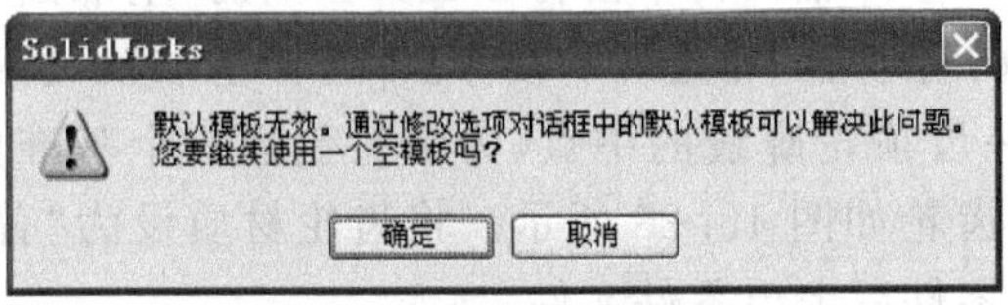
SolidWorks
默认模板无效。通过修改选项对话框中的默认模板可以解决此问题。
您要继续使用一个空模板吗？
确定
取消

图 13.23 警告对话框

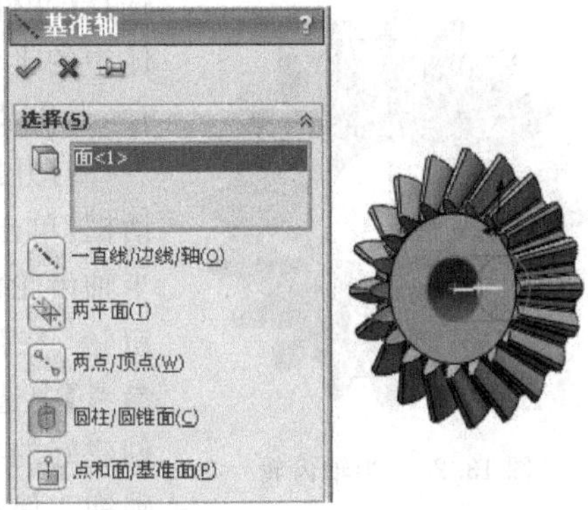
基准轴
选择(S)
面<1>
一直线/边线/轴(O)
两平面(T)
两点/顶点(W)
圆柱/圆锥面(C)
点和面/基准面(P)

图 13.24 添加基准轴

6. 半轴齿轮

新建一个装配体文件，以创建行星齿轮同样的方式，将最后一个齿轮(直斜接齿轮)拖动到绘图区中，在弹出的【配置零部件】属性管理器中进行图 13.27 所示参数设置。单击“确定”按钮 ，然后再单击【插入零部件】对话框中的“取消”按钮 ，完成半轴齿轮的添加。

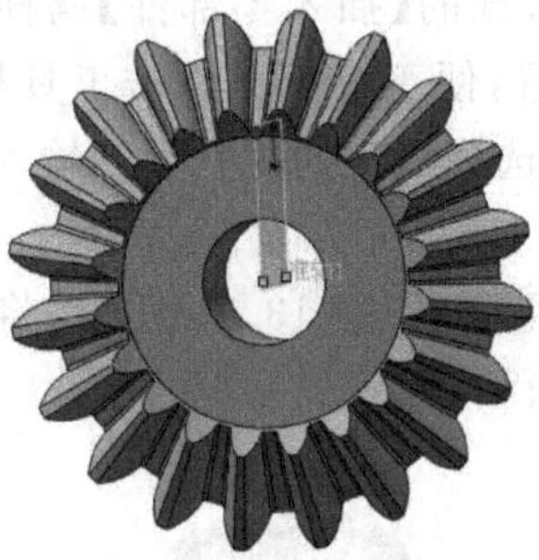

图 13.25 添加基准面

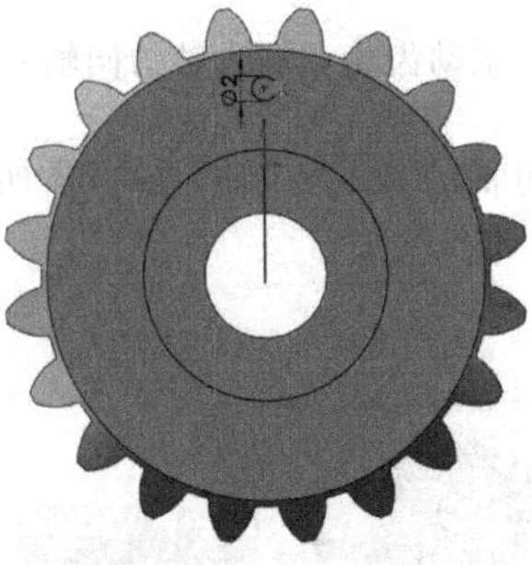

图 13.26 草绘小圆

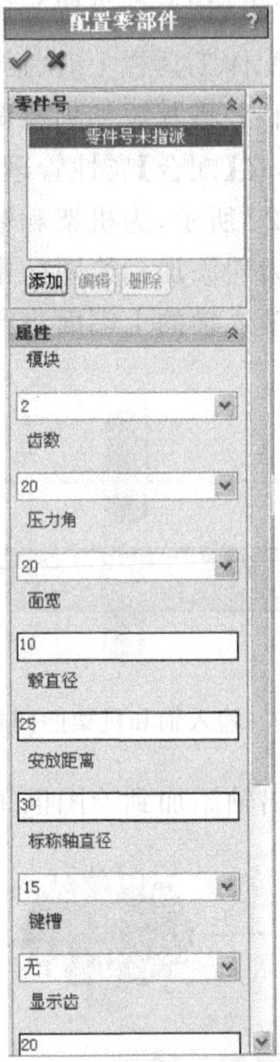
配置零部件
零件号
零件号未指派
添加
编辑
删除
属性
模块
2
齿数
20
压力角
20
面宽
10
毂直径
25
安放距离
30
标称轴直径
15
键槽
无
显示齿
20

图 13.27 半轴齿轮参数设置

图 13.28 半轴齿轮

选择【文件】/【保存所有】命令，参照前面的保存方式，将装配体中的半轴齿轮另存为零件文件。将装配体关闭，选择不保存，退出装配体界面。

打开刚保存好的半轴齿轮文件，系统弹出【特征识别】对话框，单击【否】。单击特征工具栏上的“基准轴”按钮，为半轴齿轮添加一基准轴。再单击特征工具栏上的“基准面”按钮，在弹出的管理器中的【第一参考】中选择基准轴，【第二参考】中选择一齿顶轮廓线的中点，为齿轮创建一个基准面，创建好的半轴齿轮如图 13.28 所示。将齿轮材质设为“普通碳钢”，保存该零件后退出零件文件。

13.3 装配

选择【文件】/【新建】/【装配体】命令，创建一个新装配体文件，在左边出现的【开始装配体】属性管理器中选择要插入的零件“机架”，若属性管理器中没有“机架”，可以通过单击 浏览(B)... 按钮，在存放本章零件的文件夹中找到该零件。然后在绘图区单击放置该零件，此时系统将“机架”自动设置为固定件。

单击装配体工具栏上的“插入零部件”按钮，在出现的【插入零部件】属性管理器中找到“输入轴”并将其添加到绘图区，并调整好零件的位置，便于装配。单击工具栏上的“配合”按钮，在【配合】属性管理器的【配合选择】下，分别选择机架的圆孔面和输入轴的圆柱面，如图 13.29 所示，为机架和输入轴添加同轴心配合。

将主动齿轮添加到绘图区中，与输入轴进行同轴心配合，如图 13.30 所示，将主动齿轮的小端面与输入轴的上端面进行重合配合，如图 13.31 所示。

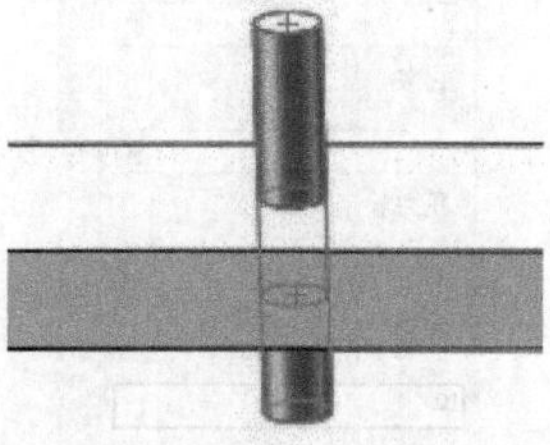

图 13.29 输入轴和机架的同轴心配合

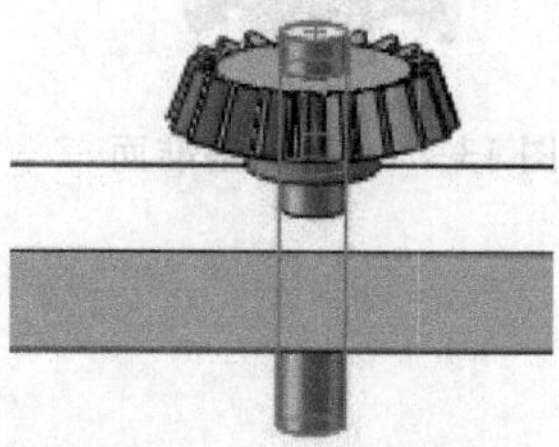

图 13.30 主动齿轮和输入轴的同轴心配合

将右输出轴添加到绘图区中，与机架右侧的孔进行同轴心配合，如图 13.32 所示。

图 13.31 主动齿轮和输入轴的重合配合

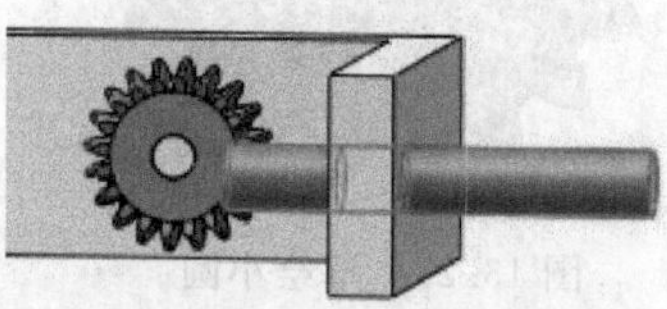

图 13.32 右输出轴与机架的同轴心配合

将从动齿轮添加到绘图区中，与右输出轴进行同轴心配合，如图 13.33 所示，将从动齿轮上新建的基准面与主动齿轮上新建的基准面进行重合配合，如图 13.34 所示。

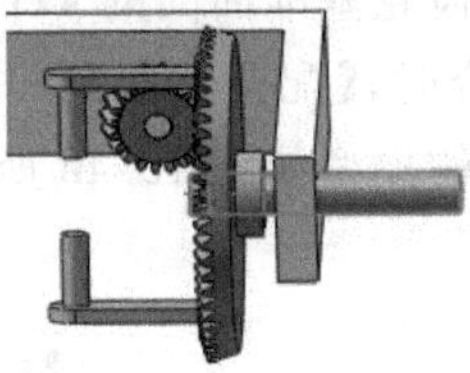

图 13.33 从动齿轮与右输出轴的同轴心配合

图 13.34 从动齿轮与主动齿轮的重合配合

将行星齿轮添加到绘图区中，与上侧行星架进行同轴心配合，如图 13.35 所示，然后再与上侧行星架进行如图 13.36 所示重合配合。将行星齿轮再次添加到绘图区中，与前一步骤相同，将其与下侧行星架进行同轴心配合和重合配合。

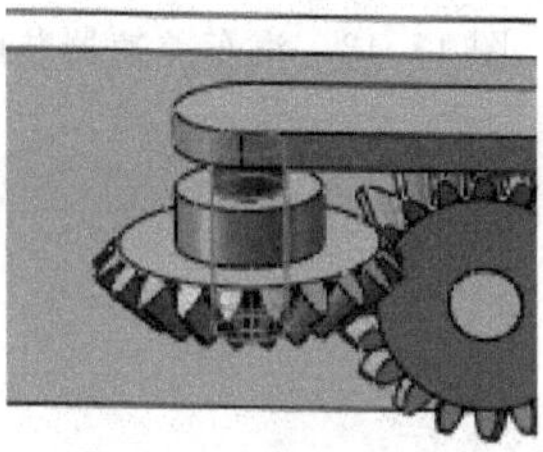

图 13.35 行星齿轮与上侧行星架的同轴心配合

图 13.36 行星齿轮与上侧行星架的重合配合

将半轴齿轮添加到绘图区中，与右输出轴进行如图 13.37 所示同轴心配合和图 13.38 所示重合配合，然后再将两行星齿轮的基准面分别与半轴齿轮的基准面进行重合配合。

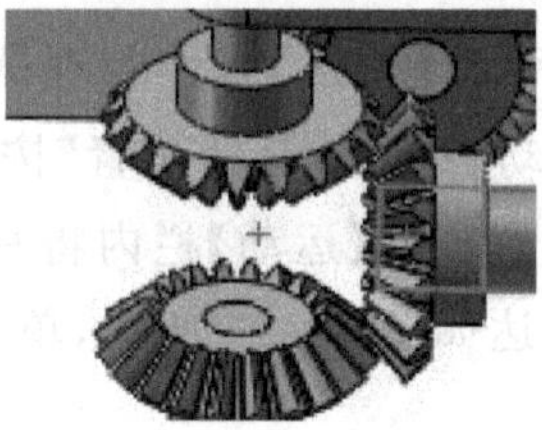

图 13.37 半轴齿轮与右输出轴的同轴心配合

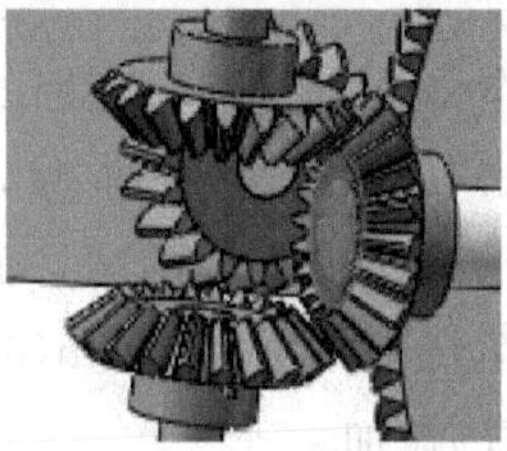

图 13.38 半轴齿轮与右输出轴的重合配合

将左输出轴添加到绘图区中，与机架左侧的孔进行同轴心配合，如图 13.39 所示。

将半轴齿轮再次添加到绘图区中，与左输出轴进行如图 13.40 所示同轴心配合和图 13.41 所示重合配合。将左输出轴上半轴齿轮的基准面与两行星齿轮的基准面分别进行重合配合。

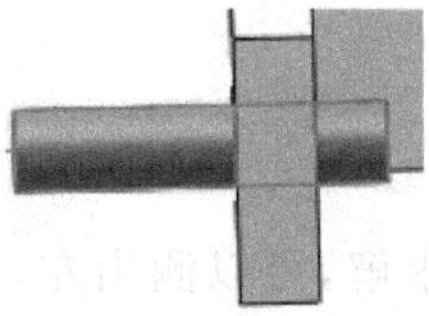

图 13.39 左输出轴与机架的同轴心配合

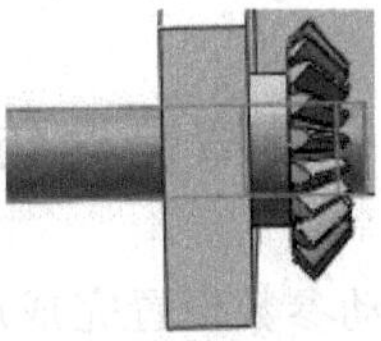

图 13.40 半轴齿轮与左输出轴的同轴心配合

将主动齿轮和两半轴齿轮分别与其相应的轴进行锁定,并将前面添加的用于确定构件间相对位置且影响模型运动的配合全部压缩,需要压缩的配合有5个,分别为主动齿轮基准面与从动齿轮基准面的重合配合、行星齿轮基准面与半轴齿轮基准面间的4个重合配合。

最后为齿轮间的啮合添加齿轮配合。在添加齿轮配合时,【配合选择】栏中选择两齿轮的轴孔面,【比率】中输入对应两齿轮的齿数。装配完成后的模型如图13.42所示,以文件名"汽车差速器装配体"保存该装配体文件。

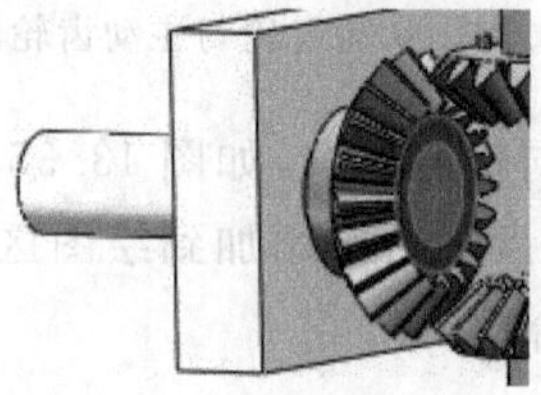

图13.41 半轴齿轮与左输出轴的重合配合

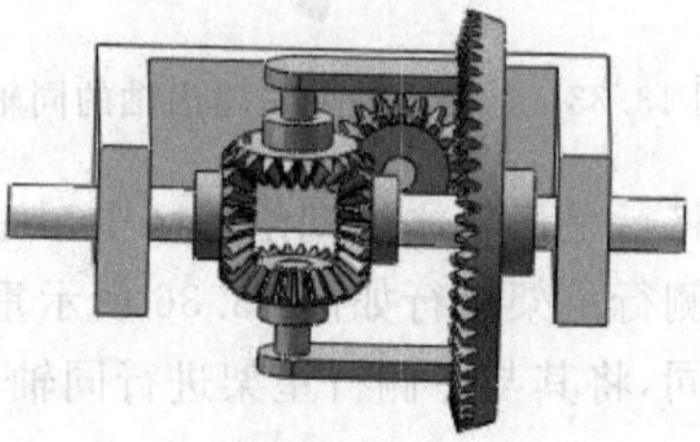

图13.42 汽车差速器装配体

13.4 仿真

在装配体界面,将SolidWorks Motion插件载入,单击布局选项卡中的【运动算例1】,在MotionManager工具栏中的【算例类型】下拉列表中选择【Motion分析】。

13.4.1 添加马达

单击MotionManager工具栏中的"马达"按钮,弹出【马达】属性管理器,在【马达类型】栏中单击"旋转马达"按钮,为输入轴添加旋转驱动。单击"马达位置"按钮右侧的显示框,然后选择输入轴的圆柱面,指定马达的添加位置。在【运动】栏内将马达类型设为"等速",马达转速设为60r/min(360(°)/s),设置好的马达如图13.43所示,单击完成输入轴上马达的添加。

再次单击"马达"按钮,为右输出轴添加一旋转马达。在该实例中,以CAF7152AC5福特轿车为例(后轮距1465mm),要实现的运动为汽车先直线行驶5s,然后向左转弯行驶5s,弯道平均半径为4m,行驶轨迹如图13.44所示。根据前面列出的式(1)和式(2),可以计算出汽车在直行时左、右输出轴角速度均为120(°)/s,转弯时左输出轴角速度为98(°)/s,右输出轴角速度为142(°)/s。因此右输出轴前5s角速度为120(°)/s,后5s角速度为142(°)/s。右输出轴马达的参数设置如图13.45所示,角速度的数据点如图13.46所示。

13.4.2 汽车转弯差速仿真

模型的运动参数设置完成后,然后再对其进行仿真求解,可以测出左、右输出轴的角速度、行星架的角速度,并与理论值进行比较。

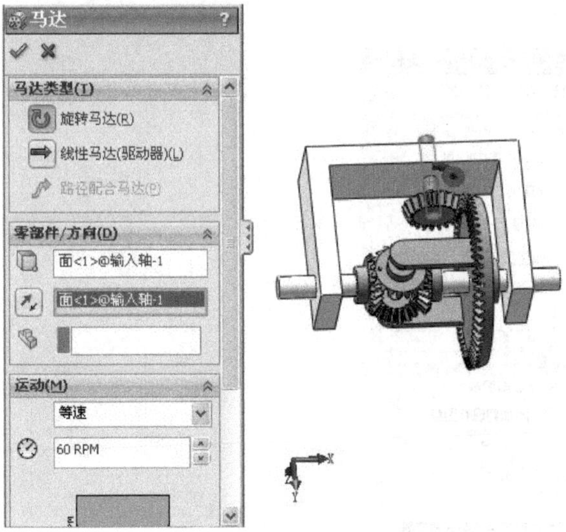
马达
马达类型(T)
旋转马达(R)
线性马达(驱动器)(L)
路径配合马达(P)
零部件/方向(D)
面<1>@输入轴-1
面<1>@输入轴-1
运动(M)
等速
60 RPM

图 13.43 输入轴马达的参数设置

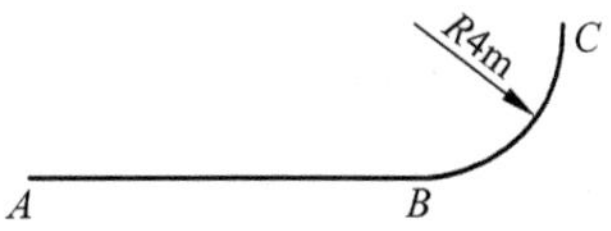
R4m
A
B
C

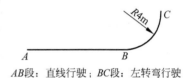

AB段：直线行驶；BC段：左转弯行驶

图 13.44 汽车行驶轨迹

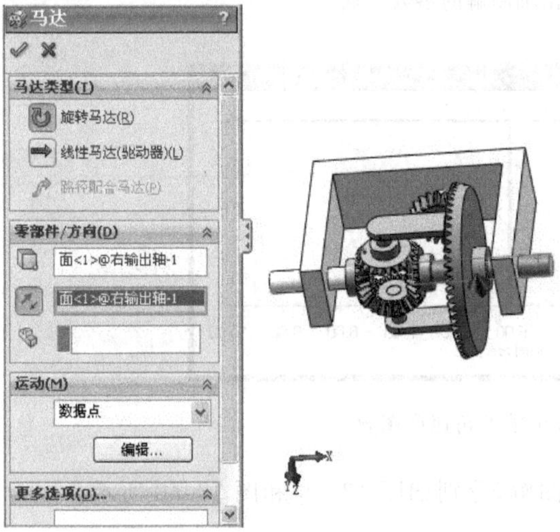
马达
马达类型(T)
旋转马达(R)
线性马达(驱动器)(L)
路径配合马达(P)
零部件/方向(D)
面<1>@右输出轴-1
面<1>@右输出轴-1
运动(M)
数据点
编辑...
更多选项(O)...

图 13.45 右输出轴马达的参数设置

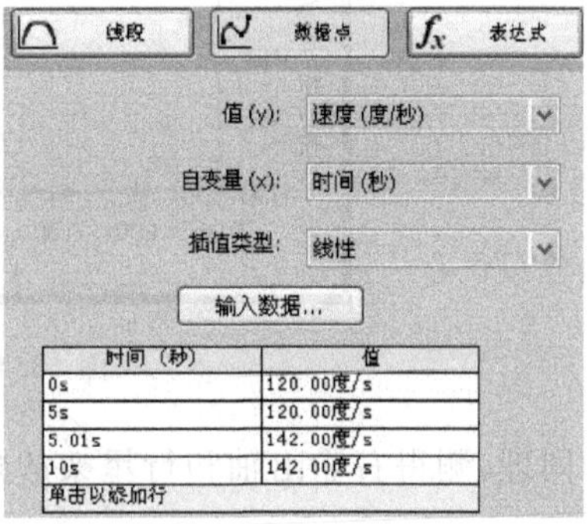
线段
数据点
表达式
值(y): 速度(度/秒)
自变量(x): 时间(秒)
插值类型: 线性
输入数据...
时间（秒） 值
0s 120.00度/s
5s 120.00度/s
5.01s 142.00度/s
10s 142.00度/s
单击以添加行

图 13.46 右输出轴马达角速度的数据点

1. 仿真参数设置

单击 MotionManager 工具栏上的“运动算例属性”按钮，在【运动算例属性】属性管理器中的【Motion 分析】栏内输入每秒帧数为 50，其余参数采用默认设置。在 MotionManager 界面中将时间键码拉到 10s 处，然后单击 MotionManager 工具栏上的“计算”按钮，对汽车差速器模型进行仿真求解。

2. 仿真结果分析

单击 MotionManager 工具栏上的“结果和图解”按钮，进行如图 13.47 所示参数设置，其中右侧显示栏里的面为左输出轴上的任意一个面。单击“确认”按钮，生成左输出轴的角速度图解，如图 13.48 所示。

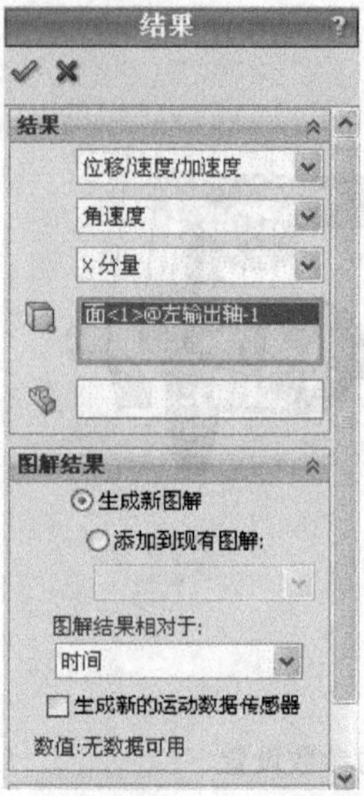
结果
结果
位移/速度/加速度
角速度
X 分量
面<1>@左输出轴-1
图解结果
生成新图解
添加到现有图解:
图解结果相对于:
时间
生成新的运动数据传感器
数值:无数据可用

图 13.47　左输出轴图解的参数设置

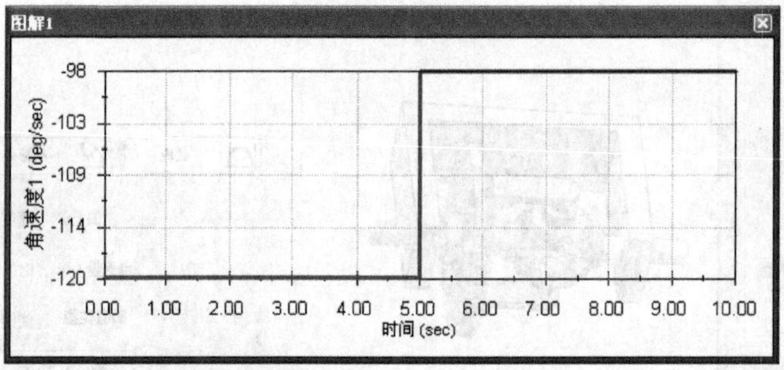
图解1
-98
-103
-109
-114
-120
角速度1 (deg/sec)
0.00 1.00 2.00 3.00 4.00 5.00 6.00 7.00 8.00 9.00 10.00
时间 (sec)

图 13.48　左输出轴的角速度图解

同理，测得右输出轴和行星架的角速度图解，分别如图 13.49 和图 13.50 所示。

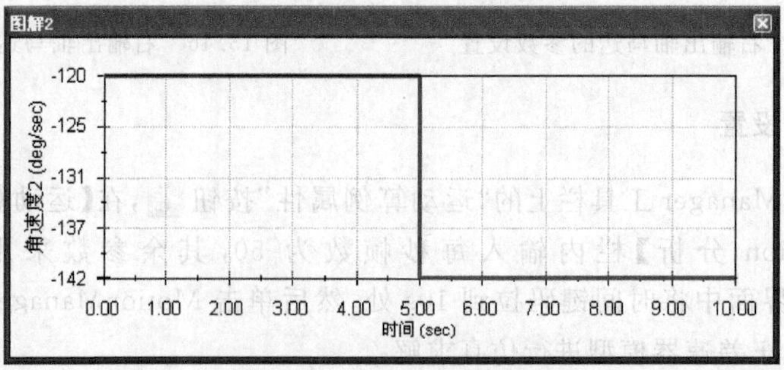
图解2
-120
-125
-131
-137
-142
角速度2 (deg/sec)
0.00 1.00 2.00 3.00 4.00 5.00 6.00 7.00 8.00 9.00 10.00
时间 (sec)

图 13.49　右输出轴的角速度图解

通过观察模型的运动情况和 3 个图解可知，汽车直线行驶时，行星齿轮没有自转，两输出轴的角速度与行星架角速度的关系为(－120)＋(－120)＝2×(－120)；转弯行驶时，行

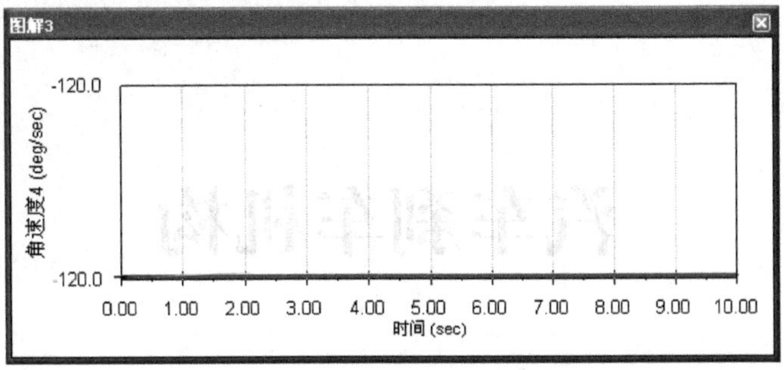
图解3
-120.0
-120.0
角速度4 (deg/sec)
0.00
1.00
2.00
3.00
4.00
5.00
6.00
7.00
8.00
9.00
10.00
时间 (sec)

图 13.50 行星架的角速度图解

星齿轮既有公转又有自转，两输出轴的角速度与行星架角速度的关系为(−98)+(−142)=2×(−120)。可见，不管汽车是直线行驶还是转弯行驶，仿真结果与前面计算出的理论值都是相符的，且差速器的运动都满足：两输出轴的角速度之和等于行星架角速度的两倍。

第14章

汽车刹车机构

汽车刹车机构为车辆提供制动力，是汽车制动系中重要组成部分，是使汽车行驶时减速、下坡时稳定车速及停车的重要保障。目前汽车上应用最多的是盘式与鼓式刹车机构，其中盘式刹车机构多用于前轮制动，鼓式刹车机构多用于后轮制动。本章对盘式刹车机构的主要零部件进行了三维造型，并模拟了汽车从加速启动到匀速运动，最后制动停车的过程。

14.1 工作原理

汽车盘式刹车机构主要由制动盘、制动钳体、摩擦块、活塞及车桥支撑部分组成，如图 14.1 所示。制动盘固定在车轮上随其一起转动，制动钳体固定在车桥上，两摩擦块分别配置在制动盘的两侧，刹车制动时，液压油通过油道被压进制动油缸，高压油推动活塞向制动盘移动，使固定在活塞上的摩擦块与制动盘接触而产生滑动摩擦力，从而得到制动力矩，实现刹车制动的目的。

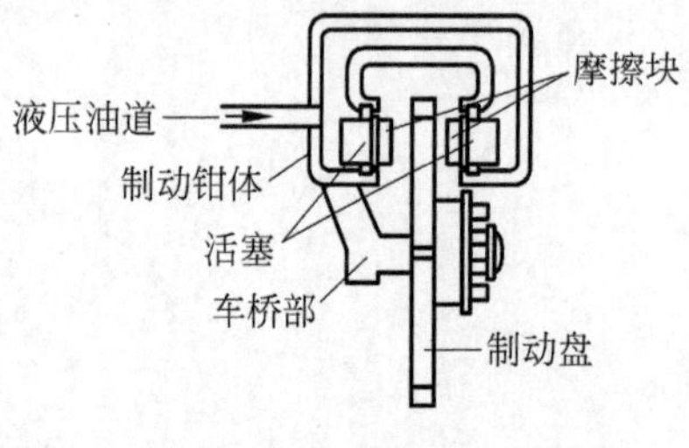

液压油道
摩擦块
制动钳体
活塞
车桥部
制动盘

图 14.1 汽车钳盘式刹车机构简图

主要设计参数：

车轮外径 400mm，轮宽 150mm；制动盘外径 200mm；制动钳体外圆弧半径 120mm，内圆弧半径 60mm，宽 70mm，壁厚 5mm；液压缸总长 115mm，外径 40mm，壁厚 5mm；制动块外径 30mm，厚 15mm。

14.2 零件造型

启动 SolidWorks 2012，选择【文件】/【新建】/【零件】命令，创建新的零件文件。选择【插入】/【草图绘制】命令，选择一基准面为草绘平面。

1. 车轮总成

在不影响仿真的情况下，这里将车轮总成简化。绘制如图 14.2 所示的车轮外轮廓草图，完成后以距离 150mm 拉伸；以车轮一表面绘制如图 14.3 所示的车轮内轮廓草图，完成后以距离 100mm 切除拉伸；以切除后的表面为草绘平面，绘制如图 14.4 所示的车轮轮毂草图，完成后以“形成到下一面”切除拉伸；选择【插入】/【阵列/镜像】/【圆周阵列】命令，以车轮轴线为阵列轴，360°等间距阵列 6 个轮毂特征，如图 14.5 所示；将车轮表面倒圆，倒圆半径为 20mm，将轮毂表面倒圆，倒圆半径为 10mm；以车轮两表面为参考面，创建车轮两表面的中间基准面，在该基准面上绘制如图 14.6 所示草图，直线与车轮相切，作为受力参考线，退出草图后将零件材料设置为橡胶，在外观中为车轮添加轮胎花纹，完成的车轮总成模型如图 14.7 所示，以文件名“车轮总成”保存文件。

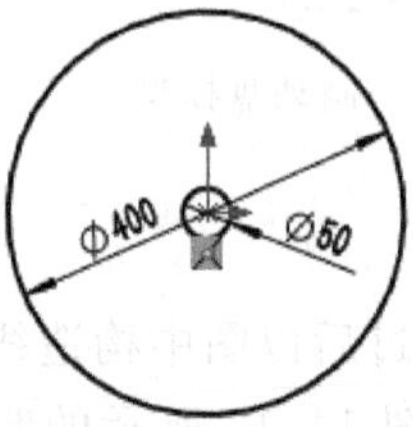
ϕ400
ϕ50

图 14.2　车轮外轮廓草图

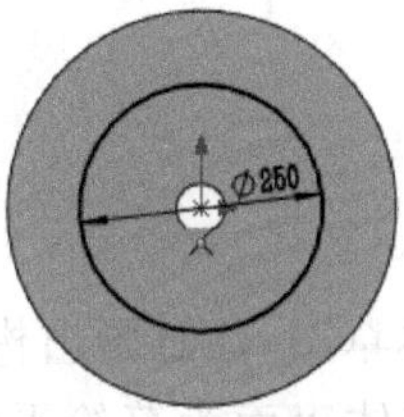
ϕ250

图 14.3　车轮内轮廓草图

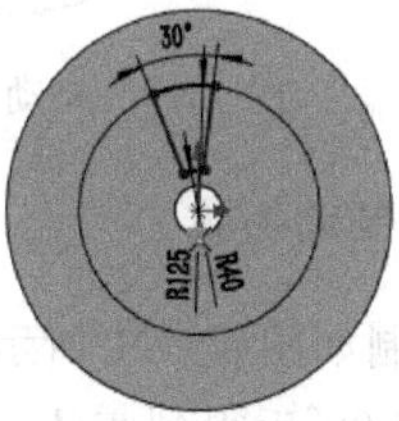
30°
R125
R40

图 14.4　车轮轮毂草图

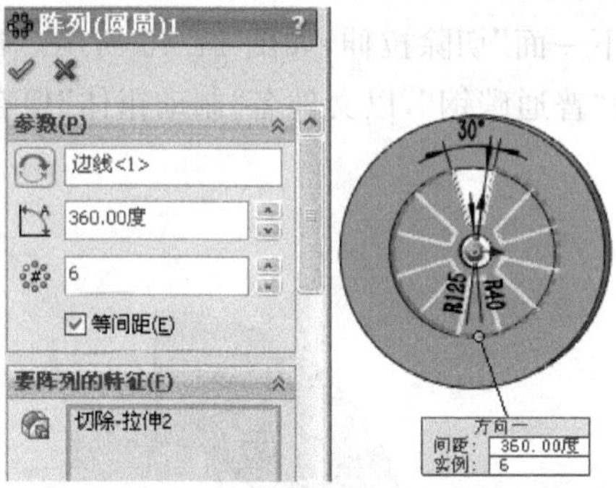
阵列(圆周)1
参数(P)
边线<1>
360.00度
6
等间距(E)
要阵列的特征(F)
切除-拉伸2
30°
R125
R40
方向一
间距: 360.00度
实例: 6

图 14.5　轮毂特征阵列参数设置

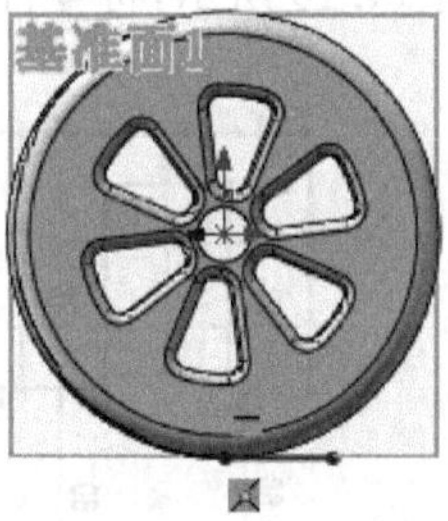
基准面1

图 14.6　受力参考线草图

2. 制动盘

绘制如图 14.8 所示制动盘的轮廓草图，注意画出构造线，完成后以图中构造线为旋转轴，旋转 360°后得到实体；以制动盘轮廓表面为草绘平面，绘制如图 14.9 所示散热孔草图，完成后以“形成到下一面”切除拉伸，再以制动盘轴线为阵列轴，360°等间距阵列 6 个孔特征，将制动盘凸台倒圆，倒圆半径为 10mm，完成的制动盘模型如图 14.10 所示。将零件材料设置为“普通碳钢”，以文件名“制动盘”保存文件。

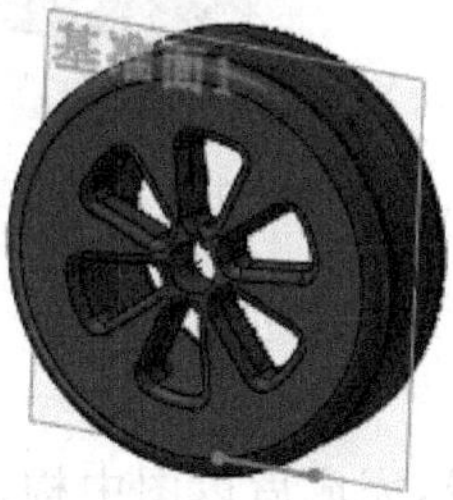
基准面1

图 14.7　车轮总成模型

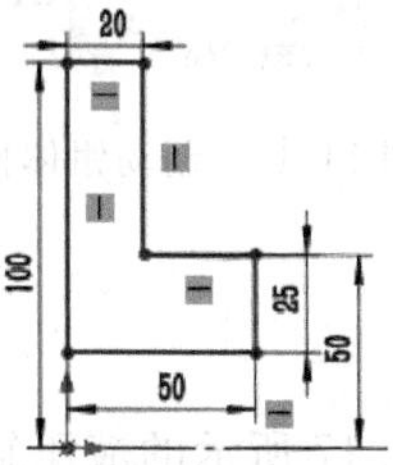
20
100
25
50
50

图 14.8　制动盘轮廓草图

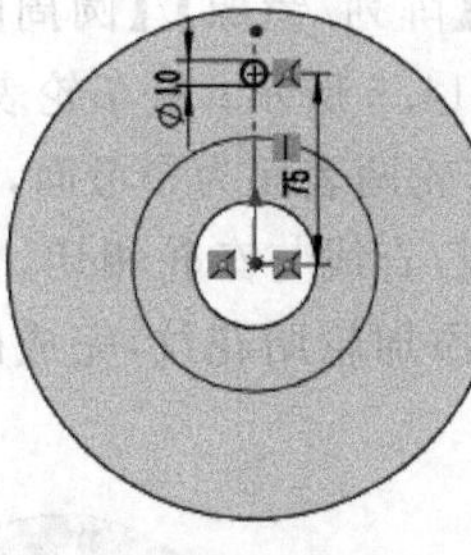
⌀10
75

图 14.9　制动盘散热孔草图

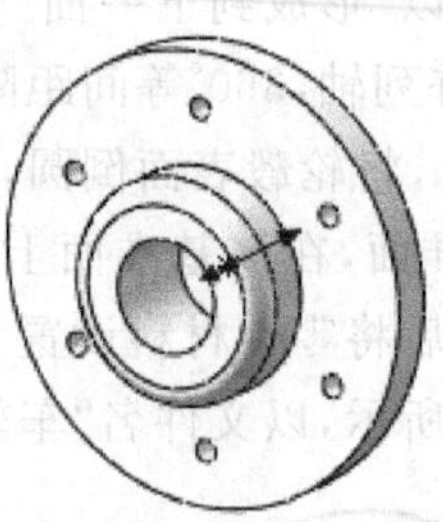

图 14.10　制动盘模型

3. 制动钳体

绘制如图 14.11 所示的制动钳体草图，注意画出构造线，完成过后以图中构造线为旋转轴，旋转 80°后得到实体；以得到的实体表面为草绘平面，绘制如图 14.12 所示的制动钳体油管草图，完成后以距离 10mm 拉伸，选择【插入】/【特征】/【抽壳】命令，厚度设为 5mm，移除的面选择油管表面，如图 14.13 所示。以制动钳体内表面为草绘平面，绘制如图 14.14 所示的活塞孔草图，完成后沿轴向两个方向“形成到下一面”切除拉伸，如图 14.15 所示。制动钳体零件剖视图如图 14.16 所示，将零件材料设置为“普通碳钢”，以文件名“制动钳体”保存文件。

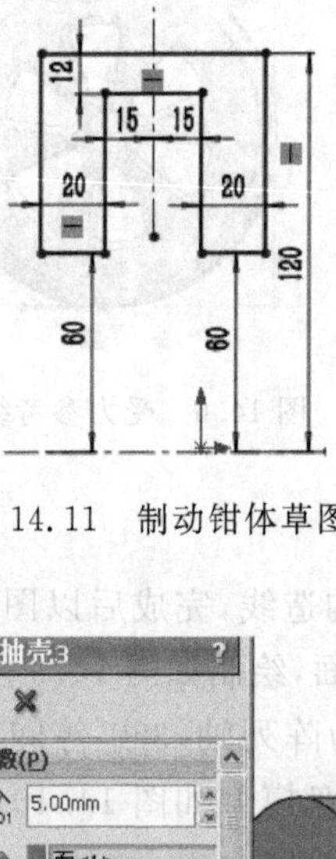
12
15
15
20
20
120
60
60

图 14.11　制动钳体草图

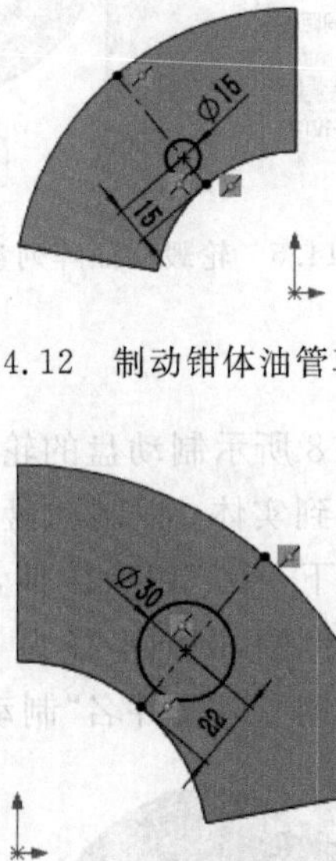
⌀15
15

图 14.12　制动钳体油管草图

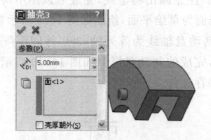

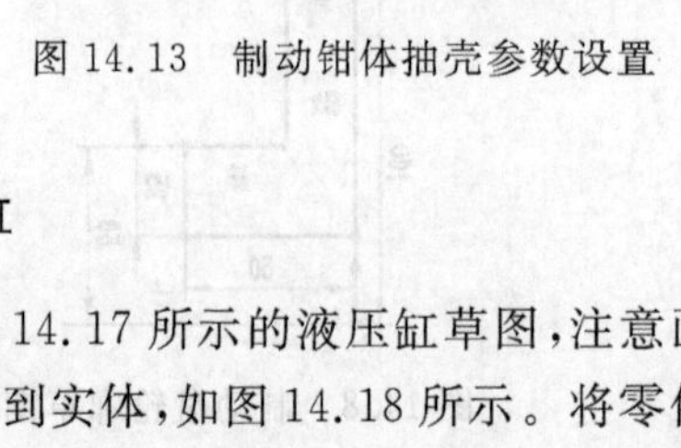
抽壳3
参数(P)
5.00mm
面<1>
壳厚朝外(S)

图 14.13　制动钳体抽壳参数设置

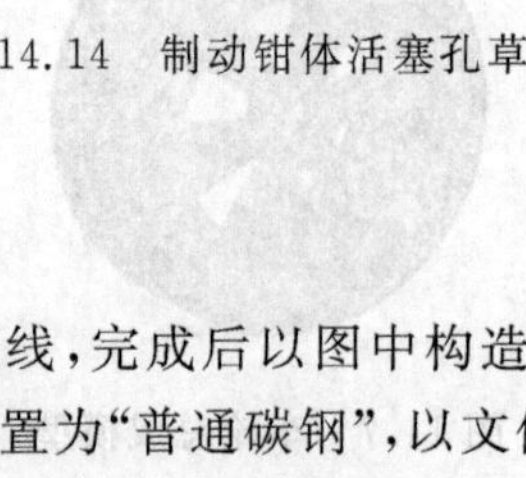
⌀30
22

图 14.14　制动钳体活塞孔草图

4. 液压缸

绘制如图 14.17 所示的液压缸草图，注意画出构造线，完成后以图中构造线为旋转轴，旋转 360°后得到实体，如图 14.18 所示。将零件材料设置为“普通碳钢”，以文件名“液压缸”保存文件。

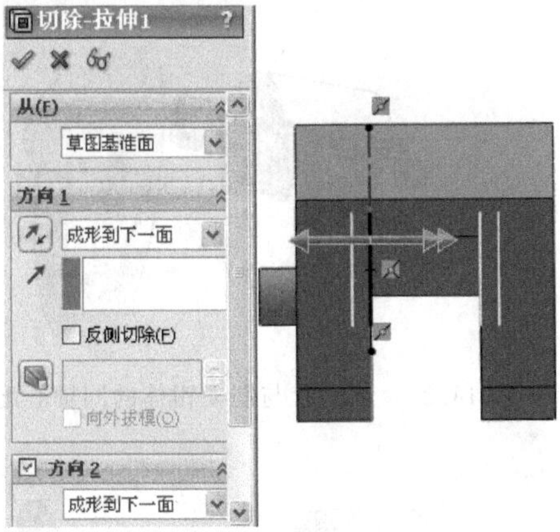
切除-拉伸1
从(F)
草图基准面
方向 1
成形到下一面
反侧切除(F)
向外拔模(O)
方向 2
成形到下一面

图 14.15　制动钳体活塞孔切除参数设置

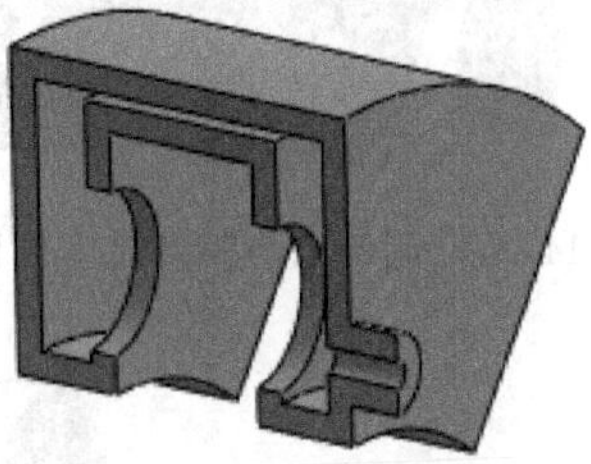

图 14.16　制动钳体剖视图

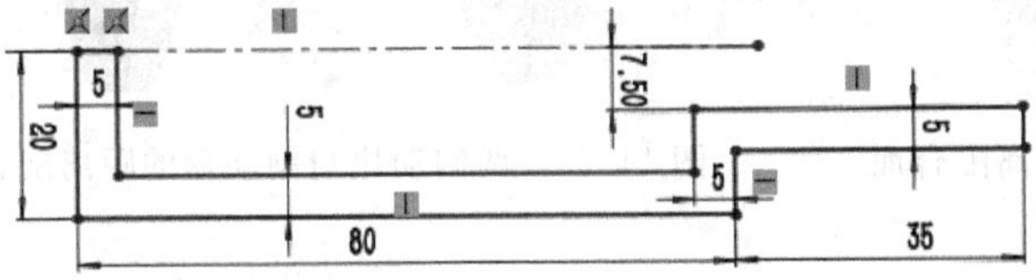
5
20
5
7.50
5
5
80
35

图 14.17　液压缸草图

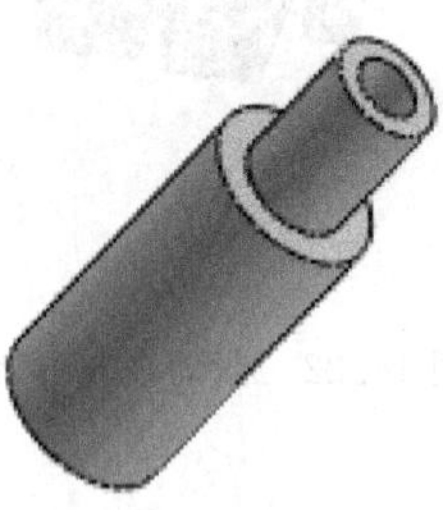

图 14.18　液压缸模型

5. 活塞及制动块

绘制如图 14.19 所示的活塞草图，完成后以距离 15mm 拉伸。将零件材料设置为“普通碳钢”，以文件名“活塞”保存文件。制动块是摩擦块与活塞的组合体，在便于建模及不影响仿真的情况下，将制动块构造为一个零件，选择【文件】/【另存为】命令，将活塞另存为“制动块”。

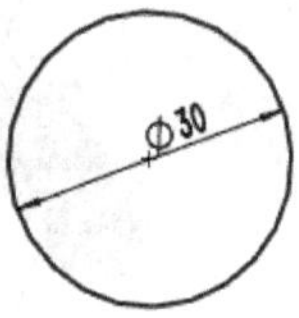
⌀30

图 14.19　活塞草图

14.3　装配

选择【文件】/【新建】/【装配体】命令，建立一个新装配体文件。将制动钳体添加进来后，再将制动块两次添加进来，添加制动块与制动钳体的同轴心配合，如图 14.20 所示。

将制动盘添加进来，添加制动盘与制动钳体的同轴心配合，如图 14.21 所示。添加制动盘与制动钳体面的 5mm 距离配合，如图 14.22 所示。

分别添加两制动块与制动盘面的 1mm 距离配合，如图 14.23 所示。

将液压缸添加进来，添加液压缸与制动钳体的同轴心及重合配合，如图 14.24 及图 14.25 所示。

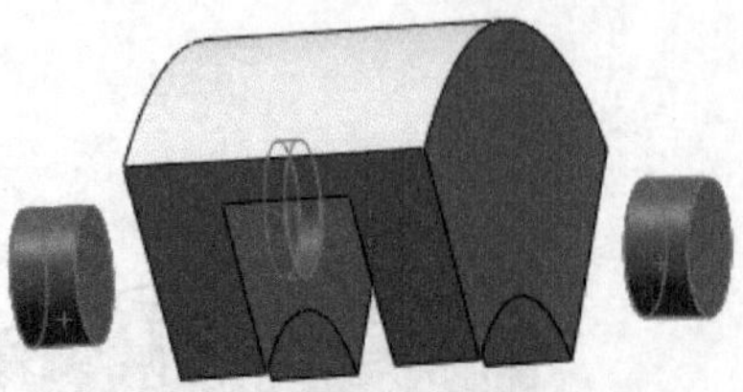

图 14.20　制动块与制动钳体的同轴心配合面

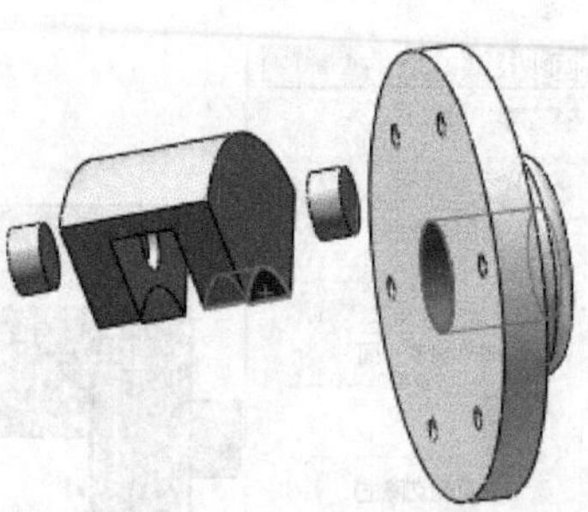

图 14.21　制动盘与制动钳体的同轴心配合面

图 14.22　制动盘与制动钳体的距离配合面

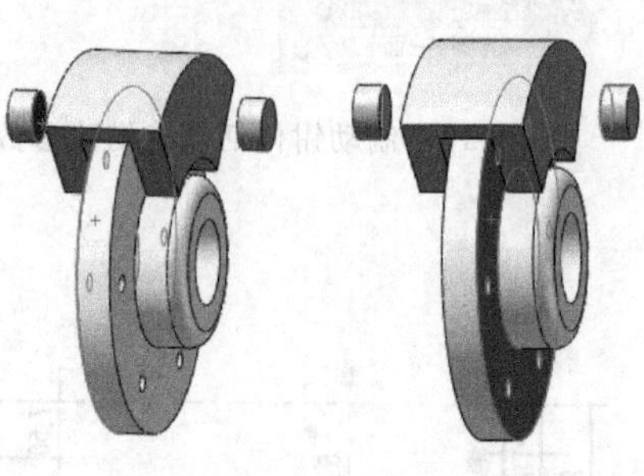

图 14.23　两制动块与制动盘的距离配合面

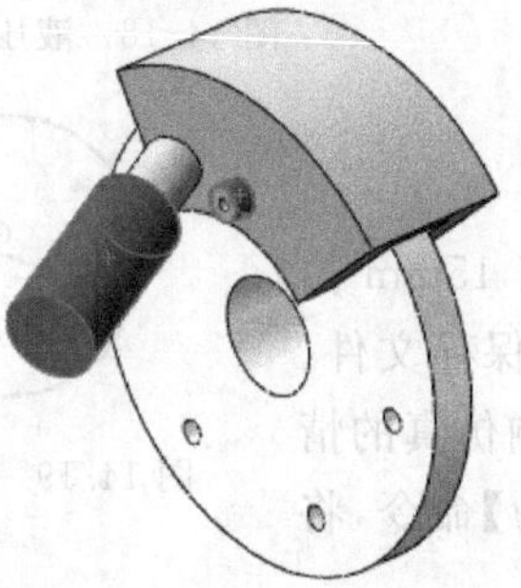

图 14.24　液压缸与制动钳体的同轴心配合面

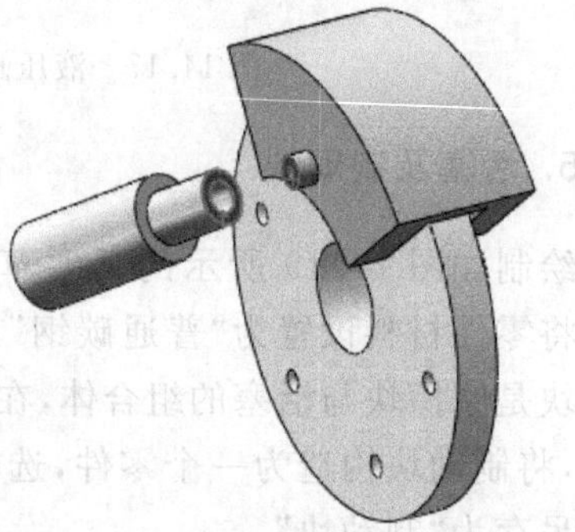

图 14.25　液压缸与制动钳体的重合配合面

将活塞添加进来，添加活塞与液压缸的同轴心配合，如图 14.26 所示。添加活塞与液压缸底面 30mm 的距离配合，如图 14.27 所示。右击将液压缸设置为透明，可观察活塞与液压缸的装配情况，如图 14.28 所示。

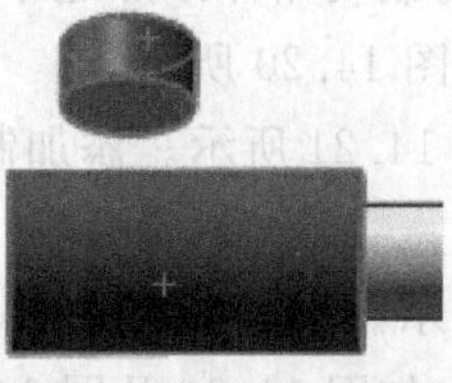

图 14.26　活塞与液压缸的同轴心配合面

图 14.27　活塞与液压缸的距离配合面图

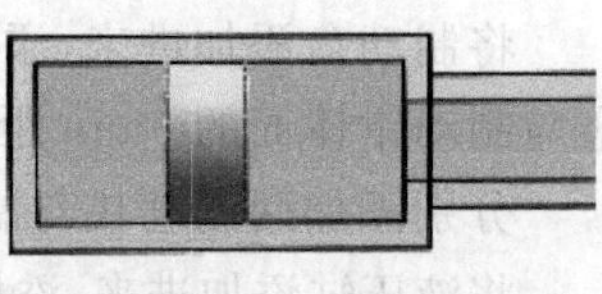

图 14.28　液压缸透视图

将车轮总成添加进来，添加车轮总成与制动盘的同轴心及重合配合，如图 14.29 及图 14.30 所示，为使车轮总成与制动盘同步转动，添加车轮总成与制动盘的锁定配合。

图 14.29 车轮总成与制动盘的同轴心配合面

图 14.30 车轮总成与制动盘的重合配合面

完成的汽车刹车机构装配体及配合关系如图 14.31 所示，装配体中将制动钳体与液压缸设置为固定零部件，其余为浮动零部件，以文件名“汽车刹车机构装配体”保存文件。

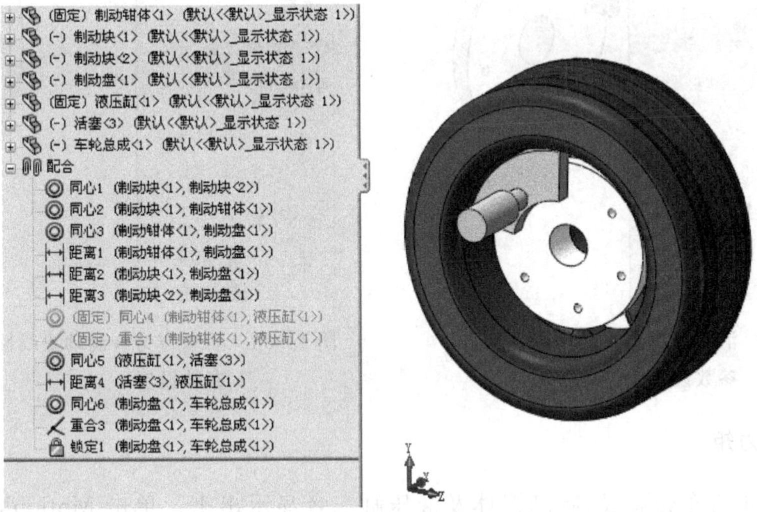
(固定) 制动钳体<1> (默认<<默认>_显示状态 1>)
(-) 制动块<1> (默认<<默认>_显示状态 1>)
(-) 制动块<2> (默认<<默认>_显示状态 1>)
(-) 制动盘<1> (默认<<默认>_显示状态 1>)
(固定) 液压缸<1> (默认<<默认>_显示状态 1>)
(-) 活塞<3> (默认<<默认>_显示状态 1>)
(-) 车轮总成<1> (默认<<默认>_显示状态 1>)
配合
同心1 (制动块<1>, 制动块<2>)
同心2 (制动块<1>, 制动钳体<1>)
同心3 (制动钳体<1>, 制动盘<1>)
距离1 (制动钳体<1>, 制动盘<1>)
距离2 (制动块<1>, 制动盘<1>)
距离3 (制动块<2>, 制动盘<1>)
(固定) 同心4 (制动钳体<1>, 液压缸<1>)
(固定) 重合1 (制动钳体<1>, 液压缸<1>)
同心5 (液压缸<1>, 活塞<3>)
距离4 (活塞<3>, 液压缸<1>)
同心6 (制动盘<1>, 车轮总成<1>)
重合3 (制动盘<1>, 车轮总成<1>)
锁定1 (制动盘<1>, 车轮总成<1>)

图 14.31 汽车刹车机构装配体

14.4 仿真

在装配体界面，将 SolidWorks Motion 插件载入，单击布局选项卡中的【运动算例 1】，在 MotionManager 工具栏中的【算例类型】下拉列表中选择【Motion 分析】。

1. 添加线性耦合

首先，右击将两制动块与制动盘的距离配合压缩，将活塞与液压缸的距离配合压缩，使它们处于失效状态。为方便配合的添加，右击将车轮总成、制动钳体及液压缸三者隐藏。

单击“配合”按钮，在弹出的属性对话框中选择【高级配合】中的 线性/线性耦合 命令，如图 14.32 所示，在第一个“要配合的实体”选择栏中选择活塞表面，在第二个“要配合的实体”

选择栏中选择制动块表面，线性移动的"比率"选择 3∶1，即在【比率】栏下输入 3mm 和 1mm。这里液压缸到制动块的传动比采用 3，即力放大 3 倍，因为制动液的压强基本处处相等，且相同时间内制动液的流量相同，根据帕斯卡定律可知，活塞移动距离是制动块移动距离的 3 倍，即线性移动的"比率"为 3∶1。同理，为活塞与另一制动块添加"比率"为 3∶1 的线性耦合配合，设置如图 14.33 所示。添加好的线性耦合应使活塞向制动盘移动时，两制动块向制动盘靠近，如果方向不对，反转线性耦合配合即可。

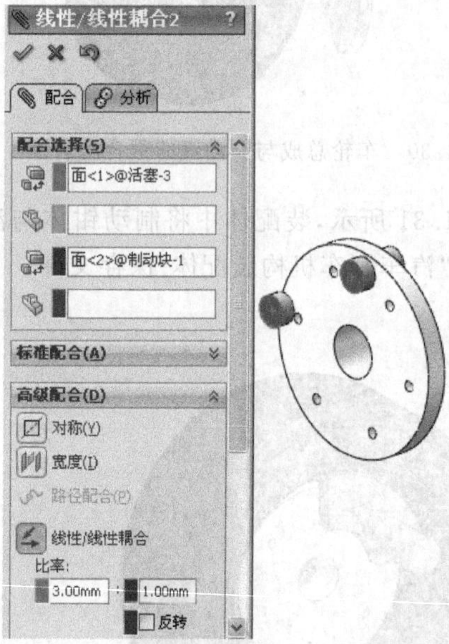

线性/线性耦合2
配合
分析
配合选择(S)
面<1>@活塞-3
面<2>@制动块-1
标准配合(A)
高级配合(D)
对称(Y)
宽度(I)
路径配合(P)
线性/线性耦合
比率:
3.00mm
1.00mm
反转

图 14.32　活塞与制动块线性耦合配合参数设置

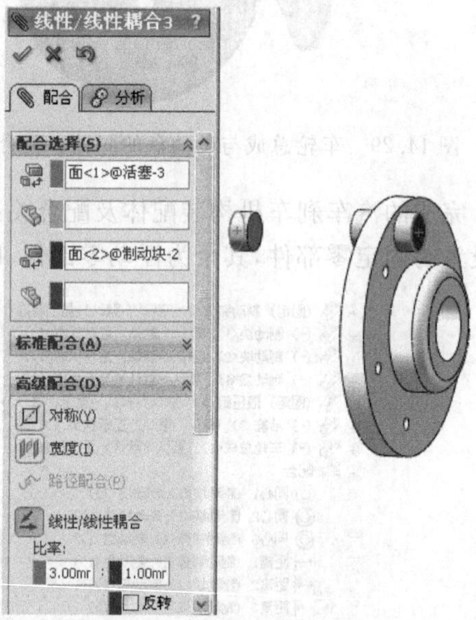

线性/线性耦合3
配合
分析
配合选择(S)
面<1>@活塞-3
面<2>@制动块-2
标准配合(A)
高级配合(D)
对称(Y)
宽度(I)
路径配合(P)
线性/线性耦合
比率:
3.00mr
1.00mr
反转

图 14.33　活塞与另一制动块线性耦合配合参数设置

2. 添加力矩

首先，右击将车轮总成、制动钳体及液压缸三者显示出来。单击 MotionManager 工具栏中的"力"按钮，弹出【力/扭矩】属性管理器，如图 14.34 所示，【类型】选择"力矩"，【方向】选择"只有作用力"，"作用零件和作用应用点"选择车轮外轮廓面，【力的方向】采用默认的逆时针方向，将【相对于此的力】下的【所选零部件】激活，然后选择车轮，【力函数】选择"步进"，F_1 输入"50000 牛顿·mm"，$t_1=0$s，F_2 输入"10000 牛顿·mm"，$t_2=5$s，单击"确定"按钮，完成始终垂直于车轮轴线的力矩的添加。该力矩是参照发动机力矩与转速关系设定的，表示车轮开始转动时的力矩为 50000N·mm，5s 时刻变为 10000N·mm，且在 0～5s 之间力矩是连续变化的，5s 过后力矩一直维持 10000N·mm 不变。

3. 添加阻力

单击 MotionManager 工具栏中的"力"按钮，弹出【力/扭矩】属性管理器，如图 14.35 所示，【类型】选择"力"，【方向】选择"只有作用力"，"作用零件和作用应用点"选择车轮总成中只有一条直线的草图，单击"改变方向"按钮，使所添加的阻力方向与车轮上力矩方向相反，将【相对于此的力】下的【所选零部件】激活，然后选择车轮，【力函数】选择"步进"，

F_1 输入“0 牛顿”，$t_1=0s$，F_2 输入“50 牛顿”，$t_2=5s$，单击“确定”按钮 ，完成始终与车轮外轮廓相切的阻力的添加，右击将车轮总成上的直线草图隐藏。该力是参照汽车行驶速度与阻力的关系设定的，表示车轮速度为零时，阻力为 0N，5s 时刻变为 50N，且在 0～5s 之间是连续变化的，5s 过后阻力一直维持 50N 不变。

力/扭矩
类型(T)
力(F)
力矩(T)
方向(D)
只有作用力(A)
作用力与反作用力(
面<1>@车轮总成
相对于此的力:
装配体原点
所选零部件:
车轮总成-1@汽车剃车
力函数(N)
步进
F1
50000.00 牛顿·mm
t1
0.00秒
F2
10000.00 牛顿·mm
t2
5.00秒

图 14.34 车轮力矩参数设置

力/扭矩
类型(T)
力(F)
力矩(T)
方向(D)
只有作用力(A)
作用力与反作用力(
直线1@草图7@车
相对于此的力:
装配体原点
所选零部件:
车轮总成-1@汽车剃车
力函数(N)
步进
F1
0 牛顿
t1
0.00秒
F2
50 牛顿
t2
5.00秒

图 14.35 车轮阻力参数设置

4. 添加实体接触

首先，右击将车轮总成及制动钳体隐藏起来。单击 MotionManager 工具栏上的“接触”按钮，在弹出的属性管理器中【接触类型】栏内选择“实体接触”，如图 14.36 所示，在【选择】栏内将 使用接触组(U) 选中，“零部件”组 1 中用鼠标在视图区选取制动盘，“零部件”组 2 中用鼠标在视图区选取两个制动块，在【材料】栏内两“材料名称”下拉列表中均选择 Rubber(Dry)(干摩擦橡胶)，其余参数采用默认设置，单击“确定”按钮，完成实体接触的添加。

5. 添加线性马达

首先，右击液压缸后选择“更改透明度”，将其设为透明。单击 MotionManager 工具栏中的“马达”按钮，弹出属性对话框如图 14.37 所示，【马达类型】选择“线性马达”，“马达位置”选择活塞表面，单击“反向”按钮，使马达方向指向制动盘，【运动】函数下拉表中选择“距离”，距离输入 9mm，“开始时间”输入 8s，“持续时间”输入 4s，单击“确定”按钮，完成线性马达的添加。单击对话框中的曲线，可显示活塞随时间变化的位移曲线，如图 14.38 所示，可知在 0～8s 之间，活塞相对于液压缸静止不动，在 8～12s 之间，活塞相对于液压缸向前移动了 9mm，且之间的速度是连续变化的，12s 之后活塞相对于液压缸静止不动。

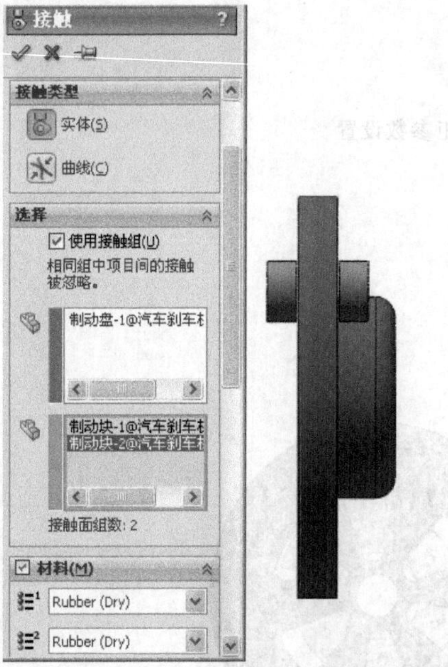
接触
接触类型
实体(S)
曲线(C)
选择
使用接触组(U)
相同组中项目间的接触被忽略。
制动盘-1@汽车刹车
制动块-1@汽车刹车
制动块-2@汽车刹车
接触面组数: 2
材料(M)
Rubber (Dry)
Rubber (Dry)

图 14.36　制动盘与两制动块的接触参数设置

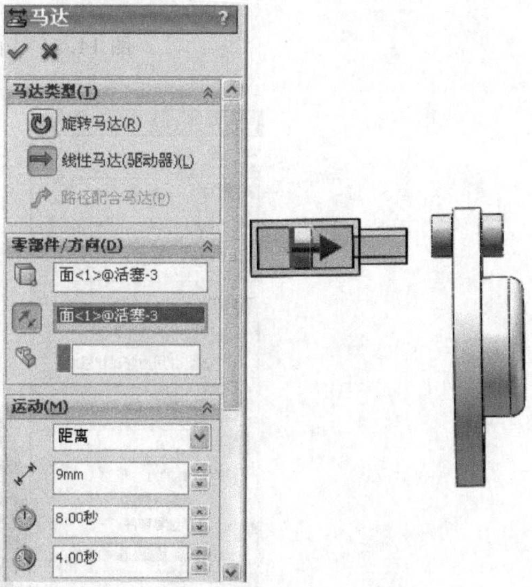
马达
马达类型(T)
旋转马达(R)
线性马达(驱动器)(L)
路径配合马达(P)
零部件/方向(D)
面<1>@活塞-3
面<1>@活塞-3
运动(M)
距离
9mm
8.00秒
4.00秒

图 14.37　活塞马达参数设置

6. 仿真分析

首先，在仿真前确保两制动块与制动盘的距离配合及活塞与液压缸的距离配合处于压缩状态，然后将所有零部件显示出来，并隐藏车轮总成中的直线草图。

拖动时间键码，将仿真时间设置为 15s，单击“计算”按钮，进行仿真求解。待仿真自动计算完毕后，单击工具栏上的“结果和图解”按钮，在弹出的属性管理器中进行如图 14.39 所示的参数设置，其中选择栏中，在视图区选择车轮外轮廓面，单击“确定”按钮，生成车轮角速度结果图解，如图 14.40 所示。

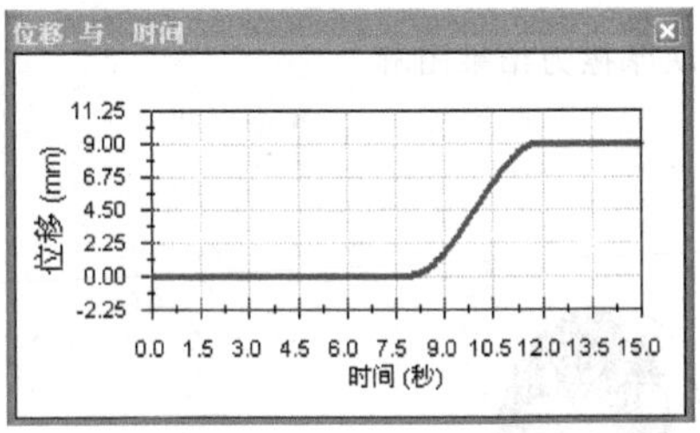
位移 与 时间
11.25
9.00
6.75
4.50
2.25
0.00
-2.25
位移 (mm)
0.0 1.5 3.0 4.5 6.0 7.5 9.0 10.5 12.0 13.5 15.0
时间 (秒)

图 14.38　活塞马达曲线

结果
结果
位移/速度/加速度
角速度
X 分量
面<1>@车轮总成-1
图解结果
生成新图解

图 14.39　车轮角速度结果参数设置

再次单击工具栏上的“结果和图解”按钮，在弹出的属性管理器中进行如图 14.41 所示的参数设置，其中选择栏中，在视图区选择制动盘与一制动块各自的接触面（将车轮总成及制动钳体隐藏后更便于选取），单击“确定”按钮，生成制动盘与一制动块之间摩擦力幅值结果图解，如图 14.42 所示。同理，生成制动盘与另一制动块之间摩擦力幅值结果图解，设置及图解如图 14.43 及图 14.44 所示。

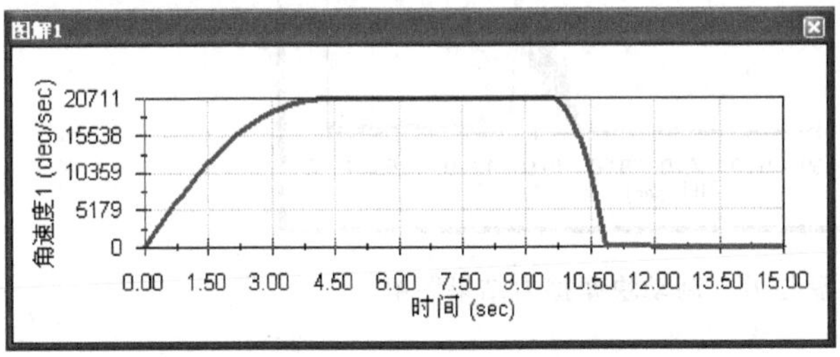
图解1
20711
15538
10359
5179
0
角速度1 (deg/sec)
0.00 1.50 3.00 4.50 6.00 7.50 9.00 10.50 12.00 13.50 15.00
时间 (sec)

图 14.40　车轮角速度结果图解

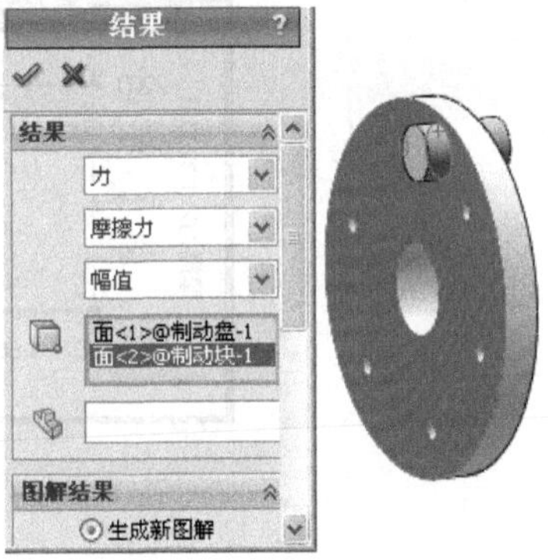
结果
结果
力
摩擦力
幅值
面<1>@制动盘-1
面<2>@制动块-1
图解结果
生成新图解

图 14.41　制动盘与一制动块摩擦力结果参数设置

由图 14.40、图 14.42 及图 14.44 可知：

在 0～5s，车轮做连续的变加速运动，且加速度逐渐变小，因为驱动力矩逐渐变小，阻力矩随着阻力变大而逐渐变大。

在 5～9.5s，驱动力矩与阻力矩在数值上相等，但方向相反，且这时没有摩擦力，车轮受力平衡，故车轮做匀速运动。

在 0～9.5s，两制动块与制动盘之间无接触，故没有摩擦力，虽然制动块在 8s 时刻开始移动，但两制动块与制动盘之间存在预留间隙。

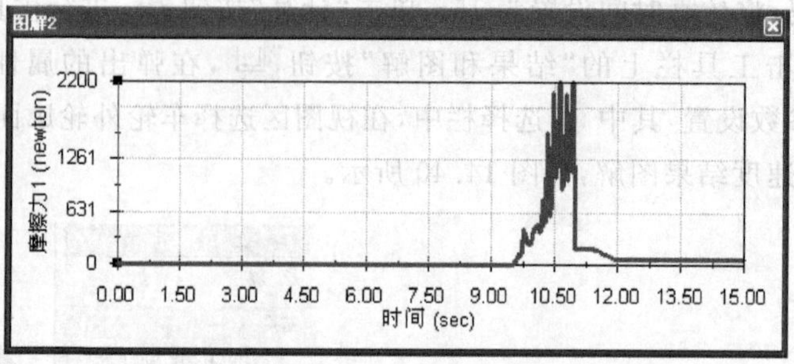
图解2
2200
1261
631
0
摩擦力1 (newton)
0.00 1.50 3.00 4.50 6.00 7.50 9.00 10.50 12.00 13.50 15.00
时间 (sec)

图 14.42　制动盘与一制动块摩擦力结果图解

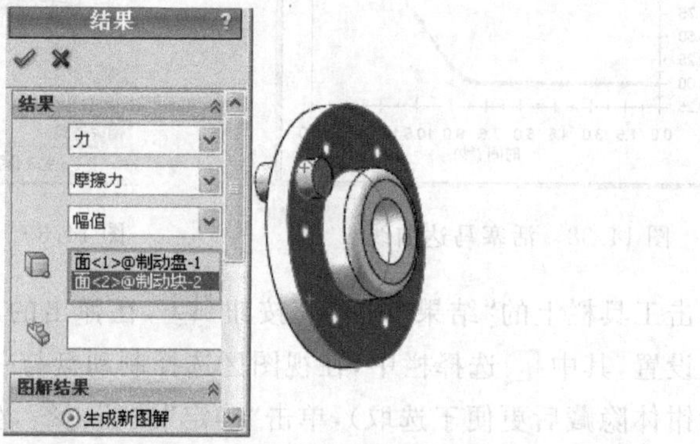
结果
结果
力
摩擦力
幅值
面<1>@制动盘-1
面<2>@制动块-2
图解结果
生成新图解

图 14.43　制动盘与另一制动块摩擦力结果参数设置

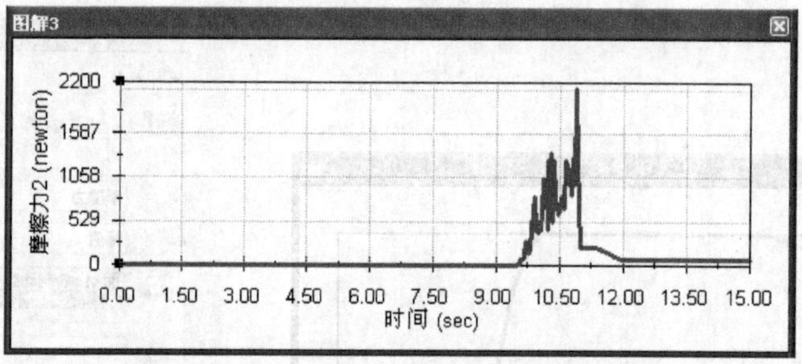
图解3
2200
1587
1058
529
0
摩擦力2 (newton)
0.00 1.50 3.00 4.50 6.00 7.50 9.00 10.50 12.00 13.50 15.00
时间 (sec)

图 14.44　制动盘与另一制动块摩擦力结果图解

9.5s 过后，两制动块与制动盘压紧接触，从开始制动到完全停车（车轮角速度从最大开始连续减到零），制动时间为 1.5s，制动力（摩擦力）逐渐增大，速度减为零后制动力开始减小直到零。这里模拟了驾驶员操纵汽车刹车机构从开始刹车，逐渐增大制动力到撤去制动力的汽车制动过程。如果需要模拟汽车更快或者更慢更平稳的制动过程，更改活塞与制动块的“线性耦合”配合比率、活塞“线性马达”的“距离步进函数”中的开始时间及持续时间即可。

第15章

洗 瓶 机

洗瓶机是包装工艺流程中的常见机械，适用于玻璃瓶、塑料瓶等毛刷式清洗和水冲式清洗单独或配合使用清洗的专用设备。洗瓶机的种类很多，市场上应用最多的有扭道式、箱式、滚筒式和立式等，它们的清洗功能及能力各有不同，一个完整的洗瓶机包含送料系统、清洗系统以及后续的加工包装系统。本章对滚筒式洗瓶机清洗系统中的推瓶机构和导辊机构进行了模拟分析。

15.1　工作原理

滚筒式洗瓶机清洗系统主要由推瓶机构、导辊机构、转刷机构组成，如图 15.1 所示。送料机构将被清洗瓶子送入预定轨道，然后推瓶机构推动瓶子使其线性移动，两同向转动的导辊带动瓶子旋转，这样瓶子边前进变旋转，转动着的刷子把瓶子外面洗净，洗完之后又由出瓶机构将瓶子送出，当前一个瓶子将被洗刷完毕时，后一个待洗的瓶子已送入导辊待推。

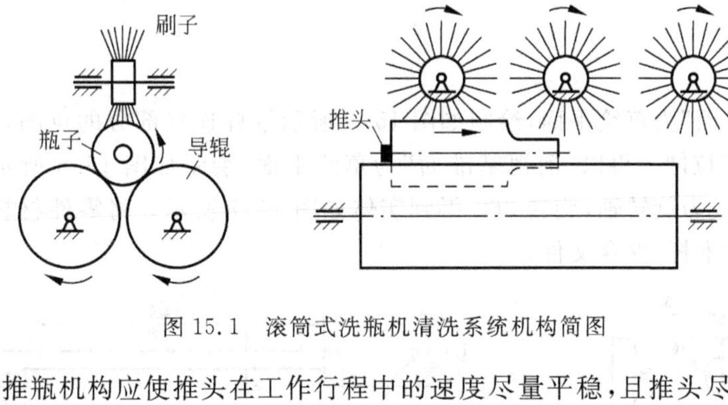
刷子
瓶子
导辊
推头

图 15.1　滚筒式洗瓶机清洗系统机构简图

所设计的推瓶机构应使推头在工作行程中的速度尽量平稳，且推头尽量平稳地接触和脱离瓶子，以保证工作的稳定性，在工作段前后可有速度的变动，回程时有急回特性，准备第二个工作循环。以上要求并不容易同时得到满足，但必须保证推头工作行程的运动轨迹至少为近似直线，以此保证安全性。常用的推瓶机构主要有曲柄滑块机构和凸轮连杆等组合机构，考虑到工作性能及仿真的简便易行，这里采用了如图 15.2 所示的曲柄滑块机构。

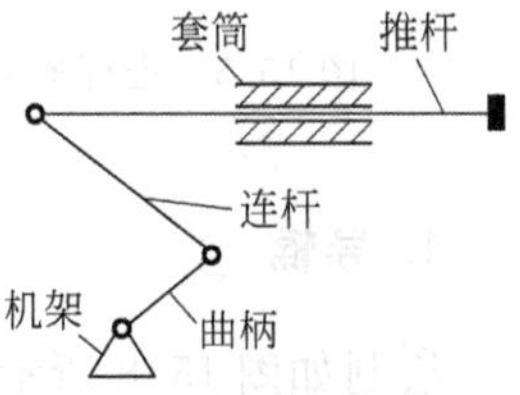
套筒
推杆
连杆
机架
曲柄

图 15.2　推瓶机构简图

设计主要参数：曲柄长 100mm，连杆长 300mm，推杆长

450mm，导辊长 600mm，外径 80mm，导辊中心距 100mm，瓶子长 200mm，外径 50mm。

15.2 零件造型

启动 SolidWorks 2012，选择【文件】/【新建】/【零件】命令，创建新的零件文件。选择【插入】/【草图绘制】命令，选择一基准面为草绘平面。

1. 机架

绘制如图 15.3 所示的机架草图，完成后以距离 10mm 拉伸，将零件材料设置为"普通碳钢"，以文件名"机架"保存文件。

2. 曲柄、连杆

绘制如图 15.4 所示的曲柄草图，完成后以距离 10mm 拉伸，将零件材料设置为"普通碳钢"，以文件名"曲柄"保存文件。修改曲柄的草图，将长度尺寸修改为 300mm，退出草图编辑后，将零件另存为 "连杆"。

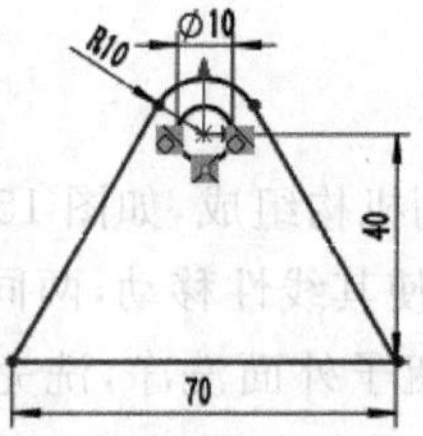
R10
⌀10
40
70

图 15.3 机架草图

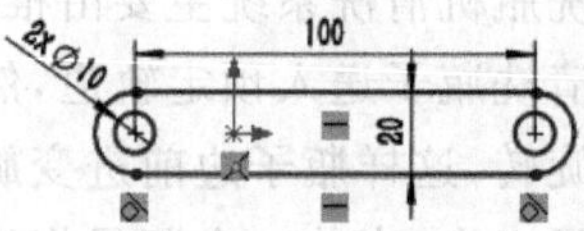
2X ⌀10
100
20

图 15.4 曲柄草图

3. 推杆

以"前视基准面"为草绘平面，绘制如图 15.5 所示推杆连接部分的草图，完成后以距离 10mm"两侧对称"拉伸。再以"前视基准面"为草绘平面，绘制如图 15.6 所示的推杆草图，完成后以最长边线为旋转轴，旋转 360°得到实体如图 15.7 所示。将零件材料设置为"普通碳钢"，以文件名"推杆"保存文件。

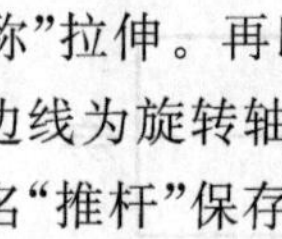
30
⌀10
20

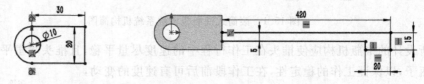

图 15.5 推杆连接部分草图

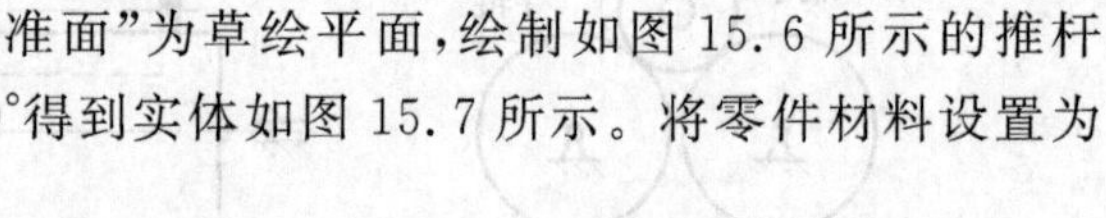
420
5
15
20

图 15.6 推杆草图

4. 导辊

绘制如图 15.8 所示的导辊草图，完成后以最长边线为旋转轴，旋转 360°得到实体，将零件材料设置为"普通碳钢"，以文件名"导辊"保存文件。

图 15.7 推杆实体

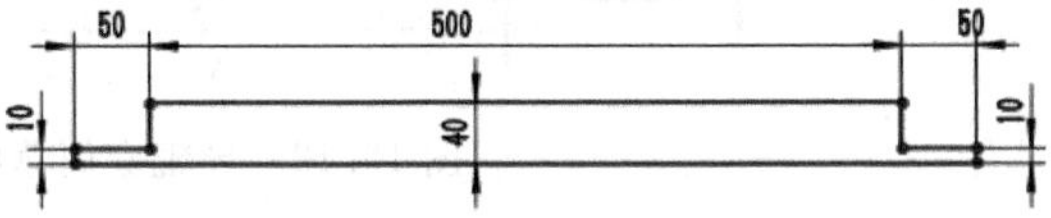
50
500
50
10
40
10

图 15.8 导辊草图

5. 瓶子

绘制如图 15.9 所示的瓶子草图，完成后以最长边线为旋转轴，旋转 360°得到实体。选择【插入】/【特征】/【抽壳】命令，设置如图 15.10 所示，抽壳厚度为 3mm，抽壳面选择瓶口表面。然后对瓶子进行倒圆角，瓶身倒圆半径为 5mm，瓶口倒圆半径为 1mm。选择【工具】/【插件】命令，在弹出的对话框中将 PhotoView 360 选中，单击【确定】。选择【PhotoView 360】/【编辑贴图】命令，如图 15.11 所示，在弹出对话框中单击【浏览】，选择电脑中的一张图片后，再单击视图区中瓶子外圆柱面，可观察到图片已经贴到瓶子上的效果，拖动矩形方框可调整图片大小，单击“确定”按钮。将零件材料设置为“玻璃”，以文件名“瓶子”保存文件。

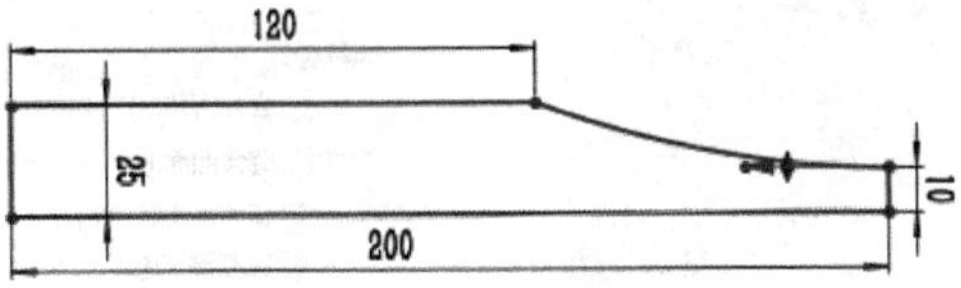
120
25
10
200

图 15.9 瓶子草图

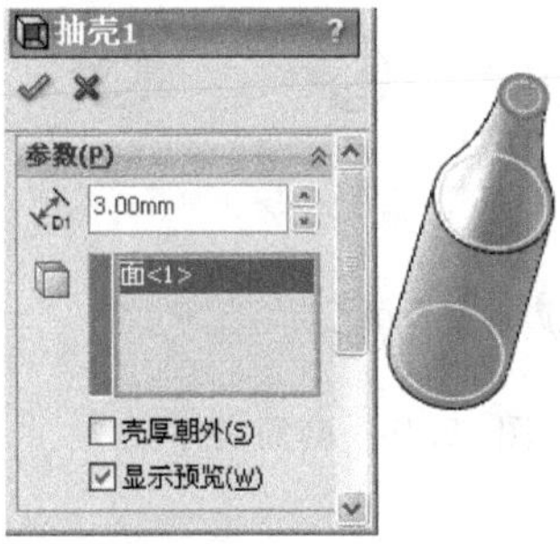
抽壳1
参数(P)
3.00mm
面<1>
壳厚朝外(S)
显示预览(W)

图 15.10 瓶子抽壳参数设置

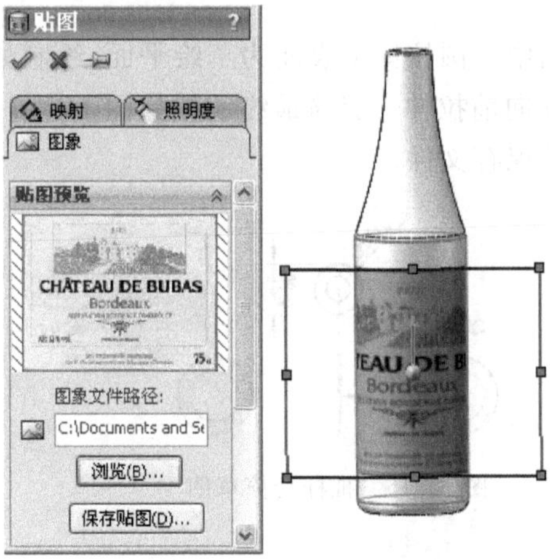
贴图
映射
照明度
图象
贴图预览
CHÂTEAU DE BUBAS
Bordeaux
图象文件路径:
C:\Documents and Se
浏览(B)...
保存贴图(D)...

图 15.11 瓶子贴图参数设置

6. 套筒

以“前视基准面”为草绘平面，绘制如图 15.12 所示的导辊套筒草图，完成后以构造线为旋转轴，旋转 360°得到实体。

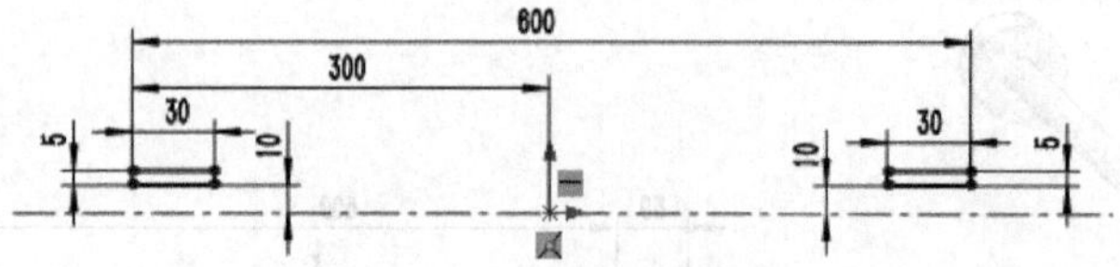
600
300
30
10
5
30
10
5

图 15.12　导辊套筒草图

选择【插入】/【参考几何体】/【基准面】命令，设置如图 15.13 所示，以“前视基准面”为“第一参考”，创建一与“前视基准面”相距 50mm 的基准面。选择【插入】/【阵列/镜像】/【镜像】命令，设置如图 15.14 所示，“镜像面/基准面”选择刚创建的基准面，激活“要镜像的实体”选择框，然后选取两圆柱体，单击“确定”按钮。

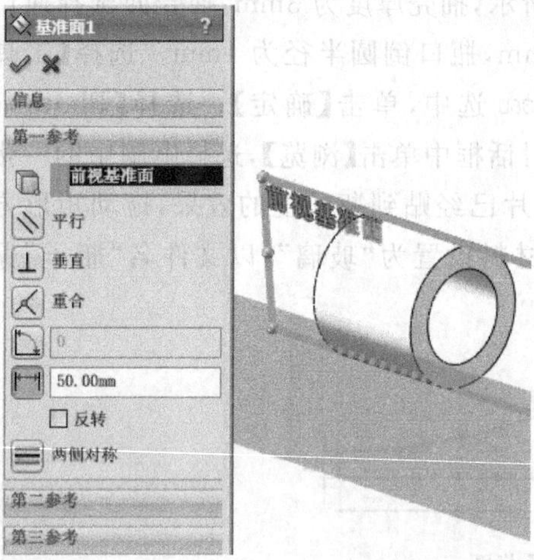
基准面1
信息
第一参考
前视基准面
平行
垂直
重合
50.00mm
反转
两侧对称
第二参考
第三参考
前视基准面

图 15.13　创建基准面参数设置

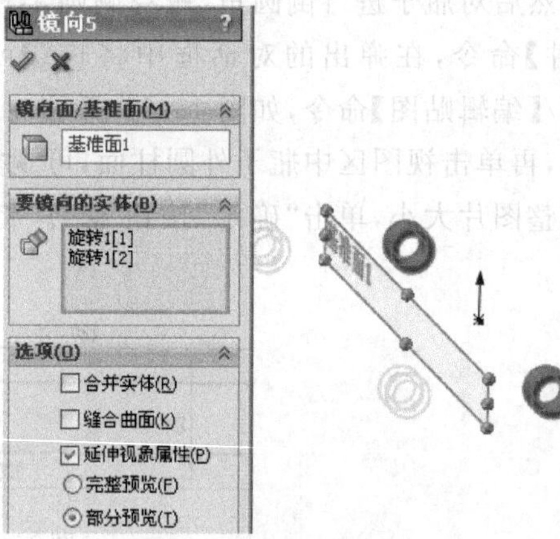
镜向5
镜向面/基准面(M)
基准面1
要镜向的实体(B)
旋转1[1]
旋转1[2]
选项(O)
合并实体(R)
缝合曲面(K)
延伸视象属性(P)
完整预览(F)
部分预览(T)

图 15.14　镜像实体参数设置

以图中一圆柱体上表面为草绘平面，绘制如图 15.15 所示的推杆套筒草图，完成后以距离 50mm 向前拉伸。套筒最终实体如图 15.16 所示，将零件材料设置为“普通碳钢”，以文件名“套筒”保存文件。

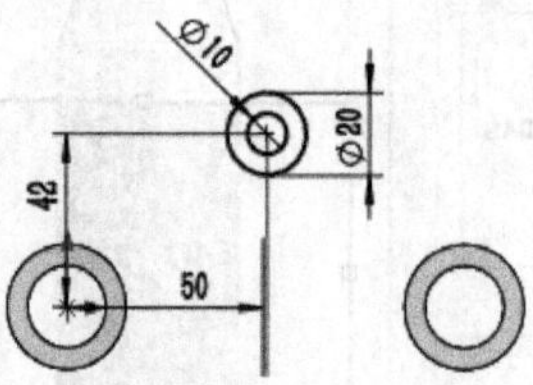
Ø10
Ø20
42
50

图 15.15　推杆套筒草图

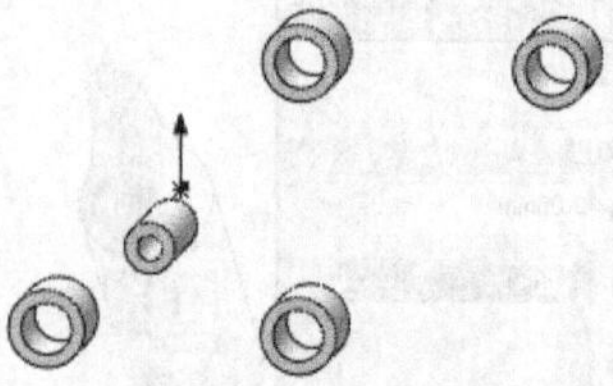

图 15.16　套筒实体

15.3　装配

选择【文件】/【新建】/【装配体】，建立一个新装配体文件。依次将机架和曲柄添加进来，添加曲柄与机架的同轴心配合，如图 15.17 所示，其端面添加重合配合，如图 15.18 所示。

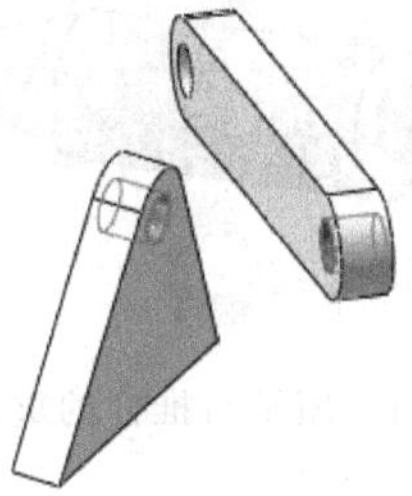

图 15.17 曲柄与机架的同轴心配合面

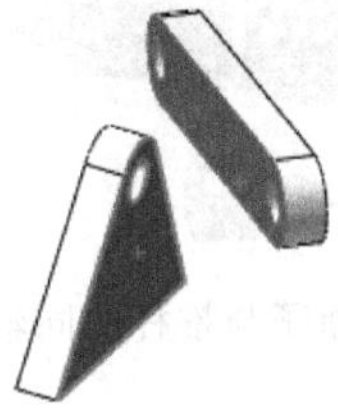

图 15.18 曲柄与机架的重合配合面

同理，将连杆及推杆添加进来，分别添加连杆与曲柄和推杆的同轴心及重合配合。将曲柄与连杆调整到与图 15.19 所示相似位置，然后添加两者边线的平行配合。再添加推杆平面与机架平面 225mm 的距离配合，如图 15.20 所示。

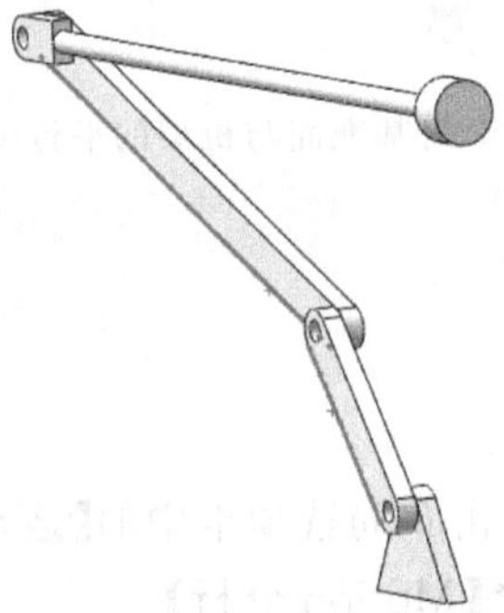

图 15.19 曲柄与连杆的平行配合边线

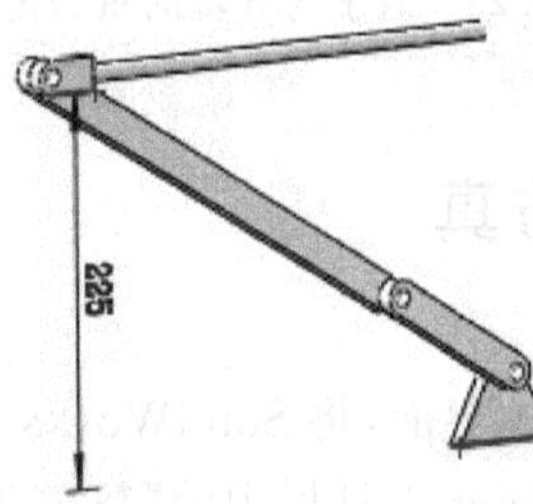
225

图 15.20 推杆与机架的距离配合面

插入套筒及两根导辊，添加两导辊与套筒的同轴心及重合配合，装配好后如图 15.21 所示。再添加套筒与推杆的同轴心配合，如图 15.22 所示。

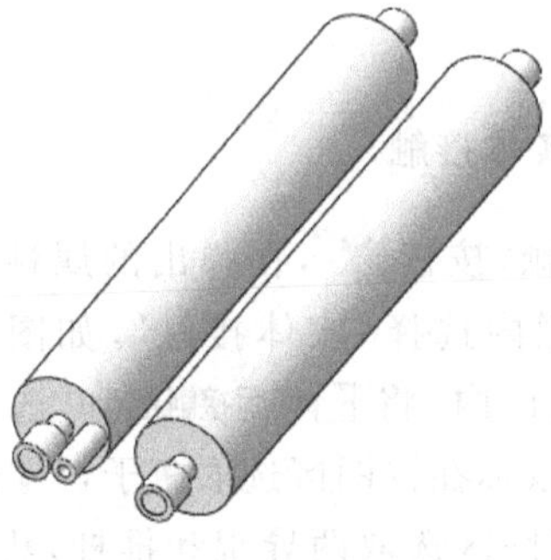

图 15.21 导辊与套筒装配体

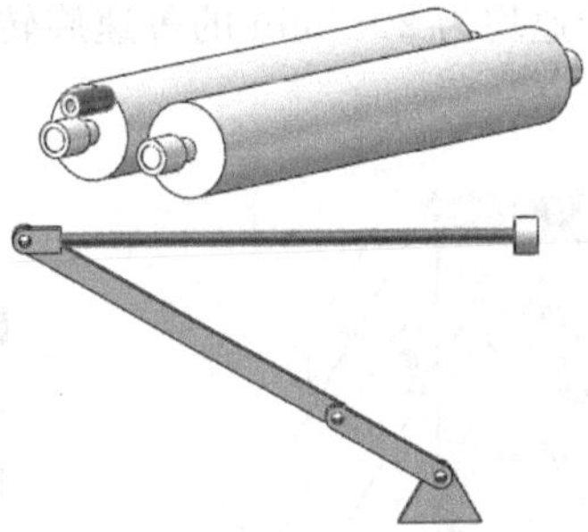

图 15.22 套筒与推杆的同轴心配合面

将瓶子添加进来，添加瓶子与推杆的同轴心配合，如图 15.23 所示，再添加瓶子与推杆及导辊的重合配合，如图 15.24 及图 15.25 所示。在 FeatureManager 设计树中，展开零件套筒，添加套筒中“上视基准面”与机架底面的平行配合，如图 15.26 所示。最后，将曲柄与连杆的平行配合、机架与推杆的距离配合、推杆与瓶子的重合及同轴心配合、瓶子与导辊的重合配合压缩后，将机架与套筒设为固定零部件，此时装配体中各零部件已经安装到瓶子刚被送到导辊上、推杆刚好接触瓶子的位置，以文件名“洗瓶机装配体”保存文件。

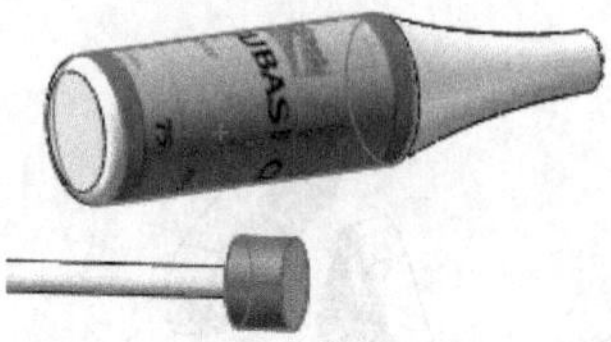

图 15.23 瓶子与推杆的同轴心配合面

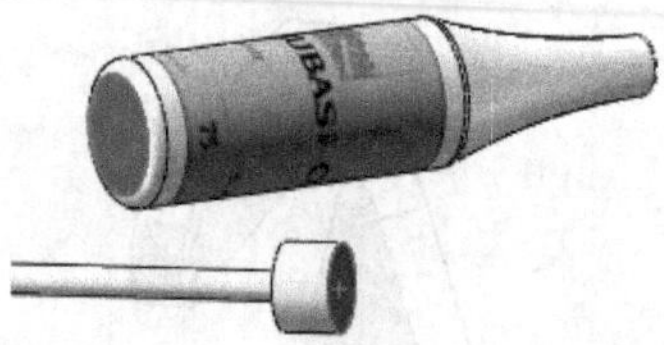

图 15.24 瓶子与推杆的重合配合面

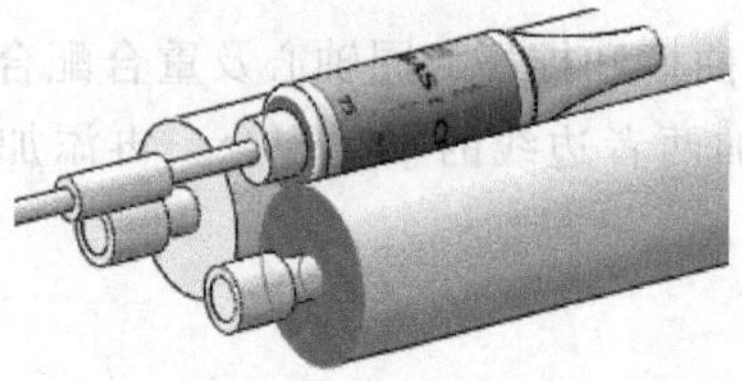

图 15.25 瓶子与导辊的重合配合面

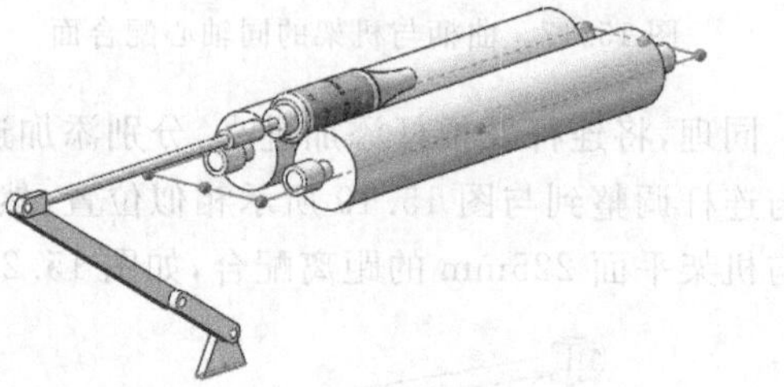

图 15.26 套筒基准面与机架的平行配合面

15.4 仿真

在装配体界面，将 SolidWorks Motion 插件载入，单击布局选项卡中的【运动算例 1】，在 MotionManager 工具栏中的【算例类型】下拉列表中选择【Motion 分析】。

1. 添加马达

单击 MotionManager 工具栏中的“马达”按钮，为曲柄添加一顺时针转速为 5r/min 的等速旋转马达，如图 15.27 所示，马达位置为曲柄旋转处的轴孔。同理，为两个导辊添加相同转向，转速均为 20r/min 的等速旋转马达。

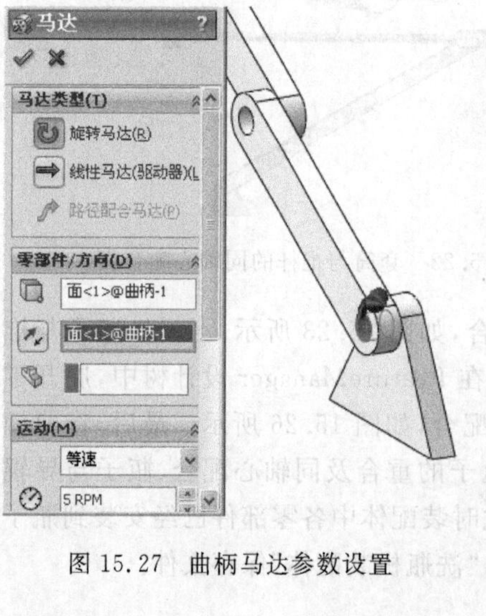
马达
马达类型(T)
旋转马达(R)
线性马达(驱动器)(L
路径配合马达(P)
零部件/方向(D)
面<1>@曲柄-1
面<1>@曲柄-1
运动(M)
等速
5 RPM

图 15.27 曲柄马达参数设置

2. 添加实体接触

单击“接触”按钮，在弹出的属性管理器中【接触类型】栏内选择“实体接触”，如图 15.28 所示，在【选择】栏内，将 □使用接触组(U) 选中，“零部件”组 1 中用鼠标在视图区选取瓶子，“零部件”组 2 中用鼠标在视图区选取两导辊和推杆，然后取消选中【材料】复选框，自行设置接触之间的摩擦系数，μ_k 输入 0.03，μ_s 输入 0.05，其余参数采用默认设置，单击“确定”按钮，完成实体接触的添加。

3. 添加引力

在工具栏中单击“引力”按钮，如图 15.29 所示，在弹出对话框【引力参数】中选择 Y 轴，数值采用默认值，单击“确定”按钮，完成沿 Y 轴负方向引力的添加。

4. 仿真分析

因为曲柄转速为 5r/min＝30(°)/s，故其周期为 12s。拖动时间键码，将仿真时间设置为一个周期 12s，单击“计算”按钮，进行仿真求解。待仿真自动计算完毕后，单击工具栏上的“结果和图解”按钮，在弹出的属性管理器中进行如图 15.30 所示的参数设置，其中右侧显示栏里的面为瓶子外圆柱面。单击“确定”按钮，生成瓶子的线性位移图解，如图 15.31 所示。

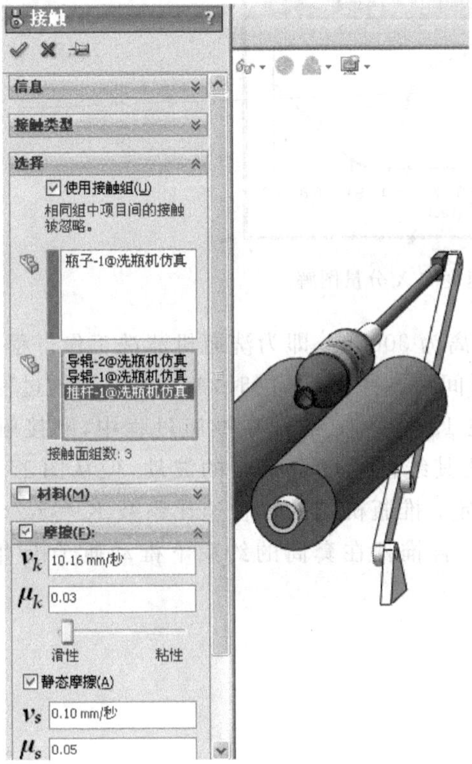
接触
信息
接触类型
选择
使用接触组(U)
相同组中项目间的接触被忽略。
瓶子-1@洗瓶机仿真
导辊-2@洗瓶机仿真
导辊-1@洗瓶机仿真
推杆-1@洗瓶机仿真
接触面组数: 3
材料(M)
摩擦(F):
10.16 mm/秒
0.03
滑性
粘性
静态摩擦(A)
0.10 mm/秒
0.05

图 15.28 瓶子与导辊及推杆的接触参数设置

引力
引力参数(G)
X
Y
Z
9806.65mm/s^2

图 15.29 引力参数设置

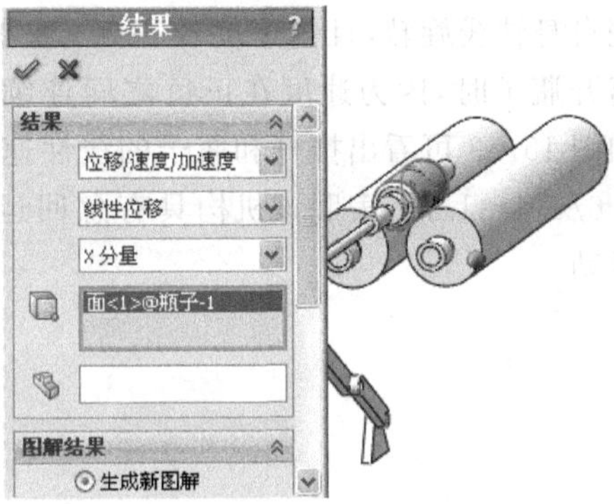
结果
结果
位移/速度/加速度
线性位移
X分量
面<1>@瓶子-1
图解结果
生成新图解

图 15.30 瓶子线性位移图解参数设置

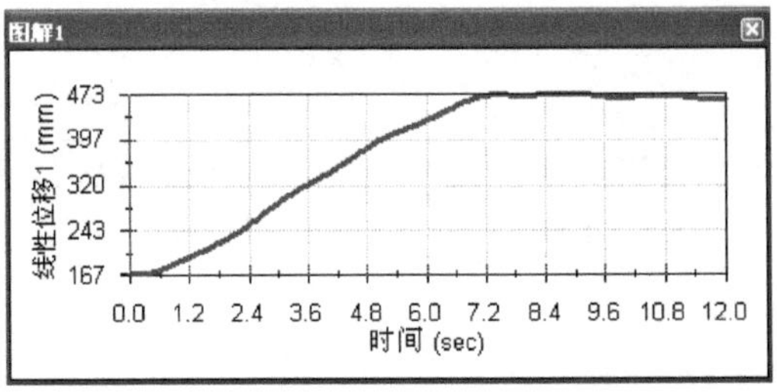
图解1
线性位移1 (mm)
473
397
320
243
167
0.0 1.2 2.4 3.6 4.8 6.0 7.2 8.4 9.6 10.8 12.0
时间 (sec)

图 15.31 瓶子线性位移图解

同理，创建瓶子角速度的 X 分量图解和推杆线性速度的 X 分量图解，测得的图解曲线如图 15.32 及图 15.33 所示。

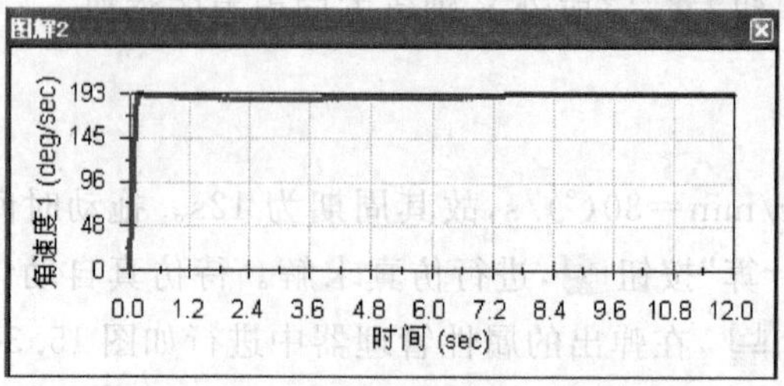
图解2
193
145
96
48
0
角速度1 (deg/sec)
0.0 1.2 2.4 3.6 4.8 6.0 7.2 8.4 9.6 10.8 12.0
时间 (sec)

图 15.32　瓶子角速度的 X 分量图解

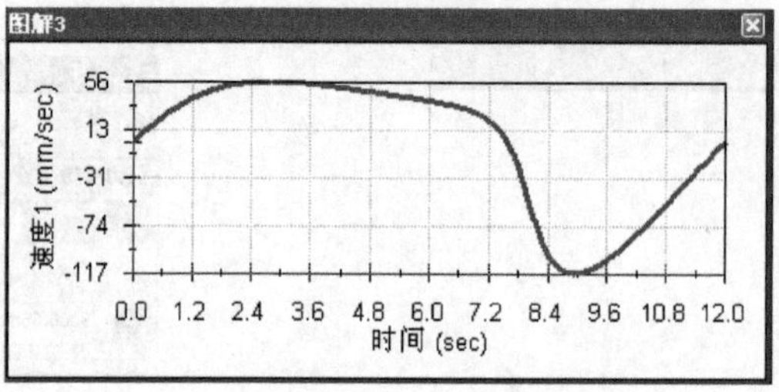
图解3
56
13
-31
-74
-117
速度1 (mm/sec)
0.0 1.2 2.4 3.6 4.8 6.0 7.2 8.4 9.6 10.8 12.0
时间 (sec)

图 15.33　推杆线性速度的 X 分量图解

由图 15.31～图 15.33 可知，瓶子的移动距离为 306mm，即为洗瓶机清洗工作行程，单个周期内工作行程所用时间为 $t_1=7.6$s，回程时间为 $t_2=4.4$s；同时，瓶子在移动的过程中绕自身轴线旋转，且角速度较稳定，基本维持在 193(°)/s；推杆在推瓶过程中，刚接触和离开瓶子时，因为速度在正负之间连续变化，故其线性速度有一定的波动，但从图 15.31 和图 15.33 可看出推杆和瓶子的线性速度较稳定；推瓶机构的行程速比系数 $K=t_1/t_2=7.6/4.4=1.73$，表明该机构具有急回运动特性，且推杆在套筒的约束下推动瓶子沿直线运动。

第16章

电影抓片机构

本章介绍了槽轮机构的造型，电影胶片的制作，利用三维碰撞实现主动销轮带动槽轮单向间歇转动，利用齿轮齿条耦合，设置槽轮的转动和胶片的移动比例，使胶片按照规定速度传送，最终实现对电影抓片机构的仿真模拟。

16.1 工作原理

电影放映机抓片机构简图如图16.1所示，该机构主要由销轮、槽轮、滚轮、胶片和片框组成。当主动销轮连续转动，圆销进入槽轮槽内时，拨动槽轮转动，圆销在槽外时，销轮外凸的圆弧锁紧槽轮，槽轮静止不动，因此在运转过程中，槽轮做单向间歇转动，当电影胶片以每秒24格画面匀速转动，一系列静态画面就会因视觉暂留而造成一种连续的视觉印象，产生逼真的动感。

设计主要参数：片框长37mm，宽34mm，高20mm；单个胶片宽24mm，高27mm，胶片总长400mm，宽33mm，厚1mm；销轮外径120mm，厚10mm，销轮轴长50mm；槽轮轴长200mm，槽轮上滚轮直径33.12mm，高33mm。

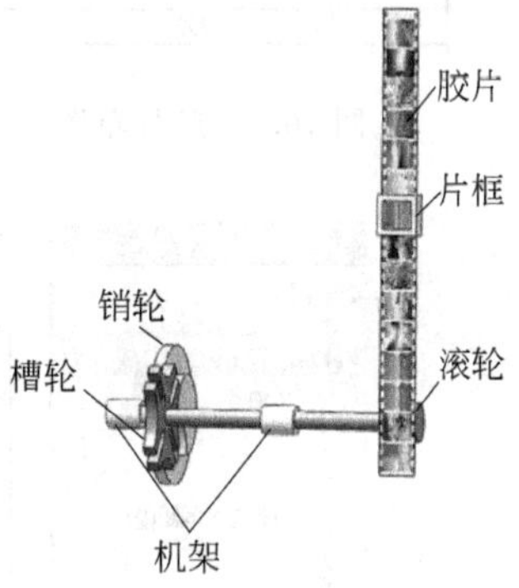
胶片
片框
销轮
槽轮
滚轮
机架
图16.1 电影抓片机构简图

16.2 零件造型

启动SolidWorks 2012，选择【文件】/【新建】/【零件】命令，创建新的零件文件。选择【插入】/【草图绘制】命令，选择一基准面为草绘平面。

1. 片框

绘制如图16.2所示片框草图，完成后以距离20mm拉伸，右击在其上端面插入如图16.3所示草图，完成后“完全贯穿”拉伸切除，得到片框实体如图16.4所示。将零件材料设置为“普通碳钢”，以文件名“片框”保存文件。

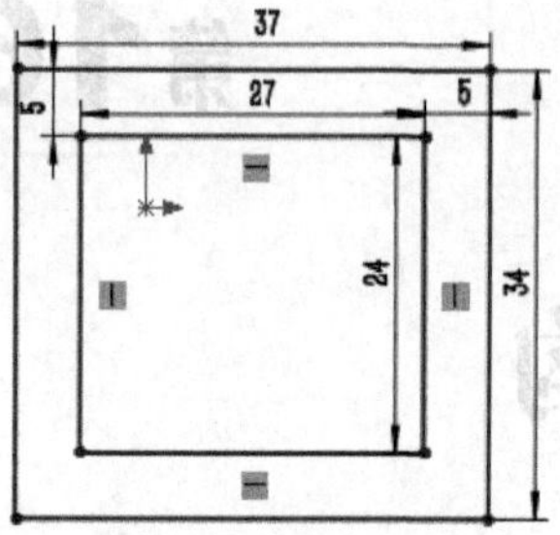
37
27
5
5
24
34

图 16.2　片框草图

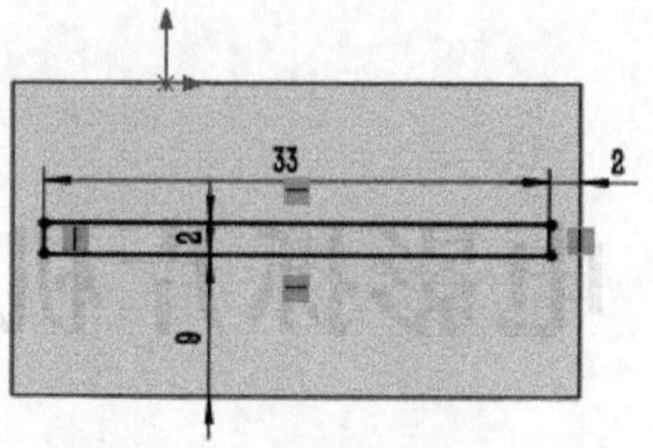
33
2
2
6

图 16.3　片框拉伸切除草图

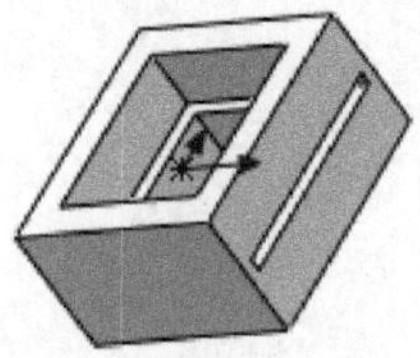

图 16.4　片框实体

2. 胶片

首先绘制如图 16.5 所示胶片草图，然后选择【工具】/【草图工具】/【线性阵列】命令，在弹出的【线性阵列】设置框中按图 16.6 所示进行设置，其中【X-轴】方向的距离为 10mm，数量为 40；【Y-轴】方向的距离为 29mm，数量为 2；【要阵列的实体】选择框内选择图 16.7 中"小矩形"的四条边线，阵列方向为 X 轴的正方向及 Y 轴的负方向，可通过单击按钮或者单击视图区的箭头来改变阵列方向，其余参数默认不变，单击"确定"按钮，退出草图后拉伸，厚度为 1mm。材料设置为塑料中的 PC 高粘度（胶片一般由 PC/PP/PET/PVC 料制作而成)，完成的胶片模型如图 16.7 所示。

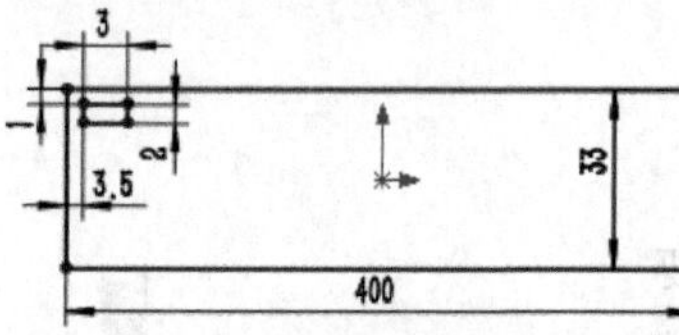
3
2
3.5
33
400

图 16.5　胶片草图

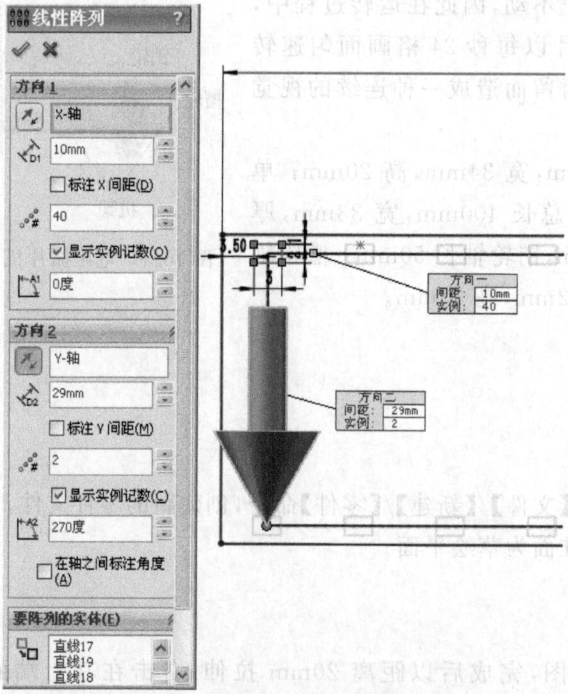
线性阵列
方向 1
X-轴
10mm
标注 X 间距(D)
40
显示实例记数(O)
0度
方向 2
Y-轴
29mm
标注 Y 间距(M)
2
显示实例记数(C)
270度
在轴之间标注角度(A)
要阵列的实体(E)
直线17
直线19
直线18
3.50
3
方向一
间距: 10mm
实例: 40
方向二
间距: 29mm
实例: 2

图 16.6　胶片草图线性阵列参数设置

图 16.7　胶片模型图

选择胶片表面为草绘平面，进入草图绘制界面，选择【工具】/【草图工具】/【草图图片】命令，在弹出的对话框中浏览到一图片，单击【打开】，弹出【草图图片】属性管理器，如图 16.8 所示，其中 X 坐标中输入 −196.5mm，Y 坐标中输入 −13.5mm，这里的坐标是第一张图片的坐标，消除☑锁定高宽比例的选中后，在图片宽度中输入 24mm，高度中输入 27mm，其余采用默认，单击“确定”按钮。

同理，插入第二张图片，设置如图 16.9 所示，其中 X 坐标中输入 −170.5mm，因为图片宽 24mm，每张图片间距 2mm，故第二张图片相对于第一张图片前移 26mm，其余参数与第一张图片设置相同。再插入 13 张图片，每张图片的 X 坐标比前一张大 26mm，其余参数与第一张图片设置相同，贴图完成后如图 16.10 所示，以文件名“胶片”保存文件。

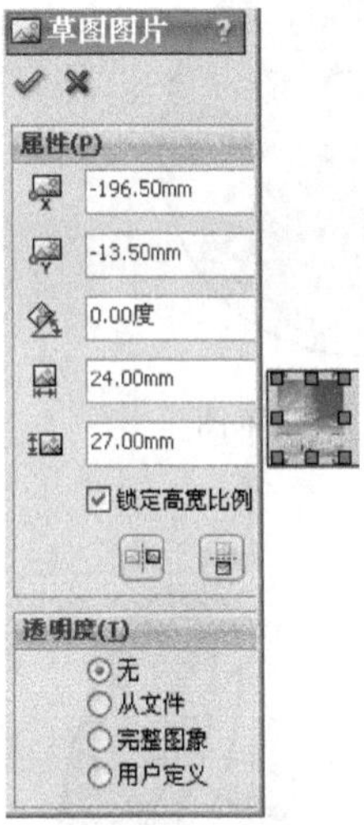
草图图片
属性(P)
-196.50mm
-13.50mm
0.00度
24.00mm
27.00mm
锁定高宽比例
透明度(T)
无
从文件
完整图象
用户定义

图 16.8 第一张草图图片参数设置

草图图片
属性(P)
-170.50mm
-13.50mm
0.00度
24.00mm
27.00mm
锁定高宽比例
透明度(T)
无
从文件
完整图象
用户定义

图 16.9 第二张草图图片参数设置

图 16.10 贴图后的胶片

3. 机架

本章机架主要用于约束销轮轴与槽轮轴，考虑到便于建模及装配，将其简化为一空心圆柱体。绘制如图 16.11 所示机架草图，完成后以距离 30mm 拉伸，得到机架实体如图 16.12 所示。将零件材料设置为“普通碳钢”，以文件名“机架”保存文件。

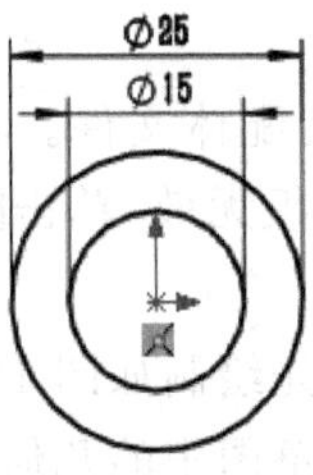
Ø25
Ø15

图 16.11 机架草图

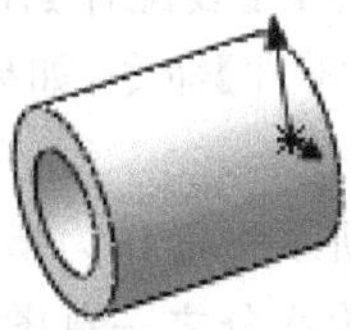

图 16.12 机架实体图

4. 销轮

绘制如图 16.13 所示销轮外圆草图,完成后以距离 10mm 拉伸；然后以得到实体的一表面为草绘平面,绘制如图 16.14 所示拔销草图,完成后以距离 10mm 拉伸；再次以该平面为草绘平面,绘制如图 16.15 所示销轮上的凸台草图,其中实线是通过与两虚线圆相同的实线圆裁剪得到的,完成后以距离 10mm 拉伸；以销轮另一表面为草绘平面,绘制如图 16.16 所示销轮轴草图,完成后以距离 50mm 拉伸。完成后的销轮实体图如图 16.17 所示,将零件材料设置为“普通碳钢”,以文件名“销轮”保存文件。为简便,剩下的槽轮将在装配体中完成。

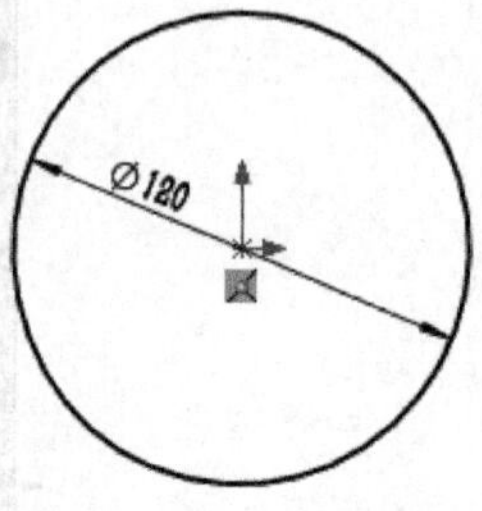
Ø120

图 16.13　销轮外圆草图

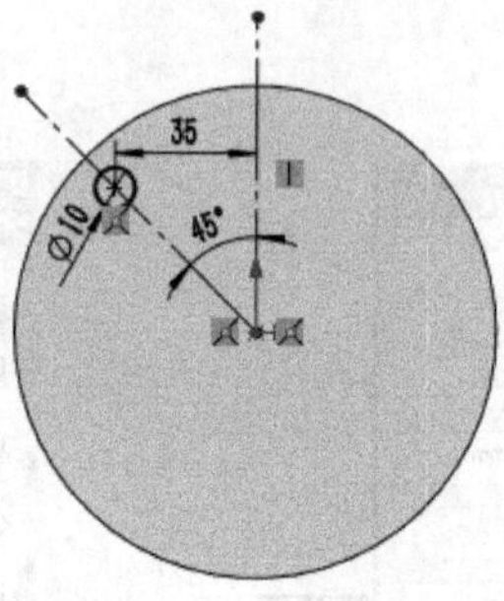
35
Ø10
45°

图 16.14　拔销草图

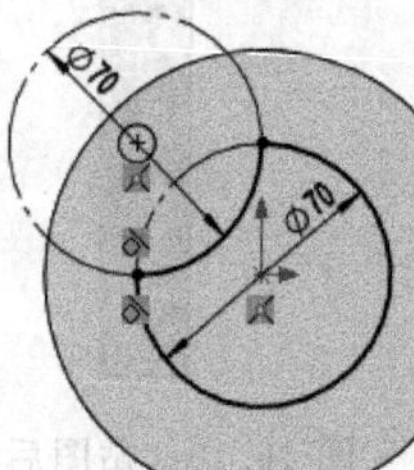
Ø70
Ø70

图 16.15　销轮凸台草图

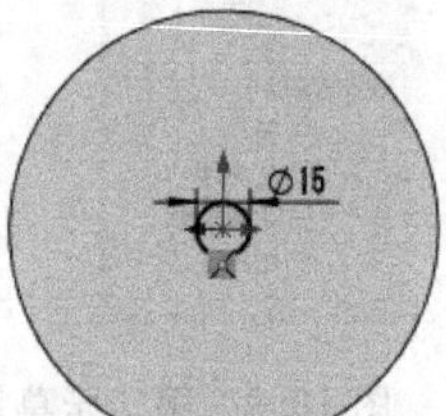
Ø15

图 16.16　销轮轴草图

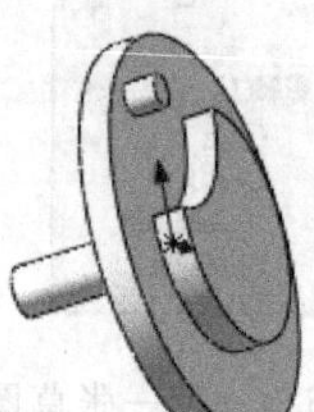

图 16.17　销轮实体

16.3 装配

16.3.1 槽轮造型及装配

选择【文件】/【新建】/【装配体】命令,建立一个新装配体文件。将销轮添加进来,选择【插入】/【零部件】/【新零件】命令,如果系统弹出默认模板无效,单击【确定】,如果系统再次弹出警告,单击【确定】。

选择如图 16.18 所示平面作为槽轮的草绘平面,首先绘制如图 16.19 所示构造线,然后绘制图 16.20 所示槽轮八分之一草图(实线部分),注意草图中的几何约束,最后草图线必须为黑色,不能为蓝色(如果线是蓝色,代表草图没有完全约束)。完成后以距离 10mm 拉伸；选择【插入】/【阵列/镜像】/【镜像】命令,弹出图 16.21 所示对话框,在【镜像面/基准面】选择栏内选择图中所示平面,【要镜像的实体】中选择图 16.21 中八分之一槽轮,单击“确定”按钮 ;再次选择【镜像】命令,【镜像面/基准面】如图 16.22 所示,【要镜像的实体】选择图 16.22 中四分之一槽轮;再次选择【镜像】命令,【镜像面/基准面】如图 16.23 所示,【要镜像的实体】选择图 16.23 中二分之一槽轮。

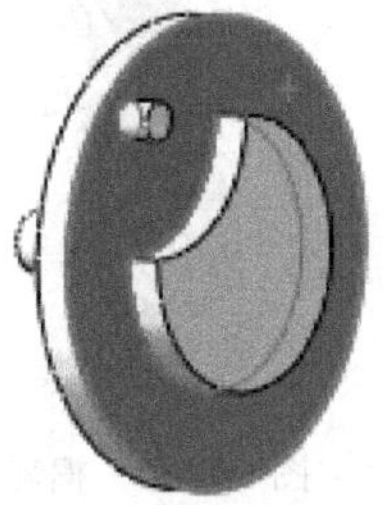

图 16.18 槽轮草绘平面

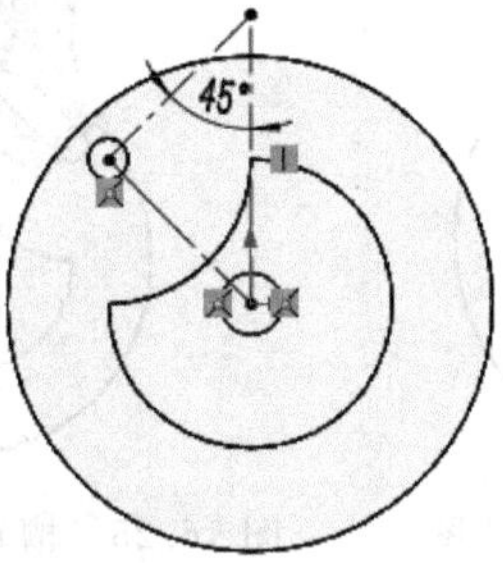
45°

图 16.19 槽轮构造线草图

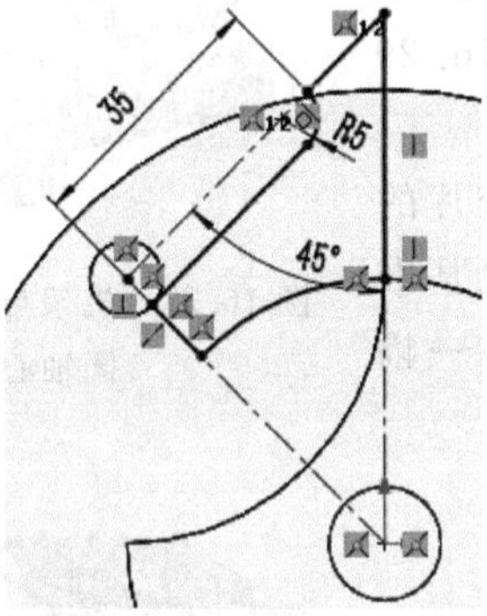
35
R5
45°

图 16.20 槽轮八分之一草图

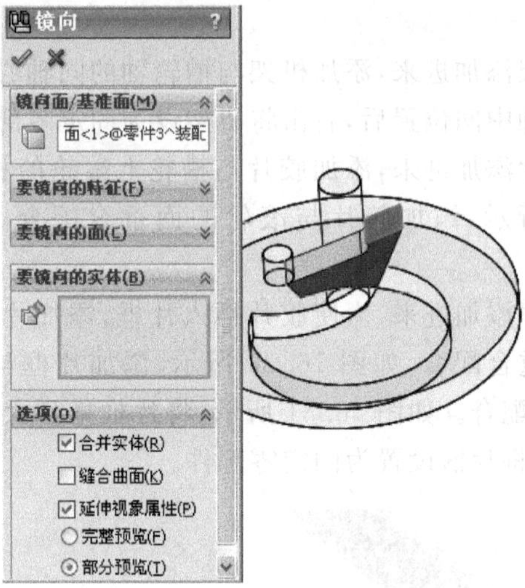
镜向
镜向面/基准面(M)
面<1>@零件3^装配
要镜向的特征(F)
要镜向的面(C)
要镜向的实体(B)
选项(O)
合并实体(R)
缝合曲面(K)
延伸视象属性(P)
完整预览(F)
部分预览(T)

图 16.21 八分之一槽轮镜像面

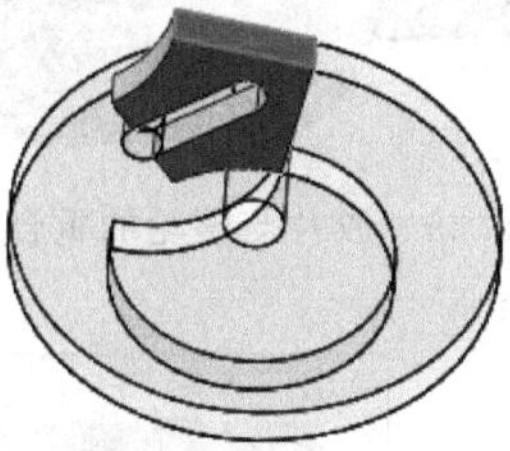

图 16.22 四分之一槽轮镜像面

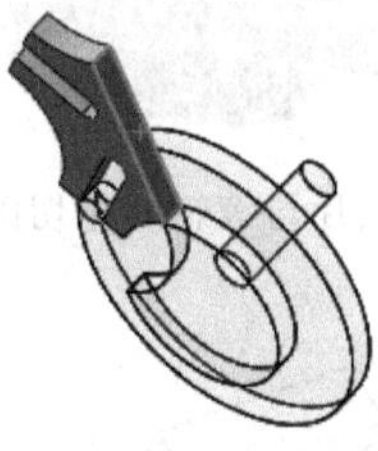

图 16.23 二分之一槽轮镜像面

选择槽轮上表面为草绘平面,在其中心绘制如图 16.24 所示槽轮轴草图,完成后以距离 200mm 拉伸;选择槽轮轴表面为草绘平面,绘制如图 16.25 所示滚轮草图,滚轮外径确定方法:胶片移动一格的距离是 24+2=26mm,槽轮四个槽,转动一周被拨动四次,共 26×4=104mm,因此滚轮直径设置为 104/3.14=33.12mm,完成后以距离 33mm 向外拉伸;将零件材料设置为“普通碳钢”，选择【文件】/【另存为】命令，文件类型为“零件”，以文件名“槽轮”保存文件。退出零部件编辑，完成的槽轮及其与销轮的装配图如图 16.26 所示。

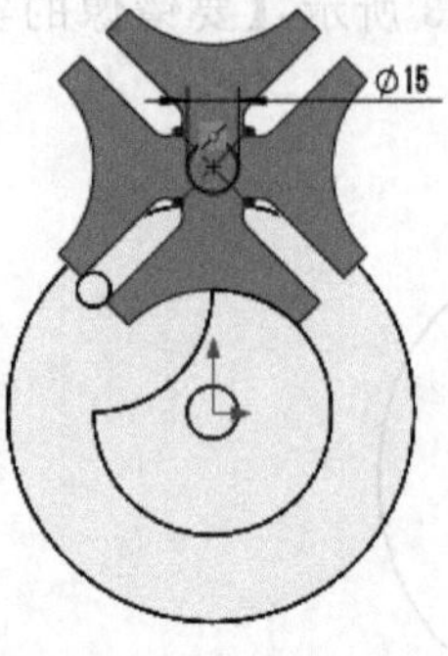
⌀15

图 16.24　槽轮轴草图

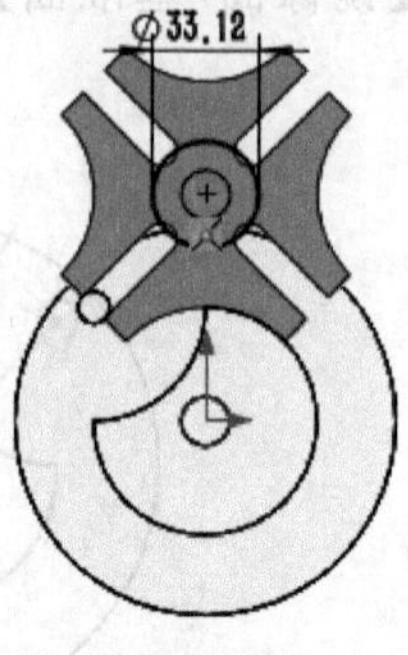
⌀33.12

图 16.25　槽轮轴上的滚轮草图

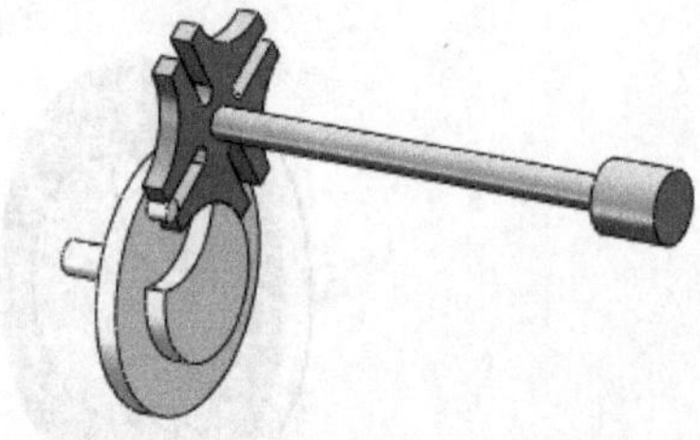

图 16.26　槽轮及其与销轮装配体

16.3.2　总体装配

将机架添加进来，添加机架与槽轮轴的同轴心配合，如图 16.27 所示，将机架拖动到趋近于槽轮轴中间位置后，右击将机架设为固定零部件。

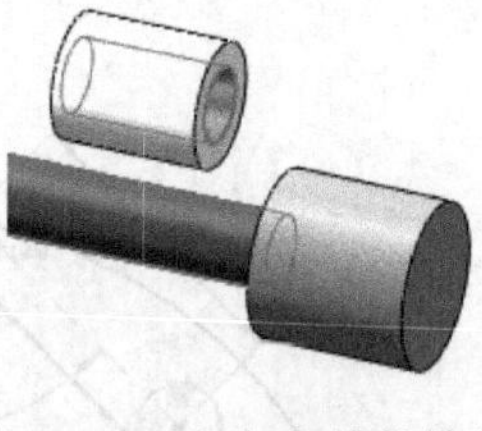

图 16.27　机架与槽轮轴的同轴心配合面

将胶片添加进来，添加胶片与槽轮上滚轮的相切配合，如图 16.28 所示，添加胶片与滚轮的面重合配合，如图 16.29 所示。

将片框添加进来，为使胶片插入片框，添加片框与胶片的两组面的重合配合，如图 16.30 所示，添加片框与“上视基准面”的平行配合。如图 16.31 所示，将片框拖到大致框住一幅图时，右击将片框设置为固定零部件。

图 16.28　胶片与滚轮的相切配合面

图 16.29　胶片与滚轮的重合配合面

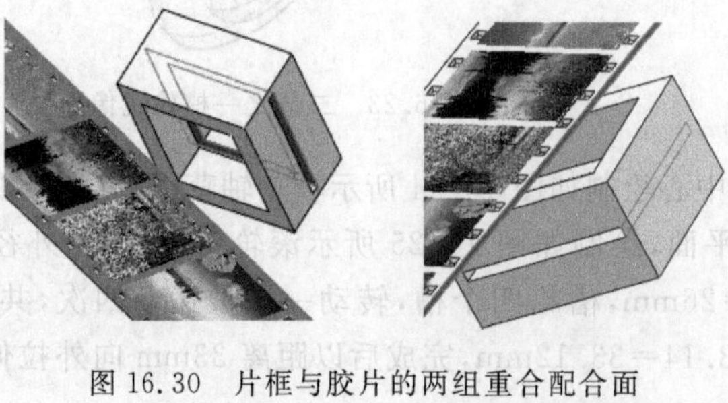

图 16.30　片框与胶片的两组重合配合面

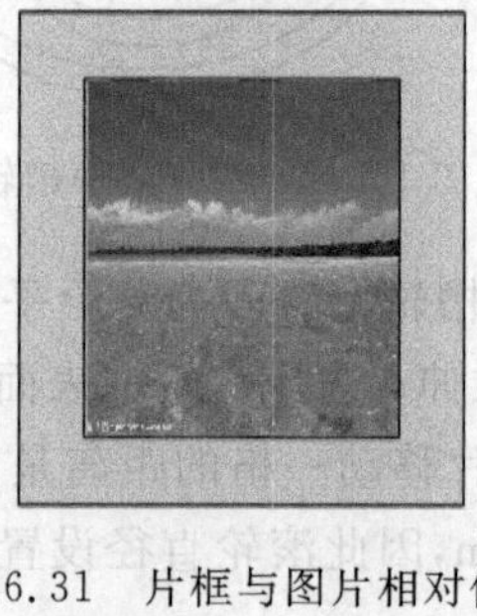

图 16.31　片框与图片相对位置

再次将机架添加进来，添加机架与销轮轴的同轴心配合，如图 16.32 所示，其端面添加重合配合，如图 16.33 所示，右击将机架设为固定零部件，销轮设置为浮动零部件。

图 16.32 机架与销轮轴的同轴心配合面

图 16.33 机架与销轮轴的重合配合面

注意最后有三个固定零部件，分别是两个机架和片框，其余零件设置为浮动零部件，最后的装配体如图 16.34 所示，以文件名“电影抓片机构装配体”保存文件。

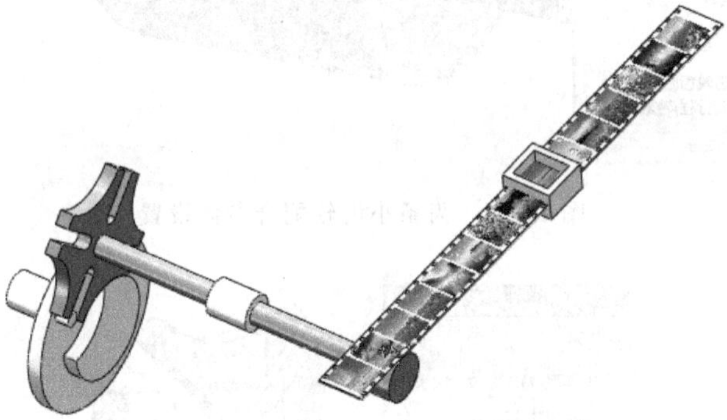

图 16.34 电影抓片机构装配体

16.4 仿真

在装配体界面，将 SolidWorks Motion 插件载入，单击布局选项卡中的【运动算例 1】，在 MotionManager 工具栏中的【算例类型】下拉列表中选择【Motion 分析】。

1. 添加转动——移动耦合副

首先，在 FeatureManager 设计树中右击将配合中的 在位1 (销轮<1>, 槽轮<1>) 在位配合压缩。选择【插入】/【配合】命令，在弹出的属性管理器中选择【机械配合】中的 齿条小齿轮(K)，如图 16.35 所示，选择 ⊙齿条行程/转数，可设置耦合副中一零部件转动一转时，另一个零部件移动的距离，在【配合选择】栏的【齿条】选择框中，在视图区单击胶片边长，【小齿轮/齿轮】选择框中，在视图区单击滚轮外轮廓线，单击“确定”按钮 ，如果弹出是否更新键码，选择【否】。

2. 添加马达

单击 MotionManager 工具栏中“马达”按钮 ，为销轮添加一顺时针（从销轮正面看）等速旋转马达，如图 16.36 所示，转速为 $n=60\text{r/min}$，马达位置为销轮轴。

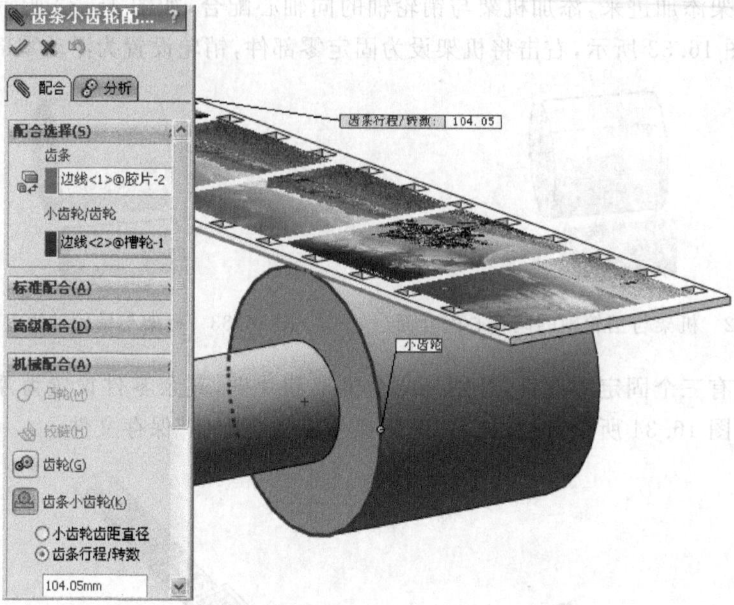
齿条小齿轮配...
配合
分析
配合选择(S)
齿条
边线<1>@胶片-2
小齿轮/齿轮
边线<2>@槽轮-1
标准配合(A)
高级配合(D)
机械配合(A)
凸轮(M)
铰链(H)
齿轮(G)
齿条小齿轮(K)
小齿轮齿距直径
齿条行程/转数
104.05mm
齿条行程/转数: 104.05
小齿轮

图 16.35 齿条小齿轮配合参数设置

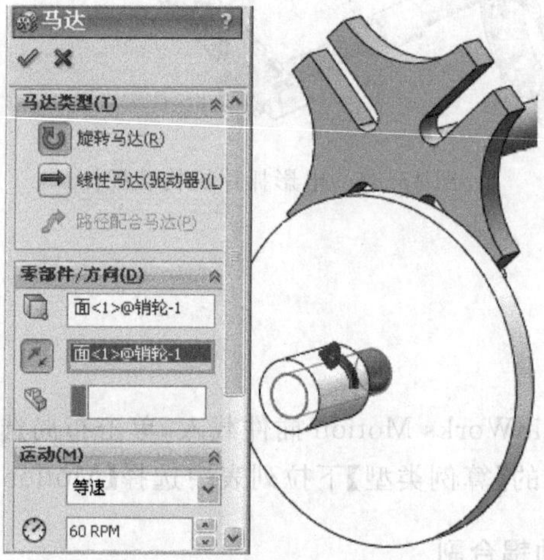
马达
马达类型(T)
旋转马达(R)
线性马达(驱动器)(L)
路径配合马达(P)
零部件/方向(D)
面<1>@销轮-1
面<1>@销轮-1
运动(M)
等速
60 RPM

图 16.36 销轮马达参数设置

3. 添加实体接触

单击 MotionManager 工具栏上的“接触”按钮，在弹出的属性管理器中【接触类型】栏内选择“实体接触”，如图 16.37 所示，在【选择】栏内“零部件”中用鼠标在视图区选取销轮和槽轮，在【材料】栏内两“材料名称”下拉列表中选择 Steel(Greasy)，其余参数采用默认设置，单击“确定”按钮，完成实体接触的添加。

4. 仿真分析

单击 MotionManager 工具栏上的“计算”按钮，进行仿真求解。待仿真自动计算完毕后，单击工具栏上的“结果和图解”按钮，在弹出的属性管理器中进行如图 16.38 所示的参数设置，其中右侧显示栏里的面为胶片表面。单击“确定”按钮，生成胶片沿 16 轴移动的位置曲线图解，如图 16.39 所示。

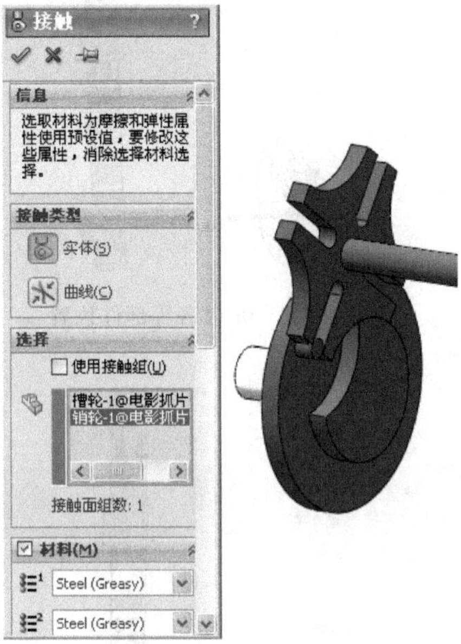
接触
信息
选取材料为摩擦和弹性属性使用预设值，要修改这些属性，消除选择材料选择。
接触类型
实体(S)
曲线(C)
选择
使用接触组(U)
槽轮-1@电影抓片
销轮-1@电影抓片
接触面组数: 1
材料(M)
Steel (Greasy)
Steel (Greasy)

图 16.37 销轮与槽轮接触参数设置

PropertyManager
结果
结果
位移/速度/加速度
质量中心位置
X 分量
面<1>@胶片-2
图解结果
生成新图解

图 16.38 胶片中心位置图解参数设置

同理，创建胶片沿 X 轴的速度图解，参数设置如图 16.40 所示，其中右侧显示栏里的面为胶片表面，测得的速度图解如图 16.41 所示。

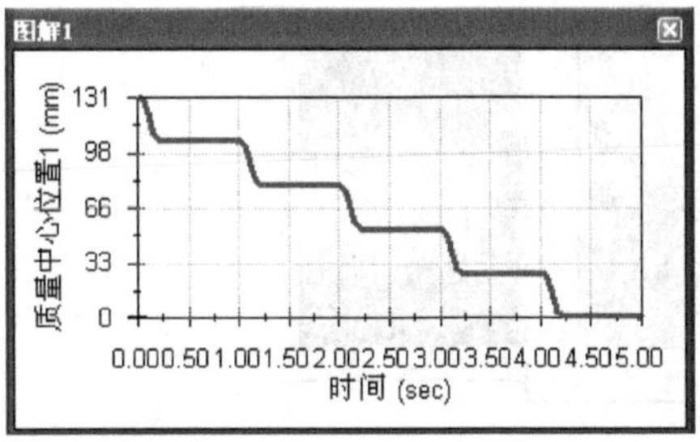
图解1
131
98
66
33
0
质量中心位置1 (mm)
0.00 0.50 1.00 1.50 2.00 2.50 3.00 3.50 4.00 4.50 5.00
时间 (sec)

图 16.39 胶片中心位置图解

PropertyManager
结果
结果
位移/速度/加速度
线性速度
X 分量
面<1>@胶片-2
图解结果
生成新图解

图 16.40 胶片速度图解参数设置

从胶片的位置图解和速度图解可知，槽轮机构使得胶片作间歇运动，当通过两格之间画面的时候速度较大，槽轮静止时，胶片速度为零。其中图 16.41 中，速度在个别地方有波动，这是销轮与槽轮实体接触时正常的现象，而且这是钢体仿真，没有阻尼，实际中速度的波动会很小，不会像图中那样明显。图 16.42～图 16.44 分别为仿真时间在 0s、1.5s 及 2.15s 时装配体中各零部件的位置，图 16.45 是第 4s 时胶片移动四格的画面。

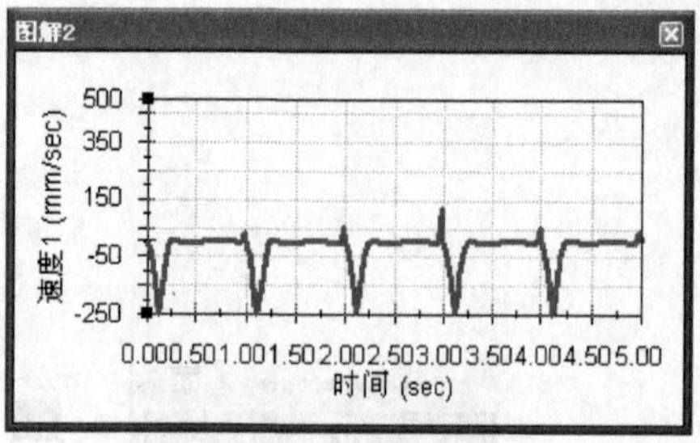
图解2
速度1 (mm/sec)
500
350
150
-50
-250
0.00 0.50 1.00 1.50 2.00 2.50 3.00 3.50 4.00 4.50 5.00
时间 (sec)

图 16.41　胶片速度图解

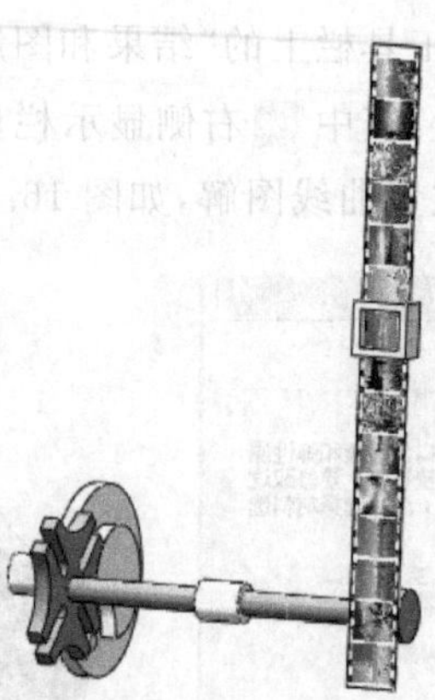

图 16.42　0s 时各零部件位置

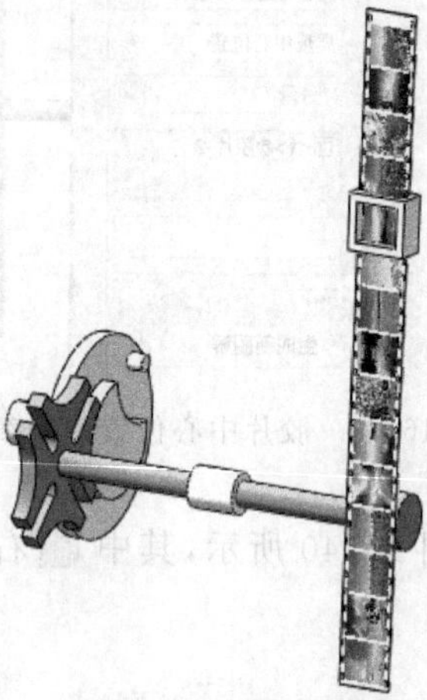

图 16.43　1.5s 时各零部件位置

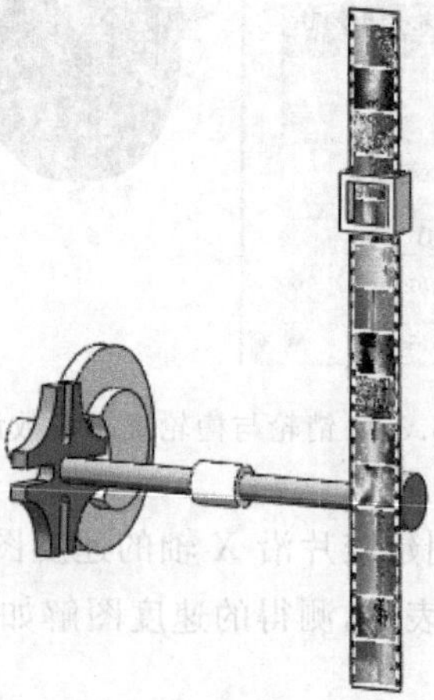

图 16.44　2.15s 时各零部件位置

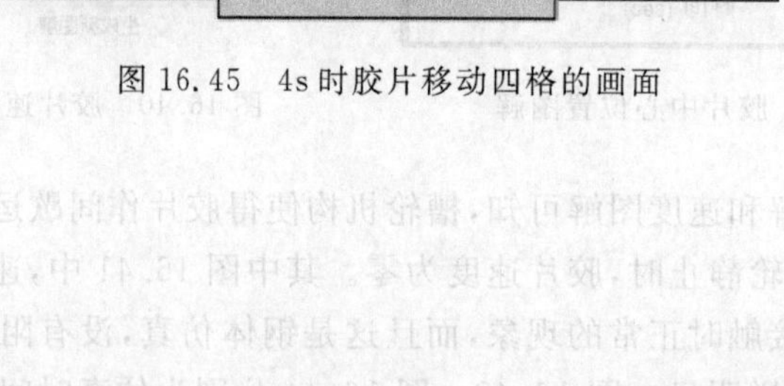

图 16.45　4s 时胶片移动四格的画面

第17章

运动仿真与装配体中零件有限元分析

有限元分析是机械设计的一项重要技术手段。运动仿真可以很好地设计、验证、展示机构整体方案，而机械零部件的强度等性能则需要用有限元仿真进行力学方面的分析，使得零件具有足够的安全性能与寿命。以往这两方面各有专门软件，相互间需要进行较复杂的操作才能完成运动仿真和有限元分析的结合，近年来，高版本 SolidWorks 采用内部的 Simulation 插件，将仿真界面、仿真流程无缝融入到 SolidWorks 的设计过程中，其功能非常强大，能进行应力（有限元）分析、频率分析、热分析、优化分析和跌落测试分析等，体现了完美的设计、仿真一体化解决方案。

本章介绍两种有限元分析方法，第一种建立一个 Simulation 算例，既适用于零件分析，又适用于装配体分析。第二种可在运动仿真后，根据运动仿真的结果，选定需要进行有限元分析的一个或多个零件，在装配图中，直接显示出所分析零件的应力、变形、安全系数等分析结果，判断零件强度是否合格，方便快捷，适合有限元基础知识薄弱者学习。

17.1 SolidWorks Simulation 的使用

初次使用 SolidWorks Simulation 时，需要从插件库中调取插件，方法为：选择【工具】/【插件】命令，在出现的【插件】对话框中选中 SolidWorks Simulation 复选框，如图 17.1 所示，然后单击【确定】按钮。调取之后，菜单栏中将自动添加一个新的菜单 Simulation，在绘图区左上方的【办公室产品】后也将出现 Simulation 一栏。

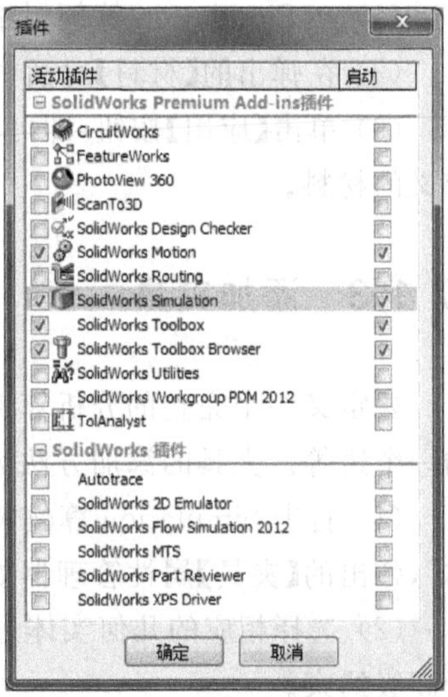

插件
活动插件
启动
SolidWorks Premium Add-ins插件
CircuitWorks
FeatureWorks
PhotoView 360
ScanTo3D
SolidWorks Design Checker
SolidWorks Motion
SolidWorks Routing
SolidWorks Simulation
SolidWorks Toolbox
SolidWorks Toolbox Browser
SolidWorks Utilities
SolidWorks Workgroup PDM 2012
TolAnalyst
SolidWorks 插件
Autotrace
SolidWorks 2D Emulator
SolidWorks Flow Simulation 2012
SolidWorks MTS
SolidWorks Part Reviewer
SolidWorks XPS Driver
确定
取消

图 17.1 【插件】对话框

17.1.1 创建新算例

对一个零件或装配体进行有限元分析时，首先需要创建一个新算例，其创建方法如下：

(1) 选择 Simulation/【算例】命令，或者单击 Simulation 工具栏中算例顾问 🔍 的向下箭头，然后选择【新算例】。

(2) 在弹出的【算例】属性管理器中，定义新算例的名称和类型,如图 17.2 所示。

(3) 单击"确定"按钮 ✔,完成新算例的创建。生成的 Simulation 算例树如图 17.3 所示。

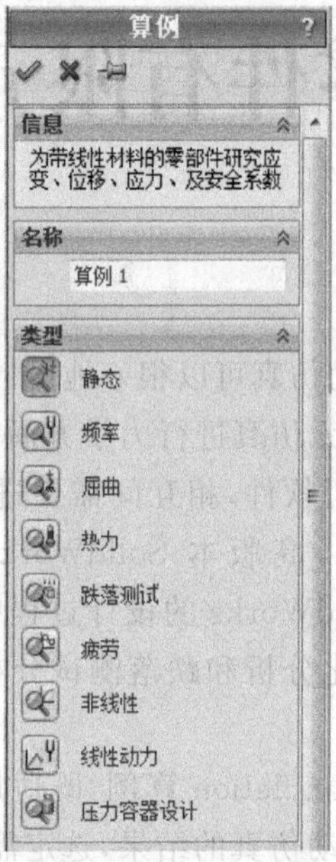
算例
信息
为带线性材料的零部件研究应变、位移、应力、及安全系数
名称
算例 1
类型
静态
频率
屈曲
热力
跌落测试
疲劳
非线性
线性动力
压力容器设计

图 17.2 "算例"属性管理器

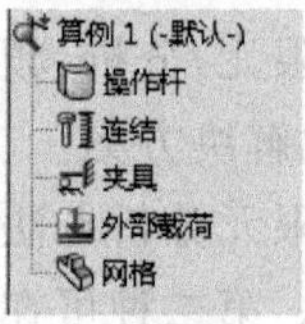
算例 1 (-默认-)
操作杆
连结
夹具
外部载荷
网格

图 17.3 Simulation 算例树

17.1.2 定义材料

在运行算例前,需要为零件或装配体定义材料。在装配体中,每个零件可以定义不同的材料。定义材料的方法为:

(1) 在 Simulation 算例树中,右击要定义材料的零件,然后选择【应用/编辑材料】命令。

(2) 在弹出的【材料】对话框中选择一种材料,如图 17.4 所示,或者自定义一种新材料。

(3) 单击【应用】按钮,即可将相应材料应用于要分析的零件上,此时零件后面将显示所定义的材料。

17.1.3 添加夹具

要定义一个完整的分析算例,就必须要给分析模型对象施加约束(夹具),例如固定零件的一个边等。夹具的添加方法为:

(1) 右击 Simulation 算例树中的【夹具】,然后选择一种约束类型。若选择"固定几何体",弹出的【夹具】属性管理器如图 17.5 所示。

(2) 选择相应的几何实体进行约束,还可打开【高级】选择项,如图 17.6 所示,对零件进行高级约束。

(3) 单击"确定"按钮 ✔,完成夹具的添加。

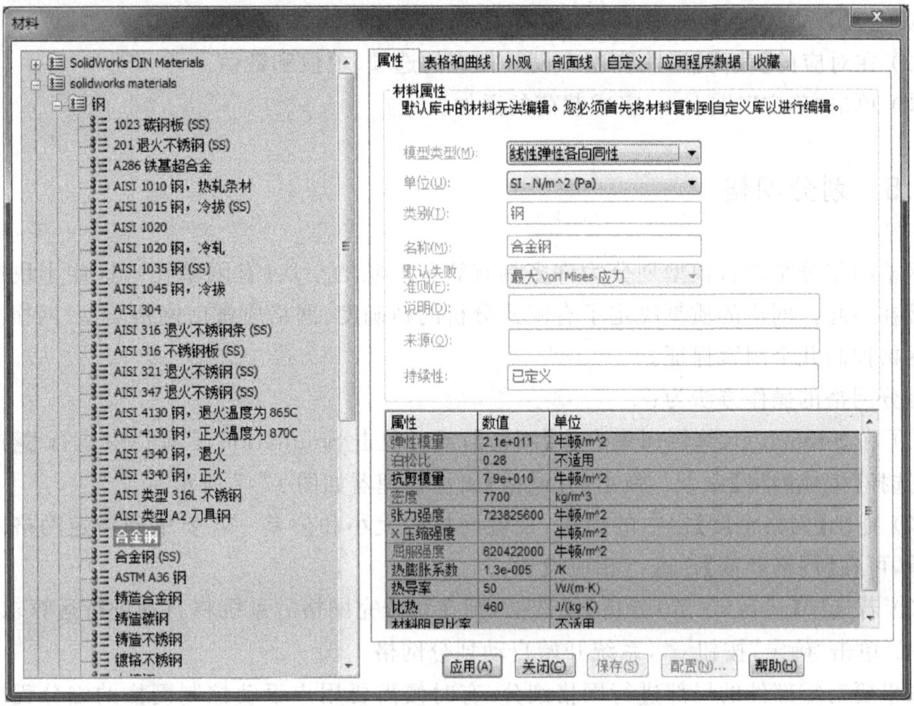

图 17.4 【材料】对话框

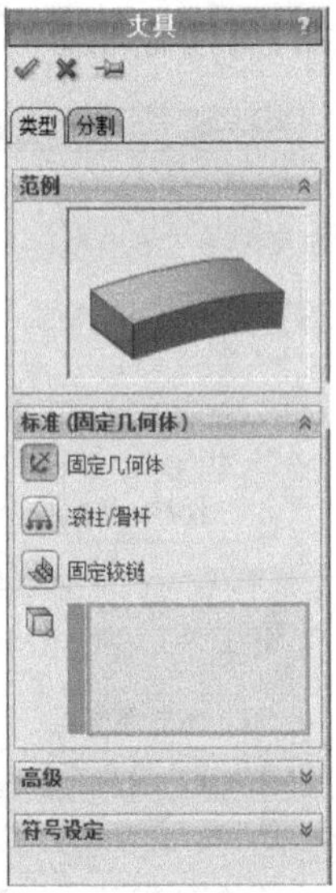

图 17.5 【夹具】属性管理器

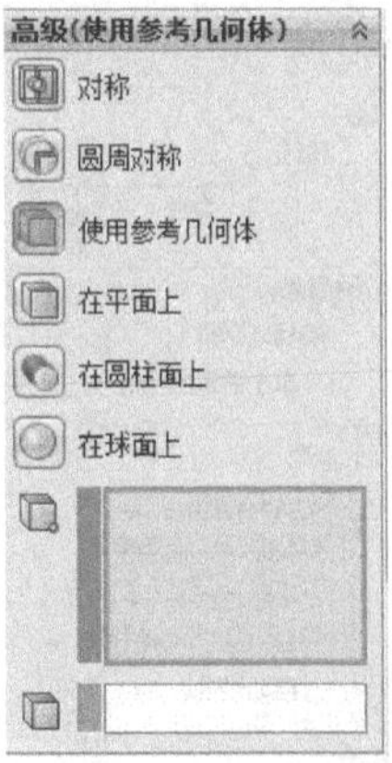

图 17.6 【高级】选择项

17.1.4 施加载荷

施加载荷的方法如下：

(1) 在 Simulation 算例树中右击【外部载荷】，或者单击 Simulation 工具栏中外部载荷顾问的向下箭头，选择所需的载荷类型。

(2) 在对应的【载荷】属性管理中设置相应的选项、单位和数值。

(3) 单击“确定”按钮，完成载荷的添加。

17.1.5 划分网格

网格的划分是指将模型划分为许多具有简单形状的小块(有限单元)，这些小块通过节点连接在一起。网格的质量决定了有限元分析的精确度，网格质量由网格类型、网格参数和局部网格控制几个因素保证。

划分网格的操作方法为：

(1) 在 Simulation 算例树中右击【网格】，或者单击 Simulation 工具栏中运行的向下箭头，选择【生成网格】命令。弹出的【网格】属性管理器如图 17.7 所示。

(2) 拖动【网格密度】栏中的滑块，设置网格的大小和公差。若要精确指定网格的大小和公差，可在【网格参数】栏进行相应设置。

(3) 若选中【运行(求解)分析】复选框，则在划分完网格后系统将自动进行运算求解。

(4) 单击“确定”按钮，系统开始自动划分网格。

如果要对零部件的局部进行网格细分，有时候需要用户手动控制网格的细分程度。手动控制网格的局部细分方法为：

(1) 右击 Simulation 算例树中的【网格】，选择【应用网格控制】命令，或者选择 Simulation/【网格】/【应用控制】命令，弹出如图 17.8 所示的【网格控制】属性管理器。

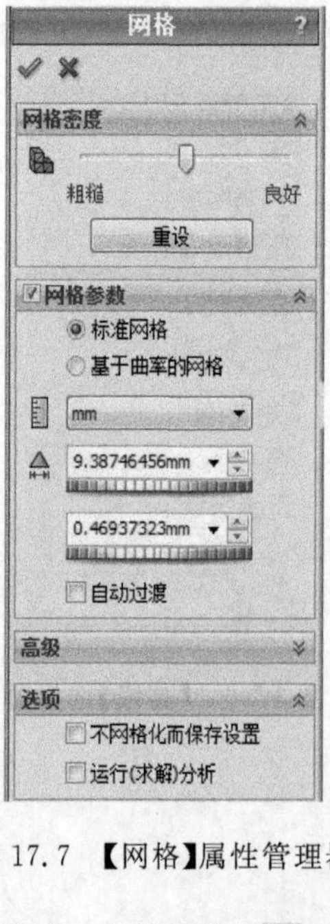
网格
网格密度
粗糙
良好
重设
网格参数
标准网格
基于曲率的网格
mm
9.38746456mm
0.46937323mm
自动过渡
高级
选项
不网格化而保存设置
运行(求解)分析

图 17.7 【网格】属性管理器

网格控制
信息
所选实体
按零件大小使用
网格密度
粗糙
良好
重设
网格参数
mm
4.69374153mm
1.5
符号设定

图 17.8 【网格控制】属性管理器

(2) 单击【所选实体】栏中右侧的显示框，然后在模型中选择要手动控制网格的几何实体。

（3）在【网格参数】中进行相应的参数设置。其中 % 右侧的数值是指相邻两层网格的放大比例。

（4）单击“确定”按钮 ，Simulation 算例树中将出现控制图标 。

17.1.6　运行求解与查看结果

对算例进行运行求解的方法为：

（1）右击 Simulation 算例树中要求解的算例，选择【运行】命令，或者单击 Simulation 工具栏中的运行按钮 ，或者选择 Simulation/【运行】命令。

（2）系统弹出的解算器对话框如图 17.9 所示，对话框中显示了求解进程、使用的内存和已用时间。

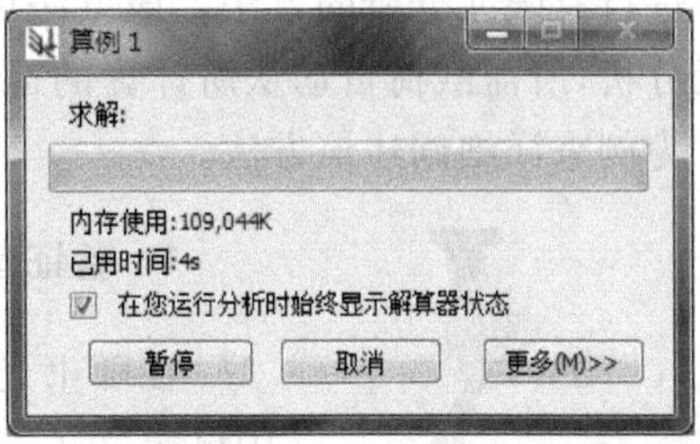
算例 1
求解:
内存使用:109,044K
已用时间:4s
在您运行分析时始终显示解算器状态
暂停
取消
更多(M)>>

图 17.9　解算器对话框

运行求解后，Simulation 算例树中会自动生成一个“结果”文件夹，里面包含了每种类型的输出项。双击任意一个输出项，绘图区中将显示相应的图解。例如双击 应力1 (-vonMises-)，则生成的应力分析图解如图 17.10 所示，可见应力云图显示最大应力出现在小孔位置（红色），为 12.9MPa，而该材料的屈服应力为 620.4MPa。通过右击输出项，选择【编辑定义】命令，可改变图解的单位系统。

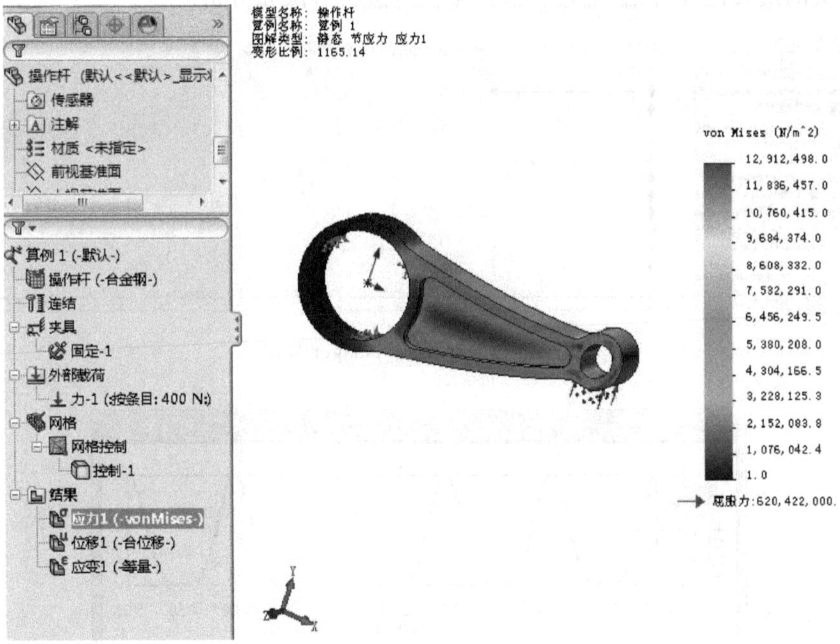
模型名称：操作杆
算例名称：算例 1
图解类型：静态 节应力 应力1
变形比例：1165.14
操作杆 (默认<<默认>_显示
传感器
注解
材质 <未指定>
前视基准面
算例 1 (-默认-)
操作杆 (-合金钢-)
连结
夹具
固定-1
外部载荷
力-1 (:按条目: 400 N:)
网格
网格控制
控制-1
结果
应力1 (-vonMises-)
位移1 (-合位移-)
应变1 (-等量-)
von Mises (N/m^2)
12,912,498.0
11,836,457.0
10,760,415.0
9,684,374.0
8,608,332.0
7,532,291.0
6,456,249.5
5,380,208.0
4,304,166.5
3,228,125.3
2,152,083.8
1,076,042.4
1.0
屈服力:620,422,000.

图 17.10　应力分析图解

若要观察分析动画，单击 Simulation 工具栏中图解工具 的向下箭头，然后选择【动画】命令。默认情况下，动画以连续往复模式播放。单击 以停止动画，单击 以开始动画，单击 动画将以循环模式播放。此外，还可在动画属性管理器中设置动画的速度和画面数。

17.2 装配体任意零件有限元快速分析

前面讲解的是一般常用的有限元分析方法，而本节将介绍一种简便快捷的对装配体零件进行有限元分析的方法。该方法可以在不设置载荷和边界条件的情况下对零件进行有限元分析，所需载荷自动从所计算的运动算例中获取。下面将以图 17.11 所示冲压机构的连杆为例来详细阐述该方法。

连杆

图 17.11 冲压机构

1. 验证运动算例

在随书光盘中，打开本章冲压机构装配体文件，在该装配体文件中已定义了一个完整的运动算例，如图 17.12 MotionManager 界面所示。在该算例中，与连杆上端连接的平板为原动件，与连杆下端连接的冲头为从动件。打开的装配体已经在原动件上添加好了马达，在冲头与薄片工件之间添加了接触，且为整个模型添加了引力载荷。

进行有限元分析前先运行一次运动算例，确定运动仿真没有问题，且得到的冲头位移曲线如图 17.13 所示。可见，冲头的最大位移发生在 0.5s、1.5s、2.5s 等处，连杆的最大应力发生在冲头的最大位移时刻，可选择这几个位置进行有限元分析。

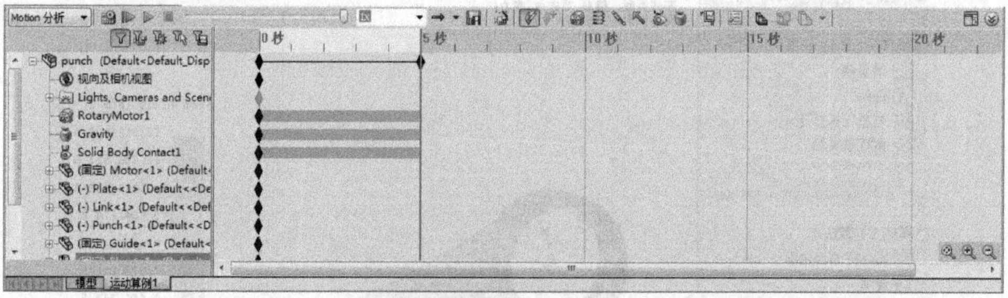
Motion 分析
0 秒
5 秒
10 秒
15 秒
20 秒
punch (Default<Default_Disp
视向及相机视图
Lights, Cameras and Scen
RotaryMotor1
Gravity
Solid Body Contact1
(固定) Motor<1> (Default
(-) Plate<1> (Default<<De
(-) Link<1> (Default<<Def
(-) Punch<1> (Default<<D
(固定) Guide<1> (Default<
模型
运动算例1

图 17.12 MotionManager 界面

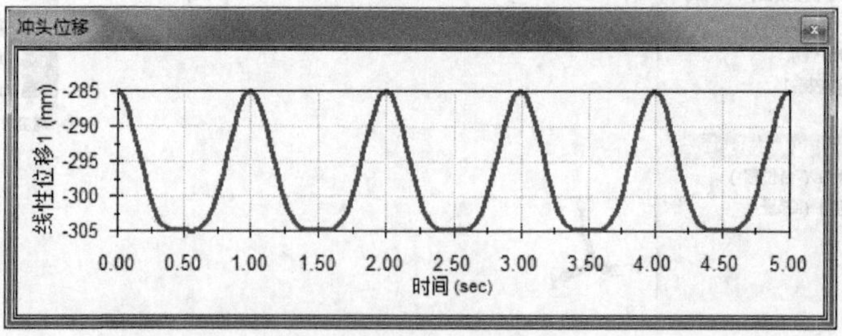
冲头位移
-285
-290
-295
-300
-305
线性位移1 (mm)
0.00
0.50
1.00
1.50
2.00
2.50
3.00
3.50
4.00
4.50
5.00
时间 (sec)

图 17.13 冲头位移曲线

2. 设置有限元分析

(1) 单击 MotionManager 工具栏中的“模拟设置”按钮，弹出如图 17.14 所示的【Simulation 设置】属性管理器。

(2) 单击右侧的显示框，选择要执行有限元分析的零件。

(3) 为有限元分析输入开始时间和结束时间，并单击【添加时间】按钮，该时间范围将显示在下的显示框中。

(4) 若要对多个时间间隔进行有限元分析，重复步骤(3)即可。本例的有限元分析按图 17.14 进行设置。

(5) 展开【高级】选项，可修改选定零件的网格密度。网格密度越精细仿真结果的准确度就越高，但需要的计算时间也越多。在本例中，网格密度采用默认设置。

(6) 单击“确定”按钮，此时系统将弹出图 17.15 所示提示框，单击【是】按钮。

(7) 在弹出的【材料】对话框中选择“合金钢”，然后单击【应用】按钮。

3. 计算有限元分析结果

(1) 单击“计算模拟结果”按钮，系统弹出图 17.16 所示提示框，单击【是】。

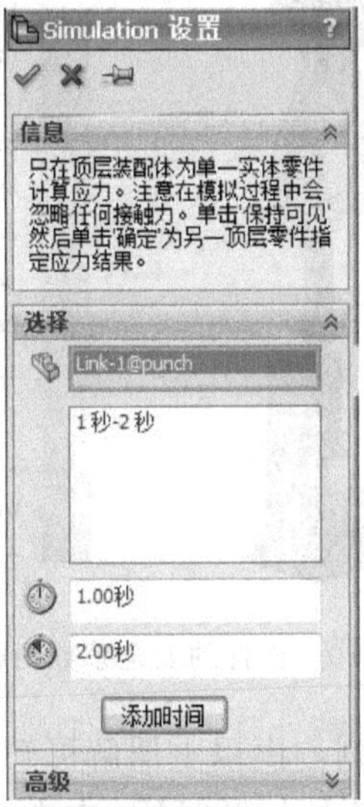
Simulation 设置
信息
只在顶层装配体为单一实体零件计算应力。注意在模拟过程中会忽略任何接触力。单击'保持可见'然后单击'确定'为另一顶层零件指定应力结果。
选择
Link-1@punch
1秒-2秒
1.00秒
2.00秒
添加时间
高级

图 17.14 【Simulation 设置】属性管理器

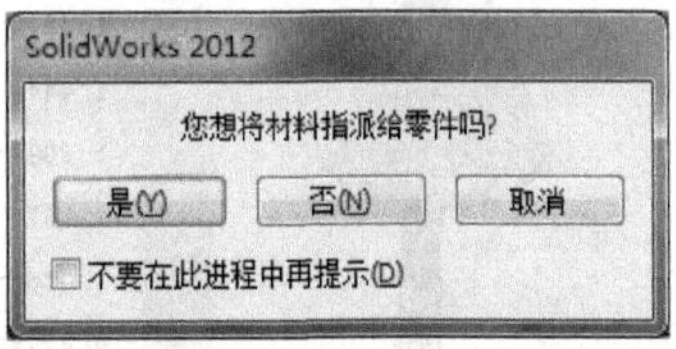
SolidWorks 2012
您想将材料指派给零件吗?
是(Y)
否(N)
取消
不要在此进程中再提示(D)

图 17.15 指派材料提示框

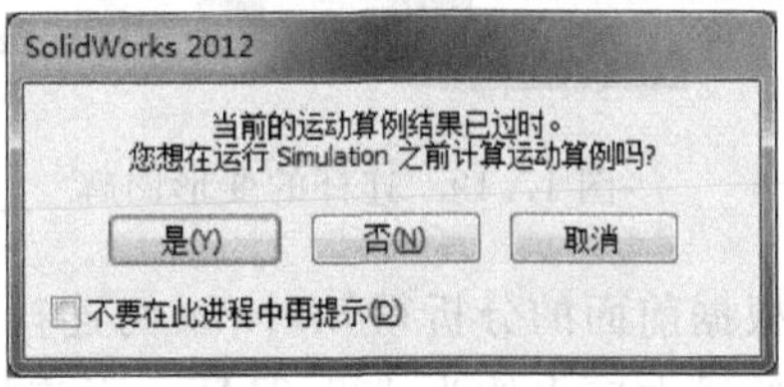
SolidWorks 2012
当前的运动算例结果已过时。
您想在运行 Simulation 之前计算运动算例吗?
是(Y)
否(N)
取消
不要在此进程中再提示(D)

图 17.16 运行算例提示框

(2) 系统自动进行运算求解，并显示图 17.17 所示求解进程框。

4. 查看有限元分析结果

(1) 在 MotionManager 界面上指定要查看有限元分析结果的时刻，本例选择 1.5s。

(2) 在 MotionManager 工具栏中单击任意一种图解类型查看结果图解。单击应力图解，得到连杆的应力图解，如图 17.18 所示；同理，得到的变形图解和

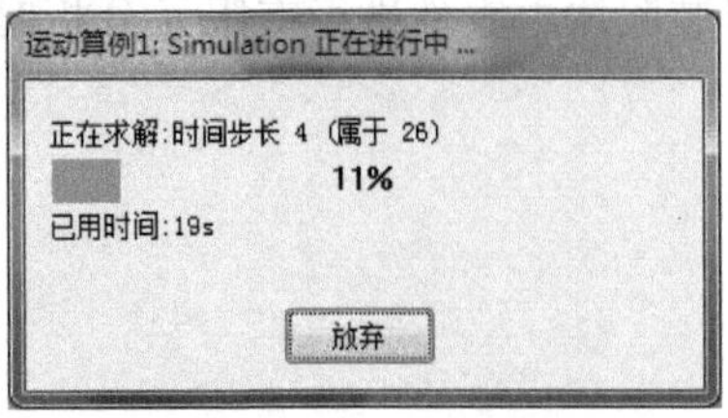
运动算例1: Simulation 正在进行中 ...
正在求解:时间步长 4 (属于 26)
11%
已用时间:19s
放弃

图 17.17 求解进程框

安全系数图解分别如图 17.19 和图 17.20 所示。

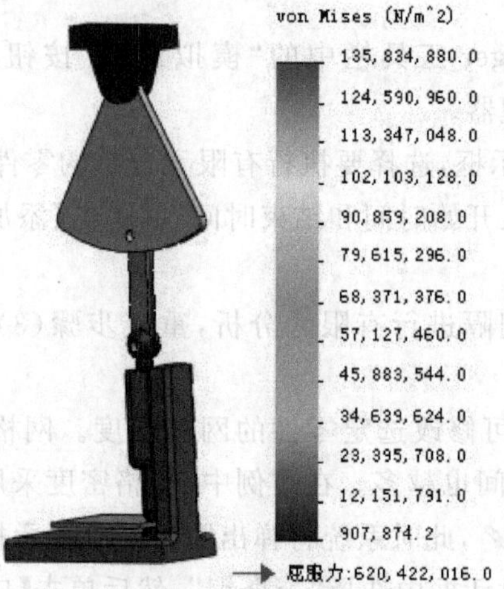
von Mises (N/m^2)
135,834,880.0
124,590,960.0
113,347,048.0
102,103,128.0
90,859,208.0
79,615,296.0
68,371,376.0
57,127,460.0
45,883,544.0
34,639,624.0
23,395,708.0
12,151,791.0
907,874.2
屈服力:620,422,016.0

图 17.18　连杆的应力图解

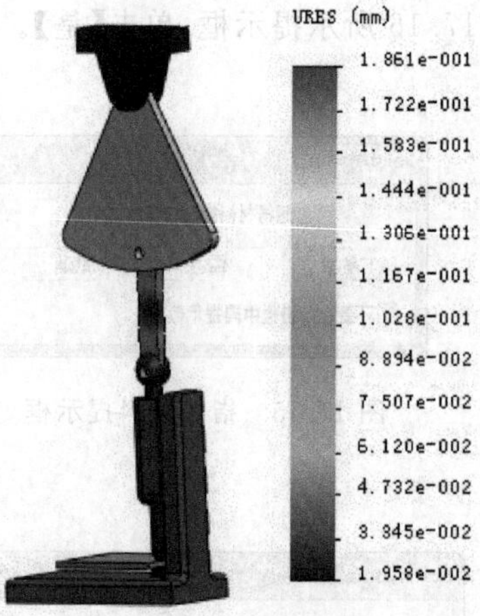
URES (mm)
1.861e-001
1.722e-001
1.583e-001
1.444e-001
1.305e-001
1.167e-001
1.028e-001
8.894e-002
7.507e-002
6.120e-002
4.732e-002
3.345e-002
1.958e-002

图 17.19　连杆的变形图解

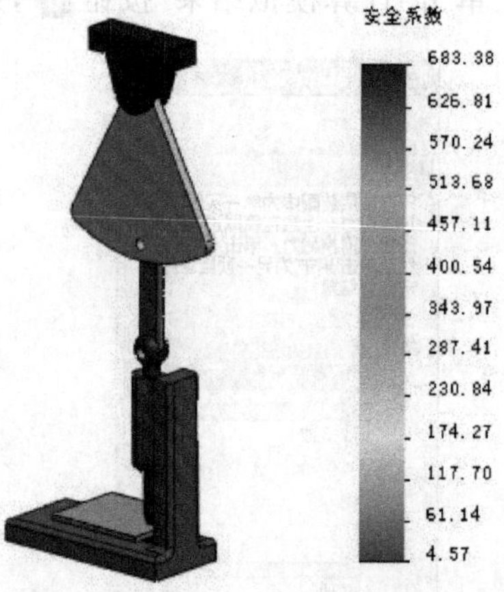
安全系数
683.38
626.81
570.24
513.68
457.11
400.54
343.97
287.41
230.84
174.27
117.70
61.14
4.57

图 17.20　连杆的安全系数图解

根据前面的分析得知，1.5s 为连杆所受应力最大的时刻。由以上图解可知，在该时刻，连杆的最大应力约为 135.8MPa，而连杆所能承受的屈服应力为 620MPa 左右，且其安全系数最小值为 4.57，变形量也很小。因此，在整个运动过程中连杆是安全的，满足设计需求。

从该例子可看出，这种有限元分析方法要比前面介绍的常用分析方法方便快捷很多，在对装配体中零件进行有限元分析时，可优先考虑该方法。

第18章

基于事件的运动分析

基于事件的运动是指以非时间参考变量，作为系统的描述参数的事件控制方法，被广泛应用于机器人、机械手等的运动控制策略中。基于事件的运动可以减少机器不必要的动作，具有可使机器单元更改时间顺序的优越性，并且能随系统演变而更新，同时还能克服时间延迟和不确定因素。在 SolidWorks 2012 中，可使用运动分析算例计算基于事件的运动，来控制装配体的运动。本章介绍了基于事件的运动分析理论，并以机械手夹取工件的运动为实例，从建模到模拟，详细介绍基于事件的运动分析过程。

18.1 事件分析过程

基于事件的运动分析是通过传感器、时间或者已经定义好的事件的任意组合来指定由事件触发的装配体运动。在 SolidWorks 2012 中，基于事件的运动至少需要定义一组任务，这组任务在时间上可以是连续的，也可以是重复的，基于事件的运动算例中的每项任务都是通过触发事件以及其相关任务操作来定义运动。当不知道装配体中单元更改的准确时间顺序时，创建并计算基于事件的运动算例可获取单元更改的时间顺序，基于事件的运动分析具体过程如下所述。

在装配体的运动算例中选择【Motion 分析】，单击 MotionManager 工具栏上的按钮，进入如图 18.1 所示的“基于事件的运动视图”设置界面。

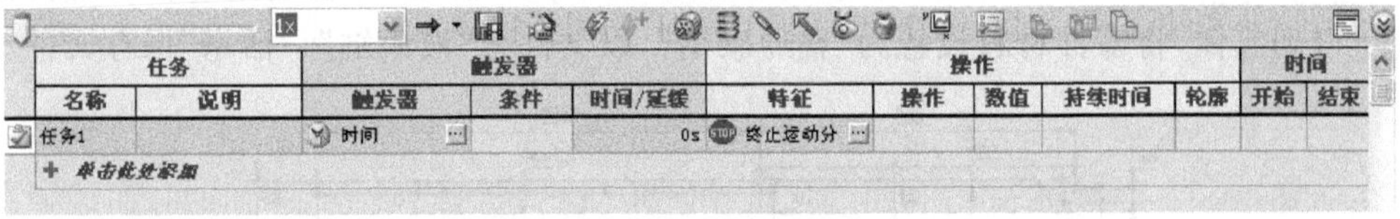
任务
触发器
操作
时间
名称
说明
触发器
条件
时间/延缓
特征
操作
数值
持续时间
轮廓
开始
结束
任务1
时间
0s
终止运动分
单击此处添加

图 18.1 “基于事件的运动视图”设置界面

1. 添加任务

根据事件所需，单击图 18.1 中的【单击此处添加】添加相应的任务，系统会按顺序自动命名任务，也可修改任务名称，在【说明】栏可对任务进行备注。当计算基于事件的运动分析时，并不一定是按照任务设置的先后而运行，任务的时间顺序是由触发器决定的。

2. 定义任务触发器

任务触发器是控制任务操作的事件，可以根据时间、已创建任务或传感器来定义任务触发器，单击图 18.1 中触发器栏的 按钮，可选择触发器类型。若触发任务的事件是时间，则触发【条件】栏不可设置，【时间/延缓】栏可设置触发时刻；若触发任务的事件是已创建任务，触发【条件】栏可设置为任务开始或者任务结束，即将任务操作在该任务开始或者任务结束时刻启动，【时间/延缓】栏可设置任务操作的延迟时间；若触发任务的事件是传感器，可设置传感器的开启或者关闭及延迟时间。

3. 定义任务操作

任务操作定义事件触发后装配体的运动特征，可定义或约束装配体中一个或多个零部件的运动，同时还可定义操作来压缩或激活配合、停止运动及更改马达、力或扭矩的值，【操作】栏下的【轮廓】中可定义运动曲线的变换方式。

4. 获取单元更改的时间顺序

单击 MotionManager 工具栏上的"计算"按钮 ，待运动算例自动计算完毕后，【时间】栏下会计算出每一个任务的开始及结束时刻，这里便可获取装配体中相应单元的时间顺序。

18.2 基于事件的运动分析实例

18.2.1 零件造型

启动 SolidWorks 2012，选择【文件】/【新建】/【零件】命令，创建新的零件文件。选择【插入】/【草图绘制】命令，选择一基准面为草绘平面。

1. 液压缸、活塞

绘制如图 18.2 和图 18.3 所示的液压缸及活塞草图，完成后以各自中心轴为旋转轴，旋转 360°得到实体，将零件材料设置为"普通碳钢"，以文件名"液压缸"、"活塞"保存文件。

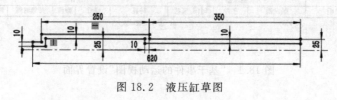

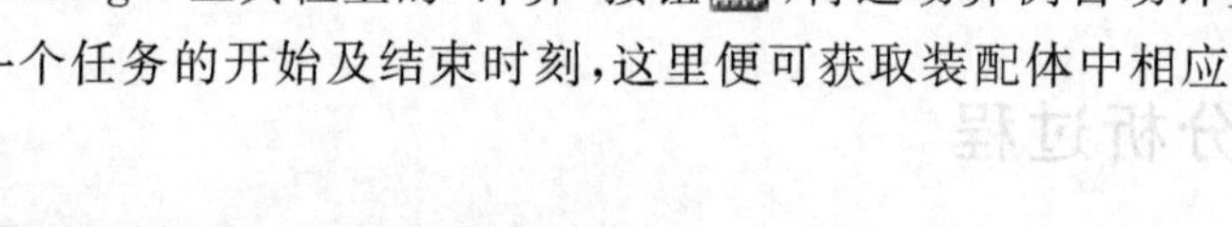
250
350
10
10
10
25
10
25
620

图 18.2 液压缸草图

20
7.50
25
320

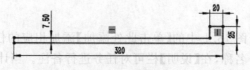

图 18.3 活塞草图

2. 手臂

绘制如图 18.4 所示手臂草图，完成后以距离 200mm 拉伸，在得到的实体上绘制如图 18.5 所示手臂导杆草图，再以距离 500mm 拉伸该草图，得到手臂实体如图 18.6 所示，将零件材料设置为"普通碳钢"，以文件名"手臂"保存文件。

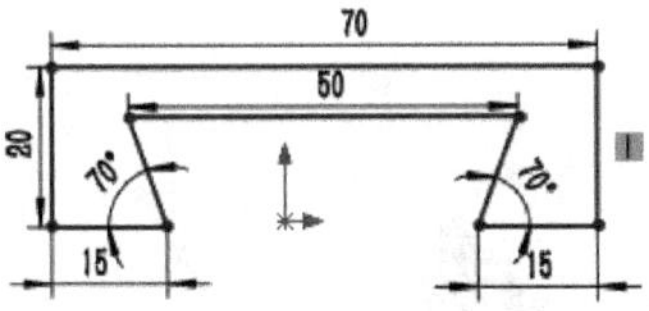
70
50
20
70°
70°
15
15

图 18.4 手臂草图

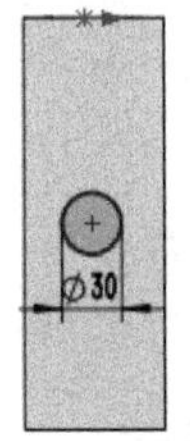
⌀30

图 18.5 手臂导杆草图

图 18.6 手臂实体

3. 手部

绘制如图 18.7 所示手部草图，完成后以距离 20mm 拉伸，在得到的实体侧面上绘制如图 18.8 所示摩擦块草图，再以距离 64mm 拉伸该草图，得到手部实体如图 18.9 所示，将零件材料设置为"普通碳钢"，以文件名"手部"保存文件。

4. 工件

选择"前视基准面"为草绘平面，绘制如图 18.10 所示工件草图，完成后以距离 200mm "两侧对称"拉伸，将零件材料设置为"普通碳钢"，以文件名"工件"保存文件。

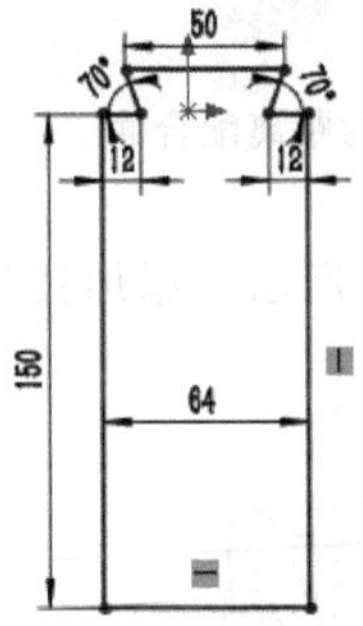
50
70°
70°
12
12
150
64

图 18.7 手部草图

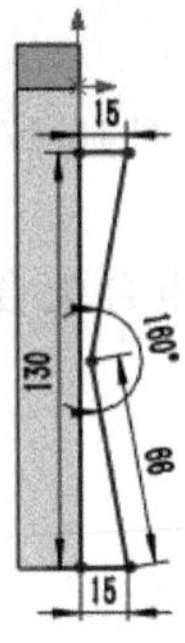
15
130
160°
66
15

图 18.8 摩擦块草图

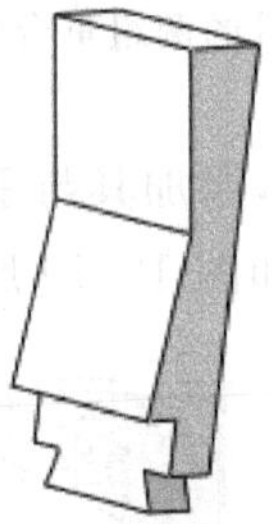

图 18.9 手部实体

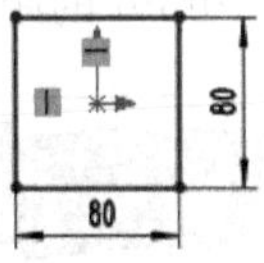
80
80

图 18.10 工件草图

18.2.2 装配

选择【文件】/【新建】/【装配体】命令，建立一个新装配体文件。依次将液压缸和活塞添加进来，添加两者的同轴心配合，如图 18.11 所示，添加两者 60mm 的距离配合，如图 18.12 所示。

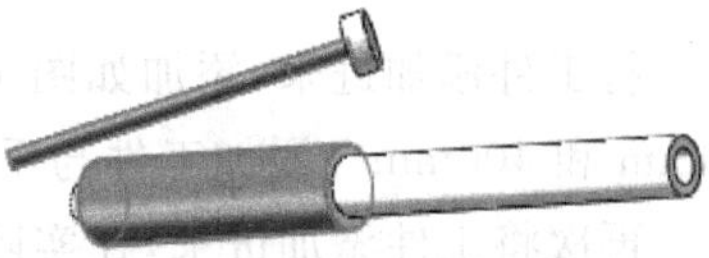

图 18.11 活塞与液压缸的同轴心配合面

将手臂添加进来，添加手臂与液压缸的同轴心配合，如图 18.13 所示。添加两者 200mm 的距离配合，如

图 18.14 所示。添加手臂与装配体中“上视基准面”的平行配合，如图 18.15 所示。

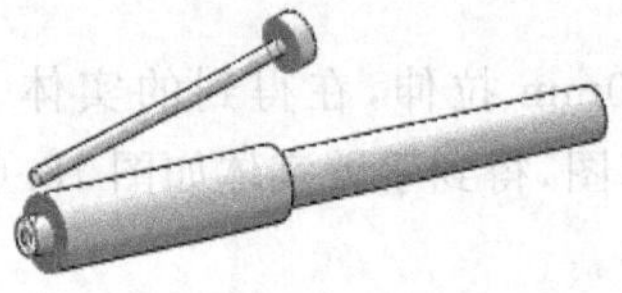

图 18.12　活塞与液压缸的距离配合面

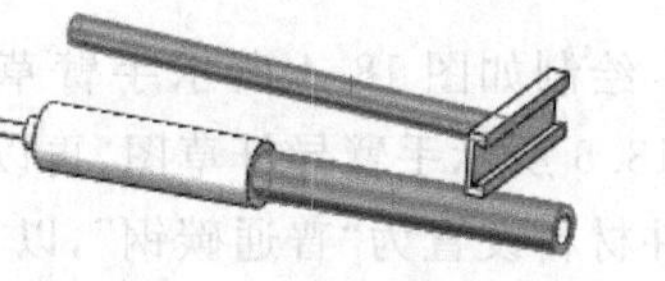

图 18.13　手臂与液压缸的同轴心配合面

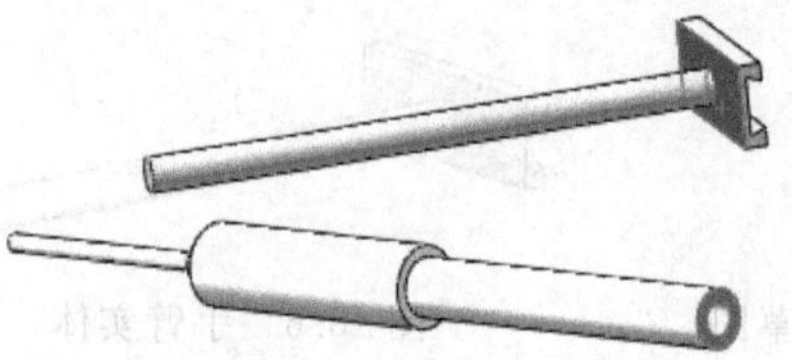

图 18.14　手臂与液压缸的距离配合面

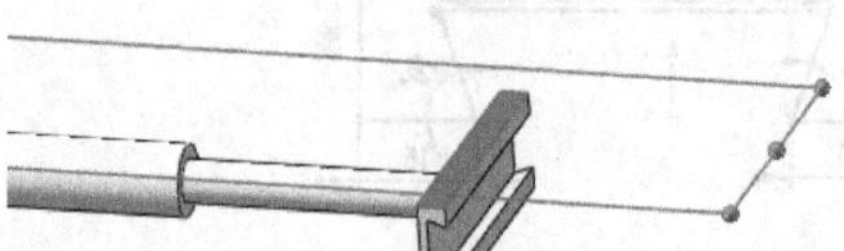

图 18.15　手臂与上视基准面的平行配合面

将手部添加进来，添加手部与手臂的两组面的重合配合，如图 18.16 所示。添加手部与手臂 10mm 的距离配合，如图 18.17 所示。

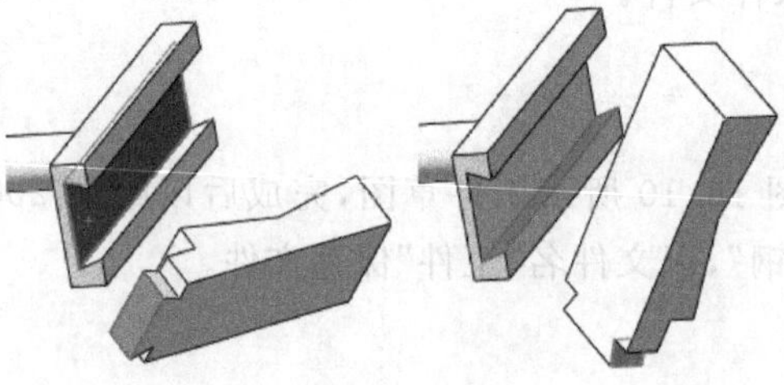

图 18.16　手部与手臂的两组重合配合面

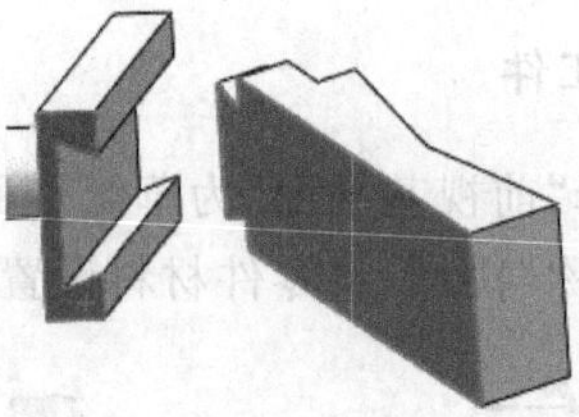

图 18.17　手部与手臂的距离配合面

再次将手部添加进来，添加其与手臂的两组面的重合配合，如图 18.18 所示。添加其与手臂 10mm 的距离配合，如图 18.19 所示。

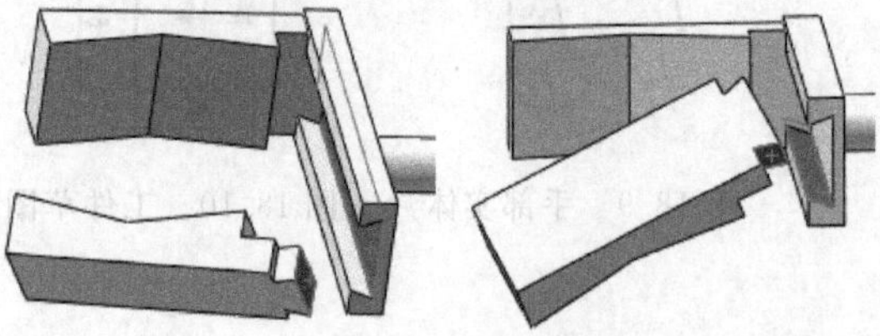

图 18.18　另一手部与手臂的两组重合配合面

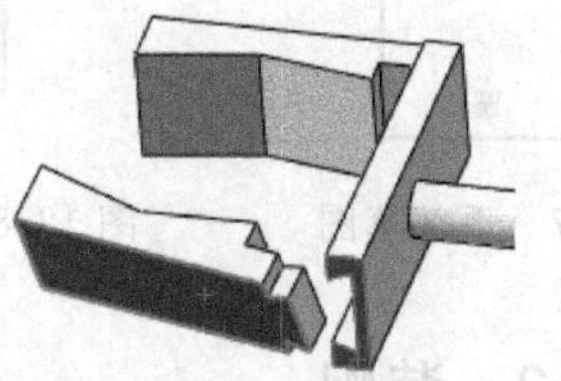

图 18.19　另一手部与手臂的距离配合面

将工件添加进来，添加如图 18.20 所示工件与液压缸的两组距离配合，配合距离分别为 70mm 和 400mm。添加工件与手部 50mm 的距离配合，如图 18.21 所示。

再次将工件添加进来，在实际生产线上，工件的位置会有误差，为了验证基于事件的运动，添加如图 18.22 所示两工件之间的三组距离配合，配合距离分别为 10mm、30mm 及 50mm，最后以文件名“机械手装配体”保存文件。

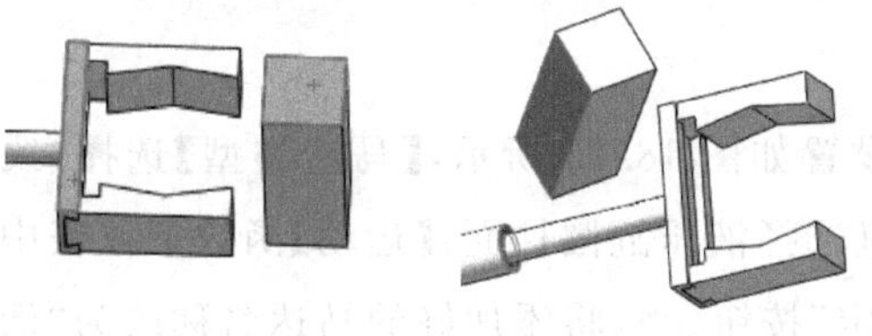

图 18.20 工件与液压缸的两组距离配合面

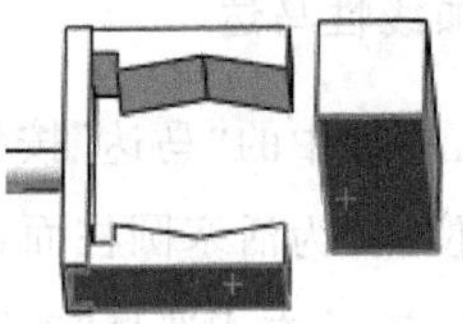

图 18.21 工件与手部的距离配合面

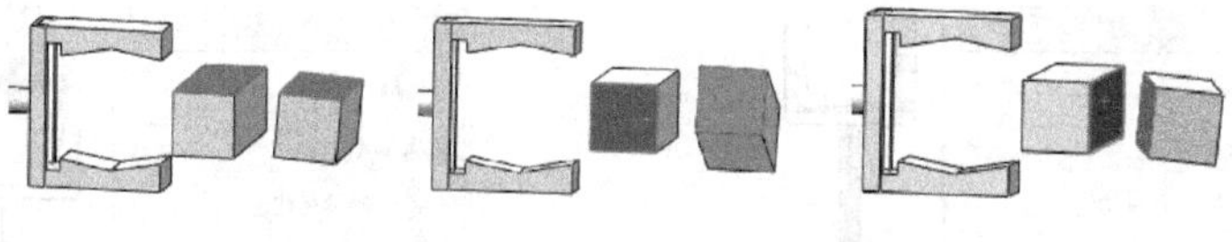

图 18.22 两工件之间的三组距离配合面

18.2.3 仿真

在装配体界面，将 SolidWorks Motion 插件载入，单击布局选项卡中的【运动算例 1】，在 MotionManager 工具栏中的【算例类型】下拉列表中选择【Motion 分析】。

1. 添加线性耦合

首先，在 FeatureManager 设计树中，右击将配合中的所有距离配合压缩，使它们处于失效状态。为方便零部件运动的观察，右击将液压缸设置为透明。

单击“配合”按钮，在弹出的属性对话框中选择【高级配合】中的 线性/线性耦合 命令，如图 18.23 所示，在第一个“要配合的实体”选择栏中选择活塞圆柱面，在第二个“要配合的实体”选择栏中选择手臂圆柱面，线性移动的“比率”选择 1∶2，即在【比率】栏下输入 1mm 和 2mm，为活塞与手臂添加同向移动的线性耦合配合，如果方向不对，选中【反转】复选框即可。同理，为两手部添加“比率”为 1∶1 相向移动的线性耦合配合，设置如图 18.24 所示。

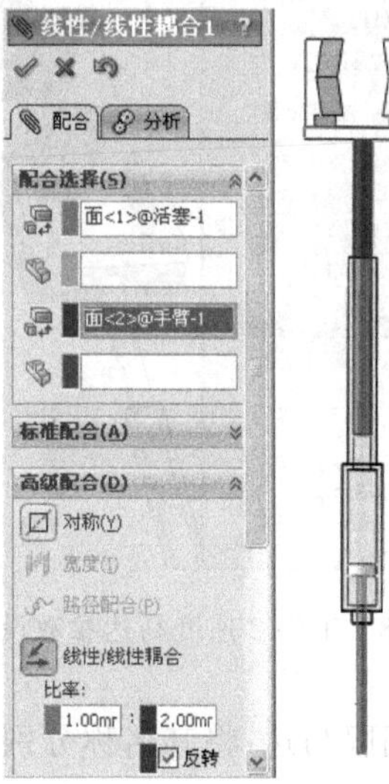
线性/线性耦合1
配合
分析
配合选择(S)
面<1>@活塞-1
面<2>@手臂-1
标准配合(A)
高级配合(D)
对称(Y)
宽度(I)
路径配合(P)
线性/线性耦合
比率:
1.00mr
2.00mr
反转

图 18.23 活塞与手臂线性耦合配合参数设置

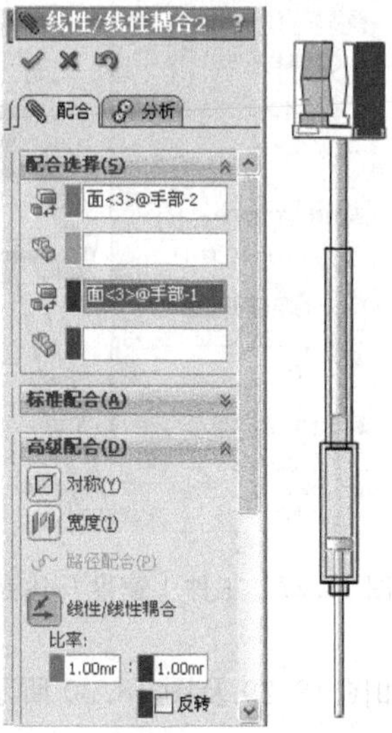
线性/线性耦合2
配合
分析
配合选择(S)
面<3>@手部-2
面<3>@手部-1
标准配合(A)
高级配合(D)
对称(Y)
宽度(I)
路径配合(P)
线性/线性耦合
比率:
1.00mr
1.00mr
反转

图 18.24 两手部线性耦合配合参数设置

2. 添加线性马达

单击工具栏中的“马达”按钮，参数设置如图 18.25 所示，【马达类型】选择“线性马达”，“马达位置”为活塞圆柱面，方向栏里选择液压缸圆柱面，【运动】函数下拉表中选择“伺服马达”，运动方式选择“速度”，单击“确定”按钮，将添加好的马达名称改为“活塞马达”。同理，添加如图 18.26 所示手部的线性速度伺服马达，命名为“手部马达”。

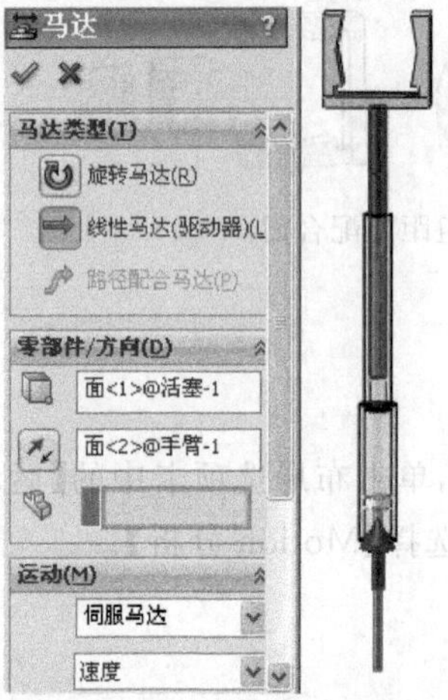
马达
马达类型(T)
旋转马达(R)
线性马达(驱动器)(L
路径配合马达(P)
零部件/方向(D)
面<1>@活塞-1
面<2>@手臂-1
运动(M)
伺服马达
速度

图 18.25　活塞马达参数设置

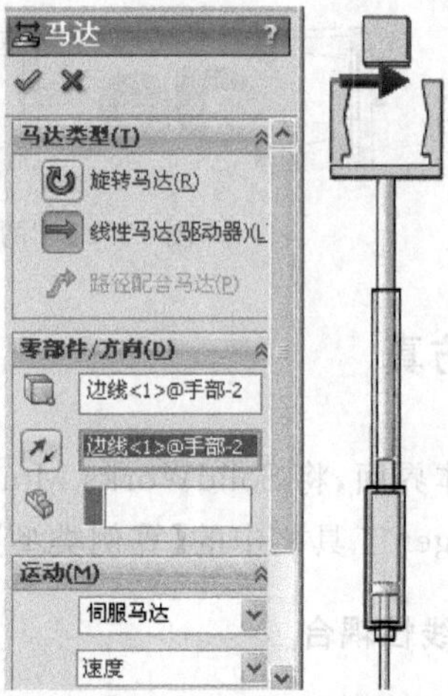
马达
马达类型(T)
旋转马达(R)
线性马达(驱动器)(L
路径配合马达(P)
零部件/方向(D)
边线<1>@手部-2
边线<1>@手部-2
运动(M)
伺服马达
速度

图 18.26　手部马达参数设置

为便于模拟基于事件的运动，工件与手部之间不用实体接触仿真，而采用四个马达代替。添加如图 18.27 和图 18.28 所示两工件的线性速度伺服马达，将其名称分别改为“工件 1 速度马达”和“工件 2 速度马达”。

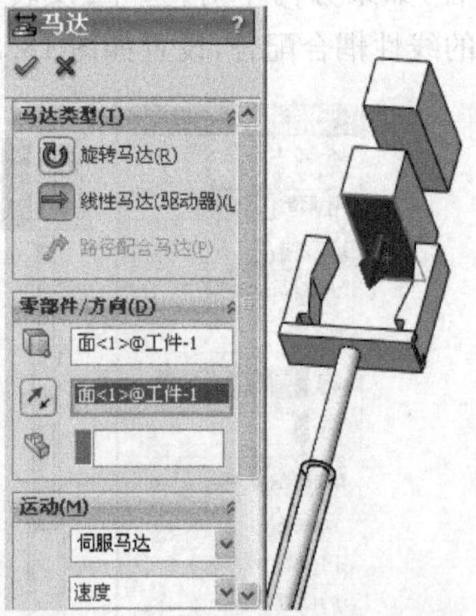
马达
马达类型(T)
旋转马达(R)
线性马达(驱动器)(L
路径配合马达(P)
零部件/方向(D)
面<1>@工件-1
面<1>@工件-1
运动(M)
伺服马达
速度

图 18.27　工件 1 速度马达参数设置

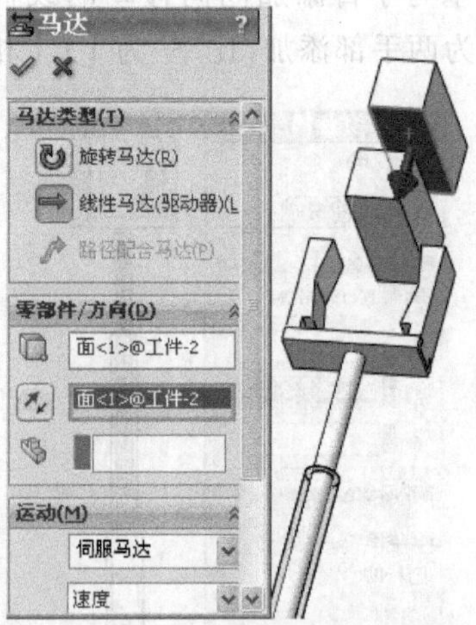
马达
马达类型(T)
旋转马达(R)
线性马达(驱动器)(L
路径配合马达(P)
零部件/方向(D)
面<1>@工件-2
面<1>@工件-2
运动(M)
伺服马达
速度

图 18.28　工件 2 速度马达参数设置

添加如图 18.29 及图 18.30 所示两工件的线性位移伺服马达，将其名称分别改为“工件 1 位移马达”及“工件 2 位移马达”。

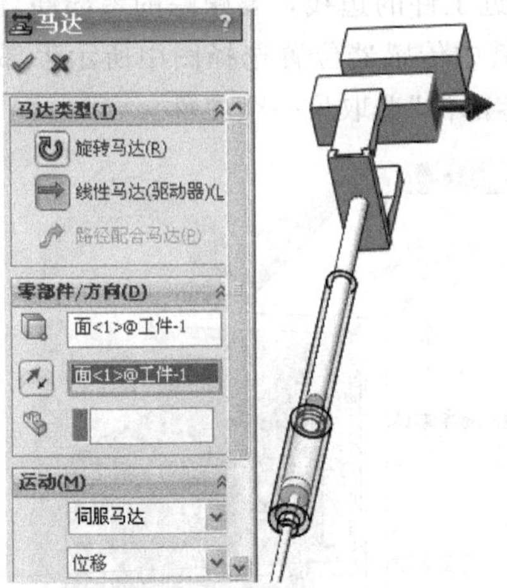
马达
马达类型(T)
旋转马达(R)
线性马达(驱动器)(L
路径配合马达(P)
零部件/方向(D)
面<1>@工件-1
面<1>@工件-1
运动(M)
伺服马达
位移

图 18.29　工件 1 位移马达参数设置

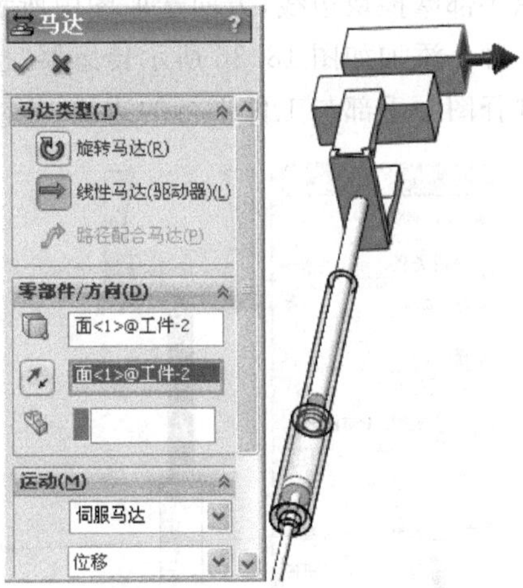
马达
马达类型(T)
旋转马达(R)
线性马达(驱动器)(L)
路径配合马达(P)
零部件/方向(D)
面<1>@工件-2
面<1>@工件-2
运动(M)
伺服马达
位移

图 18.30　工件 2 位移马达参数设置

3. 添加传感器

右击 FeatureManager 设计树中的传感器，选择“添加传感器”，弹出如图 18.31 所示参数设置对话框，【传感器类型】选择“接近”，在【属性】栏的选择框 内选取图中所示手部摩擦块边线，为传感器定义位置，选择框 内选取图中所示手部靠近工件的边线，为传感器定义方向，“要跟踪的零部件”栏中选取图中所示工件，传感器的范围 ℓ 输入 100mm，其余设置默认不变，单击 ，完成传感器“接近 1”的添加。同理，添加如图 18.32 所示传感器“接近 2”，其中传感器位置选择手部顶点，方向选择手部与工件平行的边线。

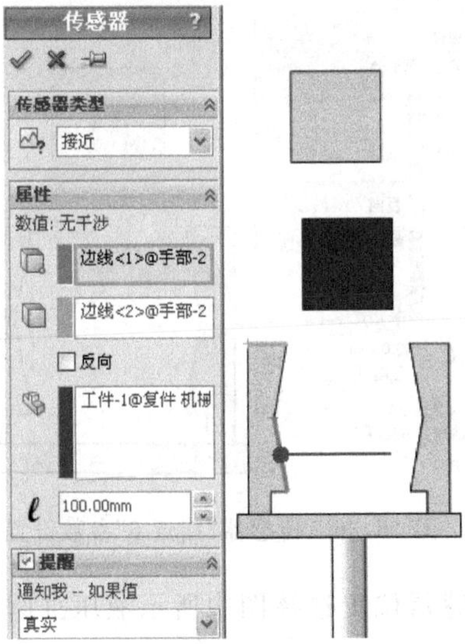
传感器
传感器类型
接近
属性
数值: 无干涉
边线<1>@手部-2
边线<2>@手部-2
反向
工件-1@复件 机械
100.00mm
提醒
通知我 -- 如果值
真实

图 18.31　传感器“接近 1”参数设置

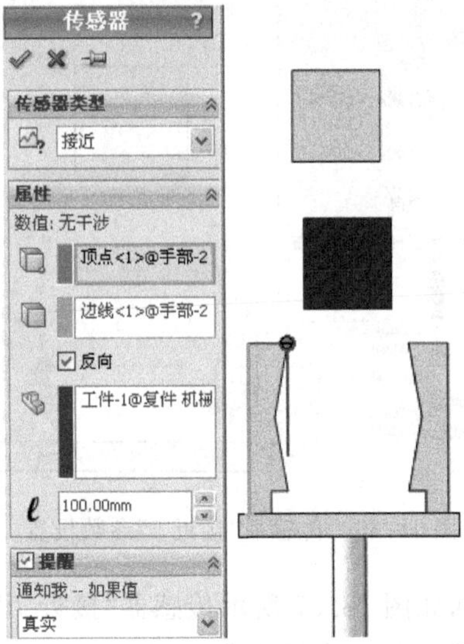
传感器
传感器类型
接近
属性
数值: 无干涉
顶点<1>@手部-2
边线<1>@手部-2
反向
工件-1@复件 机械
100.00mm
提醒
通知我 -- 如果值
真实

图 18.32　传感器“接近 2”参数设置

添加如图 18.33 所示传感器“接近 3”，其中传感器位置选择图中所示液压缸圆边线，方向选择手臂边线。添加如图 18.34 所示传感器“接近 4”，其中传感器位置选择图中所示手臂边线，方向采用默认方向。添加如图 18.35 所示传感器“接近 5”，其中传感器位置选择图中所示手部摩擦块边线，方向选取图中所示手部靠近工件的边线，“要跟踪的零部件”选取另一个工件。添加如图 18.36 所示传感器“接近 6”，其中传感器位置选择图中所示手部顶点，方向选择图中手部与工件平行的边线，“要跟踪的零部件”选取另一个工件。

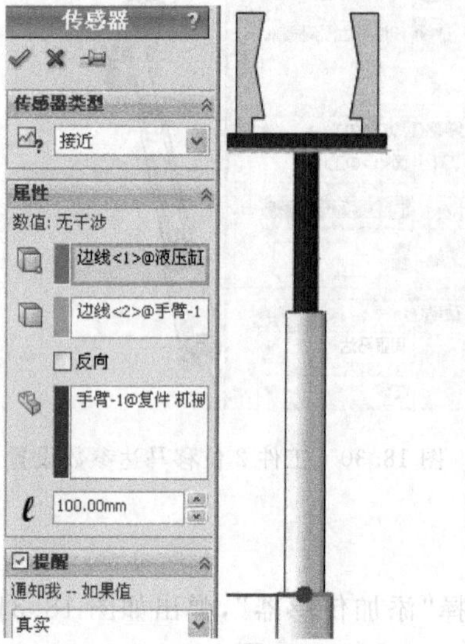
传感器
传感器类型
接近
属性
数值: 无干涉
边线<1>@液压缸
边线<2>@手臂-1
反向
手臂-1@复件 机械
100.00mm
提醒
通知我 -- 如果值
真实

图 18.33　传感器“接近 3”参数设置

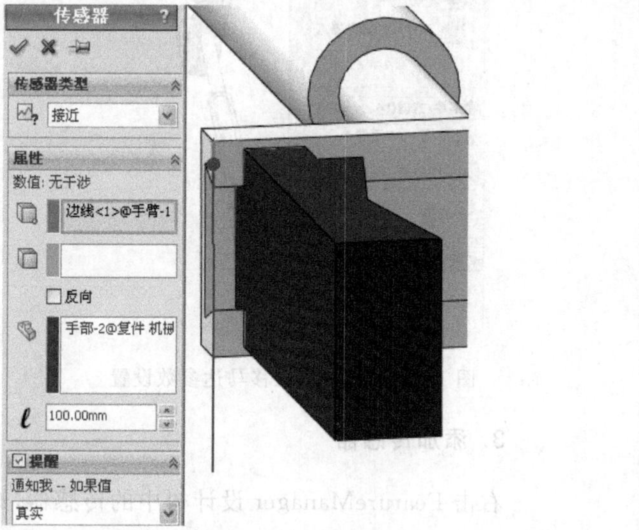
传感器
传感器类型
接近
属性
数值: 无干涉
边线<1>@手臂-1
反向
手部-2@复件 机械
100.00mm
提醒
通知我 -- 如果值
真实

图 18.34　传感器“接近 4”参数设置

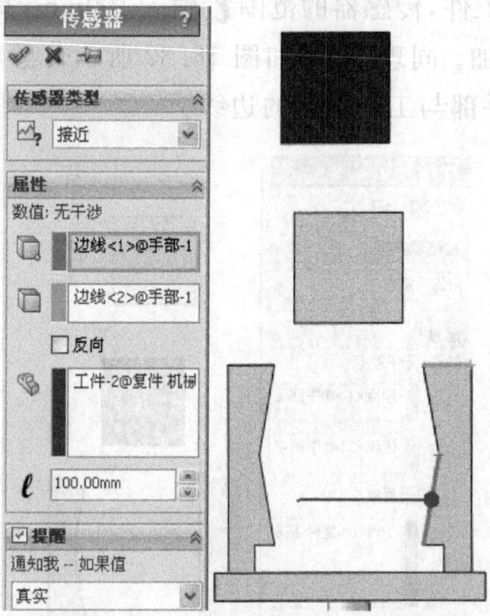
传感器
传感器类型
接近
属性
数值: 无干涉
边线<1>@手部-1
边线<2>@手部-1
反向
工件-2@复件 机械
100.00mm
提醒
通知我 -- 如果值
真实

图 18.35　传感器“接近 5”参数设置

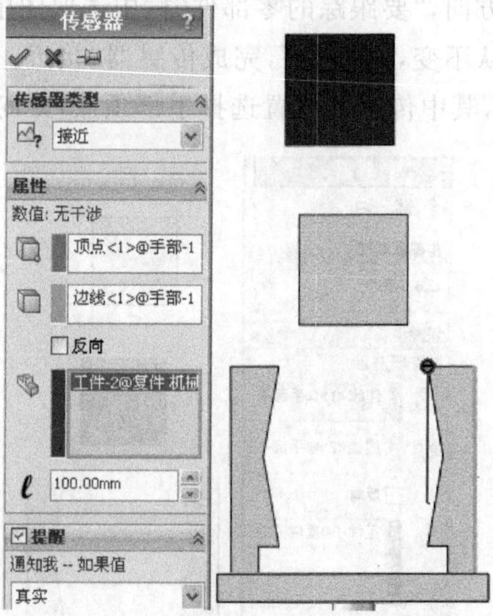
传感器
传感器类型
接近
属性
数值: 无干涉
顶点<1>@手部-1
边线<1>@手部-1
反向
工件-2@复件 机械
100.00mm
提醒
通知我 -- 如果值
真实

图 18.36　传感器“接近 6”参数设置

添加如图 18.37 所示传感器“接近 7”，其中传感器位置选择图中所示液压缸圆边线，方向选择图中所示手臂边线。

4. 添加任务

单击 MotionManager 工具栏上的“基于事件的运动视图”按钮，在弹出设置界面中，添加如图 18.38 所示的“任务 1”，“触发器”选择时间，“时间/延缓”输入 0，单击“特征”栏下

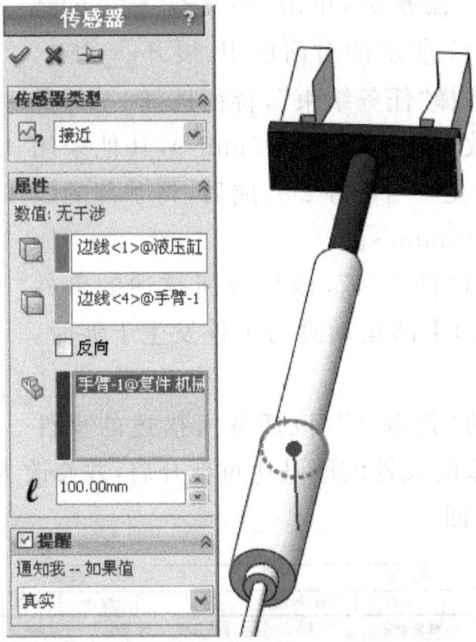
传感器
传感器类型
接近
属性
数值: 无干涉
边线<1>@液压缸
边线<4>@手臂-1
反向
手臂-1@复件 机械
100.00mm
提醒
通知我 -- 如果值
真实

图 18.37 传感器“接近 7”参数设置

任务		触发器			操作					时间	
名称	说明	触发器	条件	时间/延缓	特征	操作	数值	持续时间	轮廓	开始	结束
任务1		时间		0s	活塞马达	更改	30mm/	0s	/		
+ 单击此处添加											

图 18.38 任务 1 参数设置

的选取按钮 ，在弹出如图 18.39 所示的对话框中，展开马达 Motors ，选择“活塞马达”，然后单击【确定】退出对话框，单击操作栏下的【关闭】，将操作改为“更改”，“数值”栏下输入 30，其他采用默认。该任务所描述的事件是：在 0 时刻将活塞的线性伺服马达开启，并修改为 30mm/s。需要说明的是：“持续时间”栏下的 0s，代表该任务特征操作的持续时间，即将活塞马达打开到该马达达到所设定的值 30mm/s 所用时间；“轮廓”代表在设定持续时间内，马达从初始值到设定值的变化曲线，即活塞马达从 0～30mm/s 的变化曲线。

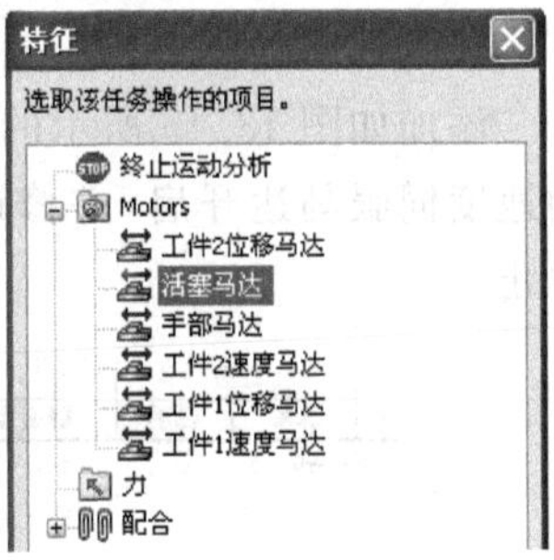
特征
选取该任务操作的项目。
终止运动分析
Motors
工件2位移马达
活塞马达
手部马达
工件2速度马达
工件1位移马达
工件1速度马达
力
配合

图 18.39 特征选取对话框

添加如图 18.40 所示的“任务 2”，单击“触发器”栏下的选取按钮 ，在弹出如图 18.41 所示的对话框中，展开 传感器，选择“接近 1”，然后单击【确定】退出对话框，“条件”栏下选择提醒打开，特征选择“活塞马达”，将操作改为“停止”，“数值”栏下自动变为 0mm/s，其他采用默认。该任务所描述的事件是：当传感器“接近 1”感应到手臂运动到与工件的最小距离时，将活塞马达关闭。

任务		触发器			操作					时间	
名称	说明	触发器	条件	时间/延缓	特征	操作	数值	持续时间	轮廓	开始	结束
任务2		接近1	提醒打开	<无>	活塞马达	停止	0mm/s	0s	/		

图 18.40 任务 2 参数设置

添加如图 18.42 所示的“任务 3”，单击“触发器”栏下的选取按钮 ，在弹出如图 18.41 所示的对话框中，展开 任务，选择“任务 2”，“条件”栏下选择“任务结束”，特征选择“手部马达”，将操作改为“更改”，“数值”栏下输入 15mm/s，其他采用默认。该任务所描述的事件是：当任务 2 完成后，将手部的线性伺服马达开启，并修改为 15mm/s。

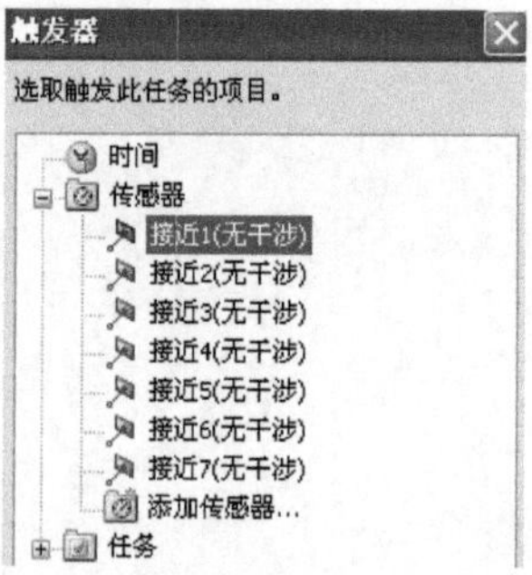
触发器
选取触发此任务的项目。
时间
传感器
接近1(无干涉)
接近2(无干涉)
接近3(无干涉)
接近4(无干涉)
接近5(无干涉)
接近6(无干涉)
接近7(无干涉)
添加传感器...
任务
图 18.41 触发器选取对话框

添加如图 18.43 所示的“任务 4”，该任务所描述的事件是：当传感器“接近 2”感应到手部运动到与工件发生干涉时，将手部马达关闭。

添加如图 18.44 所示的“任务 5”，该任务所描述的事件是：当任务 4 完成后，将活塞的线性伺服马达重新开启，并修改为－30mm/s，即使机械手夹取到工件后以相同的速率返回。

任务		触发器			操作					时间	
名称	说明	触发器	条件	时间/延缓	特征	操作	数值	持续时间	轮廓	开始	结束
任务3		任务2	任务结束	<无>	手部马达	更改	15mm/s	0s			

图 18.42 任务 3 参数设置

任务		触发器			操作					时间	
名称	说明	触发器	条件	时间/延缓	特征	操作	数值	持续时间	轮廓	开始	结束
任务4		接近2	提醒打开	<无>	手部马达	停止	0mm/s	0s			

图 18.43 任务 4 参数设置

任务		触发器			操作					时间	
名称	说明	触发器	条件	时间/延缓	特征	操作	数值	持续时间	轮廓	开始	结束
任务5		任务4	任务结束	<无>	活塞马达	更改	-30mm	0s			

图 18.44 任务 5 参数设置

添加如图 18.45 所示的“任务 6”，该任务所描述的事件是：当任务 4 完成后，将工件 1 的速度伺服马达开启，并修改为 60mm/s，即当机械手夹取到工件后，使工件相对于手部静止。

任务		触发器			操作					时间	
名称	说明	触发器	条件	时间/延缓	特征	操作	数值	持续时间	轮廓	开始	结束
任务6		任务4	任务结束	<无>	工件1速度马达	更改	60mm/	0s			

图 18.45 任务 6 参数设置

添加如图 18.46 所示的“任务 7”，其中特征栏选取“活塞马达”与“工件 1 速度马达”，该任务所描述的事件是：当传感器“接近 3”感应到手臂运动到给定位置(工件停放位置)时，将活塞马达与工件 1 速度马达关闭。

任务		触发器			操作					时间	
名称	说明	触发器	条件	时间/延缓	特征	操作	数值	持续时间	轮廓	开始	结束
任务7		接近3	提醒打开	<无>	(2)	停止	0mm/s	0s			

图 18.46 任务 7 参数设置

添加如图 18.47 所示的“任务 8”，该任务所描述的事件是：当任务 7 完成后，将手部的速度伺服马达重新开启，并修改为－15mm/s，即当工件被夹取到停放位置时，机械手放开工件，停止对工件的夹持。

任务		触发器			操作					时间	
名称	说明	触发器	条件	时间/延缓	特征	操作	数值	持续时间	轮廓	开始	结束
任务8		任务7	任务结束	<无>	手部马达	更改	-15mm/s	0s			

图 18.47　任务 8 参数设置

添加如图 18.48 所示的“任务 9”，其中“时间/延缓”栏中输入 0.5s，“数值”栏输入 500mm，轮廓选择“谐波”，该任务所描述的事件是：当任务 8 完成后的瞬间，工件下落到相距机械手 500mm 的位置，工件运动的轮廓“谐波”代表工件缓慢脱离机械手手部，然后快速下落。

任务		触发器			操作					时间	
名称	说明	触发器	条件	时间/延缓	特征	操作	数值	持续时间	轮廓	开始	结束
任务9		任务8	任务结束	0.5s 延缓	工件1位移马达	更改	500mm	0s			

图 18.48　任务 9 参数设置

添加如图 18.49 所示的“任务 10”，该任务所描述的事件是：当传感器“接近 4”感应到手部运动到手臂最外端时，将手部马达关闭。

任务		触发器			操作					时间	
名称	说明	触发器	条件	时间/延缓	特征	操作	数值	持续时	轮廓	开始	结束
任务10		接近4	提醒打开	<无>	手部马达	停止	0mm/s	0s			

图 18.49　任务 10 参数设置

5. 仿真分析

1）机械手单行程仿真分析

单击 MotionManager 工具栏上的“时间线视图”按钮，然后将装配体仿真时间设置为 20s，再单击“计算”按钮，进行仿真求解。

待仿真自动计算完毕后，会观察到相应马达新键码的自动生成，仿真动画也完全显示了机械手夹取工件的单行程。单击“基于事件的运动视图”按钮，进入任务界面，装配体在仿真时自动计算出了“时间”栏下任务的开始和结束时刻，即任务的时间序列，从这里可以确定装配体相应单元运动的时间顺序。

单击工具栏上的“结果和图解”按钮，在弹出的属性管理器中进行如图 18.50 所示的参数设置，其中右侧显示栏里的面为手臂外圆柱面。单击“确定”按钮，添加手臂线性位移的 X 分量图解，如图 18.51 所示。同理，按照图 18.52 所示的参数设置，添加手臂线性速度的 X 分量图解，如图 18.53 所示。添加一手部线性位移的 Z 分量图解，如图 18.54 所示。添加手部线性速度的 Z 分量图解，如图 18.55 所示。

由图 18.51 及图 18.53 可知，手臂以 60mm/s 的速度运动到夹取工件的位置（手臂 X 坐标为 671mm）后停止，待手部将工件夹住后，手臂以相同的速率返回到工件停放位置后静止。由图 18.54 及图 18.55 可知，在单行程内，手部在手臂运动时静止，在手臂静止时运动，即当手臂运动到夹取工件位置时，手部开始对工件进行夹取，然后夹住工件不动随手臂一起返回工件停放位置，手部再松开工件。综上分析，手臂与手部的运动与所添加的基于事件的运动任务相符。

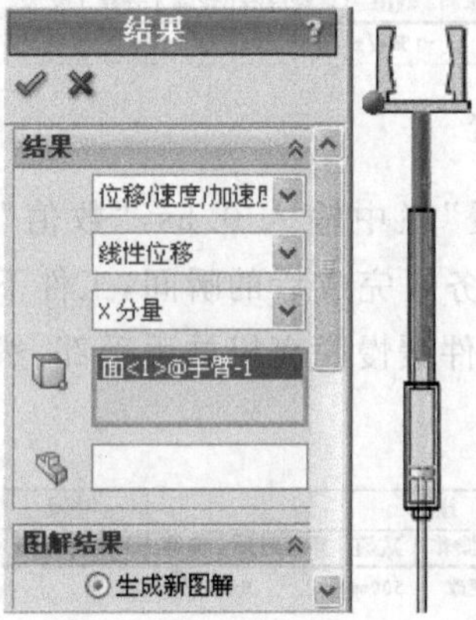
结果
结果
位移/速度/加速度
线性位移
X分量
面<1>@手臂-1
图解结果
生成新图解

图 18.50　手臂线性位移图解参数设置

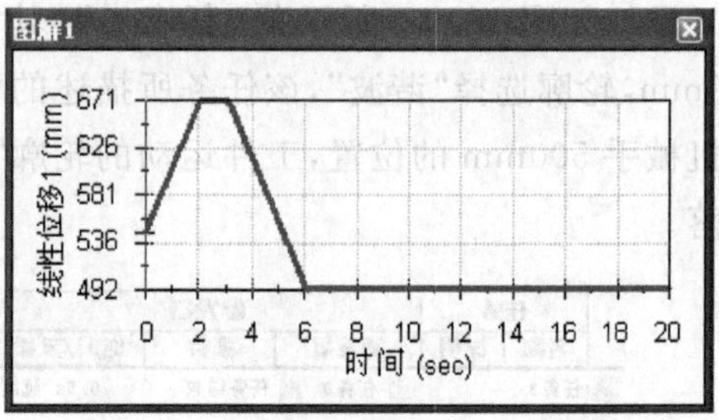
图解1
线性位移1 (mm)
671
626
581
536
492
0 2 4 6 8 10 12 14 16 18 20
时间 (sec)

图 18.51　手臂线性位移 *X* 分量图解

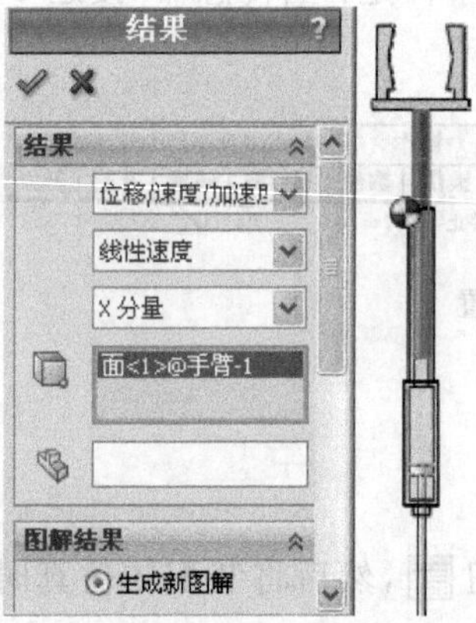
结果
结果
位移/速度/加速度
线性速度
X分量
面<1>@手臂-1
图解结果
生成新图解

图 18.52　手臂线性速度图解参数设置

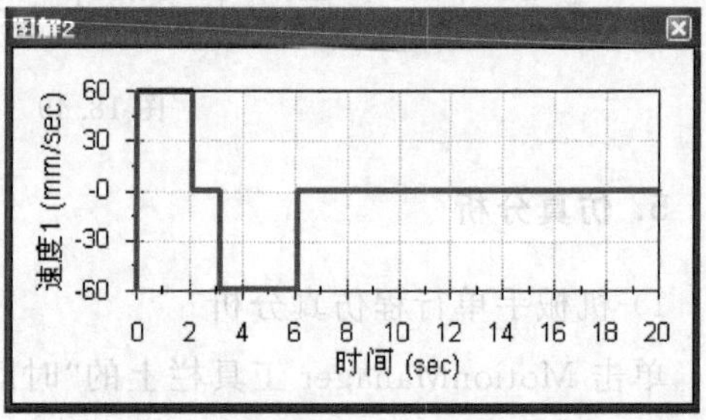
图解2
速度1 (mm/sec)
60
30
-0
-30
-60
0 2 4 6 8 10 12 14 16 18 20
时间 (sec)

图 18.53　手臂线性速度 *X* 分量图解

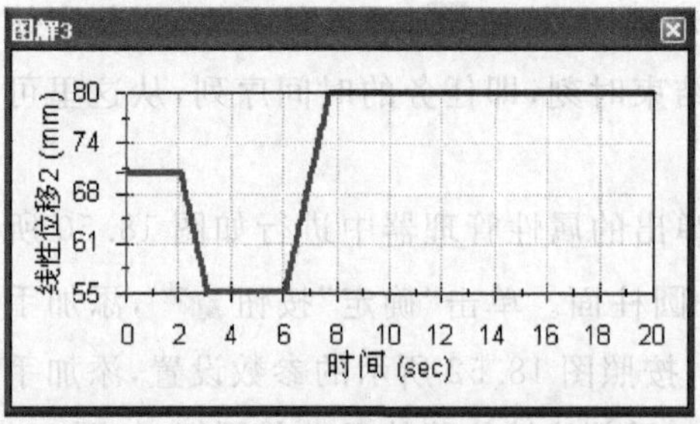
图解3
线性位移2 (mm)
80
74
68
61
55
0 2 4 6 8 10 12 14 16 18 20
时间 (sec)

图 18.54　手部线性位移 *Z* 分量图解

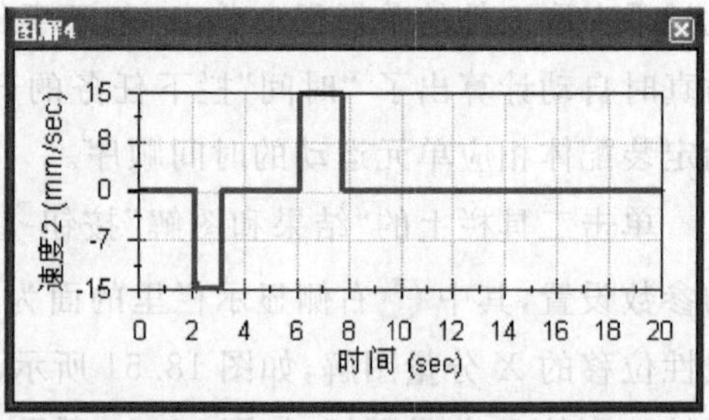
图解4
速度2 (mm/sec)
15
8
0
-7
-15
0 2 4 6 8 10 12 14 16 18 20
时间 (sec)

图 18.55　手部线性速度 *Z* 分量图解

2）机械手循环行程仿真分析

以上10个任务是机械手夹取工件的一个完整过程，机械手以后循环该过程，即运动到夹取工件位置，然后夹取工件返回到停放工件位置，再松开工件。

这里再设置机械手夹取另一个工位不同的工件，在已有的 10 个任务基础上，再添加如图 18.56 所示任务 11～任务 19，添加方法与之前任务添加方法相似。其中，“任务 17”中“特征”所选取的两个马达为“活塞马达”与“工件 2 速度马达”；“任务 19”中“时间/延缓”输入 13.5s，“轮廓”选择谐波，代表该任务在所选触发器触发后 13.5s 再执行，因为“任务 18”与“任务 8”在事件上有重复，但两者所执行的对象不同，分别是两个工件，故将“任务 19”在相对于“任务 8”（等同于“任务 18”）的基础上延迟一段时间，该时间是通过仿真计算出来的。

任务		触发器			操作				
名称	说明	触发器	条件	时间/延缓	特征	操作	数值	持续	轮廓
任务11		任务10	任务结束	<无>	活塞马达	更改	30mm/	0s	
任务12		接近5	提醒打开	<无>	活塞马达	停止	0mm/s	0s	
任务13		任务12	任务结束	<无>	手部马达	更改	15mm/	0s	
任务14		接近6	提醒打开	<无>	手部马达	停止	0mm/s	0s	
任务15		任务14	任务结束	<无>	活塞马达	更改	-30mm	0s	
任务16		任务14	任务结束	<无>	工作2速度马	更改	60mm/	0s	
任务17		接近7	提醒打开	<无>	(2)	停止	0mm/s	0s	
任务18		任务17	任务结束	<无>	手部马达	更改	-15mm	0s	
任务19		任务18	任务结束	13.5s 延缓	工作2位移马	更改	200mm	0s	

图 18.56　任务 11～任务 19 参数设置

单击“计算”按钮，重新进行仿真求解。待仿真自动计算完毕后，任务的开始和结束时刻会重新计算出来，可以观察到任务序列在前，并不一定时间序列在前，验证了基于事件的运动中，装配体各单元运动的先后是由事件决定的。更新的手臂与手部位移及速度图解如图 18.57～图 18.60 所示。

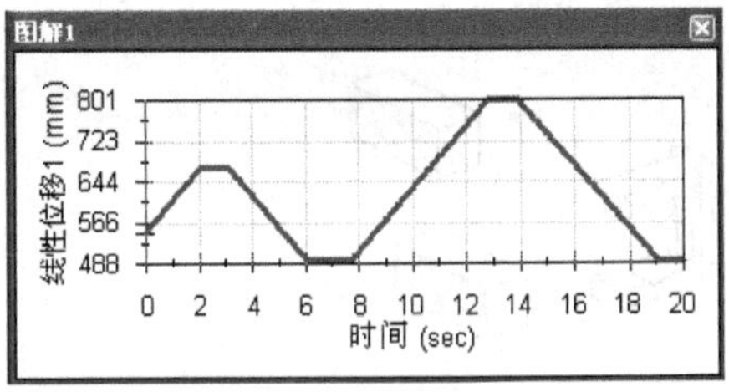
图解1
线性位移1 (mm)
801
723
644
566
488
0 2 4 6 8 10 12 14 16 18 20
时间 (sec)

图 18.57　更新后的手臂线性位移 X 分量图解

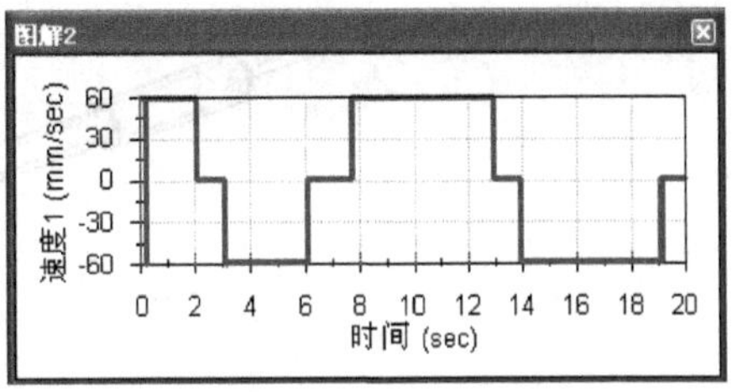
图解2
速度1 (mm/sec)
60
30
0
-30
-60
0 2 4 6 8 10 12 14 16 18 20
时间 (sec)

图 18.58　更新后的手臂线性速度 X 分量图解

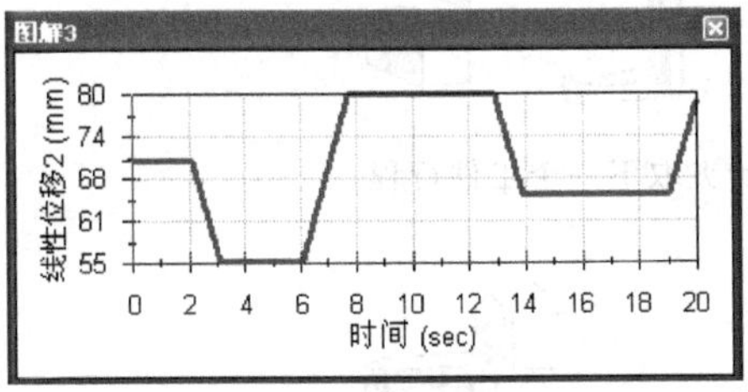
图解3
线性位移2 (mm)
80
74
68
61
55
0 2 4 6 8 10 12 14 16 18 20
时间 (sec)

图 18.59　更新后的手部线性位移 Z 分量图解

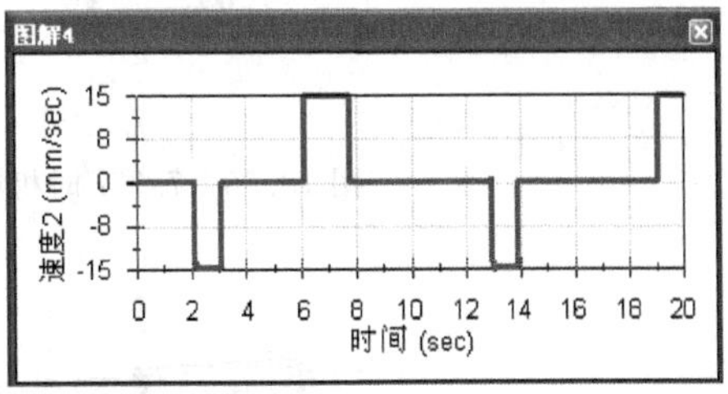
图解4
速度2 (mm/sec)
15
8
0
-8
-15
0 2 4 6 8 10 12 14 16 18 20
时间 (sec)

图 18.60　更新后的手部线性速度 Z 分量图解

由图 18.57～图 18.60 可知，机械手在夹取工件行程中，夹取第二个工件比夹取第一个工件位移大，但速度一样，机械手回程终点相同，即工件默认停放位置一样。在两个工件工位不一样的情况下，机械手仍然可以顺利地将工件夹取并送回停放位置，验证了基于事件的运动不受位置及时间的影响，突出了该种控制策略的优点。图 18.61～图 18.70 所示为机械手在模拟过程中，相关任务的事件执行画面。

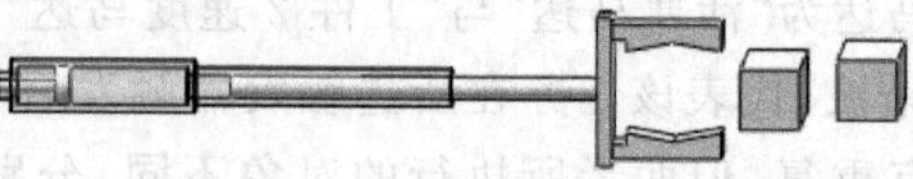

图 18.61　0s 时活塞开始运动

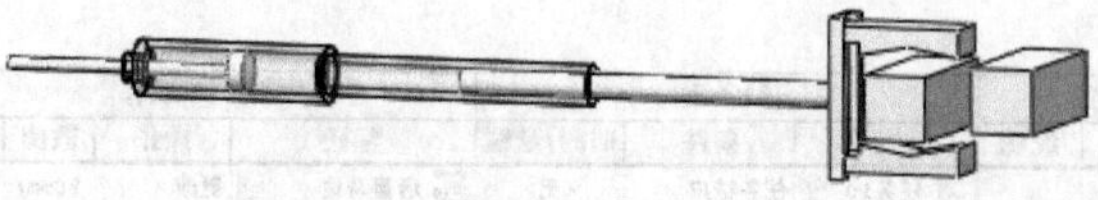

图 18.62　2.13s 时手臂静止、手部运动开始夹取工件 1

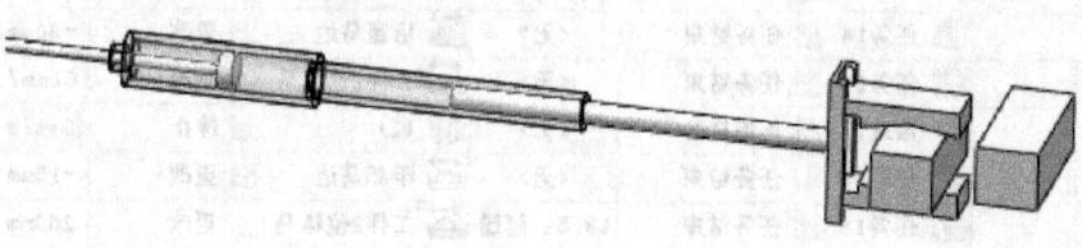

图 18.63　3.17s 时工件 1 被夹住并与手部一起运动

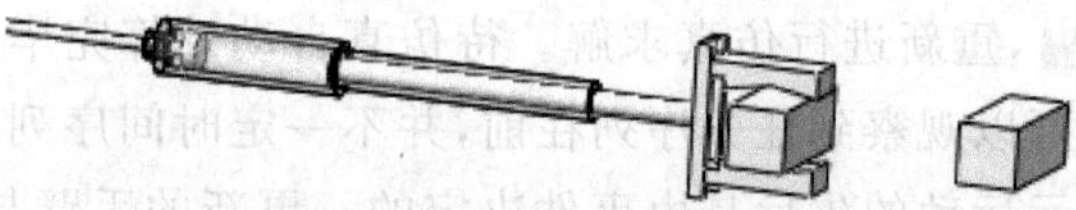

图 18.64　6.1s 时工件 1 被夹取到停放位置

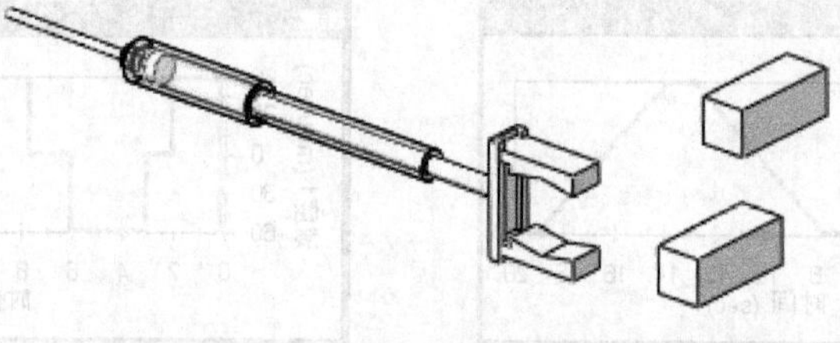

图 18.65　6.6s 时工件 1 运动到指定位置

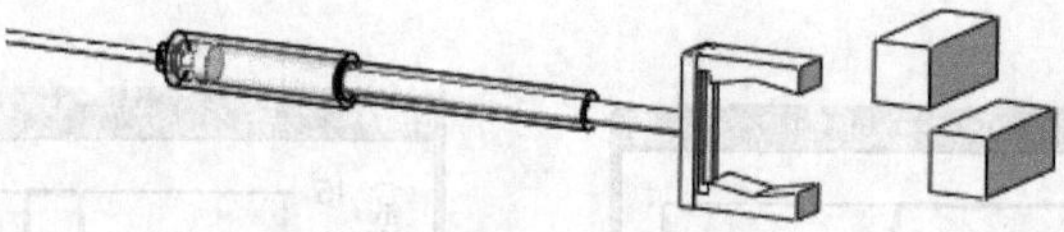

图 18.66　7.77s 时机械手开始夹取下一个工件行程

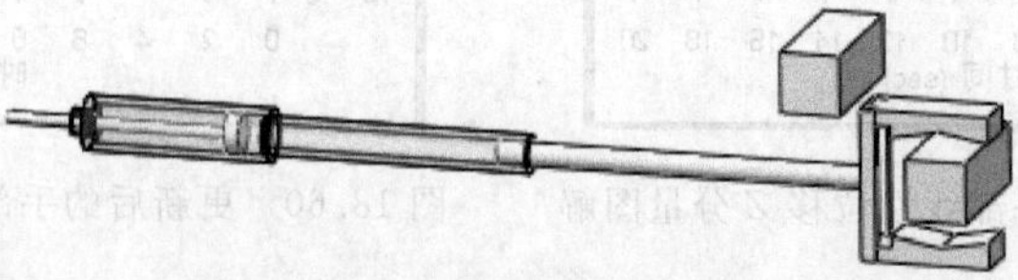

图 18.67　12.92s 时手臂静止、手部运动开始夹取工件 2

图 18.68 13.93s 时工件 2 被夹住并与手部一起运动

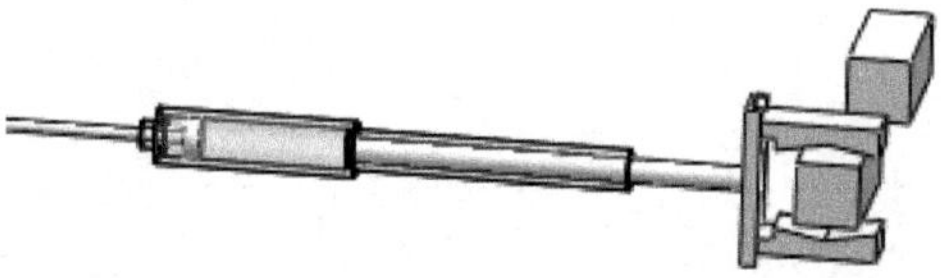

图 18.69 19.07s 时工件 2 被夹取到停放位置

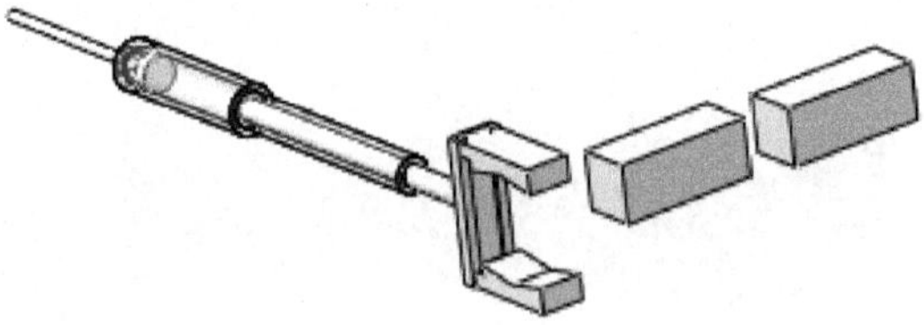

图 18.70 19.6s 时工件 2 运动到指定位置